JN297815

医薬系のための
生物学

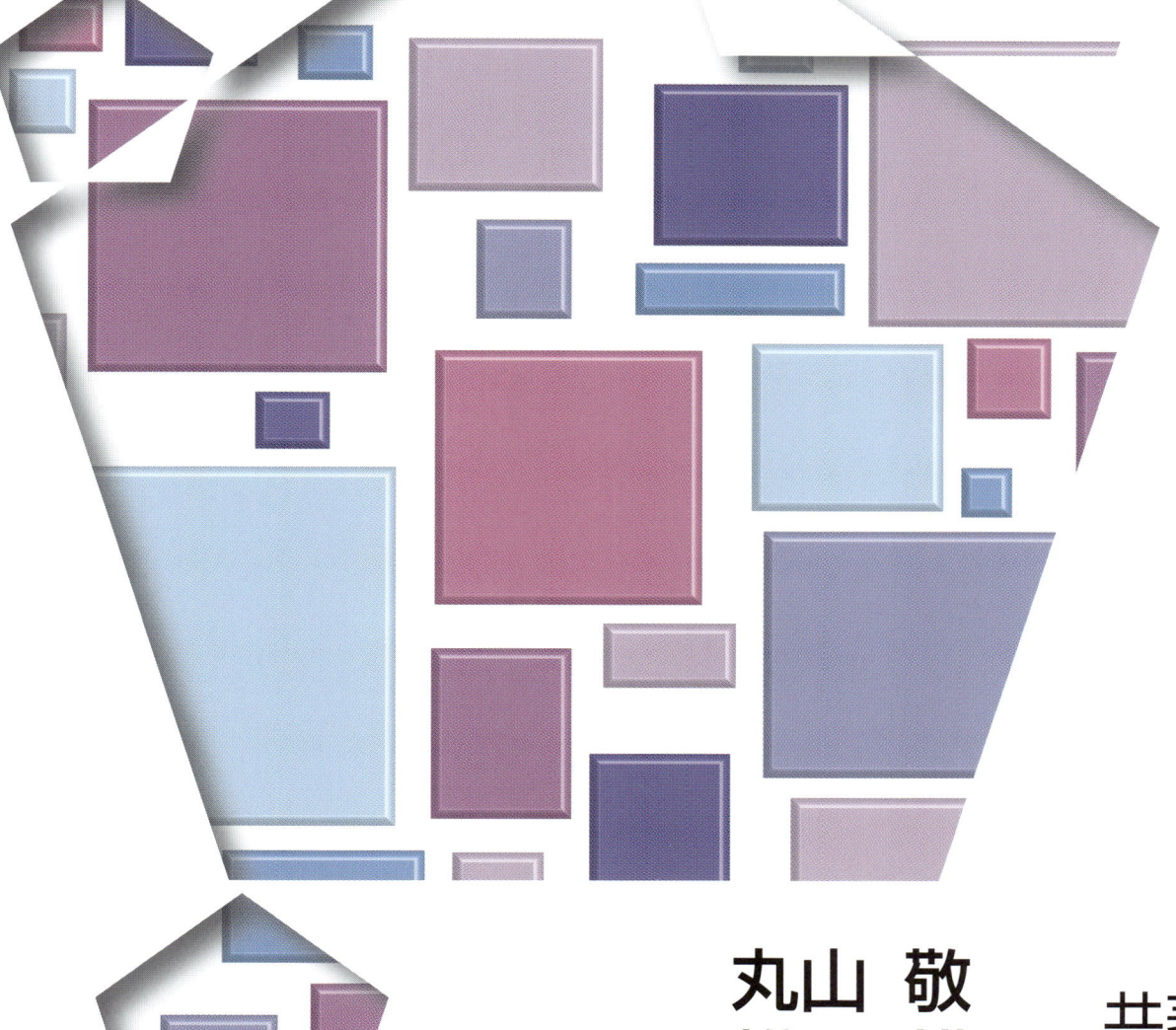

丸山 敬
松岡 耕二 共著

裳華房

Biology, for Medical and Pharmaceutical Courses

by

Kei Maruyama
Koozi Matuoka

SHOKABO
TOKYO

〈出版者著作権管理機構 委託出版物〉

まえがき

　本生物学教科書は、医学系、薬学系、看護系など医療系に必須な生物学の基礎知識と応用力の習得を目的としている。

　この10年の医学に限らず科学技術の進歩は目を見張るものがある。スマートフォンの性能はかつてのスーパーコンピュータを凌駕するに至っている。治療薬では、抗菌薬とアスピリン以外は意味ないのではと言う時代から（長らく「愛用されて」いた消炎酵素剤ダーゼンや認知症薬ホパテは販売中止になった）、慢性骨髄性白血病にはイマチニブ、関節リウマチにはインフリキシマブといった特効薬ともいえる薬物がつぎつぎに登場している。イマチニブによって慢性骨髄性白血病の5年生存率は30％程度から一気に90％以上に、それも1日1回の飲み薬で到達したのである。

　薬物の開発は、痛み止めの樹皮からアスピリンが精製された時代から、異常増殖をもたらすキナーゼを阻害するイマチニブのように分子病態を標的とするようになった。エビデンスがもてはやされているが、現在のエビデンスは多数の雑多なヒトを対象とした臨床研究である。目の前の患者様に対する個別化医療については、最も妥当である確率の高い（訴訟の際に敗訴となる要因を避けるための）治療方針を提示するに過ぎない。しかも、利益相反（COI）など臨床研究の信頼性に疑問をなげかける事象も浮上している。一方、生物学は実験で再確認（追試）できる知識であり、ねつ造論文は散発するものの事実は短時間で明らかになっている。今後も続々と登場する「特効薬」を理解して「怪しいエビデンス」に惑わされずに正しく評価するためには、基本的な生物学の知識が必須である。

　当然ながら生物学の知識も日々増加している。あまり意味を持たないだろうと思われていたゲノム非翻訳領域が、非翻訳RNAとして転写されて様々な細胞機能の制御を行っていることが明らかになってきた。つまり、学習すべき項目は日々膨張しているのである。医療系学生（医学部、薬学部、看護学部）は、無限とも言える疾患への対応が職責となるために、網羅的な知識が必要となる。教育すべき項目に比して学生の学習時間はあまりに短い。学生諸君にとっては、いわゆる学内の勉強ばかりではなく、社会的勉強の項目も重要性を増している。従って、医療系学生は卒業後も医療人として現役でいるならば自分の専門領域以外を含めて学習を継続していかなければならない。学部の教育方針としては知識ではなく学習法を伝授することになる。

　学習法の伝授は言うのは易しいが実践は難しい。学生諸君それぞれによっても

異なる。教員の悩みは尽きない。生物学の教科書にしても、できるかぎり詳細に網羅的にすれば持ち運ぶのも困難な巨大なものとなるし（たぶん、辞書的な拾い読みのみとなり、だれも読破することはできない）、図を中心に簡潔にすれば、通読することはできるが、なんとなく解ったつもりになるだけで、理解のレベルは応用が難しいものになってしまうであろう。そこで、本教科書は薬学系教員（松岡）と医学系教員（丸山）が人生経験を踏まえて、これだけ知っておけば、それぞれの分野で定年を全うできる項目を選択して解説したものとなっている。薬物と生物（細胞）とを常に意識しながら解説を行った。本教科書だけでは必須項目をカバーすることは残念ながらできないが、本教科書の知識があれば、さらに巨大な生物学教科書や専門論文原著も容易に理解するための応用力が身につくと信じている。が、信じているだけで実際には様々な問題が散在しているだろう。誤りのご指摘、ご意見、ご要望は編集部にお寄せいただき、さらに改善していきたいと思う。

　本書は裳華房編集部の野田昌宏氏、筒井清美氏をはじめ、同僚および学生諸君、諸先輩後輩各位のご協力がなければ完成しなかった。この場を借りて深い感謝の意を表したい。

2013 年 9 月

丸山　　敬（埼玉医科大学・医学部、医師、医学博士）
松岡耕二（千葉科学大学・薬学部、薬剤師、薬学博士）

目　次

1章　生命とタンパク質

1・1　生命とは何か　　　　　　　　　　1
1・2　核酸の情報　　　　　　　　　　　2
1・3　タンパク質とは　　　　　　　　　3
1・4　アミノ酸の一般構造　　　　　　　3
1・5　アミノ酸の側鎖　　　　　　　　　5
　1・5・1　酸性アミノ酸　　　　　　　5
　1・5・2　塩基性アミノ酸　　　　　　5
　1・5・3　非電荷極性アミノ酸　　　　5
　1・5・4　リン酸化されるアミノ酸　　6
　1・5・5　非極性アミノ酸　　　　　　6
　1・5・6　分枝アミノ酸　　　　　　　6
　1・5・7　芳香族アミノ酸　　　　　　6
　1・5・8　プロリン　　　　　　　　　7
　1・5・9　含硫黄アミノ酸　　　　　　7
1・6　ペプチドの一次構造　　　　　　　7
1・7　ペプチドの二次構造　　　　　　　8
1・8　タンパク質の三次構造、四次構造　9
1・9　タンパク質の立体構造と機能　　　10
1・10　タンパク質の立体構造と神経変性
　　　　疾患　　　　　　　　　　　　10
1・11　強靱なタンパク質と消化吸収　　13
1・12　認知症とコンフォメーション病　14
【1章　問題】　　　　　　　　　　　　15

2章　酵素と酵素阻害薬

2・1　遺伝子とタンパク質　　　　　　　16
2・2　構造タンパク質　　　　　　　　　16
2・3　酵素の特異性　　　　　　　　　　18
2・4　酵素活性の制御　　　　　　　　　18
　2・4・1　活性制御の例：アロステリック酵素　18
　2・4・2　補欠分子族、補酵素、補因子　19
2・5　巨大な酵素とドメイン　　　　　　19
2・6　酵素の種類　　　　　　　　　　　20
2・7　ATP　　　　　　　　　　　　　　21
　2・7・1　ATPase　　　　　　　　　　21
　2・7・2　ATPの様々な機能　　　　　22
2・8　抗炎症薬　　　　　　　　　　　　24
【2章　問題】　　　　　　　　　　　　26

3章　DNAと放射線障害

3・1　唯「タンパク質」論　　　　　　　27
3・2　分子生物学のセントラルドグマ　　28
3・3　DNAの構造　　　　　　　　　　28
3・4　相補的塩基対　　　　　　　　　　29
3・5　遺伝子工学　　　　　　　　　　　30
3・6　DNAチップ（マイクロアレイ）　　32
3・7　DNAの複製　　　　　　　　　　33
3・8　テロメア　　　　　　　　　　　　34
3・9　DNA修復　　　　　　　　　　　35
3・10　染色体とエピジェネティクス　　36
3・11　遺伝子と環境　　　　　　　　　37
3・12　細胞と放射線　　　　　　　　　37
【3章　問題】　　　　　　　　　　　　43

4章　RNAと細胞の構造

4・1	ペプチド合成	44	4・7	分泌タンパク質の合成	49
4・2	コドンの縮退、冗長性	44	4・8	ポリシストロン	50
4・3	リボソーム	44	4・9	スプライシング	51
4・4	ペプチド伸長	47	4・10	RNA 干渉	51
4・5	tRNA	47	【4章　問題】	53
4・6	特異的なアミノアシル tRNA 合成酵素	48		

5章　生体膜と細胞小器官

- 5・1　細胞の基本構造　54
- 5・2　脂溶性と水溶性　56
- 5・3　膜タンパク質　56
- 5・4　細胞外と細胞内のイオン組成　58
- 5・5　細胞小器官　58
- 5・6　ミトコンドリア　58
- 5・7　核膜　61
- 5・8　細胞核の構造　61
- 5・9　小胞体／ゴルジ　62
- 5・10　リソソーム　62
- 5・11　エンドソーム、ファゴソーム、オートファゴソーム　63
- 5・12　小胞分泌　65
- 5・13　ペルオキシソーム　65
- 【5章　問題】　66

6章　シグナル伝達

- 6・1　シグナル（情報）伝達とは？　67
- 6・2　酵素の制御における情報伝達　68
- 6・3　カスケード経路　68
- 6・4　細胞の内と外　70
- 6・5　情報伝達の標的　70
- 6・6　細胞表面受容体　71
- 6・7　細胞内受容体　72
- 6・8　セカンドメッセンジャー　72
- 6・9　cAMP　73
- 6・10　Ca^{2+}：カルモジュリン　73
- 6・11　IP_3 と DAG　74
- 6・12　NO と cGMP　75
- 6・13　キナーゼ：MAPK 系　76
- 6・14　受容体チロシンキナーゼと Ras　77
- 6・15　G タンパク質共役型受容体（GPCR）と三量体 GTP 結合タンパク質　78
- 6・16　低分子量 GTP 結合タンパク質　79
- 6・17　チャネル受容体　80
- 6・18　ステロイドホルモン受容体　80
- 【6章　問題】　83

7章　ホルモン

7・1　細胞間情報伝達物質の分類	*84*	
7・2　いわゆるホルモン	*85*	
7・3　ステロイドホルモン	*87*	
7・4　ステロイドホルモンの作用機序	*88*	
7・5　ステロイドホルモンの産生	*88*	
7・6　甲状腺ホルモン	*89*	
7・7　インスリン	*92*	
7・8　グルカゴン様ペプチド（GLP-1）	*93*	
【7章　問題】	*94*	

8章　糖質代謝と糖尿病

8・1　細胞のエネルギー源 ATP	*95*
8・2　糖質とは	*95*
8・3　代表的な糖質	*95*
8・4　貯蔵糖質	*97*
8・5　その他の糖	*98*
8・6　グルコースの代謝	*99*
8・7　ミトコンドリアでの完全燃焼	*101*
8・8　pH 勾配を利用した ATP 産生	*103*
8・9　ミトコンドリア外膜と内膜	*104*
8・10　合成系の資材を提供する解糖系	*104*
8・11　ミトコンドリアとアポトーシス	*105*
8・12　糖新生	*105*
8・13　血糖の維持	*106*
8・14　グルコースの細胞内への輸送	*108*
8・15　HbA1c	*109*
【8章　問題】	*111*

9章　脂　質

9・1　脂質とは	*112*
9・2　脂肪酸	*112*
9・3　中性脂肪	*114*
9・4　脂肪酸代謝	*114*
9・5　ケトン体	*114*
9・6　脂肪酸合成とペントース・リン酸回路	*116*
9・7　血中リポタンパク質	*116*
9・8　胆汁酸の吸収阻害	*121*
9・9　小腸のコレステロールトランスポーターの阻害	*121*
9・10　肺の界面活性剤	*122*
9・11　神経の脂質	*122*
【9章　問題】	*124*

10章　ウイルス・細菌・植物

- 10・1　生物の分類 … 125
- 10・2　ウイルスの構造 … 127
- 10・3　ウイルスと細胞 … 127
- 10・4　ウイルスゲノムの複製 … 128
- 10・5　ヘルペスウイルス … 128
- 10・6　インフルエンザウイルス … 132
- 10・7　癌ウイルス … 134
- 10・8　細菌 … 135
- 10・9　グラム染色 … 136
- 10・10　耐性菌、菌交代症、日和見感染 … 138
- 10・11　マイコプラズマ、クラミジア … 138
- 10・12　腸内細菌、正常細菌叢 … 138
- 10・13　真菌 … 138
- 10・14　植物、光合成 … 139
- 10・15　ミドリムシ … 139
- 【10章　問題】… 141

11章　細胞運動・細胞分裂・幹細胞

- 11・1　運動 … 142
- 11・2　筋肉 … 142
- 11・3　骨格筋 … 143
- 11・4　心臓 … 145
- 11・5　平滑筋 … 146
- 11・6　細胞骨格と細胞運動 … 147
- 11・7　微小管 … 149
- 11・8　微絨毛、繊毛、鞭毛 … 149
- 11・9　細胞分裂 … 150
- 11・9・1　体細胞分裂 … 150
- 11・9・2　減数分裂 … 152
- 11・10　幹細胞 … 153
- 11・11　癌幹細胞 … 154
- 11・12　ノックアウトマウス … 154
- 11・13　トランスジェニック動物（マウス、牛）… 155
- 11・14　クローン動物の作製 … 156
- 【11章　問題】… 157

12章　免　疫

- 12・1　生体防御 … 158
- 12・2　免疫系細胞 … 158
- 12・3　自然免疫と獲得免疫 … 160
- 12・4　抗体 … 160
- 12・5　抗体の種類 … 162
- 12・6　補体 … 162
- 12・7　ポリクローナル抗体とモノクローナル抗体 … 163
- 12・8　IgEによるアレルギー … 166
- 12・9　アレルギーの分類 … 167
- 12・10　抗体の多様性と自己／非自己の識別 … 168
- 12・11　抗体の多様性 … 168
- 12・12　自己と非自己の識別 … 169
- 12・13　主要組織適合遺伝子複合体（MHC）… 169
- 【12章　問題】… 172

13章　癌

13・1　悪性腫瘍　　　　　　　　　　173
13・2　癌の遺伝子変異　　　　　　　174
13・3　増殖因子と癌　　　　　　　　177
13・4　浸潤と転移　　　　　　　　　179
13・5　アポトーシスとネクローシス　179
13・6　老化　　　　　　　　　　　　181
【13章　問題】　　　　　　　　　　181

14章　脳と神経

14・1　脳科学の現状　　　　　　　　182
14・2　神経系の分類　　　　　　　　182
14・3　神経を構成する細胞　　　　　183
14・4　活動電位　　　　　　　　　　184
14・5　ニューロンの構造　　　　　　186
14・6　跳躍伝導　　　　　　　　　　187
14・7　シナプス　　　　　　　　　　187
14・8　ミエリン鞘　　　　　　　　　191
14・9　アストロサイト　　　　　　　192
14・10　ミクログリア　　　　　　　 192
14・11　ニューロンとグリア　　　　 192
14・12　白質と灰白質　　　　　　　 193
【14章　問題】　　　　　　　　　　194

15章　薬物と臓器

15・1　臓器の特徴　　　　　　　　　196
15・2　肝臓　　　　　　　　　　　　196
　15・2・1　CYP　　　　　　　　　 198
　15・2・2　CYPを介した薬物相互作用　198
　15・2・3　抱合　　　　　　　　　 199
　15・2・4　腸肝循環　　　　　　　 199
15・3　腎臓　　　　　　　　　　　　200
　15・3・1　レニン-アンギオテンシン　200
　15・3・2　エリスロポエチン　　　 201
　15・3・3　腎臓と薬物　　　　　　 202
　15・3・4　尿のpHと薬物　　　　　 202
15・4　腸内細菌　　　　　　　　　　203
15・5　心房　　　　　　　　　　　　204
15・6　肺　　　　　　　　　　　　　204
15・7　その他の臓器　　　　　　　　205
【15章　問題】　　　　　　　　　　205

問題解答　　　　　　　206
参考文献　　　　　　　214
索引　　　　　　　　　215

囲み記事

必須アミノ酸	3
光学異性体	5
ヒスチジンから作られるヒスタミン	5
中華料理店症候群	6
アミノレバン®	6
エビデンス	6
プリオン病	11
実験系と現実の乖離	13
コラーゲンと病気	17
謎のCOX3	25
〜オーム（〜ome）	27
複雑なセントラルドグマ	28
活性酸素の役割	38
トランスポゾンとレトロポゾン	39
放射線障害	40
遺伝子と環境とノイズ	42
「沈黙」は「同意」にあらず（サイレント変異）	46
コエンザイムQ10	60
CoQ10の偽薬	60
リソソーム病	63
細胞表面膜の受容体の代謝	64
糖尿病治療薬チアゾリジン系	66
基質、受容体、標的	68
細胞外シグナル伝達と薬物の例	70
双極性障害とシグナル伝達	74
バイアグラ	76
クスリはリスク	76
ステロイドホルモンの非ゲノム効果	81
メカニカルシグナル伝達	82
甲状腺ホルモン異常症	90
安定ヨウ素剤	92
新しい糖尿病治療に期待が高まるGLP-1	94
α-グルコシダーゼ阻害薬（糖尿病治療薬）	96
食物繊維	98
インスリン分泌と血糖降下薬	110
コレステロールと動脈硬化	119
スタチン類	119
真正細菌と真核生物の中間に位置する古細菌	126
RNAウイルス	129
ファージを利用した医学研究	130
ノイラミニダーゼ阻害薬	134
抗菌薬	137
標的遺伝子を改変するベクター	155
抗体製剤	164
抗TNF-α抗体	165
新薬開発につきまとう危険性	165
免疫抑制薬	170
慢性骨髄性白血病	176
乳癌とHER2受容体	178
血液脳関門；BBB	184
平衡電位	185
ニューロン新生	188
脳科学	191
選択的セロトニン再取込み阻害薬SSRI	194
コリンエステラーゼ阻害薬	195
皮膚細菌叢	203
便移植	203

1章　生命とタンパク質

○　生命とは、核酸の遺伝情報を元に触媒反応を行う有機体である。
○　遺伝情報はタンパク質（ペプチド）のアミノ酸配列と、そのタンパク質が生合成される量、時、所を指定する。
○　タンパク質の性質はアミノ酸配列により「ほぼ」決定されるが、同じアミノ酸配列であっても立体構造や修飾の違いにより、著しく性質が異なることがある。
○　プリオン病では、正常型とは立体構造のみが異なる異常タンパク質により神経細胞が傷害される。

　タンパク質は生物を構成する代表的な物質と言える。生物学においてタンパク質の性質の理解は必須である。生体の複雑な機能は基本的にはタンパク質が担っている。タンパク質の物質としての特徴は「堅さ：それぞれのタンパク質が特異的な機能をもつ」と「柔らかさ：機能や形を必要に応じて変えることができる」である。これが生命にしたたかさを与えて、生物は驚くほど多様な環境で生き抜くことができる。ヒトでは主要なタンパク質だけでも3万種類もが存在する。それぞれが独特の性質をもち、様々な機能を担っている。多数の種類のタンパク質を効率よく作るために、基本となる構成要素、つまりタンパク質を作る材料は20個程度のアミノ酸のみとなっている。アミノ酸が一本鎖として連結したペプチド鎖が複雑に折り畳まれて独特の機能を発揮している。

1・1　生命とは何か

　「生きていること」あるいは「生命」の定義はなかなか難しい（図1・1）。ヒトの場合には「社会的には死んでいる」ということもある。道に転がっている犬が生きているか、死んでいるかを確かめるのに、棒で突っ突いて動くか動かないかで判断することがある。動いているということは、一つの指標となる。植物はあまり動いていないが、長時間観察すれば、芽を出し、花が開き、根は伸びていく。が、自動車は動くといっても生物とはいえないだろう。液体窒素（－196℃の極低温）に保存されている受精卵はまったく動かない。しかし、適切に解凍して、子宮に戻せば、一つの個体になる。やはり生物だろう。子供をつくるのが生物だろうか。子供を作らない生物は寿命が来れば死に絶えるから、やがて、存在しないことになる。しかし、コンピュータウイルスは、自己を複製して、次のパソコンへコピーを作り出す。が、生物ではない。本当のウイルスは単独ではまったく活動せず、動くことも増えることもない。しかし、他の生物（細胞）に入り込むと、どんどん増殖していく。

　一般的にすべての生物に共通しているのは、核酸の遺伝情報に基づいてタンパク質を合成し、そのタンパク質の作用により、核酸の複製を作製するということである。したがって、「生命とは何か」と問われれば、「核酸の遺伝情報に従って活

動する有機体」とするのが良いのではないかと思われる。

1・2 核酸の情報

核酸の情報が指定するものは、タンパク質のアミノ酸配列と、そのタンパク質がどの細胞で（単細胞生物の場合には、この情報は不要となる）、何時、そして、どのくらいの量が生成するかということである（図1・2）（なお、タンパク質に翻訳されないRNAも多数産生され、重要な機能を担っていることが明らかになってきた）。アミノ酸配列は不変であるが、場所（組織、核や細胞）／時間／量は外界との情報のやりとりによって大きく変動する。例えば、筋肉になる細胞は、筋肉が作られるときに筋肉のみに必要なモータータンパク質を大量に作り出す。温度が著しく上昇した場合には、ヒートショックタンパク質という防御タンパク質が作られる。このように生物は環境の

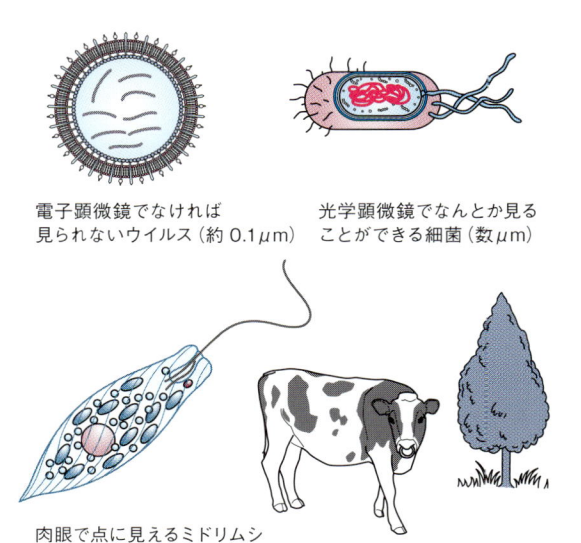

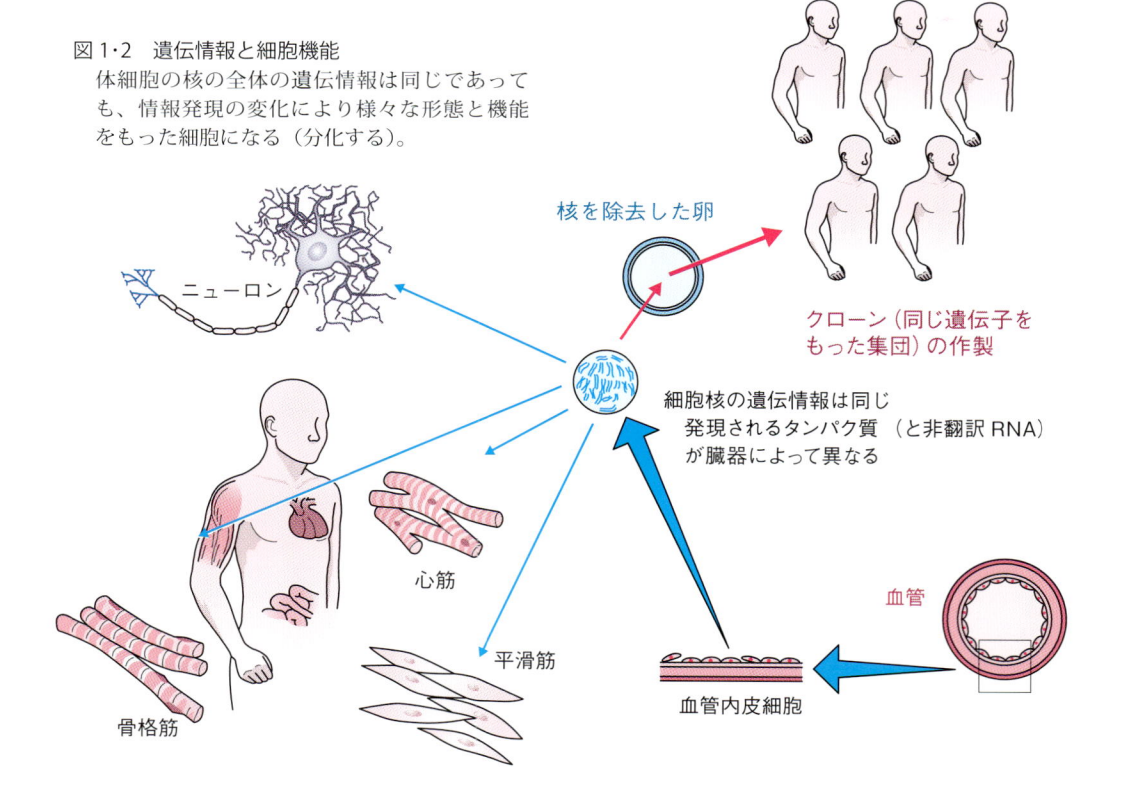

電子顕微鏡でなければ見られないウイルス（約0.1μm）

光学顕微鏡でなんとか見ることができる細菌（数μm）

肉眼で点に見えるミドリムシ（数十μm）

図1・1　いろいろな生物
地球上には想像を絶する未知の生物が数多く存在する。

図1・2　遺伝情報と細胞機能
体細胞の核の全体の遺伝情報は同じであっても、情報発現の変化により様々な形態と機能をもった細胞になる（分化する）。

ニューロン

核を除去した卵

クローン（同じ遺伝子をもった集団）の作製

細胞核の遺伝情報は同じ
発現されるタンパク質（と非翻訳RNA）が臓器によって異なる

心筋

平滑筋

骨格筋

血管

血管内皮細胞

変化に適応していく。

1·3 タンパク質とは

タンパク質の基本構造はアミノ酸が連結したペプチド鎖である。1本のペプチド鎖からなるタンパク質もあれば、それが数本結合したタンパク質もある。また、ペプチド鎖に糖、脂質、リン酸基など、アミノ酸以外のものが共有結合している場合もある。ペプチド鎖の脇からペプチド鎖が枝分かれしているタンパク質はほとんどない（例外：グルタチオン：グルタミン酸側鎖のカルボキシ基にペプチド結合が形成されている。後述）。

タンパク質を理解するためには、ペプチドを理解する必要があり、ペプチドを考えるにはアミノ酸を知っている必要がある（図1·3）。

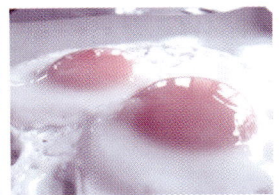

図1·3 生体の主要成分はタンパク質、脂質、糖質（炭水化物）である。

卵白はほとんどタンパク質（蛋白質の語源）からなる。黄身には脂質が多く含まれる。ご飯は糖質（炭水化物）である。

タンパク質は変性しやすい。卵をゆでると不可逆的に凝固してしまい、元に戻らない。

メモ 1.1

例外ばかりを考えていると混乱するので、ひとまずは、タンパク質は直鎖のペプチドから構成されると理解しよう。本文では断定的に説明していくが、頭の隅に、何事にも例外がありうることは意識しておこう。将来、説明がつかない事象に遭遇したら、なんらかの例外的あるいは想定外の事象ではないかと考えよう。しかし、例外を理解するためには常識を知らなくてはならない。

1·4 アミノ酸の一般構造

炭素には4個の原子あるいは基が結合することができる。すべてのアミノ酸に共通して、1個の炭素に、水素、カルボキシ基（-COOH）、アミノ基（-NH$_2$）が結合している。残りの1個は遺伝子が直接指定する20種類の側鎖（残基とほぼ同義、後述）となる。したがって、基本的なアミノ酸は20種類となる（図1·4, 図1·5）。

このCOOH基は酸性溶液では-COOH、アルカリ性溶液では-COO$^-$と電荷をもつようになる。アミノ基は、酸性溶液（条件）では-NH$_3^+$と電荷をもち、アルカリ性溶液では-NH$_2$となり電荷を失う。酸性溶液ではH$^+$が大量に存在するので、H$^+$は-COO$^-$あるいは-NH$_2$に押し付けられる。

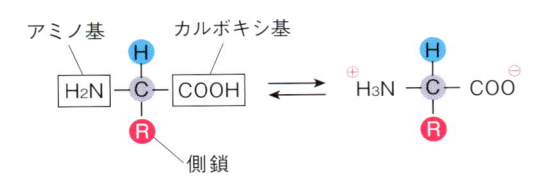

図1·4 アミノ酸の一般構造
R（側鎖）は20種類ある。中性付近の溶液では、カルボキシ基もアミノ基もだいたい電荷をもっている（右図）。

コラム 1.1 ＜必須アミノ酸＞

ヒトが体内で産生することができず、食事として摂取しなくてはならないアミノ酸を必須アミノ酸という。下記の9種類である。トリプトファン・リシン・メチオニン・フェニルアラニン・トレオニン・バリン・ロイシン・イソロイシン・ヒスチジン（アルギニンは不足しやすいことから＜準＞必須アミノ酸とされる）。チロシンはフェニルアラニンから産生される。アラニン、アスパラギン（酸）、グルタミン（酸）、セリン、グリシン、システインは糖代謝の産物を利用して生合成される。プロリン、アルギニンはグルタミン酸から産生される。

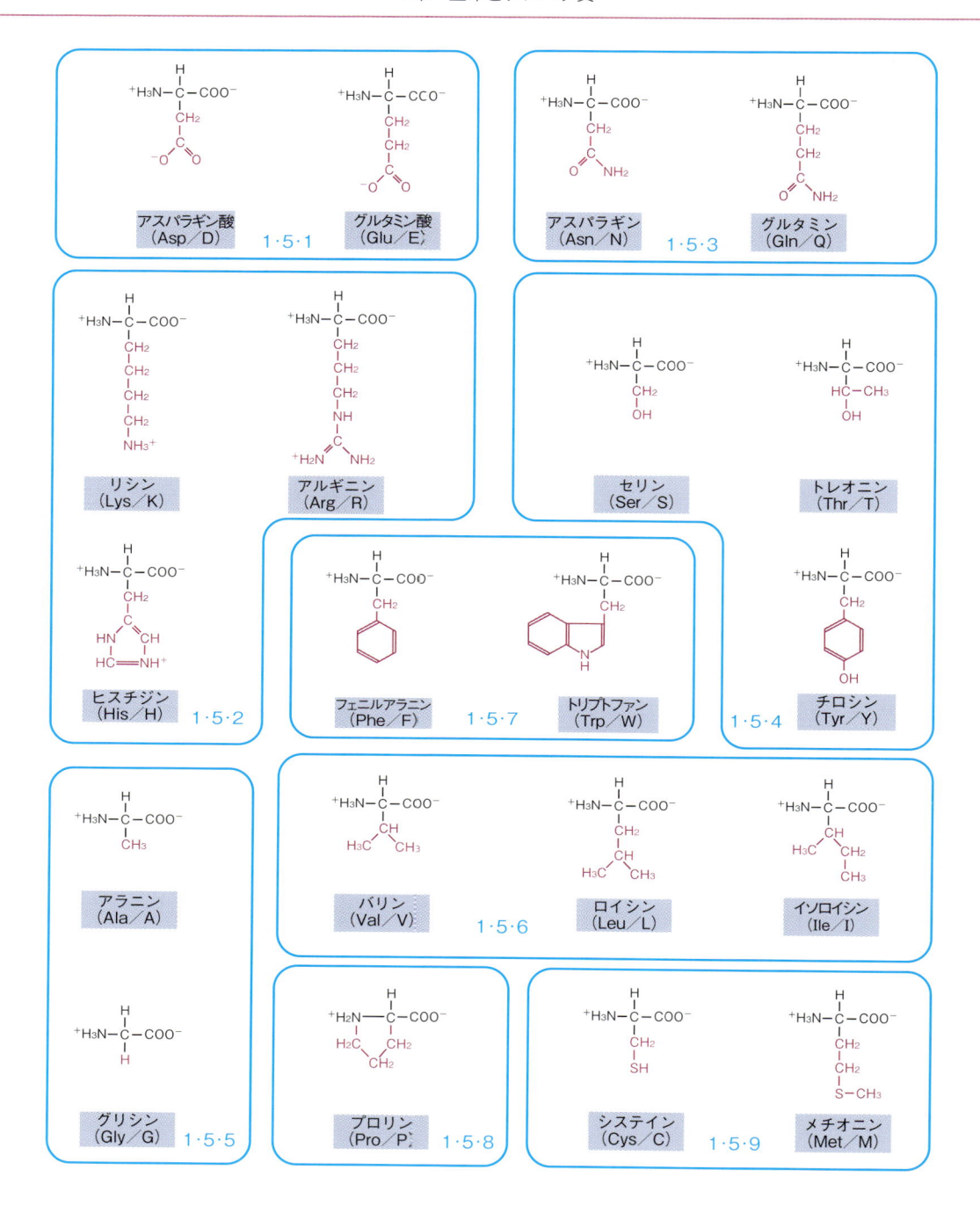

図 1·5 アミノ酸（それぞれの詳細は 1.5 節参照）
  1·5·1：酸性アミノ酸、1·5·2：塩基性アミノ酸、1·5·3：非電荷極性アミノ酸、1·5·4：リン酸化されるアミノ酸、1·5·5：非極性アミノ酸、1·5·6：分枝アミノ酸（側鎖は枝分かれした炭化水素鎖）、1·5·7：芳香環をもつ疎水性アミノ酸（神経伝達物質のことは 23 頁参照）、1·5·8：アミノ基との間でリング構造をつくるアミノ酸、1·5·9：含硫黄アミノ酸。

逆に、塩基性溶液ではH⁺が少ないので、-COOHや-NH₃⁺からH⁺がはぎとられる（15章＜尿のpHと薬物＞も参照）。

グリシン以外のアミノ酸では、4本の「手」を持った炭素に、アミノ基、カルボキシ基、水素、そして側鎖という4種類の異なった基が結合している。このような炭素では、側鎖の結合の順番により右手と左手というように鏡像関係の異性体（光学異性体）が存在する。基本的には通常の生体のアミノ酸のほとんどは一種類L体である。

> **コラム 1.2 ＜光学異性体＞**
>
> 分子式が同じで性質が異なる分子をお互いに異性体という。光学異性体は分子構造がお互いに鏡像関係である異性体をいう。光学異性体がありえることをキラリティー chirality（掌性、手のひら）という。キラリティーをもつ原子を不斉中心という。「右手体」と「左手体」を区別するための表記に、D体とL体、d体とl体、R体とS体、（＋）と（−）がある。D体とL体が混ざっているのをラセミ体という。なお上記表記間の対応は不定である（例えばD体は必ずしもd体ではない）ことに注意。
>
> 生体の多くのアミノ酸はL体である。老化するとD体のアミノ酸が増えてくるという。また、中枢神経系ではD-セリンが脳の高次機能に関与しているらしい。

1·5　アミノ酸の側鎖

アミノ酸の側鎖によって物理化学的性質が異なる（図1·5）。

1·5·1　酸性アミノ酸

アスパラギン酸とグルタミン酸（図1·6）は、側鎖にCOOH基があり、酸性あるいは負の電荷をもつ性質がある。略号のAsp、Glu、あるいはD、Eもできる限り覚えるようにしよう。

1·5·2　塩基性アミノ酸

酸性があれば塩基性のものもある。リシンとアルギニンはNH₂基を、ヒスチジンはHに親和性の高いN元素を側鎖にもっている。正の電荷をもつ性質がある。

> **薬学ノート 1.1 ＜ヒスチジンから作られるヒスタミン＞**
>
> 虫刺されに汎用されている「ムヒ®」の主要成分は抗ヒスタミン薬である。ヒスタミンは体の防衛機構に属しているが、かゆみや浮腫を引き起こしアレルギー反応を直接的に誘引する。また、胃では胃酸分泌を促進する。このヒスタミンはヒスチジンから作られる。アミノ酸はタンパク質を構成するだけではなく、神経伝達物質などの前駆体（生合成のための材料）でもある（本章＜1.5.7 芳香族アミノ酸＞参照）。

1·5·3　非電荷極性アミノ酸

アスパラギンとグルタミンはそれぞれアスパラギン酸とグルタミン酸の-COO⁻が-CO-NH₂とな

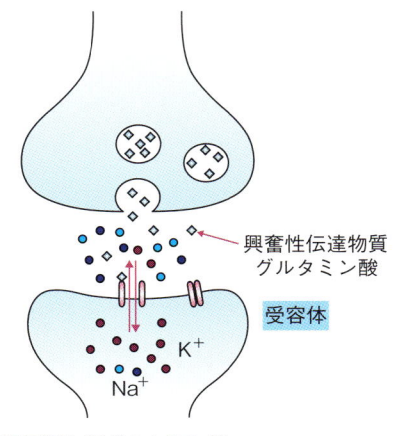

図1·6　神経伝達物質グルタミン酸
グルタミン酸は興奮性の神経伝達物質（神経における情報伝達物質）である。神経細胞（ニューロン）が次のニューロンにシグナルを伝えるところがシナプスである。シナプス前のニューロンから放出されたグルタミン酸は、シナプス後のニューロンの表面膜にあるグルタミン酸受容体に結合して情報を伝達していく（14章190頁参照）。

> **メモ 1.2 ＜中華料理店症候群＞**
>
> グルタミン酸（L-グルタミン酸ナトリウム）は味の素や昆布に含まれるうまみ成分でもある。中華料理店症候群 Chinese Restaurant Syndrome は、中華レストランでの食事後に顔面や唇の違和感、頭痛、顔面紅潮、発汗などが生じる 1960 年代にアメリカで喧伝された症候群である。グルタミン酸の過剰摂取が原因とされていたが（グルタミン酸の興奮性作用である程度は説明できる）、その因果関係は証明されておらず、グルタミン酸を過剰に摂取しても再現できない。

り負の電荷を失っている。しかし、ある程度の極性（水への親和性）を維持している。

1・5・4 リン酸化されるアミノ酸

水酸基（ヒドロキシ基）をもつアミノ酸も非電荷極性アミノ酸に性質は類似しているが、リン酸化される特徴がある。リン酸化されると負電荷が多くなり性質が著しく変わる。後で説明するシグナル伝達に重要な役割を担っている。

1・5・5 非極性アミノ酸

これまで説明してきた 10 個のアミノ酸は親水性であるが、残りの 10 個のアミノ酸は疎水性（非極性）で、どちらかといえば油に類似した側鎖をもっている。アラニンとグリシンは単純な構造の非極性アミノ酸である。グリシンについては 20 個のアミノ酸の中で、唯一、炭素原子に結合している 4 個の基のうちの二つが水素と同じであり、光学異性体をもたない。アラニンでは、1 個の炭素原子にアミノ基、カルボキシ基、メチル基、そして水素と 4 個の異なる基が結合している、最も単純な光学異性体をもつアミノ酸である。

1・5・6 分枝アミノ酸

バリン、ロイシン、イソロイシンの側鎖が枝分かれしていることから、分枝アミノ酸（branched chain amino acid、BCAA）と分類される。筋肉には分枝アミノ酸が豊富に含まれていることから、運動時に服用すると、筋肉のタンパク質分解を抑制し、脂肪をより消費するということが想定されている（エビデンス＜きちんとした臨床試験による根拠＞は不明）。

> **薬学ノート 1.2 ＜アミノレバン®＞**
>
> アミノレバンは分枝アミノ酸を豊富に含む経口／輸液栄養剤である。肝不全による血液中のアミノ酸異常を改善し肝性脳症に有効であるとされていた。現在では、特異的に有効というわけではないが、比較的安全な栄養剤と考えられている。（注 ® は商品名であることを示す）

> **薬学ノート 1.3 ＜エビデンス＞**
>
> エビデンスはいわゆる根拠であるが、医療の場では、きちんとした臨床研究に基づく根拠のことである。この「きちんとした」がやっかいで、十分に評価しないと、かなり「怪しい」エビデンスも多々ある。下記がいわゆるエビデンスレベルであり、数字が大きいほど根拠としては乏しくなる。
>
> I　システマティック・レビュー（メタアナリシス）
> II　1 つ以上のランダム化比較試験
> III　非ランダム化比較試験
> IV　分析疫学的研究（コホート研究や症例対照研究）
> V　記述研究（症例報告や症例集積研究）
> VI　専門委員会や専門家個人の意見

1・5・7 芳香族アミノ酸

フェニルアラニンとトリプトファン（およびチロシン）は大きな芳香環を側鎖にもつ疎水性アミノ酸である。それぞれペプチドの構成要素だけではなく、神経伝達物質などの前駆体としても重要である。

1·5·8 プロリン

プロリンも疎水性アミノ酸に分類されるが、側鎖とアミノ基との間でリング構造をもっている。通常のアミノ酸ではアミノ基と炭素基の結合は回転できる柔軟なものであるが、プロリンでは固定化される。これはペプチドの構造を考えるときに重要となる。コラーゲンに多く含まれる（2·2 参照）。

1·5·9 含硫黄アミノ酸

メチオニンとシステインは側鎖に硫黄原子がある。システインの SH 基は、細胞内は基本的には還元状態なので、遊離しているが（還元状態）、細胞外では酸化されて、ペプチド鎖同士を連結する架橋（-SS-）となる。このシステイン同士が結合したものをシスチンといい、タンパク質の立体構造の維持に重要な役割を担っている。メチオニンは側鎖末端のメチル基を他の分子に与えるメチル基供与体として重要である（図 1·7、図 1·8）。

1·6 ペプチドの一次構造

アミノ酸が共通にもつアミノ基とカルボキシ基は脱水されてペプチド結合を形成する。一つのアミノ酸のカルボキシ基が次のアミノ酸のアミノ基とつぎつぎにペプチド結合を作っていくことにより、アミノ酸が連鎖したペプチド鎖が形成される。だいたい 10 アミノ鎖程度までのペプチド鎖をオリゴペプチド、それ以上をポリペプチドと呼ぶ。最大のタンパク質とされる筋肉の titin/connectin は 3 万個程度からなる。アスパラギン酸やグルタミン酸の残基にはカルボキシ基があり、これにアミノ基が結合することにより枝分かれしたペプチド鎖も形成され得るが、ほとんどのペプチドは枝分かれしていない。ペプチドのアミノ鎖配列を記すときは、慣習的に、遊離アミノ基がある N 末端側を 1 番として、順に遊離カルボキシ基がある C 末端へと番号を振っていく。これは、後述する遺伝暗号に従ってアミノ酸が連結されていく順番でもある（図 1·9、図 1·10、図 1·11）。このアミノ酸の配列をペプチドの一次構造という。

> **メモ 1.3**
> ペプチド内に残っているアミノ酸分枝をアミノ酸残基という。

図 1·7 活性メチオニン（S アデノシルメチオニン）
メチオニンにアデノシンが結合するとメチオニンの硫黄（S）元素に結合したメチル基の反応性が高まり、生体内分子のメチル化に関与する。

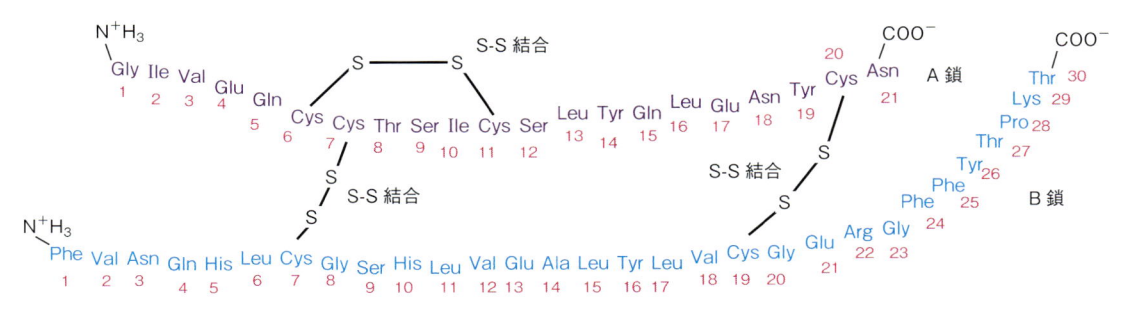

図 1·8 ペプチド鎖を架橋するシステイン
　システインの SH 基は水素が結合している還元状態から、酸化されて水素が除去されると S-S 結合（ジスルフィド結合）を作り連結する。このような構造を架橋という。インスリンを例にすると、A 鎖と B 鎖の間には 2 個の S-S 結合が存在する。また、A 鎖には同じペプチド鎖内で S-S 結合が形成されている。これらはインスリンタンパク質の立体構造の形成に重要な意味をもつ。

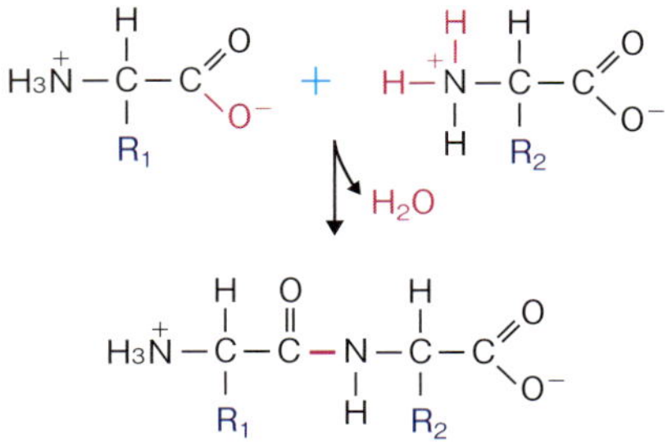

図1·9 ペプチド結合
二つのアミノ酸それぞれのアミノ基とカルボキシ基は脱水されて連結することができる。これをペプチド結合という。

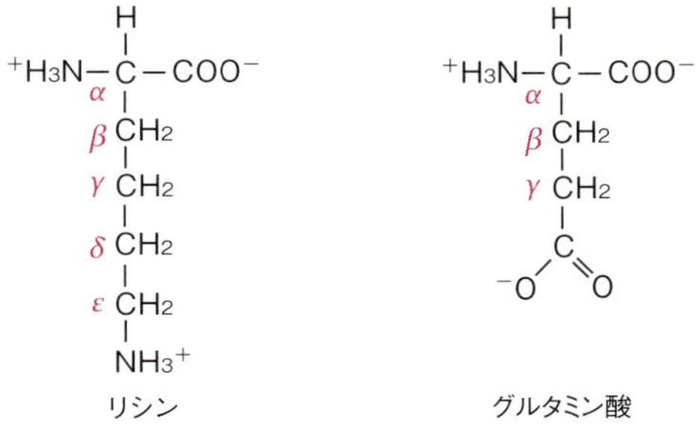

図1·10 アミノ酸側鎖の炭素の命名法
とくにペプチドを形成したアミノ酸側鎖の炭素をギリシャ文字で順に命名する。α位炭素はペプチド結合を形成している炭素、グルタミン酸のγ位の炭素は端のカルボキシ基が結合している炭素を指す。

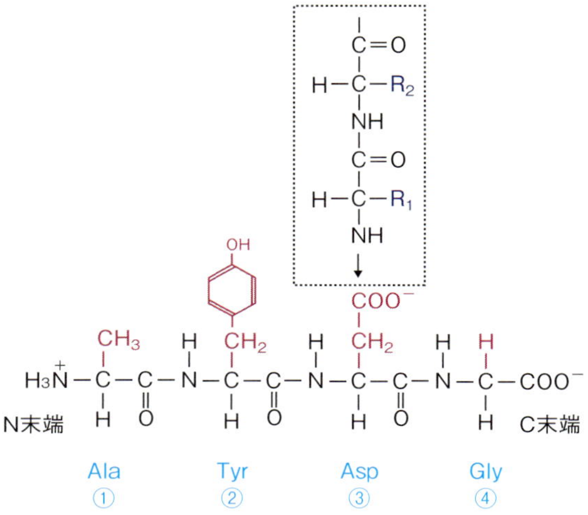

図1·11 ペプチド鎖
アミノ酸のα位の炭素のアミノ基とカルボキシ基がつぎつぎにペプチド結合を形成して、鎖状にアミノ酸が連なったペプチドが形成される。図示する場合には、遺伝情報に基づいて合成される順番に従って遊離N末端があるN末を左に置き、その側から順に番号付けされる。上記の例でペプチドを記載するときは Ala Tyr Asp Gly となる。
アスパラギン酸やグルタミン鎖のカルボキシ基から枝分かれすることもあり得るが、ほとんどのペプチドは枝分かれしていない。遺伝情報が指定するのは枝分かれしていないペプチドのアミノ酸配列である(枝分かれペプチドは遺伝情報が指定する酵素によって生成される)。

1·7 ペプチドの二次構造

ペプチドのアミノ酸配列がタンパク質の一次構造である。タンパク質の二次構造とはペプチドの特徴的な構造であるαヘリックスとβシートを意味する。αヘリックスは1本のペプチド鎖がつくるらせん構造である。βシートはペプチド鎖が平行にならんで形成される。お互いのペプチド鎖がN末端とC末端の方向が同じ平行βシートと逆向になる逆平行βシートがある。これらの構造はアミノ酸配列からある程度は推測できるが、完全に定まったものではない。また、状況(環境)によってらせん構造が消失したり、βシートが形成されたりするということもある(図1.12, 図1.13)。

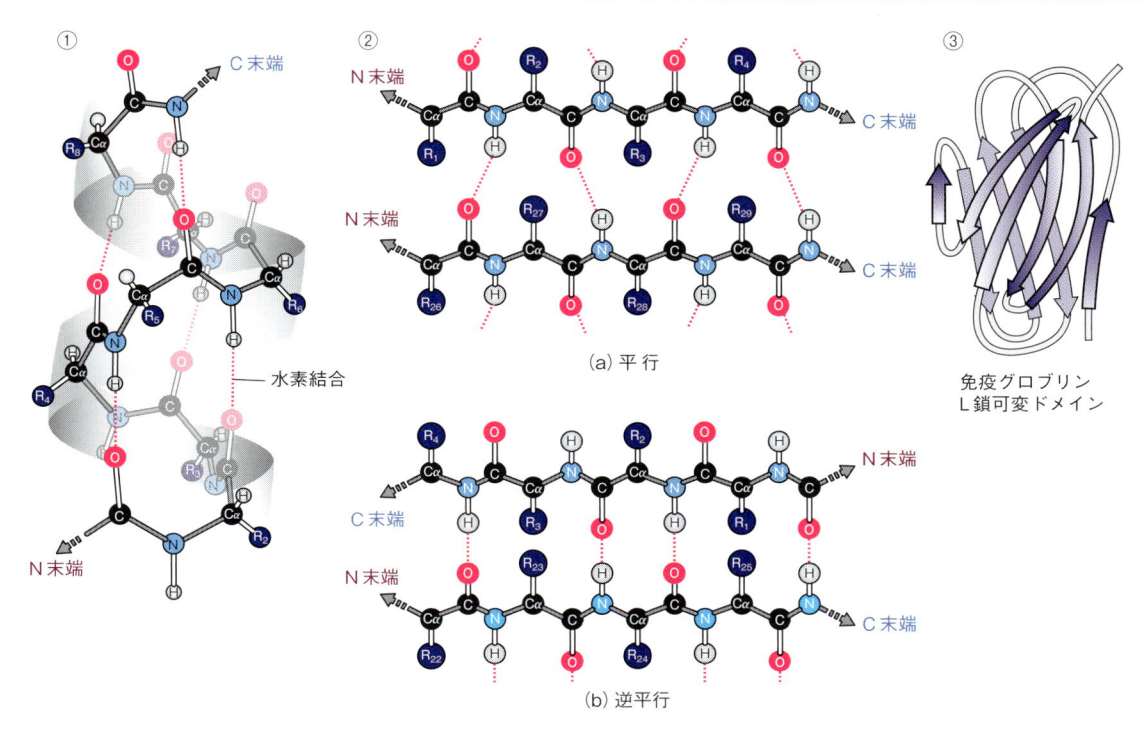

図1・12 αヘリックスとβシート
① αヘリックス。4アミノ酸ごとにCOがNHのHを引きつける結合（水素結合）によりらせん構造が安定化している。
② βシート。平行に位置するペプチドの間で、COとNHが水素結合を形成する。密な丈夫な構造を形成する。
③ βシートは2本のペプチドだけではなく、何本もの間にも形成される（赤坂, 2010より改変）。

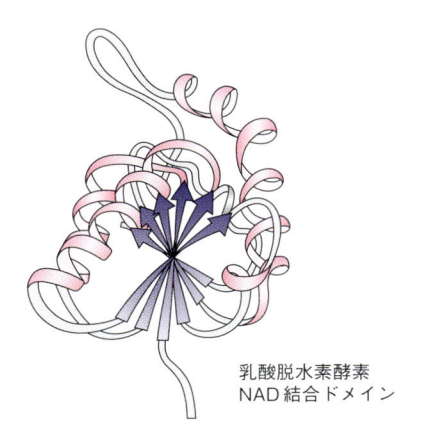

図1・13 1本のペプチド鎖に作られうる多数のαヘリックスとβシート
長いペプチドでは、ある領域でαヘリックス（ピンクのらせん）が、別の領域ではβシート（紫のリボン）というように、多数の二次構造が形成されうる（赤坂, 2010より改変）。

1・8 タンパク質の三次構造、四次構造

　ペプチドを基本として、時として、糖鎖や脂肪酸の付加といった修飾を受けて、正確な立体構造を形成して機能を発揮する分子の総称がタンパク質である。二次構造以外の様々な立体構造をタンパク質の三次構造という。3次元（立体）構造と言葉としては似ているが、概念としては、一次（アミノ酸配列）、二次（αヘリックス、βシート）に次ぐ第3の立体構造という意味で三次構造である（図1・14）。

　タンパク質の中には複数のペプチドから構成されるものがある。それぞれのペプチドをサブユニットという。サブユニットが構成する立体構造を、タンパク質の三次構造の次の構造ということ四次構造という。

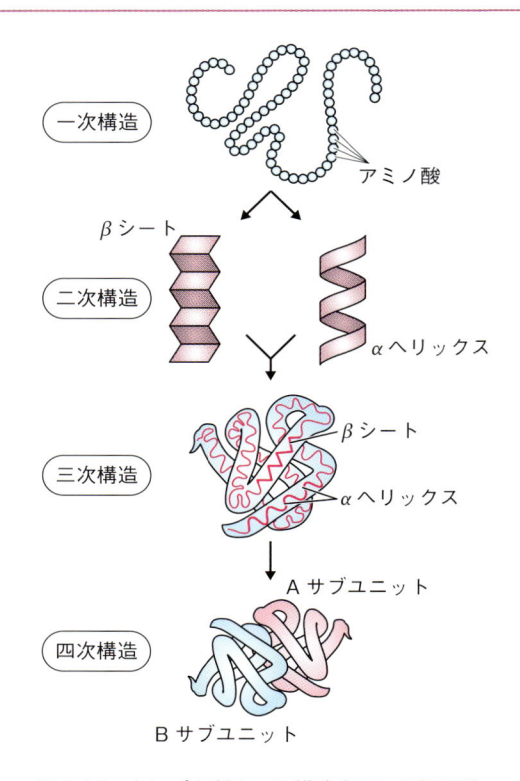

図1・14 タンパク質の一次構造（アミノ酸配列）、二次構造（αヘリックスとβシート）、三次構造（単一ペプチドが構成する立体構造）、四次構造（複数のペプチドが構成する立体構造）
三次構造はだいたい三次元（立体）構造を意味しているが、二次構造が平面を意味する二次元構造ではないことに注意。

1・9 タンパク質の立体構造と機能

ペプチド鎖のみからなるタンパク質もあるが、しばしばリン酸化や糖鎖付加など、タンパク質にはペプチド鎖以外の成分が含まれている。こうして多くのタンパク質は巨大な複雑な立体構造をもった分子となっている。生命活動にはタンパク質の特異的かつ適切に制御された活性が必須である。その特質のためにはタンパク質の立体構造が重要である。限られた材料で無限とも言える機能物質を作製するために、20種類のアミノ酸が多数連結したタンパク質が進化的に「開発」されたと思われる。

タンパク質の立体構造（三次、四次）はアミノ酸配列によってほとんど（間接的な場合を含めて）決定される。間接的にというのは、例えば、ペプチドのアミノ酸の水酸基がリン酸化されると立体構造は大きく変化するが、そのリン酸化を行う酵素の活性もアミノ酸配列によって決定されているという意味である。そして、その構造はガラスのコップのようにがっちりとして変形しない（変形したときは砕けて元に戻らない）というようなものではなく、膨らんだ風船のように状況に応じて変形するものである。その変形は元に戻る可逆的なものであるが、あまりに過酷な条件では風船が破裂してしまうように、タンパク質も元にもどらず不可逆的に変性してしまうこともある。例えば、卵の白身はほとんど純粋にタンパク質（タンパクという名称は卵白に由来するとされる）のみを含むが、ゆで卵は白く固まり、温度が下がってももとの透明な柔らかい白身には戻らない（図1.3右を参照）。このような機能を失う変化を変性という。変性には機能を回復する可逆的変性と機能を完全に失ってしまう不可逆的変性がある。

1・10 タンパク質の立体構造と神経変性疾患

タンパク質の立体構造は、酵素活性の特異性や制御に重要である。そればかりではなく、疾患に直接的に関与していることが知られている。タンパク質が関係した疾患の原因としては、必要なタンパク質が作られない、あるいは、活性を失ってしまうという劣性遺伝疾患が考えやすい。当然ながら、必要なタンパク質が不足するので、細胞機能に異常が生じる。そのような各タンパク質の特定の機能とは別個に、タンパク質の構造が変化すること自体が悪影響（毒性を発揮する）をもたらすという疾患群がある。立体構造による疾患ということで「コンフォメーション病 conformational disease」と総称されている（図1・15）。

A 正常状態　　　　　　　　　　B 病的状態

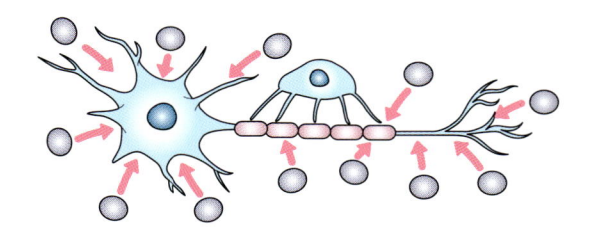

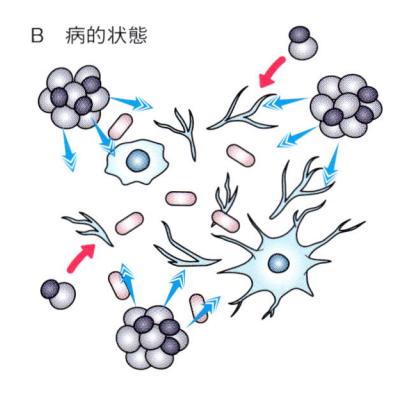

図 1・15　コンフォメーション病 conformational disease
　　　　　正常タンパク質の立体構造が異常となり、毒性のある凝集体
　　　　　を形成する。

コラム 1.3 ＜プリオン病＞

　イギリスで流行した狂牛病はタンパク質のみからなる感染因子プリオンが原因とされる。通常の感染性病原体はウイルス、細菌、真菌、寄生虫である。ウイルス以外は細胞構造があり、DNA の遺伝情報を元に増殖する生物である。ウイルスが生物かどうかはたまに議論になるが、他の細胞を乗っ取り、自分の遺伝情報（ウイルスの場合には DNA だけではなく RNA のこともある）を元に増殖する生物としておく。
　プリオン（proteinaceous infectious particle）は核酸をもたないタンパク質のみの感染因子である。ウイルスのタンパク質は感染した宿主細胞にウイルスのゲノム情報に基づいてタンパク質を合成させて「増殖」する。しかし、プリオンには遺伝子がないので、感染細胞にプリオンを作らせることはできない。そこで、異常プリオンは細胞がもっている正常プリオンを異常プリオンに変換するのである。結果として、その細胞に異常プリオンが増殖することになる。平和な村に一人ドラキュラ（吸血鬼）が入り込むと考えよう。ドラキュラに噛まれた人もやがて吸血鬼になっていく。つぎつぎに噛まれてその村全員がドラキュラになって村は崩壊していくのである。
　このプリオン説が正しいかどうかについてはいろいろ異議がある。が、だいたい現在では認められている。例えば、狂牛病の牛の脳の破砕物（ホモゲネート）をマウスの脳に接種すると数か月してマウスは狂牛病となる。ところが、プリオンをもたないマウス（プリオン遺伝子ノックアウトマウス）に接種しても発病しないのである。ただ、試験管内で正常プリオンを異常プリオンに変換することはなかなかできなかった。脳ホモゲネートを加える必要があった。しかし 2010 年ごろに、組換えタンパク質だけで、効率は悪いものの感染性（異常）プリオンを作れるようになってきた。なおプリオンノックアウトマウスはほとんど正常である。この危険なプリオンが何のために存在しているかは不明である。ノックアウトマウスは実験用ケージという天敵も危険な病原体も存在しない恵まれた環境で飼育される。想像をたくましくすれば、プリオンは、なんらかの未知感染症や特殊なストレスへの防衛機構かもしれない。

コラム 1.3 の図＜プリオン病＞

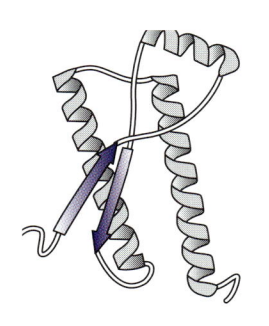

正常型
αヘリックスが主

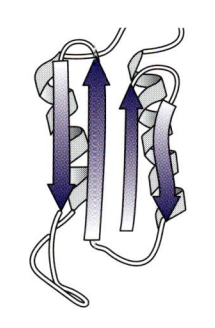

異常型
βシートが増えて凝集しやすくなる

図 1・16　正常プリオンと異常プリオンの違い
正常プリオン（PrP^C）と異常プリオン（PrP^{Sc}）はアミノ酸配列も修飾もまったく同じである。しかし、正常プリオンはαヘリックスが豊富であるが、異常プリオンはβシートが優位となり凝集性が高まっている。凝集すると神経毒性を発揮する。そして、異常プリオンには、正常プリオンを異常プリオンに立体構造を変化させる「酵素的」な作用がある（坂本、2008 より改変）。

正常プリオンタンパク質　　異常プリオンタンパク質

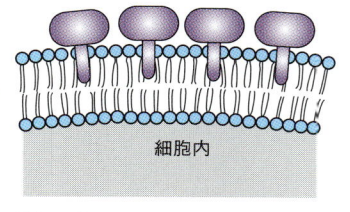

細胞膜
細胞内

① 細胞表面に分布している正常プリオン

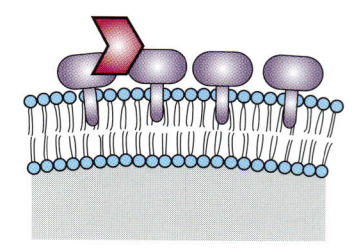

② 異常プリオンタンパク質が正常プリオンと接触する。

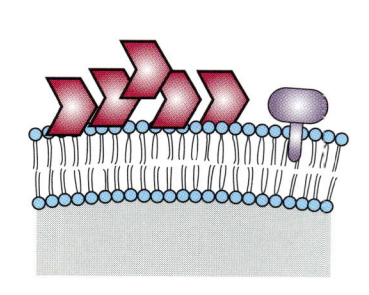

③ 次々に正常プリオンタンパク質が異常プリオンタンパク質に変えられていく。

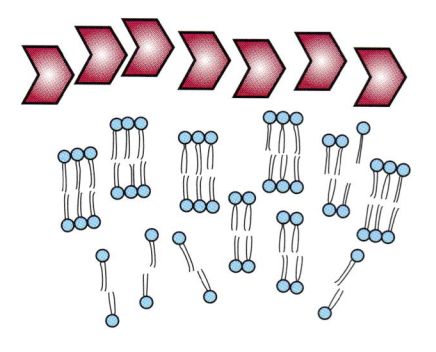

④ 異常プリオンタンパク質はアミロイドとなって神経細胞を破壊する。

図 1・17　プリオン病の模式図
異常プリオンは正常プリオンをつぎつぎに異常プリオンに変換する。やがて異常プリオンは凝集して細胞を傷害する。

1·11 強靱なタンパク質と消化吸収

　異常プリオンが体内に入って、細胞がもっている正常プリオンをつぎつぎに異常プリオンに変換しているというのはだいたい妥当と思われるだろう。したがって、実験動物のように、異常プリオンを脳に注射されたら、当然、神経変性は起こりそうである。しかし、実際の狂牛病で不思議なのは、料理した肉を食べて感染することである。

　まず、加熱処理で異常プリオンの感染性は失われないのだろうか。卵の卵白のように煮たら固まって変性してしまいそうである。しかし、強靱なタンパク質の例としてRNAを分解するRNaseがある。RNaseもぐらぐら煮るぐらいでは変性せず、通常の温度に冷やせば、ただちに分解活性を取り戻すのである。狂牛病牛肉も炭にまで焼いてしまえば（それを喜んで食べるかどうかは別として）、感染性を失うだろう。

　食事として摂取されたタンパク質は消化酵素によってアミノ酸に分解されて吸収される。だとすると、やはり、異常プリオンは分解されて、感染性を失うのではないだろうか。これも、異常プリオンはタンパク質分解酵素で分解されにくいことから説明される。狂牛病の検査でも、タンパク質分解酵素で分解されないプリオンが存在した場合に、それが異常プリオンであると判定される。そして、腸管でも、比較的長いペプチドが丸ごと体内に吸収される。だからこそ、食物アレルギー、食べ物に含まれているタンパク質に過剰反応が生じるのである。食物が消化酵素でばらばらに分解

コラム 1.4 ＜実験系と現実の乖離（かいり）＞

　ストレスのない環境で飼われている遺伝的に均質な実験動物と、様々な環境に生きるヒトでは、野生の動物とヒトとの差以上に異なっているだろう。新薬の開発では、動物実験で有効な薬物がヒトを対象とした臨床試験では有効性が見いだされないことがしばしばである。研究室の実験系では寿命を延長させる変異が、現実社会では必ずしも生存に有効でなく、長寿をもたらすわけではないことを示す結果も報告されている。例えば、シャーレで大切に飼われている野生型線虫の寿命は12日程度であるが、"自然界の泥の中で飼うと1.5日しか生存しなかった。長寿変異をもった線虫はシャーレでは4週間もの長寿であるが、泥の中では1日ももたなかった。想像ではあるが、ストレスのない安全な環境と現実の厳しい環境とでは、遺伝子変異の結果はかなり異なるだろう。そもそも実験で使われている系統の「正常」な線虫もかなり脆弱になっているといえよう。特殊な遺伝的背景の実験動物の特殊な環境での飼育における特殊（例外的）な結果に過ぎないのかもしれない。プリオンノックアウトマウスが正常といっても、野山で普通に暮らしているネズミにも当てはまるかは不明である。ある環境下では著しい影響が出現するかもしれない。

　昨今、健康診断で太りすぎを中心とするメタボリック症候群の悪影響が強調されている。たしかに、飽食の条件下では肥満は問題である。しかし、食べられなくなったとき、例えば原発事故で飢えながら避難するときの生存には、エネルギー源を蓄えている肥満のほうが有利なのは明らかだろう。過度な肥満は問題ではあるが、痩せよりはやや肥満なほうが長寿であるという報告もされている。活性酸素も悪者になっているが、活性酸素が低下すると寿命が縮む場合があることも報告されている。活性酸素の一つの役割は外敵に対する防衛機構であることを忘れてはならない。発癌についても活性酸素が原因という考え方と、抑制しているという考え方がある。極端に言えば、抗酸化サプリメントが癌の原因になることを示唆する研究すらある。なにごともほどほどが大切と言えよう。

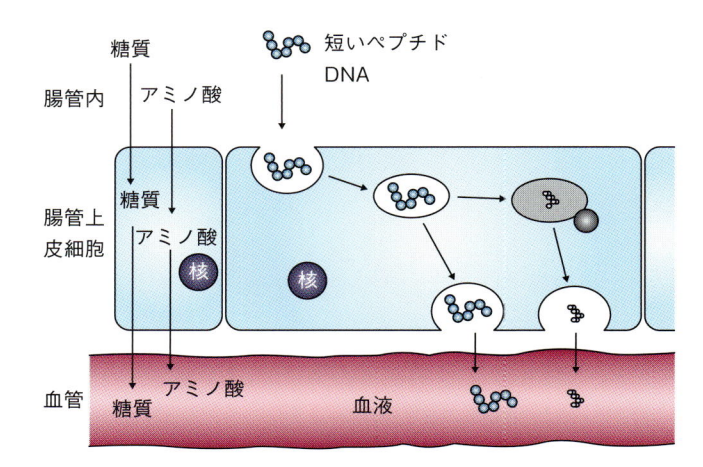

図1・18 巨大分子が吸収される腸管
タンパク質は完全にアミノ酸までに分解されて吸収される訳ではない。タンパク質ばかりでなく、DNAも丸ごと吸収されることがある。

されるのなら、アレルギー誘発因子（アレルゲン、抗原）を食べたところで、まったく問題ないことになる（図1・18）。

1・12 認知症とコンフォメーション病

脳の高次機能（例えば、文章を読んで理解する能力）の細胞レベルでの解明はほとんど不明である。もっとも、解明されたら、学習する必要もなく（注射や電気刺激で記憶を形成することができるかもしれない）、ヒトの創造性や性格も自由にコントロールできるようになり、それはそれで不気味な世界になるだろう。脳のしくみは未知だが、認知症とは脳の高次機能が低下した状態で、脳の神経細胞が変性することが原因と考えて良いだろう。

認知症の代表的な原因が脳血管性のものである。これは神経系器官にエネルギー源を供給する血管が動脈硬化などで閉塞することにより、神経細胞の働きが不調になる。アルツハイマー病では、アミロイドやタウ（tau）というタンパク質が凝集体を形成して沈着する（図1・19）。タウはアルツハイマー病とは少しタイプの違うPick病でも凝集することが明らかになっている。また、TDP-43というタンパク質が前頭葉型認知症と筋萎縮性側索硬化症（amyotrophic lateral sclerosis：ALS）の一部で凝集することが明らかになった。ALSは運動ニューロンの疾患と考えられてきたが、認知症との関連が議論されている。パーキンソン病という大脳の黒質という領域が障害され、神経伝達物質であるドーパミンが不足する疾患の一部ではα-シヌクレイン synuclein というタンパク質が凝集してレヴィ小体 Lewy body が出現する。このレヴィ小体が出現する認知症がレヴィ小体型認知症（dementia with Lewy bodies：DLB）である。DLBはパーキンソン病に認知症が合併したものか、あるいはその逆なのか議論がある。当初はDLBは稀な認知症とされてきたが、現代はアルツハイマー病に次いで多い認知症とされている。このように、様々な種類のタンパク質が何らかの要因により凝集体を形成するコンフォメーション病は、神経変性疾患の共通の病態ではないかと考えられるようになってきた。そうであれば、例えば、原因タンパク質に結合して凝集を抑制する薬物といった共通の治療法の開発が期待できる。しかしながら、凝集体形成が結果（そのタンパク質異常によって病態がもたらされている）なのか、原因（様々な要因によりタンパク質の異常がもたらされている）なのかまだ不明である。

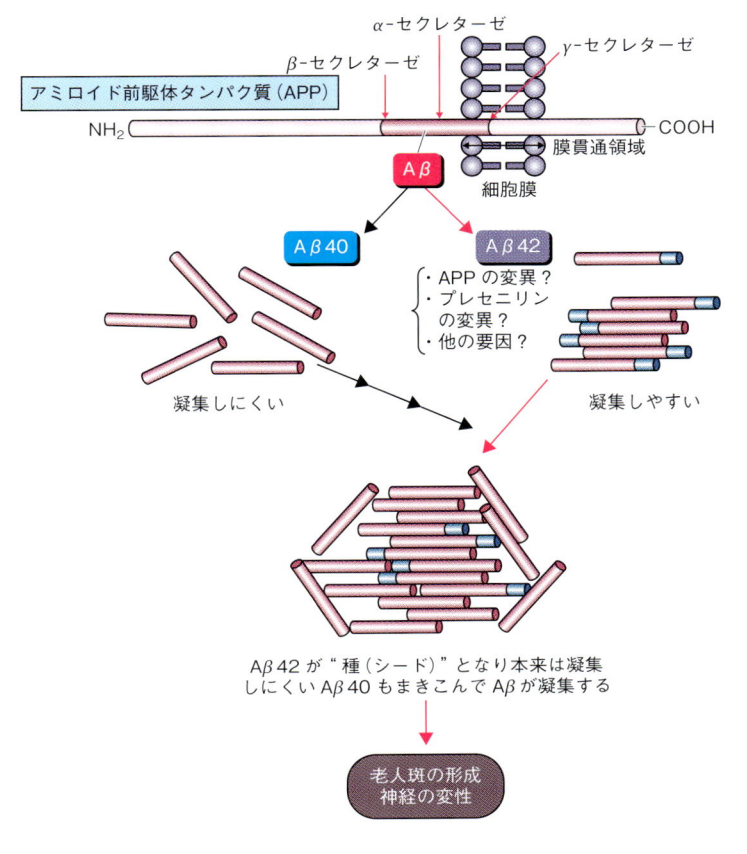

図1・19 アルツハイマー病のアミロイド仮説
健常者にも存在するアミロイドタンパク質 Aβ（アミノ酸40個の Aβ40 とアミノ酸42個の Aβ42 が主な分子種で Aβ42 が凝集しやすい）が凝集して神経組織を変性すると考えられている。APP：アミロイド前駆体タンパク質；セクレターゼ：APP 切断酵素、プレセリニン：γセクレターゼのサブユニット。これらの分子についてアルツハイマー病家系の一部でアミノ酸変異が見いだされている。

1章　問題：誤りがあれば修正せよ。

1. プリオンは生物である。
2. すべてのアミノ酸には光学異性体が存在する。
3. ヒスチジンは酸性アミノ酸である。
4. グルタミン酸は神経伝達物質である。
5. フェニルアラニンから神経伝達物質が生合成される。
6. コラーゲンにはプロリンが豊富に含まれる。
7. 硫黄を含むアミノ酸はシステインのみである。
8. グルタチオンは酸化還元状態を調節している。
9. ペプチドの一次構造でタンパク質の機能は決定される。
10. プリオンノックアウトマウスはプリオン病を発症しない。

2章　酵素と酵素阻害薬

- 生体内のほとんどの反応は酵素がないと進行しない。
- 構造タンパク質は細胞を含めて生体の構造を維持する。
- その他にチャネルタンパク質、制御タンパク質、シグナル伝達タンパク質など多彩なタンパク質が存在する。
- 酵素活性やシグナル伝達に作用する薬物によって、生体活動は大きく変化する。

　タンパク質には大きく分けて構造タンパク質と酵素がある。オフィスビルに例えるなら、ビル（構造タンパク質）もその中で働いているヒト（酵素）もタンパク質ということになる。快適なビルでは仕事がはかどるように、構造タンパク質も酵素の活性に影響を及ぼす。逆にビルをヒトがメインテナンスしているように、構造タンパク質も酵素によって維持されている。構造タンパク質も酵素によって作られるため、酵素は生命活動の本質とも言える。酵素は単純に言えば、ある化学反応を促進するタンパク質触媒ということになる。ほとんどすべての生体内の化学反応には酵素が必要である。これは酵素活性の有無によって化学反応の進行を合目的に調節するためである。反応の制御は酵素の量や活性の変化によって行われている。酵素の働きは生命活動そのものとも言えるので、それが乱れれば、活動不全、つまり病的な状態になる。多くの疾患では何らかの酵素異常が存在している。あるいは、病的状態は酵素の活性を変化させることによって軽快させることができる。したがって、臨床で使用されている多くの薬剤は酵素活性に影響を及ぼす。あるいはある酵素を標的として薬物が開発される（創薬）。化学反応を進行させるためにはエネルギーが必要なことがある。生体内では多くのエネルギーはATPから供給される。ATPはエネルギー供給だけではなく、RNA（遺伝情報）の構成要素ともなり、細胞外に放出されて情報伝達物質としても機能する。生命のしたたかさと言えよう。

2・1　遺伝子とタンパク質

　遺伝子が指定するのはタンパク質のアミノ酸配列と、それが合成される時／場／量である。遺伝子によって生体の特質が大方決定されることから、タンパク質の機能は生体にとって著しく重要である。

2・2　構造タンパク質

　構造タンパク質とは細胞や生体の形をつくるタンパク質である。

　細胞内では細胞骨格という線維状のタンパク質が細胞の形態を維持している。この骨格は、細胞運動を行うためのレールとなったり（モータータンパク質 motor protein）、ある反応を局在化（決められた場所のみで進行させること）させるための足場になったりする（スカフォールドタンパク

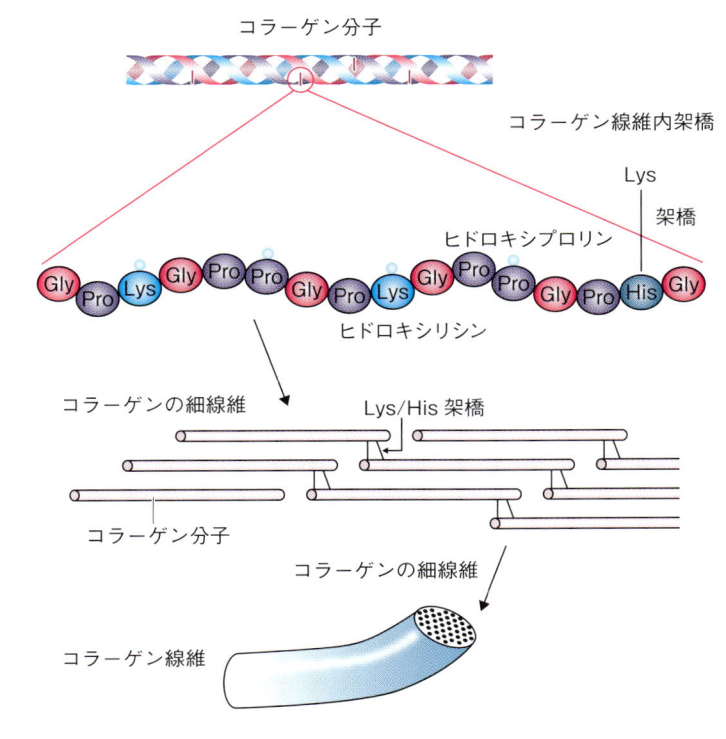

図2・1 細胞外マトリックスを形成する構造タンパク質コラーゲン
コラーゲンはグリシン-X-Y（Xはプロリン、Yはヒドロキシプロリン／ヒドロキシリシンが多い）が繰り返される1000アミノ酸程度のペプチドが3本よじれた線維状タンパク質である。この3本鎖の分子がさらに架橋を形成して太い強靱なコラーゲン線維となる。

コラム 2.1 ＜コラーゲンと病気＞

壊血病：コラーゲンの構成アミノ酸であるヒドロキシプロリンはプロリンの水酸化により合成される。この水酸化酵素にはビタミンCが必要である。最近はビタミンCレモン50個分*の清涼飲料水を飲むことも多いのでビタミンC不足はほとんどない。しかし、昔は、ビタミンCが不足するとコラーゲンが不足し、皮膚や血管が壊れやすくなる壊血病があった。　注*　レモン1個のビタミンCは20 mg相当。

エーラス-ダンロス症候群 Ehlers-Danlos syndrome：先天的コラーゲン合成異常（とくに架橋異常）があると、皮膚の過伸展が特徴的なエーラス-ダンロス症候群となる。皮膚がゴムのように伸びたり、舌が鼻先まで伸びる。血管壁ももろく、関節脱臼もしやすい。

膠原病：コラーゲン線維を膠原線維ともいうので、膠原線維が豊富な細胞間に炎症が生じる自己免疫疾患を膠原病と総称する。リウマチ熱、関節リウマチ、全身性エリテマトーデス（SLE）、強皮症、多発性筋炎／皮膚筋炎、結節性多発動脈炎（結節性動脈周囲炎）などが含まれる。

質 scaffold protein）。したがって、構造タンパク質は単純に構造を維持しているだけではなく、それ自身が酵素作用をもっていたり、あるいは酵素反応に積極的に関与したりしていることもしばしばである。動物の細胞外には強靱なコラーゲン線維が細胞外マトリックスを形成している（図2・1）。ヒトでは総タンパク質量の30％を占めている。ゼラチンはコラーゲンの立体構造が変性したもので、低温でゲル化する。

2・3　酵素の特異性

酵素は反応を促進する触媒である。ここでは単純化して、ある反応の進行に必要なタンパク質を酵素としておこう。A＋B→C という反応があった場合に、ただ、A と B を混ぜただけでは C は作られない。そこに酵素 D が存在すると、C が生成されるということである。この場合、酵素 D は触媒であるので、消費されることも生成されることもない。

コラーゲンの主成分のアミノ酸にヒドロキシプロリンがある。これはプロリンに酸素原子 1 個が付加されたものである。この反応では単体のプロリンではなく、プロリルヒドロキシラーゼによりペプチド鎖に連結されたプロリンに酸素が 1 原子挿入される。

単純には以下の反応となる。

　　プロリン＋½ O_2　→　ヒドロキシプロリン

この酵素に活性低下を招く異常が生じると、コラーゲンの重要な構成要素であるヒドロキシプロリンが欠乏し、コラーゲンの機能異常（この場合は脆弱化）が生じる。このように酵素が作用する相手（この場合はプロリン）を基質 substrate という。

酵素の特徴の一つが特異性である。プロリルヒドロキシラーゼはコラーゲンのプロリンのみからヒドロキシプロリンのみを産生する。同じアミノ酸で似ているヒスチジンやフェニルアラニンに作用することはなく、プロリンの特異的な部位のみに酸素原子を挿入する。

酵素の特異性は驚くべきものである。後で説明するが、ペプチドを遺伝情報に従って合成するためには、遺伝暗号（塩基 3 個）とアミノ酸 1 種類を認識して転移 RNA（tRNA）を合成しなくてはならない。この酵素（アミノアシル tRNA 合成酵素）の特異性が遺伝情報の正確な発現に必須なのである。細胞内の化学反応ごとに異なった酵素が存在すると考えてよいだろう。もっとも、ある程度似ているなら数多くの種類の基質に作用する酵素もある。

2・4　酵素活性の制御

酵素の活性は状況に応じてコントロールする必要がある。例えば産生物質が不足している場合には反応をどんどん促進しなければならない。逆に産生物質が過剰の場合には反応を停止しなくてはならない。反応を促進させるには、単純には、酵素の量を増やせば、それだけ処理できる基質の量が増えて産物が多くなる。しかし、酵素の量を増やすにはペプチド合成を行わなければならず時間がかかる。また、一度増えるとそれを下げるためには分解酵素が必要になり、やはり手間暇がかかる。そのため、直接的に酵素活性を調節する機構が存在する。

2・4・1　活性制御の例：アロステリック酵素

ステリックとは立体構造、アロは異なったという意味である。酵素の基質結合部位以外（アロステリック：異なった構造にという意味）に制御因子が結合して、その酵素の活性が変化する（制御される）ということを意味する（図 2・2）（制御

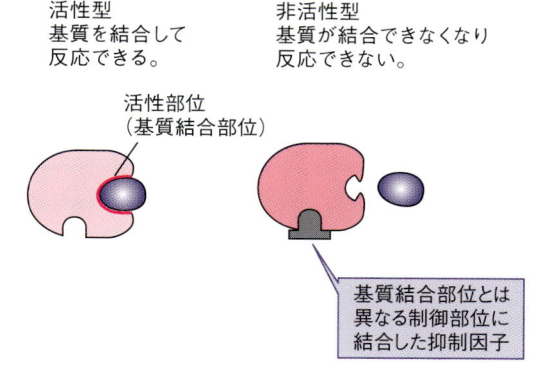

図 2・2　アロステリック酵素の模式図
　アロステリック酵素は基本的には基質以外の制御因子によって制御される酵素のことである。

因子によって立体構造が変化して活性が変わるという意味でもある)。

酵素には分類されないが、タンパク質を運搬する赤血球のヘモグロビンは4個の酸素分子を結合する(図2·3)。酸素分子が結合することによってヘモグロビン分子の立体構造が変化し、酸素分子が1個結合するごとに酸素分子への親和性が増

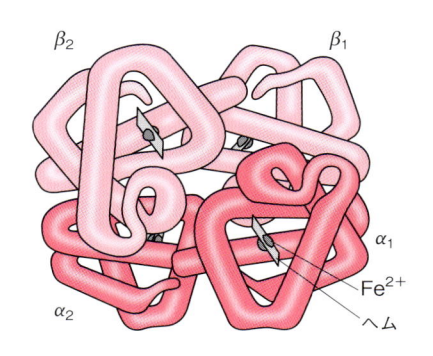

図2·3　ヘモグロビン
ヘモグロビンタンパク質はペプチド鎖4本(α鎖2本、β鎖2本)から構成されている。それぞれのペプチドにはヘムという鉄を含む補酵素が結合している。ヘムとペプチドの結合は共有結合ではなく、ヒスチジンを主とする非共有結合である。

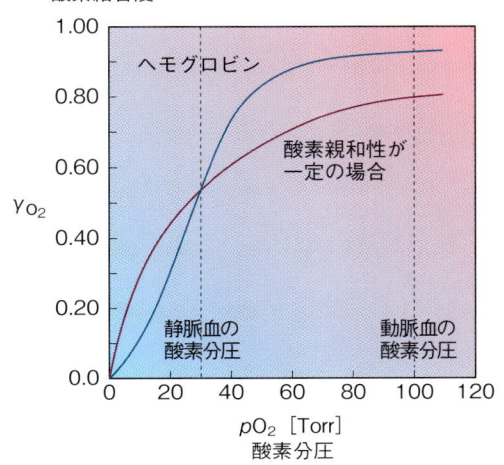

図2·4　ヘモグロビンの酸素結合
酸素濃度が高くなるほど酸素への親和性が高くなる。このグラフの形状をシグモイド(Sの字に似た)曲線という。

図2·5　酸素の結合部位となるヘム

加していく(図2·4)。このことは生理的にも重要である。肺で4個の酸素分子を結合したヘモグロビンは毛細血管で低酸素な組織に酸素を渡す必要がある。酸素分子1個がはずれるとつぎつぎに酸素が遊離しやすくなり、効率的に組織に酸素を渡すことができる。

2·4·2　補欠分子族、補酵素、補因子

ヘモグロビンのヘムのように、ペプチド以外の構成要素で酵素活性に必要な構成要素を補酵素、補欠分子族、補因子という(図2·5)。共有結合で完全に結合しているのを補欠分子、弱い結合で結合しているのを補酵素、低分子のものを補因子と使い分けることもあるが、だいたい同義である。本書では補酵素と総称することにする。ペプチド成分と補酵素の活性をもつ完成した複合体をホロ酵素、補因子を除いたペプチド成分(ペプチドは糖鎖など修飾されていることもある)をアポ酵素という。

2·5　巨大な酵素とドメイン

多くの酵素は巨大なタンパク質あるいは複数個のタンパク質が結合した複合体である。この巨大な酵素の機能的部位をドメインという。活性ドメ

イン（部位）は、酵素活性を実際に担っている領域である。制御ドメインは、アロステリック因子やカルシウムイオンを結合するなどして酵素の活性を制御する領域である。このように巨大なタンパク質にも機能的単位が存在しており、アミノ酸配列から推測することが可能になっている。また、遺伝子工学の手法を用いることにより、各ドメインを別の酵素と交換することも可能である。うまくいけば、カルシウムで制御される新たな酵素、あるいは、カルシウムではなくリン酸化により制御できるように改変した「人工酵素」を作製することができる。

2・6　酵素の種類

酵素の基質特異性が高いことから、生体には非常に多くの種類の酵素が存在する。大まかなグループ分けを表2.1に示す。

表2.1 ①　生体に存在する酵素の大まかなグループ

酵素名	酵素が行う反応の概説
加水分解酵素（ヒドロラーゼ）	水分子を付加する形で結合を切断する反応
ヌクレアーゼ	核酸を加水分解する反応
プロテアーゼ	ペプチド結合を加水分解する反応
合成酵素	シンテターゼ synthetase：ATPのエネルギーを利用して結合を作製して何かを合成する反応を行う酵素 シンターゼ synthase：ATP無しで何かを合成する反応を行う酵素。 （上記の区別は曖昧となっている）
ポリメラーゼ	DNAポリメラーゼのように重合反応を行う。

DNAの伸長
これもDNA鎖を合成するということでは合成酵素であるが、伝統的にポリメラーゼと分類される。

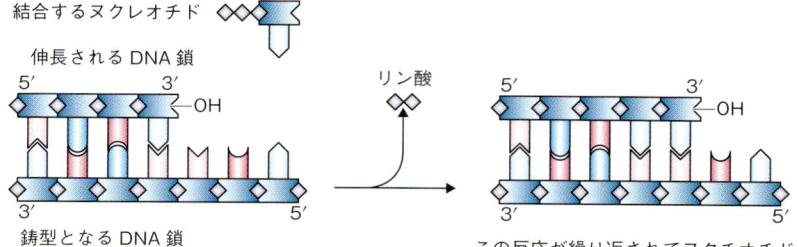

表 2.1 ②　生体に存在する酵素の大まかなグループ

酵素名	酵素が行う反応の概説
キナーゼ	リン酸基を付加する反応（活性制御として重要）
ホスファターゼ	キナーゼとは逆にリン酸基を除去する反応（活性制御として重要）
	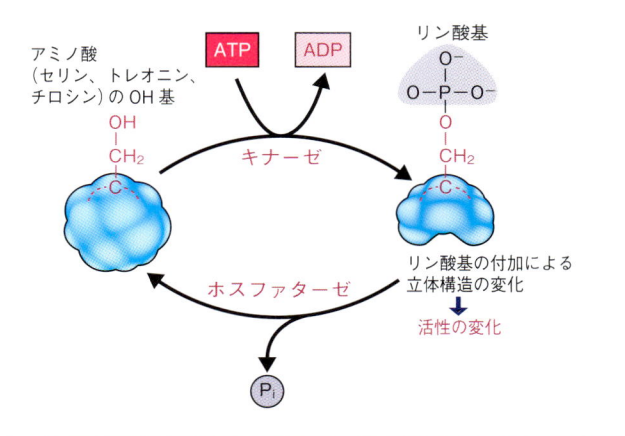 アミノ酸のリン酸化（キナーゼ）と脱リン酸化（ホスファターゼ）
酸化還元酵素	一方の基質を酸化し、それとリンクして、他方の基質を還元する反応を行う酵素。例えば、次項のコレステロールの酸化還元反応は、水素を取るということでデヒドロゲナーゼと呼ばれる。

2・7　ATP

　化学反応はエネルギーの高い方から低い方に進行する。この化学エネルギーについては、くわしくは生物物理化学の教科書に任せるとして、ここでは細胞で酵素が行う反応には可逆的な反応と不可逆的な反応があって、可逆的な反応とは逆方向に容易に戻る反応であり、不可逆的反応とは簡単には戻らない反応としておく。そしてエネルギーを必要とする反応と必要としない反応がある。生体反応で必要なエネルギーの多くは、高エネルギーリン酸結合（例えば ATP の ADP とリン酸基の間の結合）が加水分解されるときに放出されるエネルギーが利用される。

2・7・1　ATPase

　図 2・6 の酸化還元反応（デヒドロゲナーゼ）は、基質 A と NADP$^+$ が多ければ右方向に、逆に基質 B と NADPH が多ければ左方向に進行する。もちろん、これらの化合物をただ混ぜただけでは不充

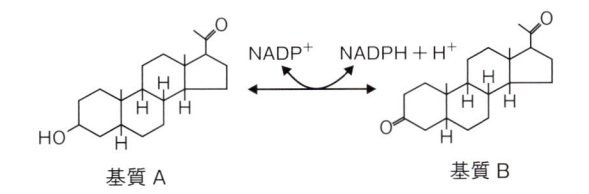

図 2・6　可逆的反応
反応の矢印が示すように、この反応は可逆的である（双方向に進行しうる）。

分で、特異的な酵素が必要である。
　しかし、ホスファターゼの反応（リン酸化基質→基質＋リン酸）ではリン酸が外れる方向の反応しか進行しない（表 2・1 ②, 図 2・7）。ホスファターゼ存在下でいくら基質とリン酸の濃度が高くなってもリン酸が付加される反応は進行しない。リン酸を結合するためにはエネルギーが必要となる。この際に細胞内のエネルギーを供給する物質が、ATP を代表とする高エネルギーリン酸化合物である。

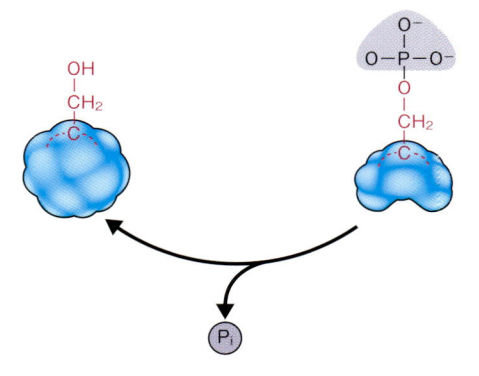

図 2·7　ホスファターゼの反応
逆方向への反応（リン酸化）にはキナーゼという別の酵素とエネルギーを供給する ATP が必要である。

アデノシンに 1 個のリン酸が結合したのがアデノシン一リン酸（AMP）、2 個リン酸が結合したのがアデノシン二リン酸（ADP）、そして、3 個リン酸が結合したのが、アデノシン三リン酸（ATP）である（図 2·8）。2 番目と 3 番目のリン酸が外れる時に大量のエネルギーが放出される。この高エネルギーリン酸結合は細胞のバッテリーと考えればよいだろう。ATP 以外にも ADP、GTP、クレアチンリン酸など高エネルギーリン酸をもつ化合物が多数存在する。しかし、細胞はグルコースを酸化して（燃焼させて）、ADP から ATP を産生しているので、ATP が最も基本的なエネルギー供与体といえる。また、ATP は単にエネルギー供与体であるだけでなく、核酸（RNA）の構成要素や情報伝達物質など多彩な機能を担っている。

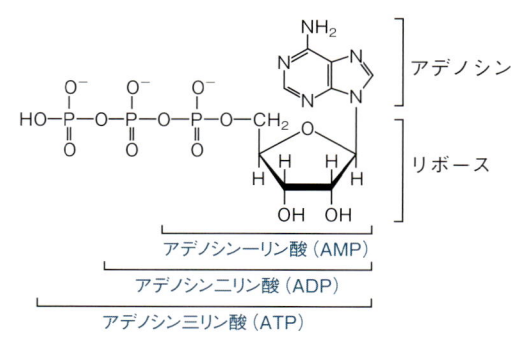

図 2·8　ATP、ADP、AMP の構造

2·7·2　ATP の様々な機能

a. リン酸基とエネルギーを供給する ATP

キナーゼは ATP が加水分解されるときに発生するエネルギーを利用して、ATP のリン酸基をアミノ酸などの水酸基に結合してリン酸化する（図 2·9）。

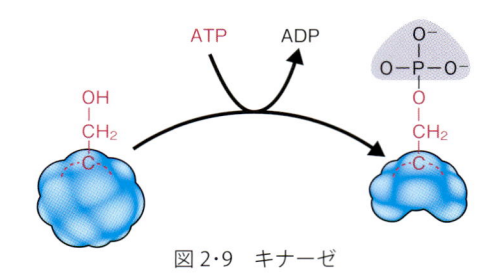

図 2·9　キナーゼ

b. ATP のエネルギーを利用して Ca^{2+} をくみ上げる Ca^{2+} ポンプ（ATPase）

細胞内の Ca^{2+} の濃度は細胞外よりも遙かに低い。この低い Ca^{2+} 濃度を維持するためには、Ca^{2+} を濃度勾配に逆らってくみ上げる（ポンプする）必要がある。Ca^{2+} ポンプは ATP を分解しながら（ATPase）、その時に高エネルギーリン酸結合から発生するエネルギーを利用して、Ca^{2+} をくみ上げる（図 2·10）。

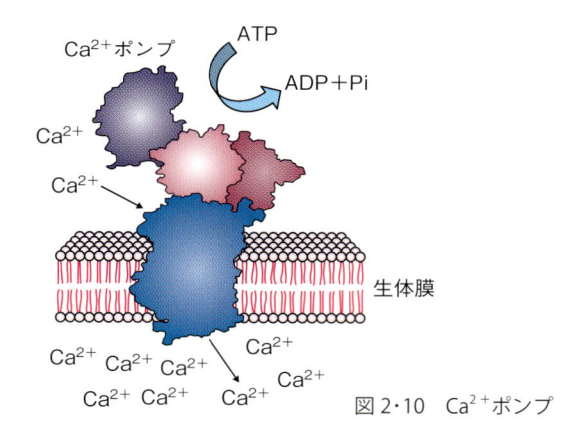

図 2·10　Ca^{2+} ポンプ

c. RNA の構成成分

遺伝情報を伝達する核酸の RNA は AMP、GMP、CMP、UMP が連結している。ATP は連結反応に必要なエネルギーを供給するとともに、

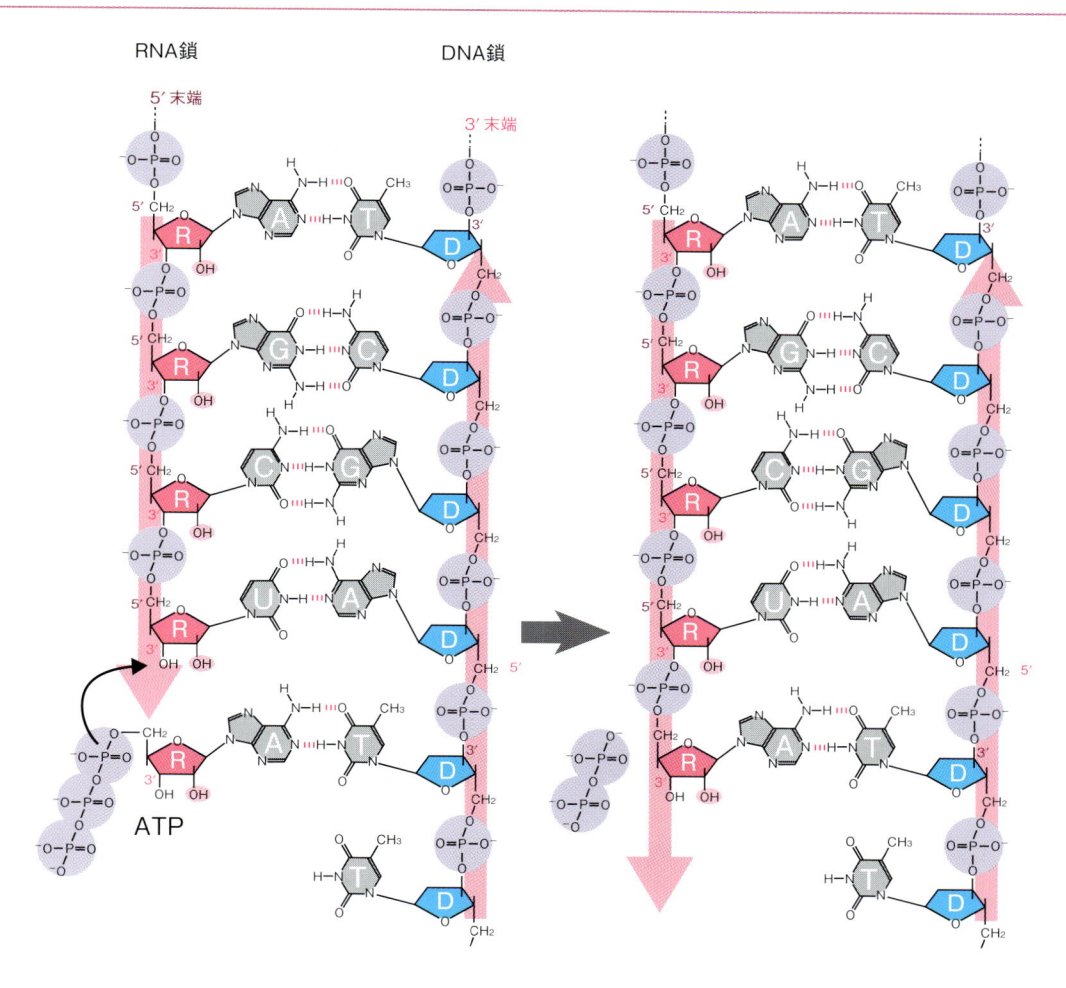

図 2·11 RNA の転写

AMP となって RNA 鎖に組み込まれて遺伝情報を伝達する（図 2·11）。

d. セカンドメッセンジャー cAMP の原料

ATP はアデニル酸シクラーゼによって環状構造をもつ cAMP となる。cAMP は様々な酵素の活性を制御する細胞内情報伝達物質である（図 2·12）。

e. 細胞間情報伝達物質 ATP

あるニューロンから次のニューロンで情報を伝達する物質を神経伝達物質という。アセチルコリン、グルタミン、ドーパミン、セロトニンなど多数が知られているが、ATP も神経伝達物質として機能している（図 2·13）。

図 2·12　ATP から cAMP の生成

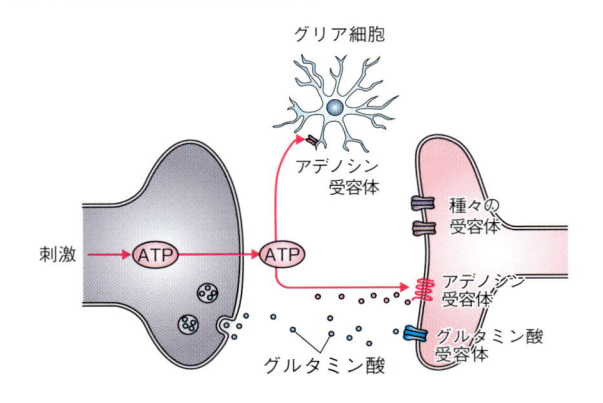

図 2·13　神経伝達物質 ATP
　グルタミン酸は代表的な神経伝達物質（14 章参照）だが、ATP も神経伝達物質として機能する。

2·8　抗炎症薬

　炎症とは生体の防衛機構であり、代表的な症状は発赤、腫脹、発熱、疼痛である。なんらかの異常（例えば細菌の侵入）に対して、白血球などの防衛系細胞を送り込むために血管が拡張する（発赤）。拡張した血管壁は透過性が高まり白血球や抗体タンパク質が組織に出やすくなる（腫脹）。白血球の働きを高めるために温度が上昇する（発熱）。脳に異常を知らせるために痛みが発生する（疼痛）。これら炎症は不快ではあるが、敵と一生懸命戦っているのである。だから、本当は炎症は抑えるべきではない。しかし、時として、敵がすでにいなくなっているのに炎症だけが続くことがある。あるいは、大切な試験があるときは、多少、治るのが遅くなるにしても、不快な症状を抑える必要がある。このような抗炎症薬の代表が NSAID（非ステロイド性抗炎症薬 nonsteroidal antiinflammatory drug）である。

　炎症のメカニズムは難しいが、大きく関わっているのがプロスタグランジンという脂質である。プロスタグランジンには様々な機能があり、複雑な生理機能を担っているが、その一つが炎症反応の促進である。このプロスタグランジンはアラキドン酸から酵素 COX（シクロオキシゲナーゼ cyclooxygenase）によって産生される。

　細胞膜由来の脂質からアラキドン酸が切り出され、COX によりプロスタグランジン類が、5-リポキシゲナーゼによりロイコトリエンが産生される。COX には多くの細胞で恒常的に発現している COX1 と炎症系細胞で炎症時に誘導される COX2 がある。NSAID はこの酵素の働きを抑える（阻害する）（図 2·14）。

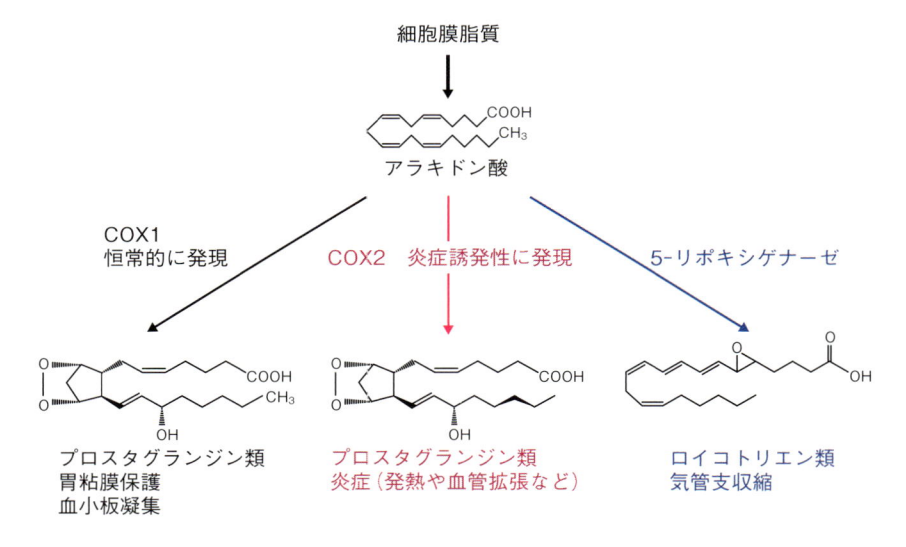

図 2·14　アラキドン酸カスケード

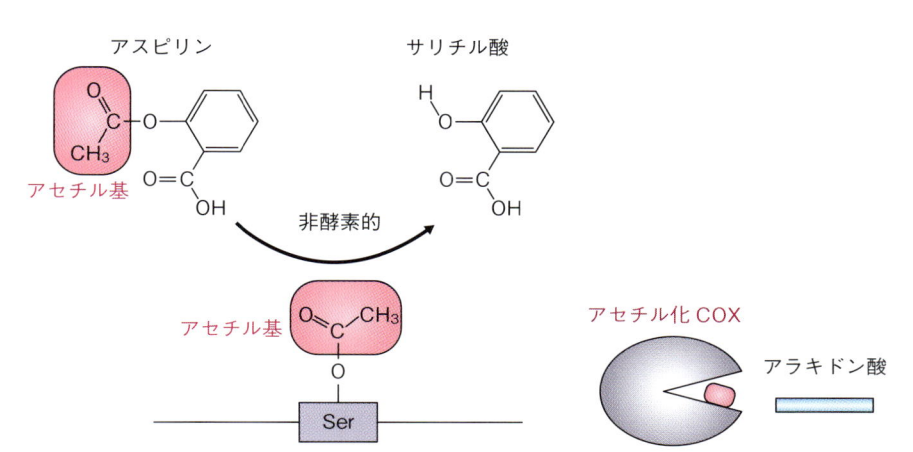

図2・15 抗炎症薬アスピリンの作用
　アスピリンはCOXをアセチル化して不可逆的に酵素を不活性化する。

コラム 2.2 ＜謎のCOX3＞

　解熱薬の一つであるアセトアミノフェンは、NSAIDに比して抗炎症作用が弱い割には解熱鎮痛作用が強い。安全性が高く小児では推奨されている。その分子標的として、中枢性のCOX1スプライス・バリアント（mRNAのところで説明するスプライシングによるサブタイプ）が存在し、それを特異的にアセトアミノフェンが阻害することが示された（PNAS 2002, 99:13926-31）。イヌのCOX1の90bpのイントロン1（3の倍数個なのでアミノ酸フレームは乱れない）が残ったバリアントはCOX活性をもち、アセトアミノフェンによって阻害される新規のCOX3であるとした。ところが、ヒトではそのイントロンの塩基数は94個であり、アミノ酸フレームが乱れ、COX活性のない短いタンパク質となることが明らかになった（J PharmacolExpTher. 2005, 315:1-7）。確かに、微量ではあるが、イントロンの塩基が1個欠落して93bpが挿入されたバリアントも存在することも示された。しかし、これらのCOX1にアミノ酸が挿入されたバリアントのアセトアミノフェンやNSAIDによる阻害は通常のCOXとなんら違いは見られなかった。アセトアミノフェンの標的（COX3）はふたたび未知となっている。

COX1で産生されるプロスタグランジン類は主として胃粘膜防護や血小板凝集を促進している。COX2で産生されるプロスタグランジン類は炎症反応を惹起する。NSAIDの代表であるアスピリンはこのCOXをアセチル化することによって不可逆的に不活性化する（図2・15）。

アスピリンはCOX1もCOX2も阻害するので、胃粘膜を防護するプロスタグランジンも低下してしまい、胃腸障害が出る。解熱剤で胃の調子が悪くなるのはそのためである。また、血小板の機能を抑制する。これを利用して、脳梗塞や心筋梗塞（脳や心臓の血管で血が固まって詰まる疾患）の予防にアスピリンが用いられる。

2章　問題：誤りがあれば修正せよ。

1. タンパク質を構成するアミノ酸は20種類である。
2. コラーゲンは細胞内骨格を形成する。
3. コラーゲンのプロリンはリン酸化されている。
4. アロステリック酵素とはリン酸化によって活性化される酵素である。
5. ヘモグロビンは最大で3分子の酸素を結合し、酸素が結合すると酸素の結合性が増強される。
6. 補酵素とは酵素活性化因子である。
7. ヘムには銅が配位している。
8. シンターゼはATPを必要とする合成酵素である。
9. ATPは生体の唯一のエネルギー提供分子である。
10. アスピリンはCOXを不可逆的に不活化する。

3章　DNAと放射線障害

○ 分子生物学のセントラルドグマ（中心教義）とは、核のゲノム DNA の情報は mRNA に読み取られて、細胞質でタンパク質に翻訳されるという遺伝情報伝達の流れのことである。
○ 染色体の末端にはテロメア構造が存在し、細胞の老化と関連している。
○ DNA 塩基の異常を修正する修復機構がある。

　生命活動の実務はタンパク質が行っている。そのタンパク質を何時、どの細胞で、どのくらい作るのかという指令書が遺伝情報である。遺伝情報は DNA（一部のウイルスでは RNA）の四つの塩基の並び方（塩基配列）で記載されている。それら遺伝情報を具象化するのもタンパク質である。したがって、DNA だけではなにも起こらない。細胞という主としてタンパク質からなる工場が必要である。ウイルスには細胞がないために、単体では生命活動を行うことができない。細胞に侵入すると、細胞はウイルスの遺伝情報に従った活動を強制される。細胞（生命）は遺伝情報に従って活動しており、遺伝情報の異常は細胞活動の異常（疾患）の原因となる。放射線被曝すると DNA が損傷し遺伝情報が変化してしまうことがある。DNA の異常は危険ではあるが、生物の多様性は DNA の変化によってもたらされた。遺伝情報でも保守性と革新性のバランスが大切である。

3・1　唯「タンパク質」論

　生体のすべての構成要素はタンパク質そのもの、あるいはタンパク質からなる酵素によって生成される（核酸、脂質、糖質）。また、細胞運動や神経活動などの活動も、タンパク質である酵素あるいはそれが作り出す生体物質によって行われている。したがって、非生体に必要な情報とは、タンパク質のアミノ酸配列と、そのタンパク質を何時および何処（多細胞生物の場合）で産生するかということになる。その情報が遺伝情報であり、核酸の塩基配列に記されている。この遺伝情報全体をゲノム genome という。ゲノム遺伝情報を担う物質は一部のウイルスを除いて DNA である。

コラム 3.1 ＜〜オーム（〜 ome）＞

　ゲノムが遺伝情報全体を意味することから、〜〜オーム（〜〜 ome）として〜〜の全体を示す造語が数多く作成された。すべてのタンパク質を意味するプロテオーム proteome、すべての転写された RNA（主として mRNA）を意味するトランスクリプトーム transcriptome、すべての糖質を意味するグライコーム glycome、すべてのキナーゼ（リン酸化酵素）をカイノーム kinome、すべての断片化されたタンパク質をペプチドーム peptidome など様々な「〜〜 ome 造語」がある。なおプロテアソーム proteasome はすべてのタンパク質を意味するのではなく、タンパク質分解を行う細胞小器官のことである。

3・2 分子生物学のセントラルドグマ

ドグマとは学説あるいは教義という意味である。生物学でセントラルドグマという言葉が出て来たら、遺伝情報の流れを示す以下のことである。

DNA → RNA → タンパク質

コラム 3.2 ＜複雑なセントラルドグマ＞

哺乳細胞では一般的には、DNA → RNA → タンパク質の一方通行である。しかし、RNA ウイルスでは逆転写酵素により RNA → DNA の流れがある。それを加味すると下記のようになる。

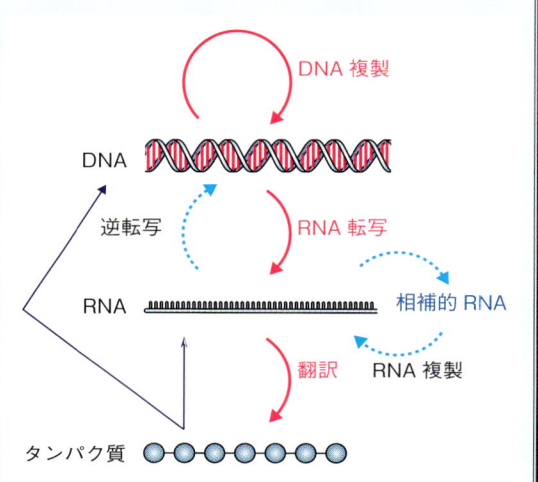

図3・1
今のところタンパク質のアミノ酸配列がそのまま RNA もしくは DNA の配列に読み取られる経路は見いだされていない。しかし、タンパク質の酵素による RNA 編集という RNA の塩基の変換が見いだされている。また、DNA 修復ではタンパク質の酵素による DNA 鎖の塩基の変更が行われている。拡大解釈すると、タンパク質から核酸（RNA／DNA）への情報伝達が無いとは言えない。

3・3 DNA の構造

DNA は糖がリン酸を介して連結した骨格に 4 種類の塩基が並んだ構造をもっており、塩基の並

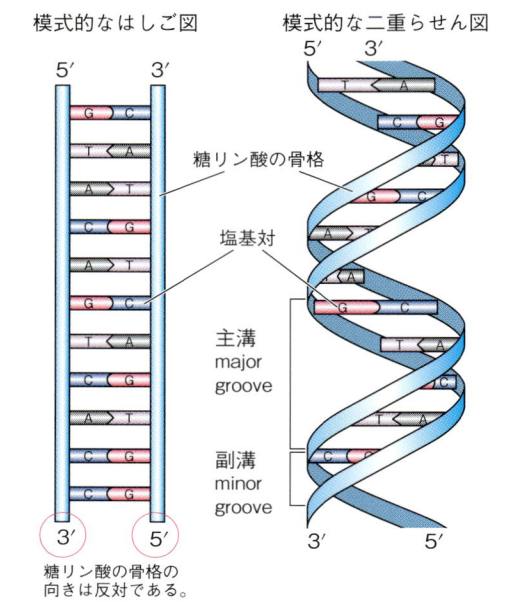

図3・2 DNA の模式図
DNA は相補的な塩基対の配列からなる二本鎖である。

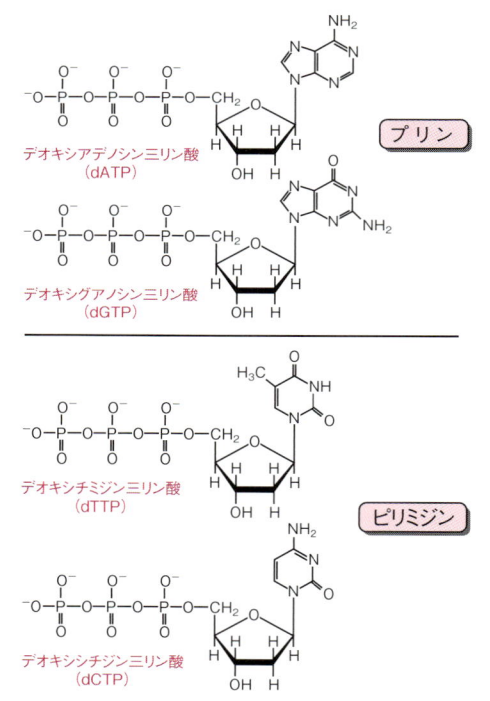

図3・3 DNA の塩基
塩基はプリンのアデニン、グアニン、そしてピリミジンのチミジン、シトシンがある。DNA は高エネルギーリン酸結合をもつ dATP、dGTP、dTTP、dCTP（総称を dNTP と記す）が DNA ポリメラーゼによって連結されて複製される。

3・4 相補的塩基対

有名なワトソン・クリック構造に従い、二本鎖それぞれに相補的な一本鎖のDNAが合成されてDNAの複製が行われる。相補的とは水素結合の安定性により、AとT、GとCが塩基対を形成することである（図3・5，図3・6，図3・7）。

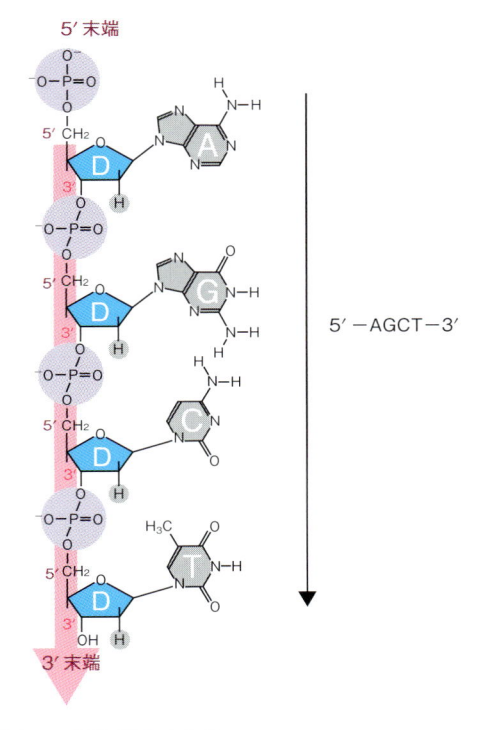

図3・4 DNA鎖の方向性
ヌクレオチドの糖の炭素の番号付けから、5′炭素にリン酸が結合している。また、DNA鎖は5′炭素と3′炭素がリン酸基によって連結されている。その端を見ると、リン酸が結合した5′炭素と水酸基が結合した3′炭素となっている。それぞれを5′端、3′端と言う。伝統的に塩基配列を記す時は左側に5′端を右側に3′とする。DNAの複製の際にも、3′の水酸基にdNTPの高エネルギーリン酸から発するエネルギーを利用してヌクレオチドが結合されていくので、DNA鎖は5′→3′の方向に伸長していく。

び方が遺伝情報となっている。糖に塩基が結合したのをヌクレオシド、さらにリン酸基が結合したのをヌクレオチドという。DNAの場合は糖がデオキシリボースのため、DNAの構成単位はデオキシリボヌクレオチドということになる（図3・2，図3・3，図3・4）。

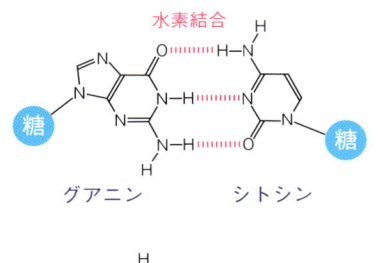

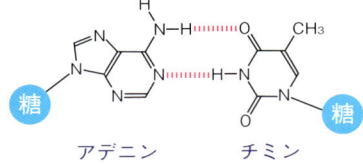

図3・5 相補的塩基対 G（グアニン）:C（シトシン）とA（アデニン）：T（チミン）
基本的にはGCおよびAT以外は塩基対を形成しない、ミスマッチとなる。なおGCとの間には水素結合が3本、ATとの間には水素結合が2本となっている。したがって、二本鎖を乖離させるためには、GCが多い方（GCリッチな配列）がATが多い方（ATリッチな配列）よりもエネルギーを必要とする（高い温度を必要とする）。

相補的な一本鎖DNAが結合して二本鎖DNAになることをハイブリダイゼーション（hybridization）という。これはDNAとDNAだけではなく、RNAとRNA、あるいはRNAとDNAとの間でも行われる。同じような言葉にアニーリングannealingというのがある。厳密な使い分けは定かではないが、一本鎖に乖離したDNAに、温度を下げながら別のDNAをハイブリダイゼーションさせることをアニーリングというう傾向がある。

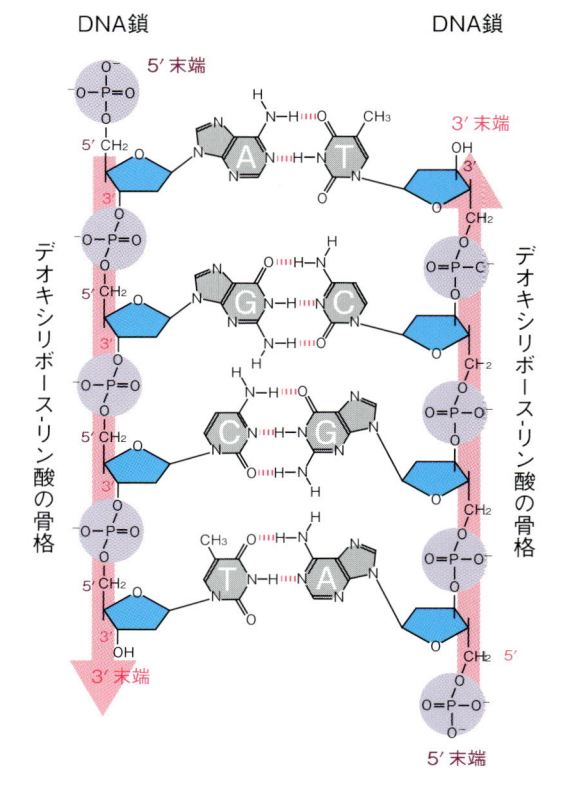

図 3·6 DNA の塩基対の模式図
A：アデニン、T：チミン、G：グアニン、C：シトシン。

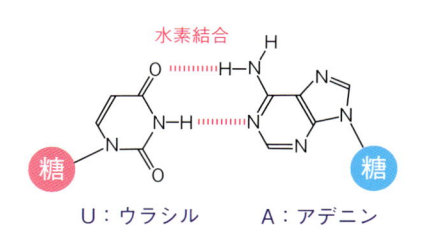

図 3·7 A と U（ウラシル）の塩基対
RNA では T のかわりに U となる。U と A もお互いに相補的な塩基である。

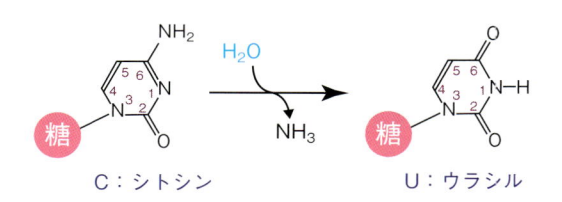

図 3·8 シトシンからウラシルへの変換

3·5 遺伝子工学

相補的塩基のハイブリダイゼーションの特徴は、DNA 同士でも RNA 同士でも DNA と RNA とでも、相補的塩基配列なら、お互いに強固に特異的に結合することである。おおよその目安として、20 塩基程度（20 個の塩基からなる場合、20mer という。oligomer の mer である）からなる核酸鎖（プローブ）なら全ゲノム（ヒトで約 30 億塩基対）のなかで、その配列に合致した部位を特定することができる。また、解離する温度の変化により、1 塩基～数塩基の違い（ミスマッチ）を検出することができる。

この性質を利用して、シート（ニトロセルロース膜やナイロンメンブレン）に様々な DNA 断片を付着（ブロットする、転写する）して、目的の DNA を検出する方法が、開発者の名前にちなんだサザン（人名）ブロッティング法である（図 3·9）。

DNA ではなく RNA を膜に付着させたのが、サザン（南）をしゃれた名前のノーザン（北）ブロッティング法である。なおタンパク質をブロットして、目的のタンパク質を抗体などで検出するのを、今度は西ということでウェスタンブロッティングという。DNA、RNA、タンパク質とくると、次は、脂質や糖質を転写する手法がイースタンブロッティングとなって東西南北が完成するが、イースタンブロッティングとして定着している方法はない。抗体の代わりに DNA を用いて、DNA 結合するタンパク質を検出する方法を DNA（南）とタンパク質（西）をもじって、サウスウェスタンブロッティングということがある。

20mer 程度の DNA 断片の二重鎖形成の安定性は、中央付近にミスマッチ塩基があると著しく安定性が低下する。端にあるとあまり安定性に影響しなくなる。この安定性の変化は塩基対の変化の検出に用いられる（図 3·10）。

3·5 遺伝子工学

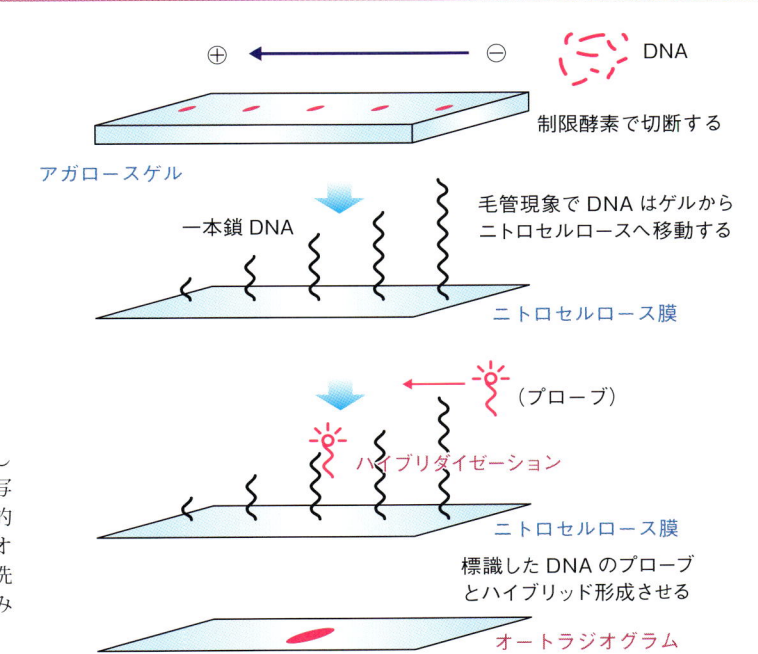

図3·9 サザンブロッティング
ゲル電気泳動でDNA断片を分離して、そのままニトロセルロースに写す。そのニトロセルロース膜に目的のDNA断片に結合するプローブ（オリゴヌクレオチド）を結合させて洗うと、特異的に結合したバンドのみ検出できる。

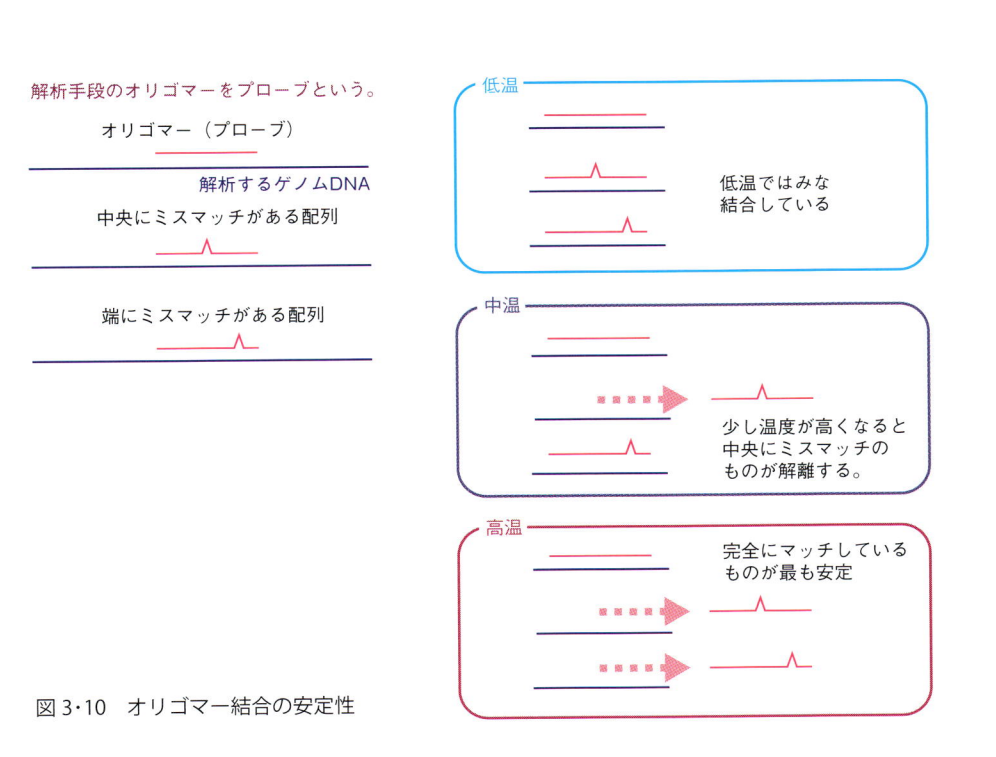

図3·10 オリゴマー結合の安定性

DNAポリメラーゼをつぎつぎに働かせてDNAを試験管内で大量に複製する方法がPCR法である。これはDNAの解離とDNAポリメラーゼによる複製を繰り返すことで、目的のDNAを倍増していく方法である（図3·11）。

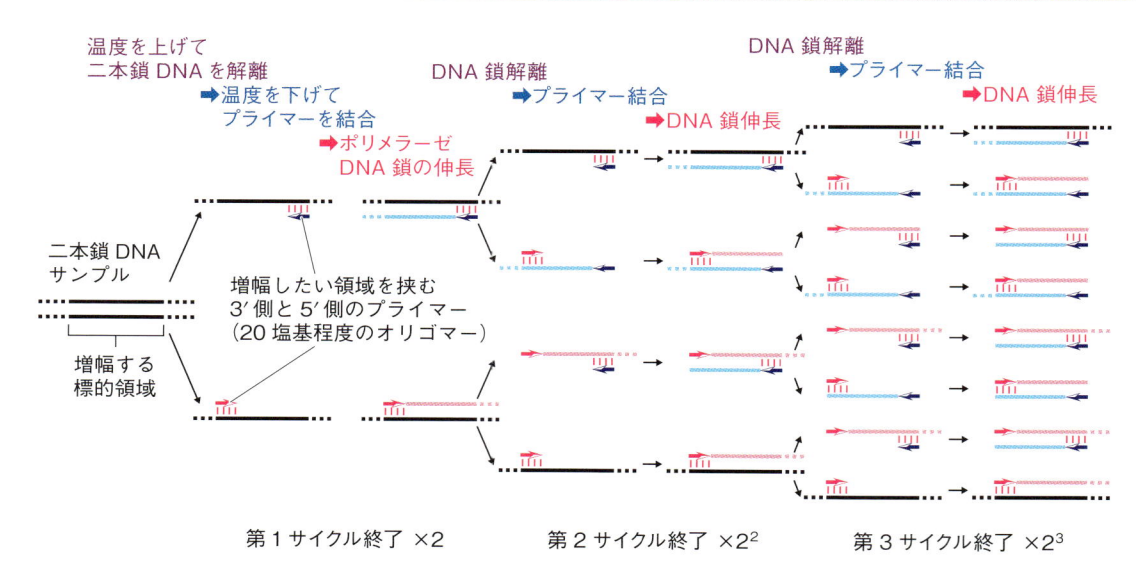

図3・11 PCR法
まず、温度を上昇させて（95℃程度、15秒程度）、二本鎖DNAを解離して一本鎖DNAにする。そして、温度を下げて（60℃程度、15秒程度）特異的な配列（増幅させたい配列）に特異的なプライマー（20塩基程度の一本鎖DNA、オリゴDNA）をアニーリングさせる。そして耐熱性DNAポリメラーゼが作用する適度な温度（70℃程度、30秒程度）に上げてDNAを複製させる。温度や反応時間は目的とするDNAの長さや配列によって調整されるが、おおよそ1分で2倍となる。したがって、20分も反応させると 2^{20}（〜100万）倍になる。

3・6　DNAチップ（マイクロアレイ）

ブロッティング法の微細化がDNAチップである（図3・12）。DNAチップは、ガラスやプラスチック板の上に、一本鎖DNAを格子状に数十万個配置したものである。これに蛍光ラベルしたプローブを結合させれば、特定の遺伝子配列を検出することができる。コントロール細胞由来のRNA群と評価細胞のRNA群をそれぞれ異なった色で蛍光ラベルすれば、各DNAに結合したRNA量を定量的に比較することができる。チップにならべるDNAの塩基配列をうまく選ぶことにより、全遺伝子の発現変化（後に説明するmRNA量）を網羅的に比較することが可能である。もっとも、この手法も古典的なノーザンブロッティングと同じである。それで経験するような非特異的な結合の問題や、サンプルの調整法（分解など）による測定誤差の可能性を常に考える必要がある。

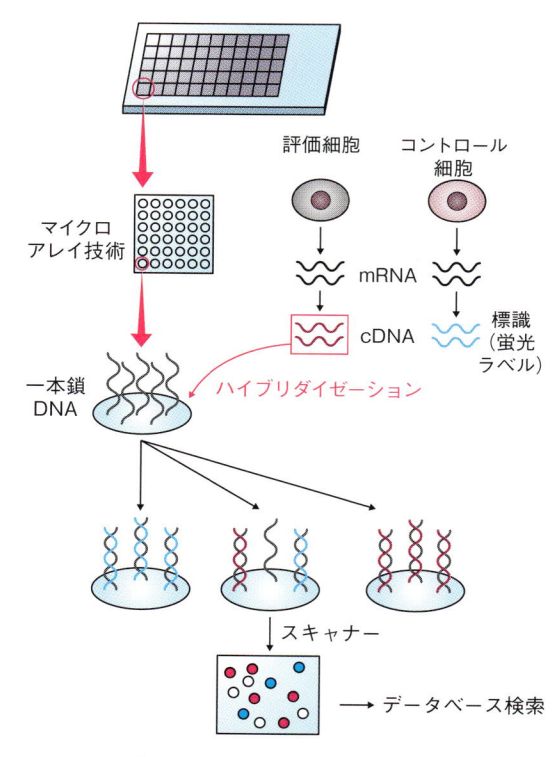

図3・12　DNAチップ（アレイ）

3・7　DNAの複製

DNAの複製は、鋳型のDNAに相補的なDNA鎖が塩基を1個ずつ連結していくDNAポリメラーゼによって行われる。結果だけからすれば反応は単純である（図3・13）。

ところが、ここで疑問に思ってほしいのは、2本のDNA鎖は生理的な塩濃度では100℃でぐらぐら煮てもなかなか解離しないぐらいしっかりと結合しているのである。そのままでは、DNAポリメラーゼが入り込む隙間がない。そこでヘリカーゼというDNA鎖をほぐす酵素が登場する（図3・14，図3・15）。

DNAポリメラーゼの問題は、この酵素はDNA鎖にdNTPを結合することはできるが、結合する相手がいない場合、つまり完全な一本鎖DNAに相補鎖を付加することはできない。DNA鎖を伸長していくためには種となる二本鎖になっている領域が必要である。この種となる塩基鎖をプライマーという。プライマーはDNAでなくてもRNAでもかまわない。DNA複製の場合には、プライマー無しで、完全な一本鎖に相補的なRNA鎖を合成することができるRNAポリメラーゼ（この場合はプライマーゼという）が、短いRNA鎖を合成する。

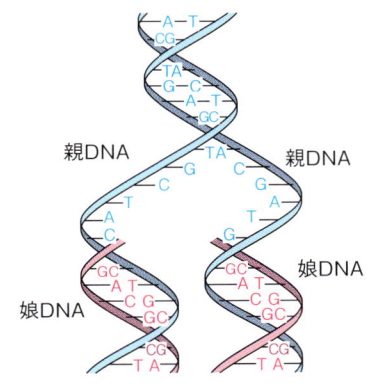

図3・13　DNAの半保存的複製
二本鎖のそれぞれ一本鎖を鋳型として相補的DNA鎖が合成される。

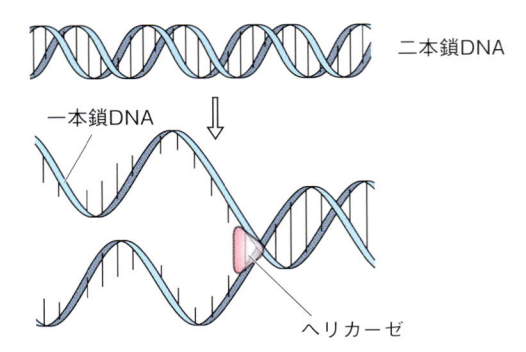

図3・14　DNAヘリカーゼ
DNAヘリカーゼがATPのエネルギーを利用して、DNA鎖をほぐしてDNAポリメラーゼが作用できるようになる。

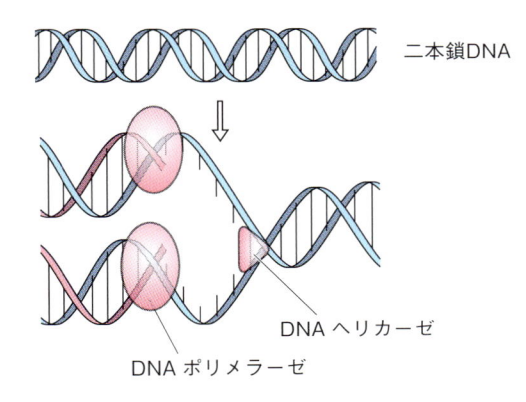

図3・15　DNAポリメラーゼ
DNAヘリカーゼがほぐしたところにDNAポリメラーゼが合成を開始する。DNAヘリカーゼがDNAポリメラーゼを先導していく。

次の問題は、DNAポリメラーゼは$5'→3'$にしか塩基を連結できないことである（図3・16）。

反対方向のDNAはどうやって合成されるか？これは小さな断片を少しずつ合成して、最後に連結して解決されている。この小さなDNA断片を日本人発見者にちなんで岡崎フラグメントという。連続的に伸長するDNA鎖をリーディング鎖、岡崎フラグメントによる伸長鎖をラギング鎖という（図3・17）。

最後に余計なRNA鎖が取り除かれ、その隙間（ギャップ）が埋められ、断片がDNAリガーゼ

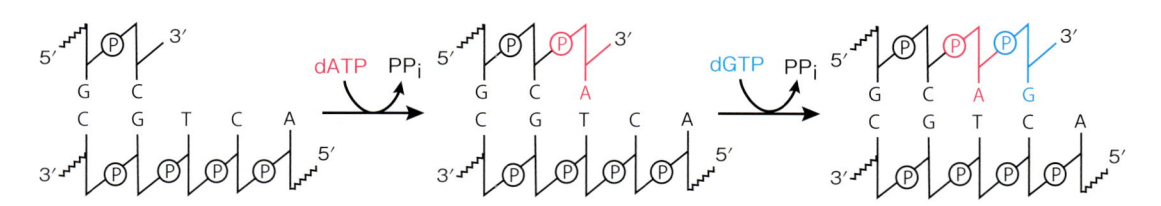

図3・16　DNAポリメラーゼ
DNAポリメラーゼはdNTPの5′炭素に結合した高エネルギーリン酸のエネルギーを利用して、5′を3′に結合する。

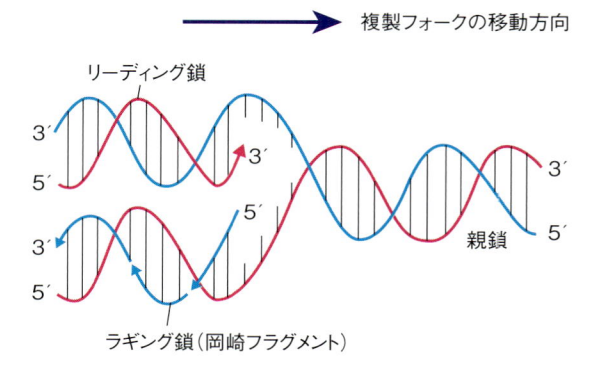

図3・17　岡崎フラグメントによるラギング鎖の複製

によって連結されて、めでたく、二本鎖の相補的複製が完了する。

3・8　テロメア

細菌のゲノムDNAのような環状DNA（輪になっているDNA）では、端が存在しないので、上記の仕組みで完全に複製される。では、真核生物のように線状のDNAの端はどうなるだろうか？　5′末端は最後までDNAポリメラーゼは相補鎖を複製する（伸長する）ことができる。しかし、3′末端はプライマーが結合する領域を複製できない。これでは、DNA二本鎖は複製のたびに

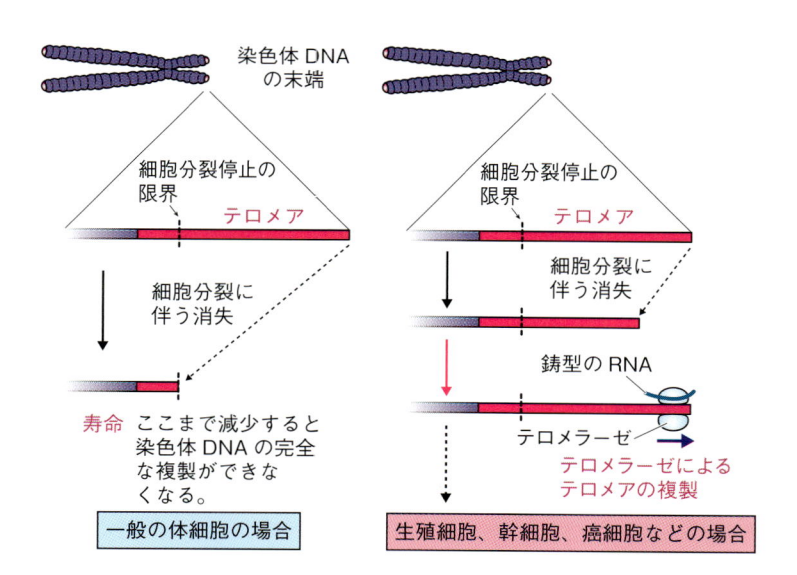

図3・18　寿命とテロメア仮説
一般細胞では分裂のたびにテロメアが短縮され、ある程度まで短くなると分裂できなくなる。生殖細胞や癌細胞ではテロメアを維持することができる。

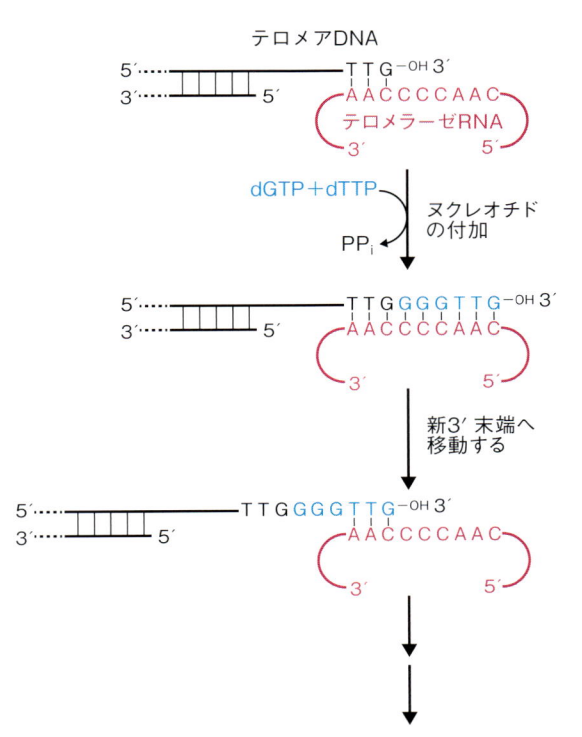

図3·19 テロメラーゼ
テロメラーゼには鋳型となるRNAを含んでおり、反復配列の一部に結合して逆転写酵素としてDNAを伸長していく。

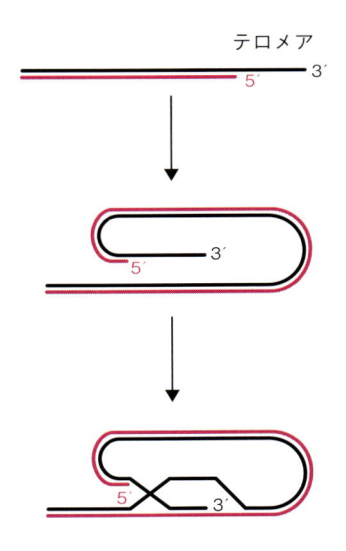

図3·20 テロメア
テロメアの一本鎖DNAはぷらぷらしているわけではなく、折り畳まれている。

どんどん両端から短くなっていってしまう。

これを防ぐのが両端の3′端にあるテロメア（ギリシャ語で端の意味）という特殊な反復配列（テトラヒメナではTTGGGG、ヒトではTTAGGGが1000回以上）が一本鎖として突出している。ここにプライマーが結合して、本来の3′端を完全に複製することができる。この一本鎖は細胞内でぷらぷらして存在しているのではなく、二本鎖DNA領域と結合して折りたたまれている。この領域の複製は鋳型となるRNAをもつ一種の逆転写酵素として作用するテロメラーゼによって行われている（図3·18, 図3·19, 図3·20）。

テロメラーゼがないと細胞分裂の度にゲノムDNAが短くなっていく。通常組織の細胞を培養すると20〜60回程度しか分裂できないのはテロメラーゼ欠損が原因とされる。無限に細胞分裂を続けることができる癌細胞はテロメラーゼの活性が高くなっている。

3·9 DNA修復

DNAポリメラーゼはただ、相補的な塩基を重合していくだけではなく、誤った塩基が結合した場合には、それを除去する機能（校正機能 proof-reading）ももっている。したがって、DNAは非常に正確にほとんど誤りなく複製されていく。ところが、紫外線や放射線、あるいは化学物質（変異原）によってDNAの塩基が置き換えられてしまうことがある。これをそのままにしておくと遺伝情報の誤りがどんどん増えていってしまう。そのために、相補的ではない塩基を発見して修復する機構が存在する。これをDNA修復 repairという（図3·21）。

この修復機構が異常になると、日光に少し当たっただけで、重傷の日焼けとなり、皮膚癌が高率で発生する色素性乾皮症 xeroderma pigmentosum などの疾病が起こる。

3・10　染色体とエピジェネティクス

核の DNA は裸で存在しているわけではない。ヒストンをはじめとする核タンパク質が結合してコンパクトに折り畳まれて染色体となっている。細胞分裂の際にははっきりと確認できる凝集染色体となる。それ以外の時はクロマチン（染色質）と呼ばれる分散した状態となっている。あまり遺伝子発現が行われていない領域は比較的凝集しておりヘテロクロマチンと呼ばれる。遺伝子発現が活発な領域はほぐれた状態でユークロマチン、とくに活発な領域は活性クロマチンと呼ばれる。

遺伝子発現は DNA の塩基情報に基づいて行われているが、それ以外にもヒストンのアセチル化や DNA 塩基のメチル化などによっても発現が制御されている。ヒストンはアセチル化によって DNA との結合が緩むために、転写因子などが DNA にアクセスしやすくなる。アデニンやシトシンのメチル化によって転写が抑制される。このような DNA の塩基配列以外による遺伝子発現制御機構をエピジェネティクス epigenetics（後成

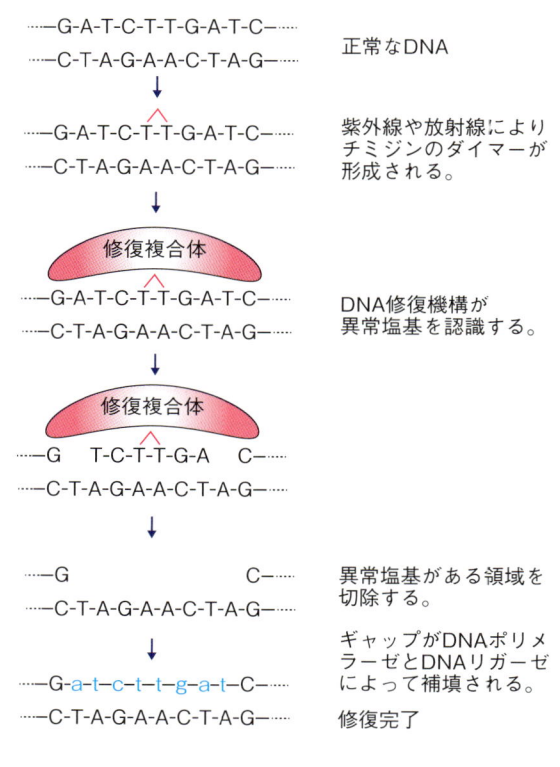

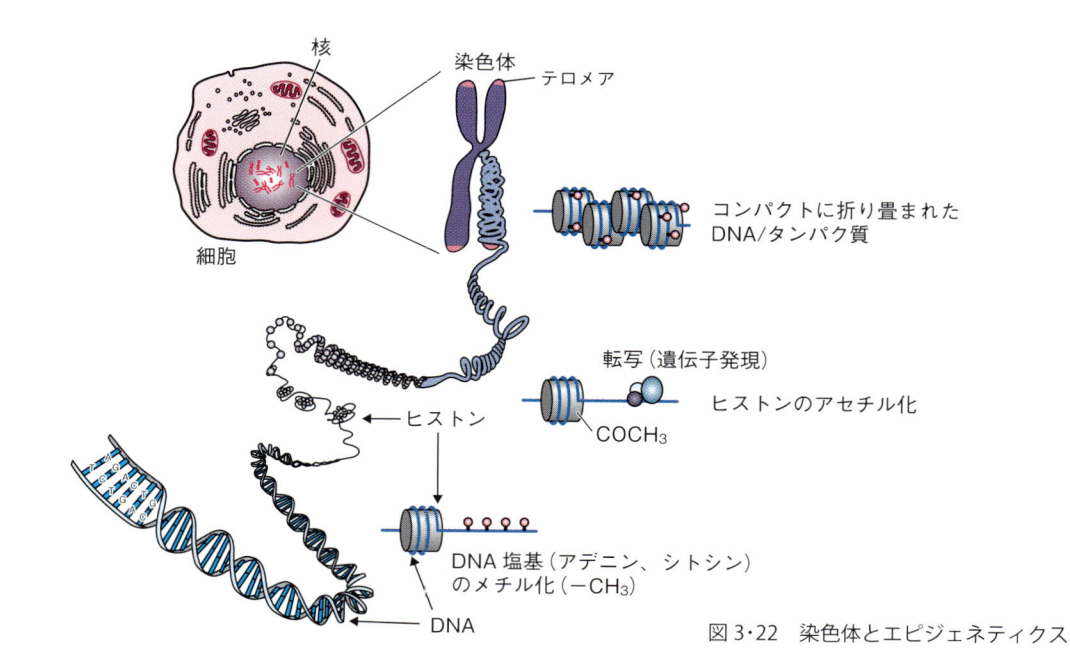

図 3・21　DNA 修復の例
　DNA 修復の一つの例は、チミジンのダイマーを検出して、それを切除するというものである。

図 3・22　染色体とエピジェネティクス

説 epigenesis ＋遺伝学 genetics）という。このようなDNAやヒストンの修飾は細胞分裂の際にも維持され、次の世代にも伝達される。したがって、エピジェネティクスはDNAの塩基配列とは異なる遺伝情報をもっていると言える（図3・22）。

3・11　遺伝子と環境

遺伝病とは遺伝子の変異が原因となって発症する疾患である。遺伝子変異があっても環境など他の条件によっては発症しないこともあるので、正確に言うと、「遺伝子変異が重要な原因となっている」ということになる。例えば、フェニルアラニンヒドロキシラーゼ遺伝子変異によりその活性が消失していると、通常の食事を摂取すれば、代謝阻害によりフェニルケトン尿症となる。しかし、フェニルアラニンの摂取を制限すれば、ほぼ正常に発育することができる。つまり、食事という環境の変化によって、遺伝子異常があっても発病することもあれば、発病しないこともある。糖尿病や高血圧症など一般的な疾患（だれにでも生じ得ると思える）でも、それぞれになりやすい遺伝子のタイプがあり、そのようなヒトが暴飲暴食やストレスにさらされると（環境が変化すると）発症してしまうという考え方が主流である。つまり、遺伝子と環境によって疾患（生物の活動）は決定されるということになる。そのために多数のヒトのゲノム配列をすべて決定し、それぞれの特質（例えば疾患）を記録し、遺伝子系と特質との関連を網羅的に解析する研究が盛んになっている。

12章の免疫で説明するように、免疫細胞の免疫グロブリンをコードする遺伝子は体細胞変異により非常に多彩なものとなっている。また、生殖細胞は減数分裂時に組換えが行われ多彩な配偶子（卵、精子）が作られる。しかし、その他の一般的な体細胞のゲノムはすべて同じとされている。だからこそ皮膚や腸管の細胞を脱核した卵に核移植してクローン動物を作製することができる。い

くつかの遺伝子導入により多分化能をもった iPS 細胞を作製することができる。

しかし、ニューロン（分裂しない細胞）では、染色体異常といった大きなゲノムの変化が生じていることが見いだされている。また、トランスポゾン（DNA組換え反応を行う酵素をもったゲノムDNAのある領域）によって生後に脳のDNAに変化が生じているということが報告されている。癌では遺伝子変異が高率に生じている。体細胞のゲノムが同じか否かは1細胞ゲノムシークエンシングによって明らかになろう。

3・12　細胞と放射線

放射線障害には、放射線が直接DNA分子を破壊する直接作用と、水に作用して活性酸素を発生させて、その活性酸素がDNAを障害する間接作用がある（図3・23）。フリーラジカルを除去する抗酸化物質があれば、間接作用による障害を多少

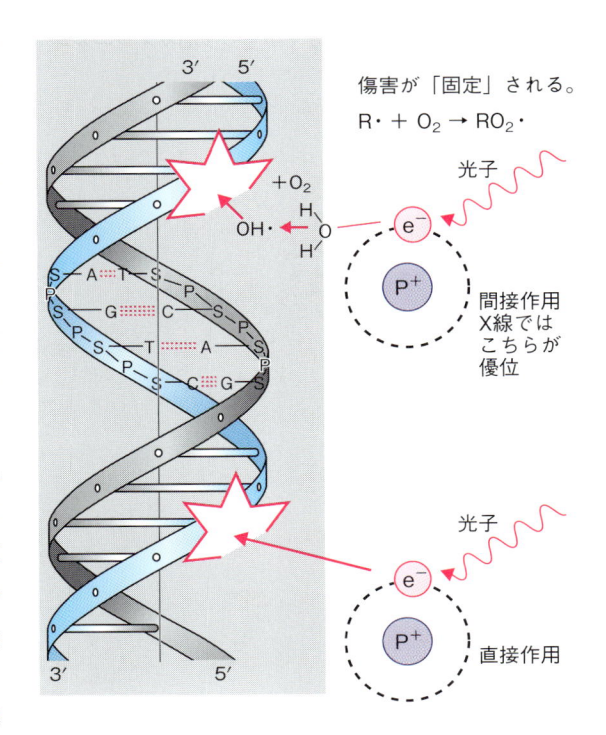

図3・23　放射線によるDNAの障害

は軽減することができるかもしれないが、定かではない。当然ながら、DNA以外にもRNA、タンパク質、脂質も傷害される。しかし、DNAが正常であれば、それらは再合成されるので、極端に障害されなければ、つまり、細胞が黒焦げなってしまってはどうしようもないが、ある程度の障害であれば、熱によるやけどと同じように回復できる。しかし、DNAが傷害されると、それらを合成するための設計図を失うこととなり回復は不可能である。急性の放射線障害では、見かけは、熱によるやけどと似ている。しかし、DNAが失われているので、回復することなく、組織は崩壊していくのである。

長期障害では遺伝子変異が問題となる。DNA修復機構があるので、ある程度の異常は修復される。しかし、時として、癌遺伝子が活性化されたり、逆に癌抑制遺伝子が不活性化されてしまったりすると発癌の原因となる。

薬学ノート 3.1 ＜活性酸素の役割＞

活性酸素は悪者扱いされているが、体外から侵入した病原体を破壊する重要な防衛機構も担っている。また、活性酸素の有無によって、細胞機能が微妙に調節されている。たしかに過剰になると有害となりえる。その点が注目されて、コエンザイムQ10（CoQ10）などの抗酸化薬（自分が活性酸素などによって酸化されることによって、他の組織が酸化されることを防ぐ）がもてはやされている（コラム5.1を参照）。

コラム 3.3 ＜トランスポゾンとレトロポゾン＞

　疾患の原因となるレトロウイルスはその存在がすぐにわかる。しかし、それほどの障害をもたらさない共生するようなウイルスはどうであろうか。われわれの知らないうちにゲノムのなかに潜り込んでいる可能性は十分に考えられる。実際、ゲノムのなかに「移動する遺伝子、転移因子、可動遺伝子」が見いだされている。

　このような可動遺伝子が自由に動き回っていては、ゲノムの恒常性がまったく維持されず、おそらく機能障害が生じるだろう。だいたいはおとなしく落ち着いていると考えられる。しかし、発生期（胎児）では、活性化されてゲノムの中を移動することが報告されている。とくに、生後は分裂することのないニューロン（神経細胞）で、可動遺伝子によるゲノムの多様性が神経機能に影響を及ぼすことが提唱されている。生殖細胞（減数分裂時の組み替えにより卵や精子のゲノムは本来のゲノムがシャッフルされている）と多様な抗原に対応する免疫細胞以外の体細胞のゲノムはすべて同じであるというのはあまりに単純な前提かもしれない。まったくの想像ではあるが、核移植によるクローン動物の作製効率が著しく低いのも、そもそも体細胞のゲノムにもいろいろあって、一部の体細胞しかフルセットのゲノム情報をもっていないことが原因なのかもしれない。

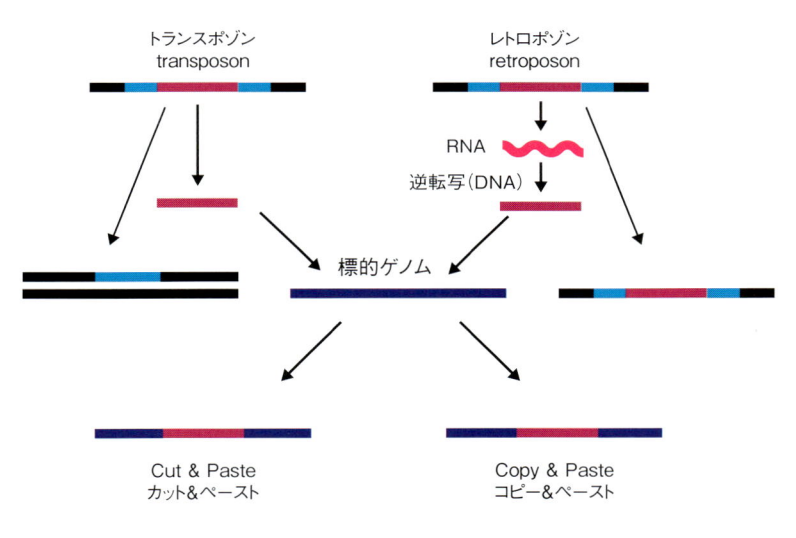

図 3・24　トランスポゾンとレトロポゾン

トピックス 3.1 ＜放射線障害＞

　2011年3月11日、東北太平洋沿海を震源とする大地震により津波が発生し、福島第一原子力発電所の1〜4号炉で放射能漏れが発生した。原子力発電の安全性と効率については、十分な検証が必要であるが、2012年の時点では、原爆以上の長期および広範囲の放射性物質の飛散が問題となっている。放射性物質が放出する放射線には α 線（ヘリウムの原子核、紙1枚程度で遮蔽できる）、β 線（電子、うすいアルミニウム板などで遮蔽できる）、γ 線（電磁波、遮蔽には鉛の板が必要）、中性子線（遮蔽には厚いコンクリートと水が必要）がある。α 線や β 線は飛行距離は短いために生体深部には達しない。が、非常に大きなエネルギーで細胞を局所的に破壊する。γ 線や中性子線は遮断が困難であるが、生体を突き抜けてしまうため、局所障害は比較的少ない。放射線による生体組織の障害は火傷に類似しているが、とくに、DNA の切断や塩基置換を生じ、癌化や子孫への遺伝的影響が問題となる。

① 確定的障害と確率的障害

　放射線の障害には確定的障害と確率的障害がある。高線量を照射された細胞は死滅するというように明らかな障害が確定的影響である。細胞は死滅しないが、遺伝的影響を受けて発癌する確率が増加するというのが確率的障害である。3.11 では幸いなことに確定的障害は発表されている範囲では発生しなかった。問題となっているのは将来発生する疾患の発生率を増加させるという確率的障害である。放射線による障害は原発事故で被曝しなくても発生する疾患である。ある個人がその疾患（例えば癌）に罹患した場合、それに被曝が影響しているのかを決定することはできない。被曝した集団が非被曝集団よりも発生率が増加していれば、全体としては被曝が影響していると結論できるが、各個人についての議論は非常に困難である。比較的稀な甲状腺癌が多発したような場合には被曝が著しく影響していると議論することは可能である。

　確定的障害は東海村の臨界事故（ウラニウム操作時に臨界に達し、2名が急性放射線傷害によって死亡した1999年の事故）が典型例である（詳しくは「朽ちていった命」新潮文庫参照）。3.11 では破壊した原子炉の中に迷い込むことがないかぎり、現状では心配ないだろう。

② 放射線障害のしきい値

　放射線による障害については3種類の考え方がある（図3・25）。

（1）しきい値なし：低用量であっても毒性があるという考え方。
（2）しきい値あり：低用量では毒性が無いという考え方。
（3）ホルミシス効果：低用量ではむしろ有益であるという考え方。

　それぞれ実験的根拠もあるし、また生物種やその時の生体の状態によっても放射線感受性が異なり、どれが正しいのか結論は難しい。おそらく状況（放射線の種類、照射条件、生体の状態）によって異なると思われる。原発事故が無くても宇宙線を浴びているし、医療現場では放射線検査や治療が日常的に行われている。医療現場では放射線障害よりもそれによって得られる益（診断や治療効果）が明らかに大きいことから認容されている。安全率を考えれば、不必要な放射線被曝を避けるべきである。

③ 細胞の放射線防衛機構

　放射線は主として DNA を破壊することによって細胞を傷害する。自然放射線（年間 0.5 mSv 程度）に太古からさらされている生物は対応機構を備えている。その代表が傷ついた DNA 鎖の修復機構である。いくつか種類があるが、代表的なのは、紫外線や放射線によってチミジンが結合したダイマーを除去す

る仕組みである（DNA 修復参照）。

④ 放射線治療

　放射線による癌発生が危惧される一方で、放射線は癌治療にも用いられている。これは増殖が著しい癌細胞が放射線によって正常細胞より傷害されやすいことに基づいている。多くの抗癌薬も著しく増殖している細胞を標的としているが、抗癌薬の中にも発癌性をもっているのがある。放射線治療が有効な舌癌の局所には 1 回 6 Gy を 1 日 2 回、7 日間程度の照射が行われる。放射線治療では腫瘍局所とはいうものの数～数十 GBq の強い放射線が照射されるのである。悪性疾患ではない甲状腺機能亢進症（バセドウ病）では、^{131}I が 0.5 GBq ほど経口投与される。このように、甲状腺の場合、飲んだ放射性ヨウ素の 100％近くは甲状腺のみに集まるため、やはり局所投与と言える。この場合は幸いなことに発癌はほとんどない。甲状腺が破壊されすぎて甲状腺機能低下症になることがある。甲状腺ホルモンを経口で補充して対応できる。

　電子より重い粒子（陽子、中性子、重イオン）を用いる治療法を重粒子線治療という。炭素から高電圧により電子をはぎ取った炭素イオンなどを大がかりな加速器で高速の粒子線として照射する。γ線とは異なり、粒子線の場合にはある深度で急激にエネルギーが吸収される。つまり、癌組織をピンポイントで傷害することができる（図 3・27）。

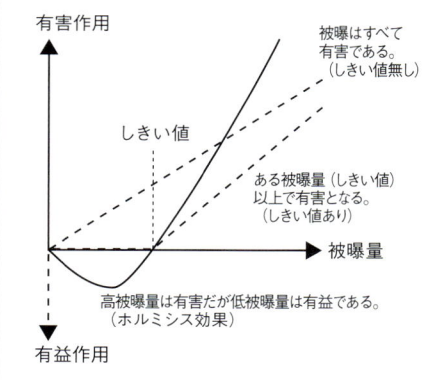

図 3・25　放射線の被曝量とその有害作用
ホルミシス効果はある程度のストレスは細胞にとって有益という考え方であり、例えば、低用量の放射線を照射された培養細胞はより高用量の放射線への抵抗性が増加することなどが実験的に示されている。

放射性物質の量
▶ 1 Bq（ベクレル）＝原子核の壊変が 1 秒に 1 回起こっていること。

放射線のエネルギー
▶ 1 eV＝1.6 × 10^{-19} J
^{131}I のγ線は ～300 keV、β線は～600 keV である。

放射線の吸収線量
▶ 1 Gy（グレイ）＝物質や人体 1 kg あたり 1 J（ジュール）の放射線エネルギーが吸収されたこと。

水 1 kg の温度を 1 度上げるために必要なエネルギー＝ 4200 J、水に 1 Gy の放射線量により 0.00024 度の温度上昇

▶ 線量当量 Sv（シーベルト）＝ Gy × 放射線荷重係数
放射線による生体への危険性の違いを加味した線量

図 3・26　放射能の単位

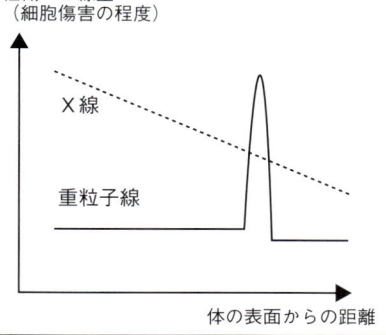

図 3・27　重粒子線の細胞傷害の特徴
体表面に照射された重粒子線はある深さのところでピンポイントで多量のエネルギーを組織に与える。つまり、癌細胞のみを比較的特異的に傷害することができる。

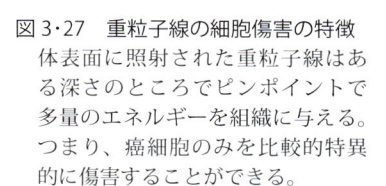

トピックス 3.2 ＜遺伝子と環境とノイズ＞

　生命現象はほとんどの場合、遺伝情報が環境による調整を受けて決定されていると説明されている。糖尿病など様々な疾患の原因についても「遺伝的素因に環境因子が重なると発症する」と説明した。環境に対する反応性も遺伝情報が決定しているとすれば、遺伝情報を把握し、そのときの環境情報を得れば、生命活動をすべて説明できることになる。極論すれば、遺伝子情報がすべてということになる。それに基づいて、いわゆるテーラーメイド医学として、例えば、薬物に対する反応性を患者個人の遺伝情報から推測することが試みられている。

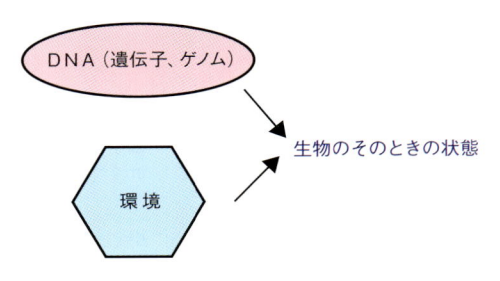

図3·28　ゲノムと環境によって生体活動が決定されることを示す模式図

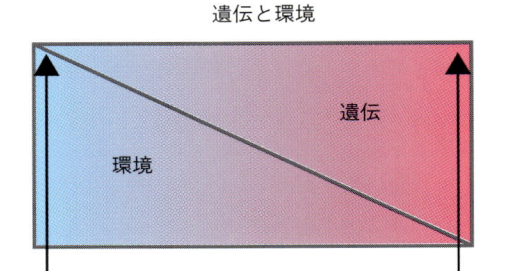

図3·29　疾患の環境要因と遺伝要因を示す模式図
いわゆる染色体異常による遺伝性疾患では、その異常があれば必ず発病する。電車事故による外傷には遺伝的要因はほとんど関係ない。

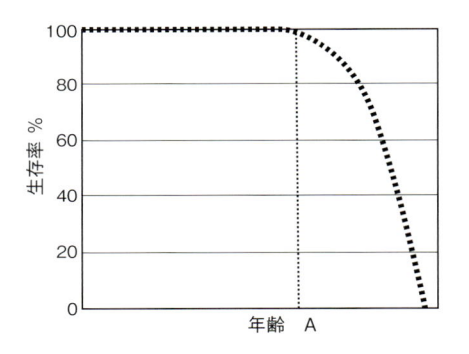

図3·30　マウスの年齢と生存率の変化の模式的グラフ

　しかし、生体反応には、それだけではなく、森羅万象、この世の中のすべての事象には、確率論的な変動を必ず伴う。世の現象にはすべてノイズが乗っているのである。

　単純な例として寿命を考えてみよう。同じ遺伝子の個体群（クローン、あるいは近交系）である実験用マウスを同じ環境で（同じ飼育箱で）飼っていても、寿命にある程度のばらつきが出現する。もし遺伝と環境だけで決定しているのなら、例えばA日で全マウスが一斉に死滅するはずである。しかし、実際には早く死ぬのもより長生きするのもいるために、カーブを描いて生存率は低下することになる（図3·30）。これは細胞機能（酵素活性など）の働きに確率的な変動が存在すると考えれば説明できる。

　あるタンパク質の発現量を隣同士で同じ種類の細胞で測定する（図3·31）。遺伝情報も環境も同じなので、

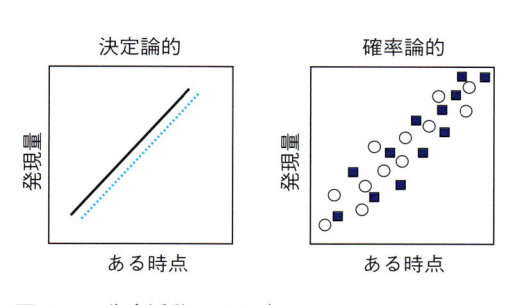

図 3・31 生命活動のノイズ
同じ遺伝子の発現量を隣接する細胞（○と■）で測定した場合のばらつきを示す模式図

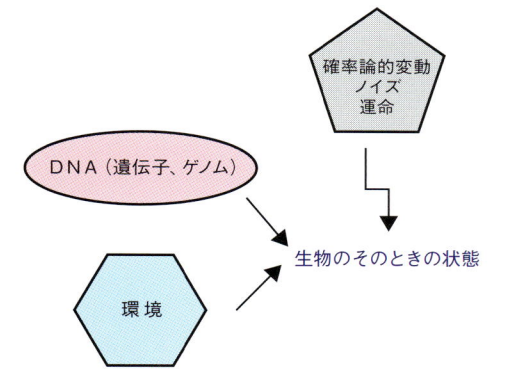

図 3・32 生物を決定するのは遺伝、環境、そしてノイズ（確率論的変動、あるいは制御することのできない「運命」）であることを示す模式図

どの時点でも両酵素の発現量の関係は一定（ほぼ同じ）となる（直線と青点線）。しかし、確率論的には「ノイズ」が乗り、相対的な発現量の変化が生じる。わずかの差であっても、そのタンパク質の機能によっては、その違いは細胞活動に大きな影響を及ぼす可能性がある。

　生命活動がゲノム情報と環境だけで決まっているのではなく、確率論的な揺らぎ、つまり、同じ遺伝子（例えばクローン動物）で同じ環境（一つの飼育箱）で飼育していても、表現形は異なるということである。これは喧伝されている遺伝情報に基づく個別化医療にも重大な問題を投げかける。遺伝情報だけに基づいて治療方針を決定するのは不可能ということになる。

3章　問題：誤りがあれば修正せよ。

1. 分子生物学のセントラルドグマとは DNA → RNA → タンパク質という情報の流れのことである。
2. 核酸は 5′ から 3′ の方向に合成される。
3. イースタンブロッティングとは糖質の検出法である。
4. DNA ヘリカーゼは DNA をねじってらせんを形成させる。
5. 岡崎フラグメントによってリーディング鎖が伸長する。
6. テロメラーゼは逆転写酵素である。
7. PCR 法では RNA を解析することはできない。
8. PCR では DNA 複製にプライマーが必要なことが鍵である。
9. タンパク質とは異なり DNA の修飾はない。
10. ある個体のすべての細胞のゲノム情報は同じである。

4章　RNAと細胞の構造

- DNAのゲノム情報はRNAに転写されて発現される。
- mRNAはコドンに基づいてタンパク質（ペプチド）のアミノ酸配列を指定する。
- シグナルペプチドは膜タンパク質や分泌タンパク質を指定する代表的なアミノ酸配列である。
- タンパク質に翻訳されない多数のRNAが重要な制御機能を担っている。

　DNAの塩基配列は情報を担っているが、そのままでは情報を具体化することはできない。パソコンのハードディスクのようなものである。ハードディスクの情報に基づいて、ディスプレイに絵を描き、音をだして、情報は機能するのであり、ハードディスクだけを眺めていてもなにもわからない。DNAの情報はセントラルドグマのとおり、まず、相補的なRNAに読み取られ、そのRNAの配列はアミノ酸配列に読み取られ、ペプチドとなる。ペプチドが最終的に修飾されたり折り畳まれて、機能するタンパク質（酵素や構造タンパク質）となって遺伝情報は具体化される。

4·1　ペプチド合成

　ペプチドはアミノ酸が連結した分子である。DNAの塩基配列はmRNAに読み取られ、その塩基配列に従ってアミノ酸が連結されてペプチドが生成される。1個のアミノ酸は3塩基（コドン）で指定されている。このコドンとアミノ酸の対応は、基本的には大腸菌でもヒトでも共通である（ただし、例外的に、池にいるミドリムシなどの原生生物では、終止コドンTGA（UGA）がトリプトファンを指定している）。UAA、UAG、UGAは終止コドンと言い、そこでアミノ酸の付加が停止される。

　Metを指定するATGは翻訳を開始する開始コドンとしても使用される。メチオニンがペプチドの先頭となるが、その後、除去される。また、ペプチドの内部のメチオニンをコードしているATGと開始コドンのATGを区別するために、開始コドンの上流は特殊な配列となっている（表4·1，図4·1，図4·2）。

4·2　コドンの縮退、冗長性

　多くのアミノ酸には数個のコドンが存在する。これは縮退もしくは遺伝暗号の冗長性という。一般的には、遺伝子変異でアミノ酸を変えないような変異、例えばアラニンのGCAがGCCになっても生理機能に影響しないとされる（サイレント変異）。異なるアミノ酸となる変異をミスセンス変異という。また、停止コドンができてしまう変異をナンセンス変異という（図4·3，図4·4）。

4·3　リボソーム

　mRNAにリボソームが結合し、コドンに従ってアミノ酸がつぎつぎに連結していく。リボソームは大サブユニットと小サブユニットからなり、それぞれ数多くのペプチドとRNA（rRNA、小サ

表 4.1　コドン表

FIRST \ SECOND	U	C	A	G	THIRD
U	Phe (F) UUU, UUC Leu (L) UUA, UUG	Ser (S) UCU, UCC, UCA, UCG	Tyr (Y) UAU, UAC STOP UAA, UAG	Cys (C) UGU, UGC STOP UGA Trp (W) UGG	U C A G
C	Leu (L) CUU, CUC, CUA, CUG	Pro (P) CCU, CCC, CCA, CCG	His (H) CAU, CAC Gln (Q) CAA, CAG	Arg (R) CGU, CGC, CGA, CGG	U C A G
A	Ile (I) AUU, AUC, AUA Met (M) AUG (START)	Thr (T) ACU, ACC, ACA, ACG	Asn (N) AAU, AAC Lys (K) AAA, AAG	Ser (S) AGU, AGC Arg (R) AGA, AGG	U C A G
G	Val (V) GUU, GUC, GUA, GUG	Ala (A) GCU, GCC, GCA, GCG	Asp (D) GAU, GAC Glu (E) GAA, GAG	Gly (G) GGU, GGC, GGA, GGG	U C A G

※コドンは、5′末端が左側にくるように書いてある。mRNAの配列なので、DNAのTの代わりにUとなっている。DNAの配列としてはUをTに置き換える。

(gcc)gccRccAUGG

図 4·1　コザック配列 Kozak sequence（真核生物）
開始コドン (AUG) の3塩基上流の R（プリン塩基・アデニンまたはグアニン）と開始コドンの次の G が翻訳効率を高める。g（グアニン）と c（シトシン）は重要性が低い。

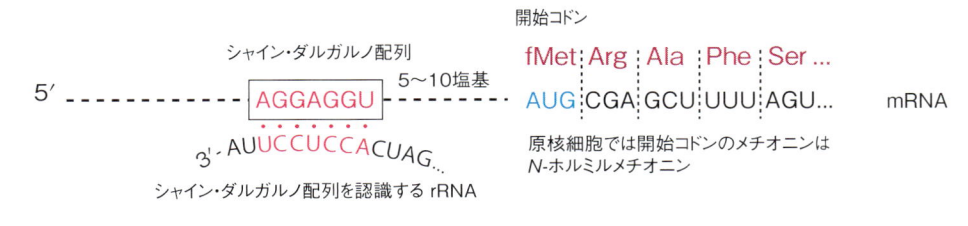

```
                              開始コドン
          シャイン・ダルガルノ配列          fMet Arg Ala Phe Ser ...
5′----------- AGGAGGU ---5~10塩基------- AUG CGA GCU UUU AGU ...  mRNA
          3′-AUUCCUCCACUAG...            原核細胞では開始コドンのメチオニンは
          シャイン・ダルガルノ配列を認識する rRNA    N-ホルミルメチオニン

          開始コドンを認識させる配列
```

図 4·2　シャイン・ダルガルノ配列 Shine-Dalgarno sequence（原核生物）
リボソームの結合配列。開始コドンを認識させる配列でもある。

	AGA					UUA			AGC											
	AGG					UUG			AGU											
GCA	CGA				GGA	CUA			CCA	UCA	ACA				GUA					
GCC	CGC				GGC	CUC			CCC	UCC	ACC				GUC	UAA				
GCG	CGG	GAC	AAC	UGC	GAA	CAA	GGG	CAC	AUA	CUG	AAA		UUC	CCG	UCG	ACG		UAC	GUG	UAG
GCU	CGU	GAU	AAU	UGU	GAG	CAG	GGU	CAU	AUC	CUU	AAG	AUG	UUU	CCU	UCU	ACU	UGG	UAU	GUU	UGA
Ala	Arg	Asp	Asn	Cys	Glu	Gln	Gly	His	Ile	Leu	Lys	Met	Phe	Pro	Ser	Thr	Trp	Tyr	Val	stop
A	R	D	N	C	E	Q	G	H	I	L	K	M	F	P	S	T	W	Y	V	

図4・3 コドンの縮退
アラニンAlaにはGCA、GCC、GCG、GCUの4個のコドンが存在する。他のアミノ酸でも複数個が存在するが、多くはコドンの3番目の塩基が異なっている。

サイレント変異の例：
GAA（グルタミン酸）➡ GAG（グルタミン酸）
同じグルタミン酸をコードしている。

ミスセンス変異の例：
GAA（グルタミン酸）➡ CAA（グルタミン）
グルタミン酸からグルタミンに変わる。

ナンセンス変異の例：
GAA（グルタミン酸）➡ TAA（終止コドン）
ペプチドの途中に終止コドンが出現してしまい、短いペプチドとなってしまう。

図4・4 遺伝子変異とアミノ酸

コラム 4.1 ＜「沈黙」は「同意」にあらず（サイレント変異）＞

　コドンの同義（サイレント）変異でも異なった機能のタンパク質が産生される例が報告されている。
　コドンが変化してもコードされるアミノ酸が変化しないサイレント変異によって、同じアミノ酸配列をもちながら、翻訳されたタンパク質の機能に差が見られるが例が報告されている。これはコドンによってペプチドの伸長速度が異なり、変異コドンの翻訳の際に局所的に著しくペプチド伸長速度が低下する可能性が議論されている。この変異が存在すると、未完成のペプチドが長期に存在することになり、ペプチドの折り畳み過程が変化し、完成したタンパク質の立体構造や膜系への組み込み状態が異なる可能性がある。

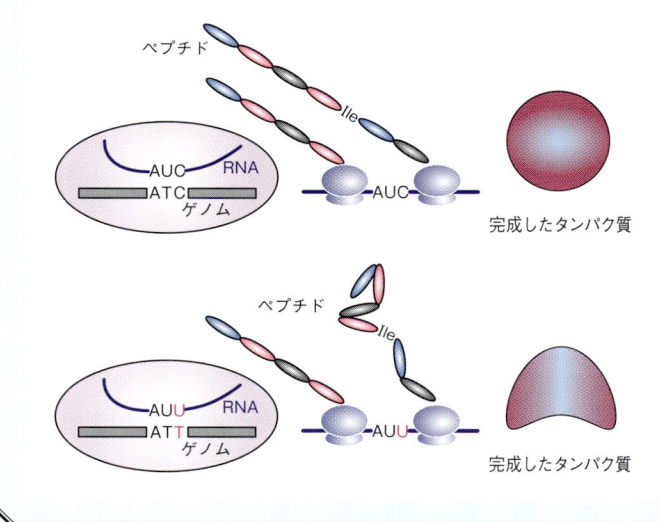

図4・5 サイレント変異
サイレント変異でもペプチドの折りたたみ過程が変化し、タンパク質の立体構造が変化するかも知れない。

ブユニットは1本、大サブユニットは3本）から構成される。

4・4　ペプチド伸長

mRNAのコドンに相補的なアンチコドンをもつtRNAがリボソームに取り込まれて、ペプチド鎖に付加されていく。リボソームにはペプチド鎖が結合したtRNAが位置するP部位、次に結合されるアミノ酸をもったtRNAが結合しているA部位、そして、アミノ酸を失ったtRNAが位置するE部位がある。リボソームはmRNAをレールとして走行する貨車のように移動しながら、tRNAがもつアミノ酸をつぎつぎに結合していく。エネルギーはGTPがGDPに加水分解されて供給される（図4・6）。

この伸長反応の触媒はタンパク質酵素ではなく、RNAが酵素として働いている。酵素作用をもつRNAをenzymeにちなんでリボザイムribozymeという。

開始コドンATGのところで翻訳が開始される機構、および、停止コドンで翻訳が終了する機構は複雑である。それぞれ開始因子終結因子など制御因子（タンパク質）が関与している。

4・5　tRNA

tRNAは一本鎖RNAであるが、一本鎖の中で相補的な二重鎖を形成している。模式図はクローバに似ているが、実際の立体構造は複雑である。

1個のアミノ酸には複数個のコドンがある。これに対応するために複数のtRNA（異なったアンチコドンをもつ）が存在することもあるし、1個のtRNAが複数のコドンに結合することもある。

例えば、同じアンチコドンが複数のコドンに相補的に結合するために、酵母のアラニンtRNAのアンチコドンは5′-IGC-3′であり、コドンの3番目に結合する塩基がイノシンとなっている。イノシンはU、C、Aと塩基対を形成することができるので、IGCのアンチコドンはGCU、GCC、

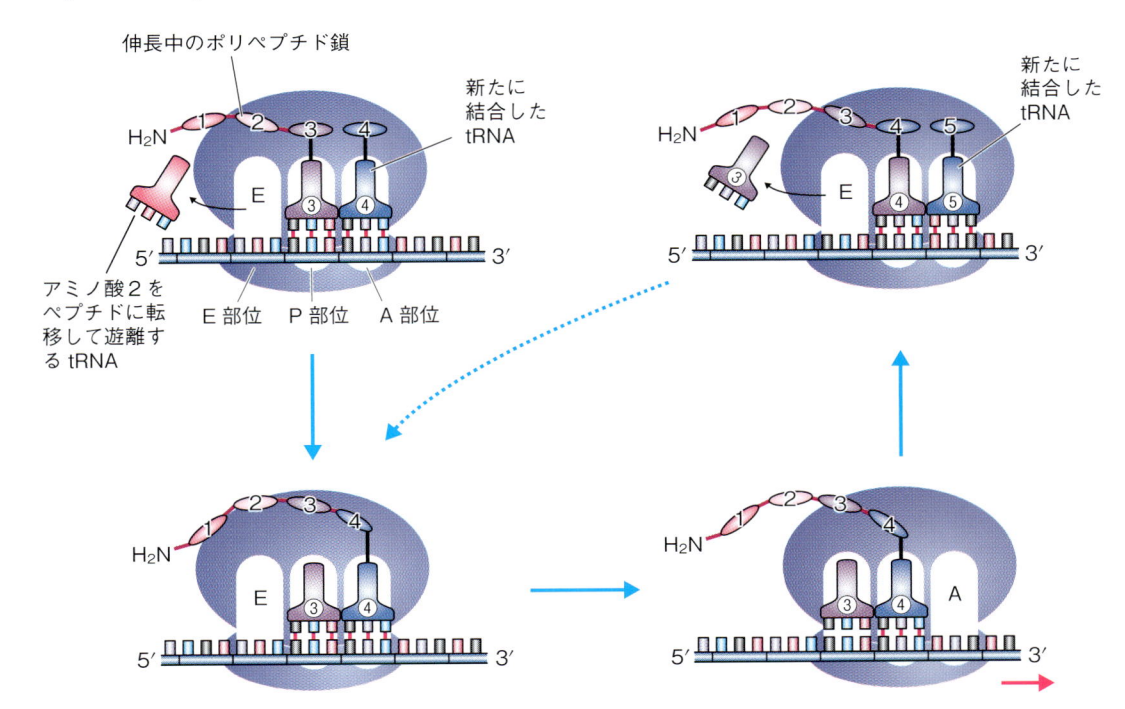

図4・6　リボソームでのペプチド伸長反応

GCAに結合することができる（図4・7, 図4・8）。ヒトには500種類ほどのtRNAが存在するが、アンチコドンの配列は48種ほどである。tRNAの細胞内濃度が異なるので、同じアミノ酸を指定するコドンであっても、ペプチド合成の効率が変化することがある。どのコドンがよく使われているかをcodon usage（コドン使用頻度）といい、遺伝子工学で効率よく目的のペプチドを合成させるためには、codon usageを考慮する必要がある。

4・6　特異的なアミノアシルtRNA合成酵素

コドンとアンチコドンは塩基の相補性で正確に結合することは理解できよう。しかし、アンチコドンに対応したアミノ酸のみがtRNAに結合していないと、コドンの正確性は意味がなくなってしまう。アンチコドンに対応したアミノ酸を正確に結合する必要がある。これを行っているのが、それぞれのアミノ酸に特異的なアミノアシルtRNAシンテターゼである。この酵素はただアミノ酸を正確に結合するだけではなく、誤ったアミノ酸が結合したtRNAを分解する活性ももつ。こうして、各tRNAは正確に対応するアミノ酸を結合する（図4・9）。

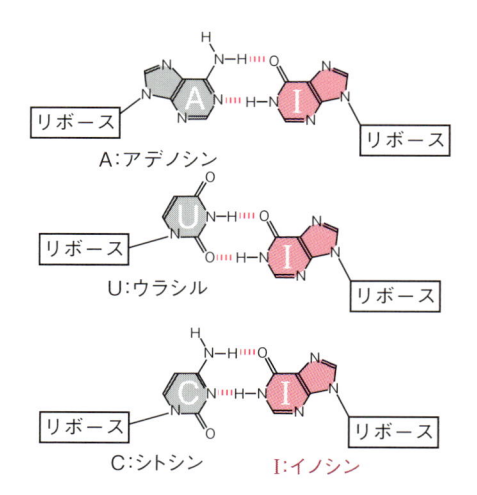

図4・7　第3塩基の揺らぎ
第3塩基と塩基対を形成するアンチコドンの塩基はしばしばイノシン（I）である。Iはシトシン、ウリジン、アデノシンとも塩基対を形成することができる。その他にも、コドンの第3塩基のC、UはアンチコドンのGと、コドンのA、GはアンチコドンのUと塩基対をつくる。したがって、tRNAは複数個のコドンを認識することになる。

図4・8　tRNAの構造
tRNAは一本鎖RNAが分子内相補的塩基対を形成しながら折り畳まれている。
tRNAには通常と異なる塩基（修飾塩基）が含まれている。例えば、アンチコドンの3′側や薄赤色のループにあるΨはシュードウリジンpseudouridineである。

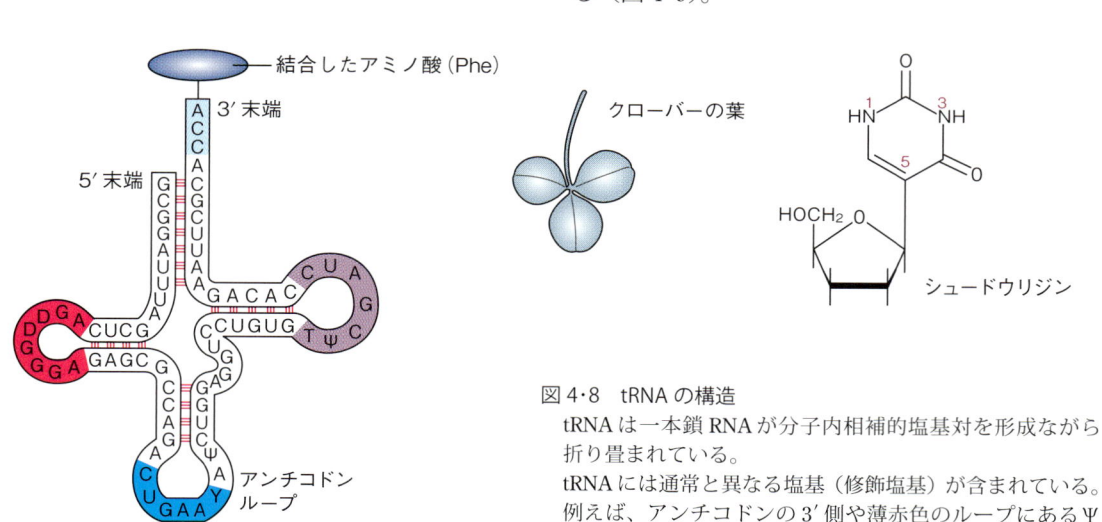

5′ GCGGAUUUAGCUCAGDDGGGAGAGCGCCAGACUGAAYAΨCUGGAGGUCCUGUGTΨCGAUCCACAGAAUUCGCACCA 3′
(D)
アンチコドン

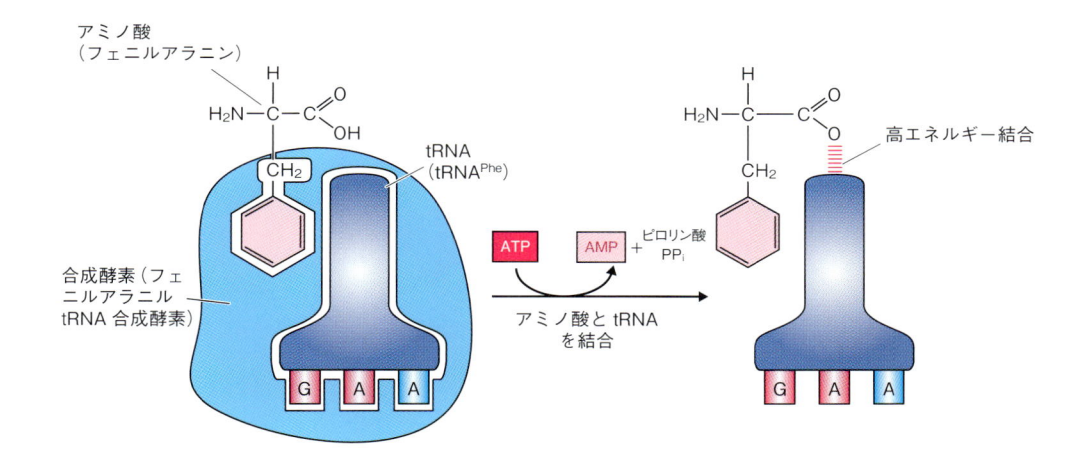

図 4・9 アンチコドンに対応したアミノ酸を正確に結合するアミノアシル tRNA 合成酵素

4・7 分泌タンパク質の合成

タンパク質には大きく分類すると、細胞外に分泌されるタンパク質と細胞内にとどまるタンパク質がある。細胞質の可溶性タンパク質の場合は、裸の mRNA にリボソームが結合してペプチドが伸長し、そのまま細胞質を漂う。その後、一部のタンパク質はリン酸化などの翻訳後修飾を経て、補因子やサブユニットが結合してタンパク質として完成する（図 4・10）。

ペプチドには細胞内のある部位へ輸送されるための目印となるアミノ酸配列がある。例えば、核移行シグナルの配列があるタンパク質は核へと輸送されていく。

細胞外へ分泌されるタンパク質は mRNA は小胞体に接して、伸長するペプチドは小胞体内へ吸い込まれていく。分泌タンパク質の目印となる代表的なのが、シグナル配列という N 末端のシ

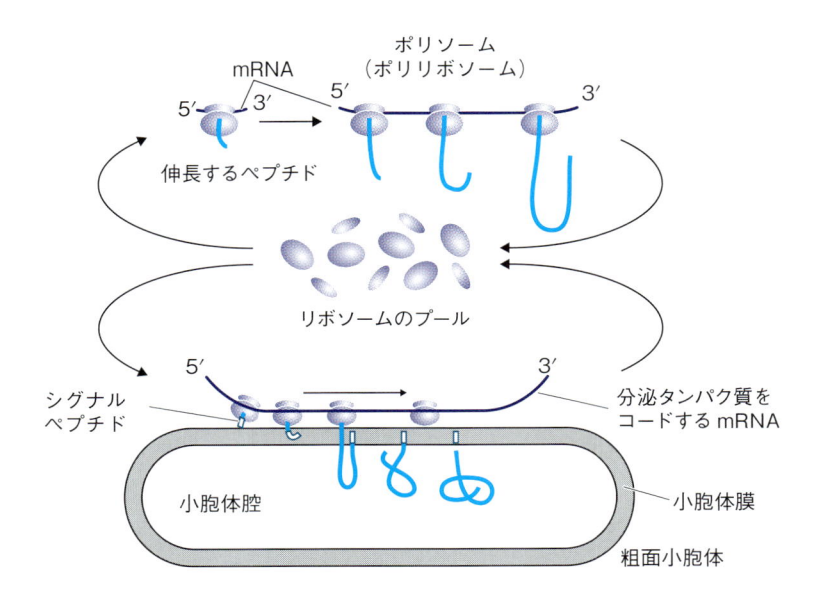

図 4・10 細胞質のタンパク質と膜腔内のタンパク質の合成

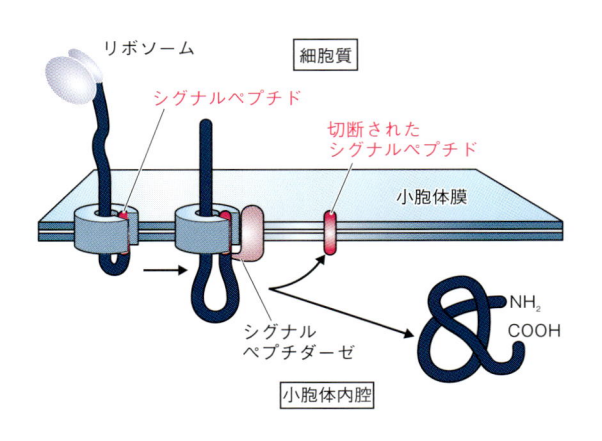

図 4・11　分泌タンパク質の合成

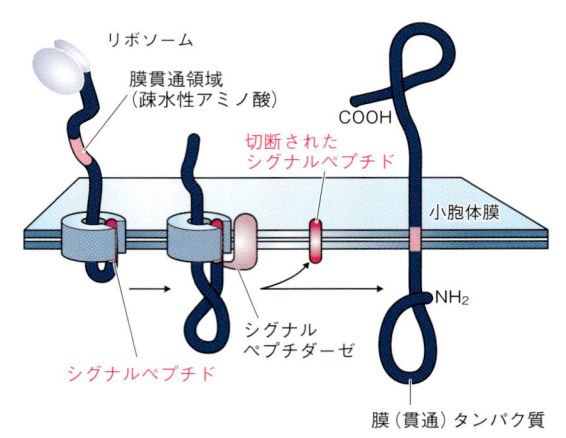

図 4・12　膜タンパク質の合成

グナルペプチドである。配列内に疎水性タンパク質が連なった膜貫通領域があると、膜に存在する膜タンパク質となる。分泌タンパク質や膜タンパク質は小胞体やゴルジ小胞で糖質や脂質の付加といった翻訳後修飾を受ける。なおシグナル配列をもたないタンパク質でも分泌されたり膜に組み込まれたりすることも稀ではない。シグナル配列は膜移行シグナルの一つの例である（図 4・11，図 4・12）。

4・8　ポリシストロン

生物は大きくウイルス、原核生物、真核生物に分類される（詳細は 10 章 125 頁参照）。原核生物はほぼ細菌類と同義である。細胞構造をもち、他に寄生しないで増殖することができる（マイコプラズマなどは細胞内寄生性細菌も存在する）。原核細胞には細胞小器官はほとんどなく DNA と細胞質の境界はない。ミトコンドリアや小胞体も無く、細胞質にくびれた細胞膜が代行している。ウイルスは核酸とそれをコートする殻のみであり、単独では増殖できない。他の細胞（細菌や真核生物細胞）に寄生して増殖する。

真核細胞の mRNA は 1 本のポリペプチドのみを指定しており、アミノ酸への翻訳は、すべて 1

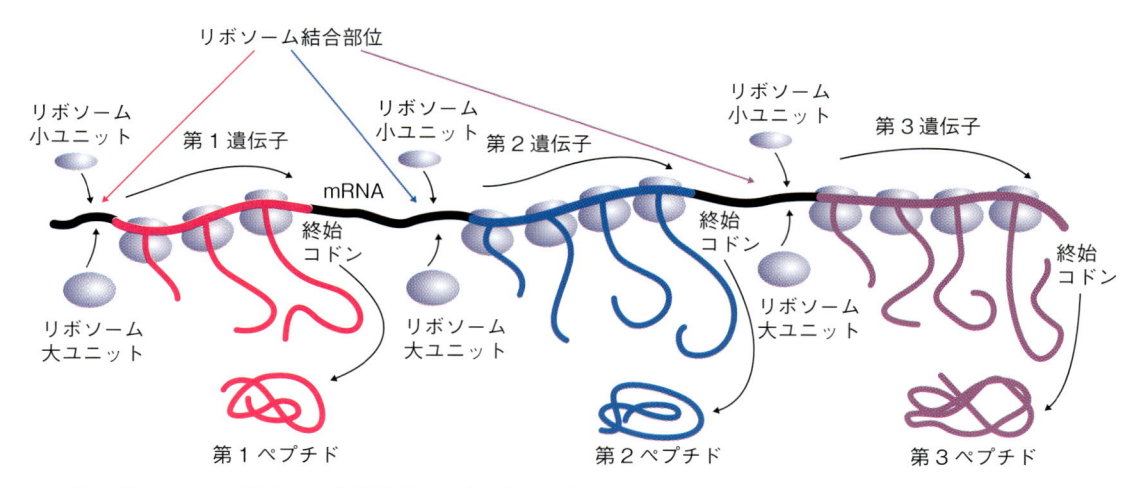

図 4・13　1 本の mRNA から複数種類のペプチドが合成されるポリシストロン
　　なお mRNA 上の各ペプチドの開始部位には RBS（ribosome binding site）という特異的な配列が存在する。

個の開始コドンから始まり、1本のペプチドのみが生成される（モノシストロン性）。リボソームが複数個結合するが、生成されるペプチドはみな同じである。

　細菌やウイルスでは1本のRNAから複数種類のペプチドが生成される。これは1本のmRNA上に複数の開始部位が存在し、そこから別個のペプチドが生成される。このような性質をポリシストロン性という。ある同じ代謝系に属する複数の酵素を1本のmRNAでコードしておけば、自律的に同量の酵素を合成できる。遺伝子発現の制御系を単純にして、ゲノムの効率を高めてゲノムサイズを小さくすることができる。真核細胞のようにゲノムが十分大きい場合には、個別に酵素をコードした方が、微妙な調節をすることができる。同じ代謝経路の酵素であっても、何らかの原因で1個の酵素が不足した場合、ポリシストロンでは、余分な酵素も合成する必要があるが、別個ならその不足した酵素だけを合成できるのである（図4・13，図4・14）。

4・9　スプライシング

　細菌のゲノムではmRNAの配列がそのまま組み込まれている。ゲノムから転写されたRNAはそのままmRNAとして機能する。真核生物ではゲノムから転写されたRNAは或る部位の除去（スプライシング）や付加（5′端のキャップ構造、3′端のポリA尾部）を経てmRNAとして完成する。その過程をRNAプロセッシングという。

　スプライシングで除去されmRNAに含まれない領域をイントロン、mRNAに含まれる領域をエキソンという。また成熟mRNAにもタンパク質をコードしていない5′側および3′側に非翻訳領域が存在する。イントロンや非翻訳領域は重要な機能をもっていないとされてきたが、遺伝子発現制御を行っていることが明らかになってきた。また、生物間の違いも大きく、生物種を決定して

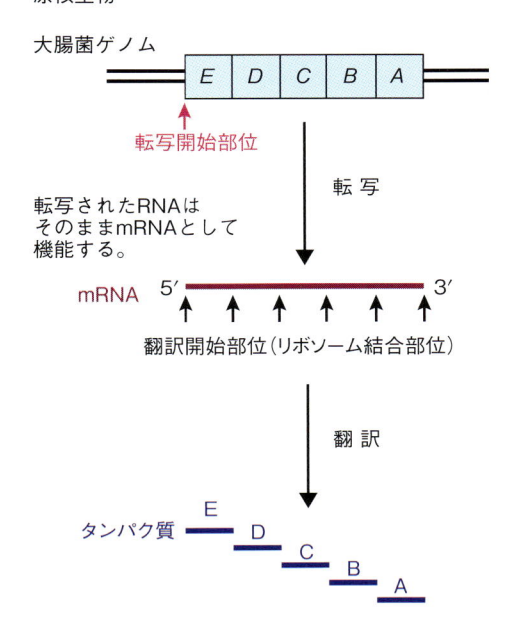

図4・14　原核生物のゲノムとmRNA（翻訳）
ゲノムの配列がそのままmRNAとなり、遺伝子によっては1本のmRNAから複数個のペプチドが翻訳される。

いる大きな要因とされる（図4・15，図4・16）。

4・10　RNA干渉

　アンチセンスRNA法は、mRNA（センスRNA）とは相補的なRNA（アンチセンスRNA）を細胞内に取り込ませて目的とするmRNAの機能を抑制する方法である。

　このような実験を行う場合、コントロールとしてランダムな配列のRNAを用いて、それでは抑制されないことを示す。このコントロールとしてセンスRNAを取り込ませても、その遺伝子が抑制されてしまった。これは不思議だと調べたところ、実は、短い二本鎖RNAがmRNAを特異的に分解していることが明らかになった。細胞に取り込ませるRNAを二本鎖DNAのプラスミドを鋳型として試験管内で合成する際に、微量ではあるが、反対鎖も転写の鋳型となるために、アンチセ

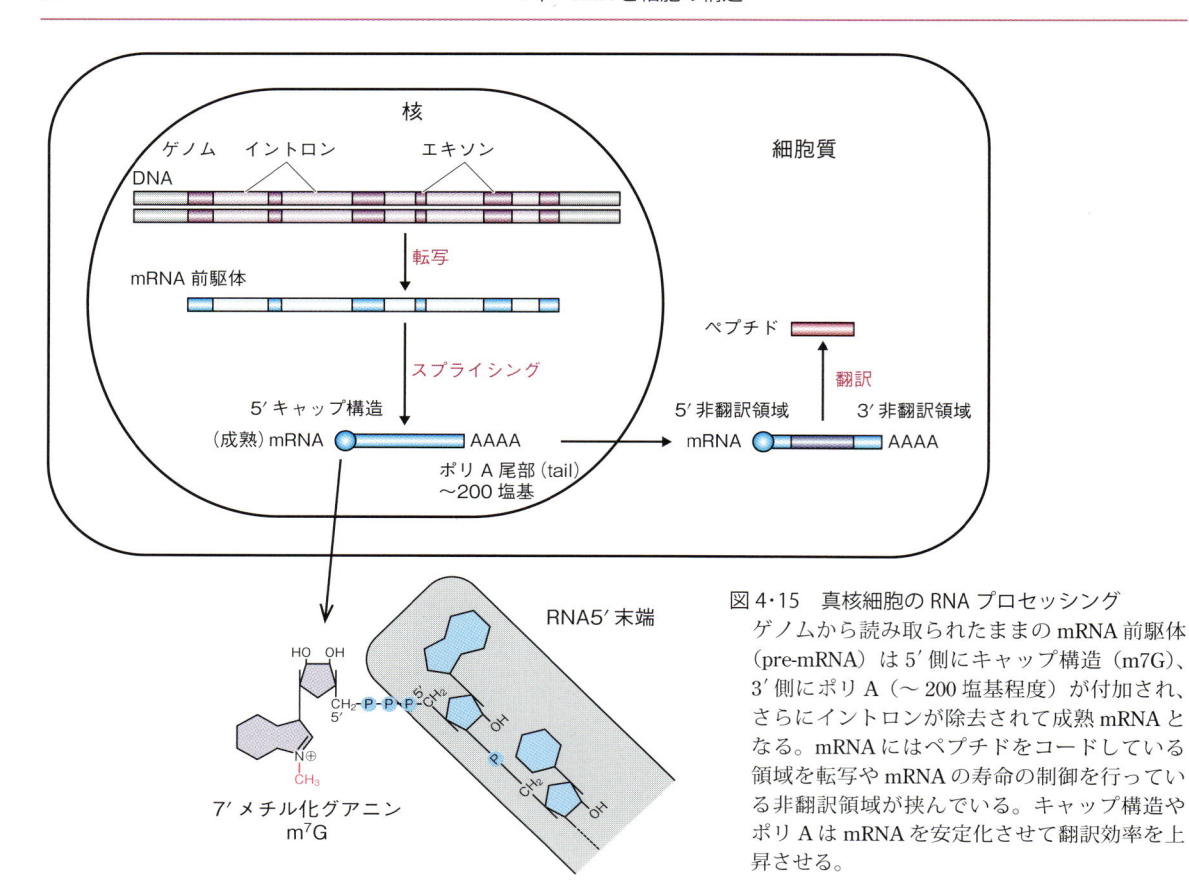

図4・15　真核細胞の RNA プロセッシング

ゲノムから読み取られたままの mRNA 前駆体 (pre-mRNA) は 5′ 側にキャップ構造 (m7G)、3′ 側にポリ A (〜200 塩基程度) が付加され、さらにイントロンが除去されて成熟 mRNA となる。mRNA にはペプチドをコードしている領域を転写や mRNA の寿命の制御を行っている非翻訳領域が挟んでいる。キャップ構造やポリ A は mRNA を安定化させて翻訳効率を上昇させる。

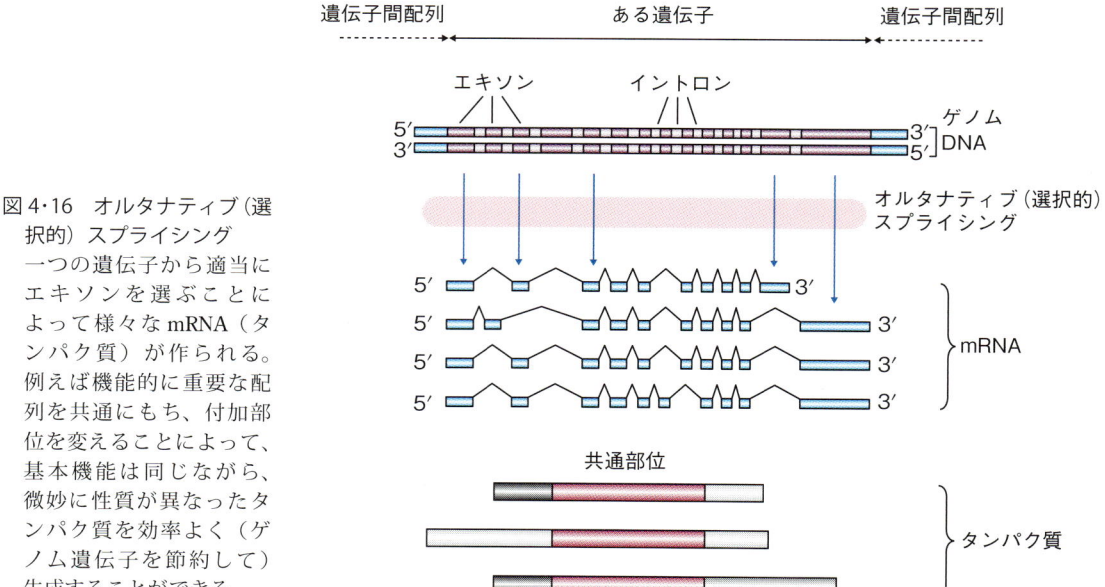

図4・16　オルタナティブ（選択的）スプライシング

一つの遺伝子から適当にエキソンを選ぶことによって様々な mRNA（タンパク質）が作られる。例えば機能的に重要な配列を共通にもち、付加部位を変えることによって、基本機能は同じながら、微妙に性質が異なったタンパク質を効率よく（ゲノム遺伝子を節約して）生成することができる。

ンス RNA にせよセンス RNA にせよ、微量ながら二本鎖 RNA が混入していたのであった。これが RNA 干渉である。二本鎖 RNA のアンチセンス鎖は酵素複合体に取り込まれて、それに相補的なセンス RNA をつぎつぎに分解していくので、微量であっても十分に mRNA の機能を抑制することができる。単にアンチセンスとして結合して mRNA の機能を抑制するためには、mRNA とアンチセンス RNA はほぼ同量が必要になる（図4・17）。

この RNA 干渉は当初は実験手段として二本鎖 RNA を外部から投与して発見された。しかしながら、非翻訳 RNA（ncRNA）としてエキソン以外の様々な領域が転写されていることが明らかになり、遺伝子発現の細胞本来の制御機構であることが明らかになった。とくに小分子（〜 30 塩基以下）を miRNA と言い、細胞増殖（癌）、免疫制御、代謝制御などその生理機能は多肢に広がっている。なにをやっているのかわからなかったイントロンや遺伝子と遺伝子の間の「ジャンク配列」の重要性が明らかになってきた。ヒトとサルを比較してもエキソン（とくにコードするアミノ酸）には大きな違いがなく、非翻訳領域こそがヒトをヒトたらしめているのかもしれない。

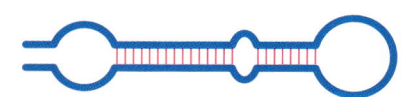

前駆体 RNA
一本鎖として転写されるが分子内で二本鎖を形成する。

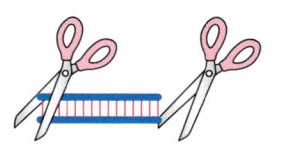

miRNA
Dicer によって 20 塩基程度の短い二本鎖 RNA（miRNA）に切断される。

RISC
短い RNA は Argonaute などと RISC を形成する。

標的 mRNA
標的 mRNA の分解
RISC は miRNA と相補的な mRNA を認識して分解する。

図4・17　miRNA による遺伝子制御

4章　問題：誤りがあれば修正せよ。

1. 遺伝暗号（コドン）は全生物で共通である。
2. コザック配列は真核生物で翻訳効率を高める。
3. tRNA の塩基は A、U、G、C である。
4. シグナルペプチドは情報伝達を行うペプチドのことである。
5. スプライシングにより一つの遺伝子から複数種のタンパク質が産生される。
6. 真核細胞の mRNA の 5′ 端にはキャップ構造、3′ 端にはポリ A が存在する。
7. ヒトゲノムのほとんどはジャンク（無意味）である。
8. ポリシストロンとは多重小胞の事である。
9. RNA ウイルスではゲノム RNA がそのまま mRNA となる。
10. 生体酵素はすべてタンパク質である。

5章　生体膜と細胞小器官

- 細胞の基本構造は脂質二重層（生体膜）である。
- 多くの細胞小器官は生体膜で構成される。
- 脂溶性物質は生体膜を通過できるが、水溶性物質は通過できない。

　細胞は生命活動が行われる最小単位である。ウイルスが生命として機能するためには、他の生物の細胞に潜り込む必要がある。細胞には細菌類の相対的に原始的な原核細胞とそれ以外の真核細胞がある。真核細胞には主として内膜系から構築される核、小胞体、ミトコンドリアといった細胞小器官が存在する。原核細胞では内膜系はほとんど発達していない。肝細胞は一般的に図5・1で示される典型的な細胞構造をもつ。しかし、神経細胞の形態は、基本構造は共通しているものの、著しく異なっている。それぞれの機能を効率よく行うために最適化されている。親水性物質は細胞膜を通過できないために特異的な輸送機構が必要である。疎水性物質（脂質）は比較的自由に膜を透過できる。

5・1　細胞の基本構造

　生命の基本単位である細胞は単純に考えれば風船のような袋である。その細胞内と細胞外（環境）の条件の違いを維持するために生命は炭素（糖質など）を酸化してエネルギーを得ているし、その過程が生命活動とも言える。その袋は生体膜と呼ばれる脂質を中心とする脂質二重層を基本とし、さらにタンパク質が埋め込まれ、糖質鎖の枝が張りだしている（図5・2、図5・3、表5・1）。

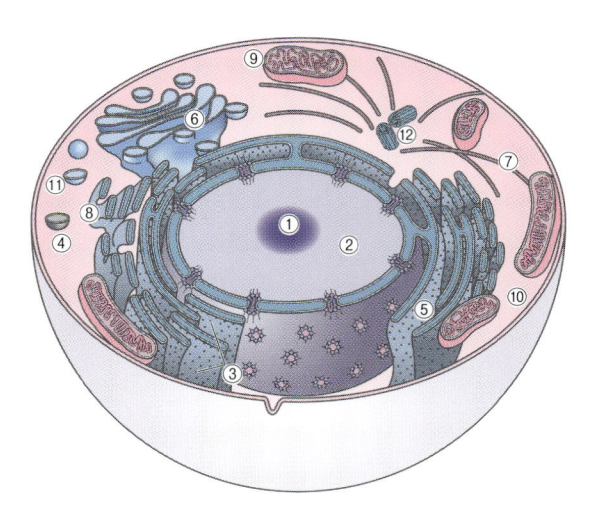

図5・1　典型的な動物細胞の模式図
細胞表面膜をはじめとして、ほとんどの細胞小器官は生体膜で構成されている（以下の×は膜構造をもたない）。
① 核小体×、② 細胞核、③ リボソーム×（小胞体と結合していることあり）、④ その他の小胞、⑤ 粗面小胞体、⑥ ゴルジ体、⑦ 微小管×（小胞を輸送する）、⑧ 滑面小胞体、⑨ ミトコンドリア、⑩ 細胞質ゾル×（細胞核や細胞小器官を除いた細胞骨格を中心とする基質）、⑪ リソソーム、⑫ 中心体×
上記の基本的な構造は細胞で共通だが、ニューロンや骨格筋細胞、あるいは上皮細胞など、組織で分化した細胞はそれぞれ特徴的な形となっている。リボソームについては前章（タンパク質合成）で説明した。微小管については細胞骨格（11章）で説明する（八杉, 2013より改変）。

5・1 細胞の基本構造

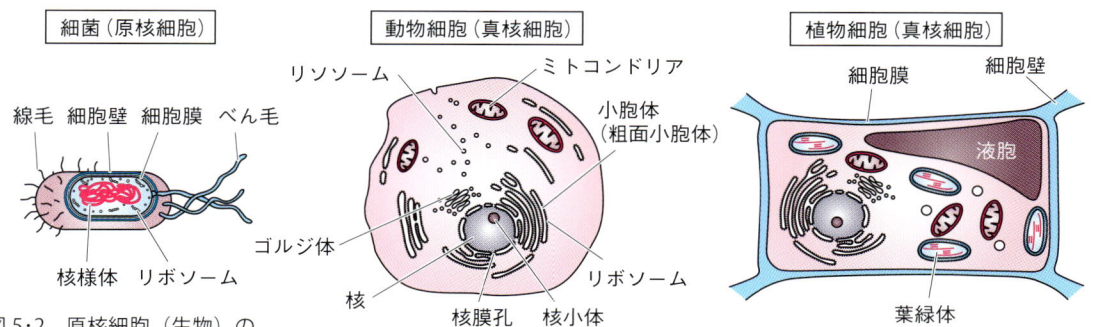

図5・2 原核細胞（生物）の細菌と真核細胞（生物）
動物細胞と植物細胞は、構成要素は相同であるが、特徴は著しく異なる。光合成を行う葉緑体は植物細胞、藻類、ミドリムシなどに存在する（10章参照）。

図5・3 膜系を中心にした模式図
ミトコンドリアは二重膜からなる独立した「袋」の細胞小器官である。小胞体は核膜から連続した袋である。核膜には物質が通過するための核膜孔が開いている。ゴルジ体は独立した袋であり、小胞体から小胞体輸送が行われる。

表 5.1 細胞小器官とその機能

細胞小器官	機能など
核 nucleus	ゲノムDNAの格納部位。細胞質とのやりとりを行うための核膜孔という孔のあいた核膜でくるまれている。
核小体 nucleolus	リボソームを生成する場所。リボソームRNAが大量に存在する。昔は「仁」と呼ばれた。
粗面小胞体 rough endoplasmic reticulum（ER）	リボソームが多数結合して分泌／膜タンパク質が合成される小胞体。
滑面小胞体 smooth ER	タンパク質は合成されないが、脂質や薬物の代謝が行われる。
ゴルジ体 Golgi body	ERから小胞を受け取って、分泌タンパク質の修飾を行う。
リソソーム lysosome	加水分解酵素などによる分解を行う小胞。
ペルオキシソーム peroxisome	酸化反応を行う小胞。
エンドソーム endosome	上記の機能が明快な小胞以外の小胞。多くは細胞外からエンドサイトーシスによって取り込まれた物質の輸送や処理を行う。

細胞内の核以外の領域を細胞質という。細胞質で細胞小器官を除いた液層の領域を細胞質ゾルという。しばしば細胞質は細胞質ゾルの意味で使われる。

5・3　膜タンパク質

　脂質だけからなる膜は水を通さない。脂溶性の物質は比較的容易に膜を通過することができるが、水溶性の物質の内外のやり取りができなくなってしまう。そのために生体膜にはタンパク質が埋め込まれている。疎水性残基は水中ではミセルと同じように水から離れるように配置するが、膜中では外側に出て脂質と接するようになる。こうして膜タンパク質は生体膜の中で安定して存在し物質の内外のやり取りを仲介する。また、細胞内の細胞骨格タンパク質や細胞外マトリックスと結合して生体膜の構造を構築する（図5・4，図5・5）。

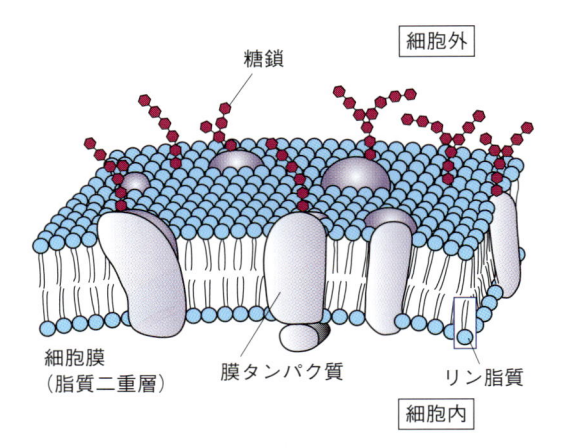

図5・4　細胞膜の単純な模式図
　リン脂質による二重膜にタンパク質が埋め込まれている。タンパク質からは糖鎖の枝が伸びている。

図5・5　両極性分子が水溶液中で形成するミセル
　頭部（○）は親水性のために水溶液中では外向きなり、疎水性部分は水から離れて中心部に存在する。巨大なミセルを平らにつぶしたのが脂質二重層（右図）。

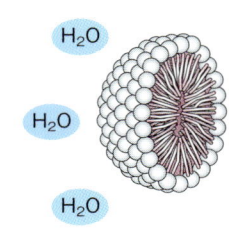

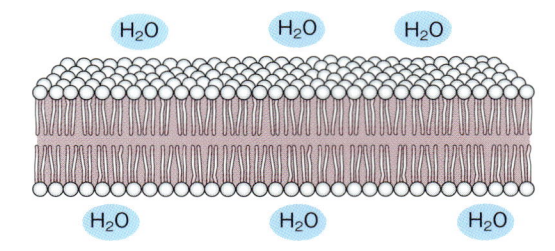

5・2　脂溶性と水溶性

　生体膜は基本的には脂質（油）の性質をもっている。水と油は交わらないという物理的性質によって、生体膜は水を通さない。また、水に溶けやすい物質（水溶性、親水性）は脂質に溶けないために生体膜を通過することができない。逆に油に溶けやすい物質（脂溶性、疎水性）は水に移行することはない。リン脂質の頭部は親水性で、長い脂肪鎖は疎水性である。これが水に囲まれると、親水性の頭部を水側に向け、脂肪酸を内部にまとめて分子が並んでいく。これをミセルという。脂質二重層はこのミセルを押しつぶして伸ばしたような構造と言える（図5・6～図5・10）。

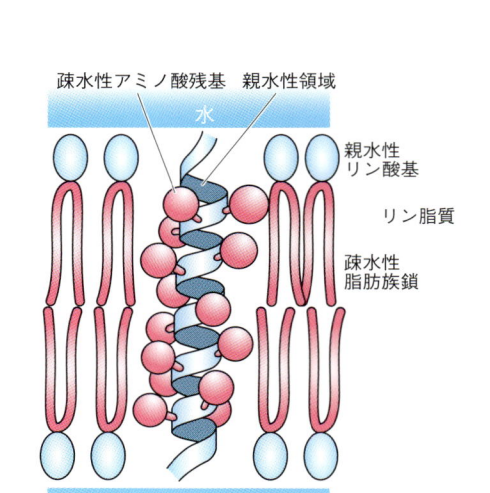

図5・6　疎水性残基を外側にして細胞膜に埋め込まれるタンパク質

5・3 膜タンパク質

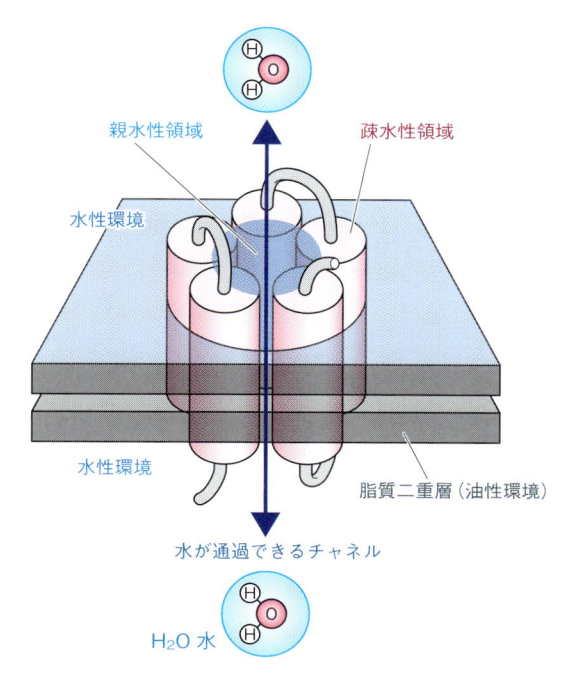

図5・7 水チャネル
親水性基によるトンネル（チャネル）が形成される。水溶性物質はこのトンネルを通って生体膜を通過することができる。

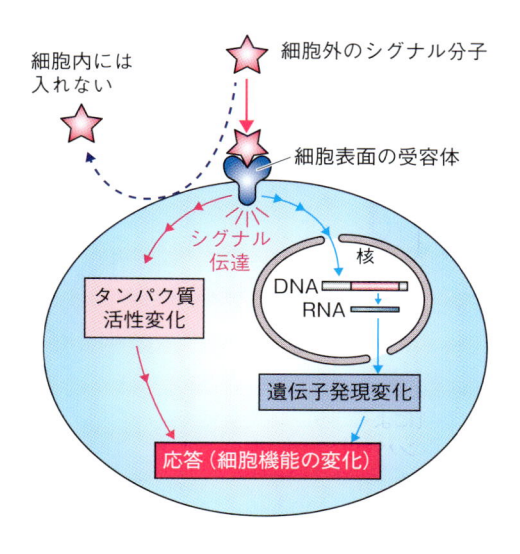

図5・8 細胞表面受容体
水溶性のシグナル伝達物質は生体膜を通過することができないので、細胞表面にある受容体に結合して情報伝達を行う。

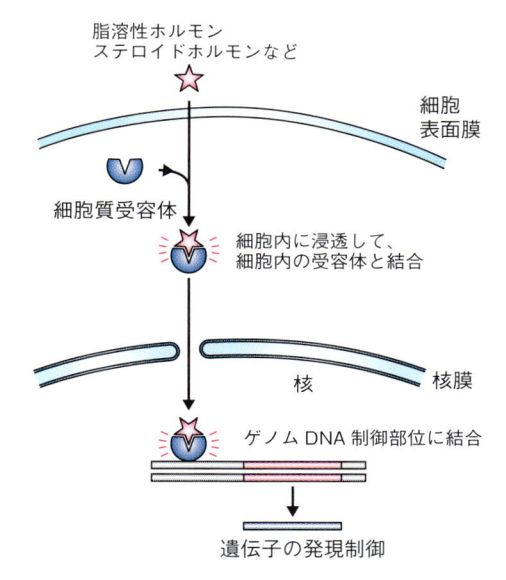

図5・9 ステロイドホルモン
脂質の一種であるステロイドホルモンは、生体膜を通過して細胞内の受容体に結合する。

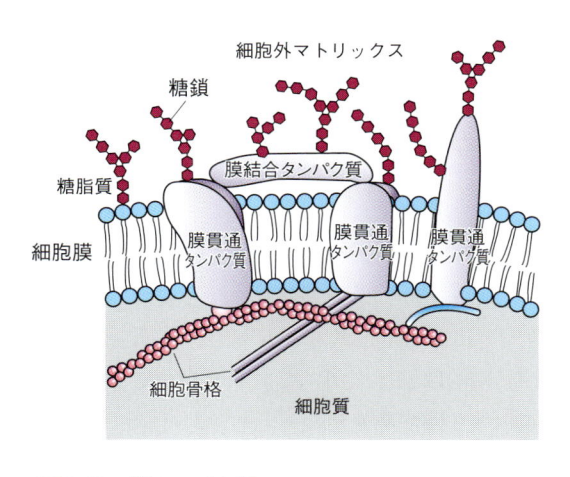

図5・10 膜タンパク質
膜タンパク質は内外で様々なタンパク質や糖質と結合して膜の形態を構築する。

5章 生体膜と細胞小器官

5・4　細胞外と細胞内のイオン組成

生体膜で隔離された細胞内と細胞外は異なった領域となる。細胞内タンパク質と細胞外タンパク質というように構成要素が異なる。とくに電気活動で重要なのがイオン組成の違いである。細胞膜には、ATPのエネルギーで濃度勾配に逆らってNa^+を細胞外へくみ出して、細胞外からK^+を取り込むNa^+ポンプが常に作動している。その結果、Na^+とK^+の細胞内外の濃度差は10倍程度に維持されている。通常の状態では、細胞膜のNa^+の透過性はほとんどない。K^+はある程度透過するので、細胞外へ漏れ出ていく。すると、正電荷が出て行くので細胞内は負の電位をもつことになる。これが静止電位であり、－70mV（筋細胞やニューロン）～－35mV（非興奮性細胞）となっている。ニューロンでナトリウムチャネルが開いてNaが流入して膜電位が～＋30mVに達するのが活動電位である（14章参照）。

5・5　細胞小器官

哺乳類の個体には循環を司る心臓、消化器系の胃、小腸、大腸、排泄系の腎臓など、それぞれの別個の機能を担う器官（臓器）があるように、細胞内にも独自の構造をもった器官が存在する。それを細胞小器官という（表5・2）。

5・6　ミトコンドリア

ミトコンドリアは、細胞内に数個から数十個以上含まれる酸化的リン酸化を行う細胞小器官である。内膜と外膜からなる二重の袋構造となっている。内腔をミトコンドリア・マトリックス、二つの膜の間を膜間腔という。糖質の代謝で得られた電子を利用して、この膜間腔に水素イオンがため込まれる。水素イオンが、濃度勾配（濃度の高い膜間腔から濃度の低いマトリックス）に従って流れるエネルギーを利用してADPとリン酸を結合してATPが産生される（図5・11，図5・12）。

表 5.2　細胞小器官

	細胞体積に占める比	細胞1個あたりの数
細胞質	54	1
ミトコンドリア	22	1700
小胞体	12	1
核	6	1
ゴルジ体	3	1
ペルオキシソーム	1	400
リソソーム	1	300
エンドソーム	1	200

最も典型的な動物細胞とされる肝臓の細胞小器官の数と体積。細胞核は細胞分裂時以外では1個で形態もそれほど変化しないが、それ以外の小器官の数や形態は細胞の状態によって著しく変化する。
（Essential Cell Biology 3rdを参考に作成）

ミトコンドリアは細胞核DNAとは別個のDNAを複数個もっている。ヒトのミトコンドリアDNAは17kb程度で40個程度の遺伝子が含まれている。したがって、ミトコンドリアを構成するタンパク質の大部分は細胞核ゲノム上にある。ミトコンドリアDNAのコドンとアミノ酸の対応は生物種によって若干異なっている（表5・3）。

ミトコンドリアの独自のリボソームは細菌型である。そのため、ミトコンドリアは太古の昔に真核細胞に寄生した細菌と考えられている。抗菌薬の中には真核細胞のリボソームは阻害せず、細菌のリボソームのみを特異的に阻害するものがある（例えばクロラムフェニコール：耐性菌の増加や骨髄抑制のために最近ではあまり使われなくなった抗生物質。腸チフスやパラチフスに用いられる）。これらはミトコンドリアのリボソームを阻害することが原因となる副作用をもつことがある。

5・6 ミトコンドリア

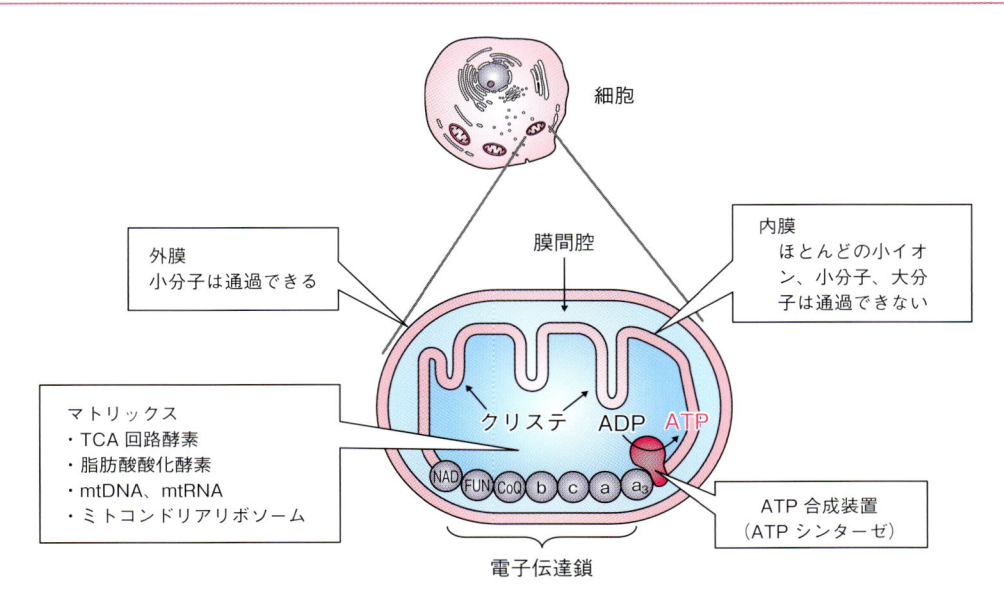

図5・11 酸化的リン酸化（ATP産生）を行うミトコンドリア
ミトコンドリアは二重の膜でできた袋である。

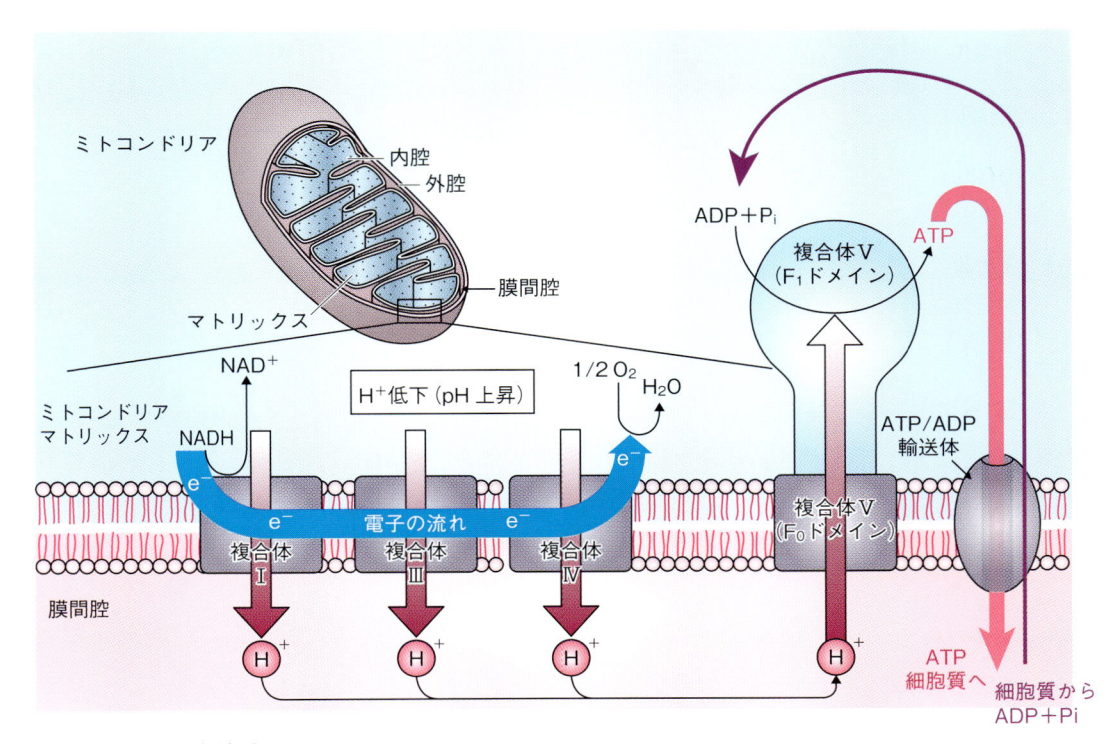

図5・12 電子伝達系
糖質の分解で得た水素（H）から電子を呼吸で得た酸素に渡して、H^+を膜間腔に蓄積する。膜管腔にはH^+が蓄積し、それがマトリックスに戻る流れを利用してADPをリン酸化してATPを産生する。

コラム 5.1 ＜コエンザイム Q10＞

　コエンザイム Q10（CoQ10）はミトコンドリアの ATP を産生する電子伝達系の構成要素で、ビタミン E と同じようないわゆる抗酸化物質である。CoQ10 が不足すると ATP を産生することができなくなるので重篤な細胞の機能不全に陥る。しかし、通常の生活をしていれば不足することはない。過剰摂取はミトコンドリアの機能改善というよりは抗酸化効果を期待している。酸化物質は悪者にされているが、侵入細菌を撃退する重要な作用を担っている。また、実験動物のレベルでも抗酸化薬により寿命が短縮する例も報告されている。したがって、酸化物質の過剰も不足も問題と考えるべきであろう。

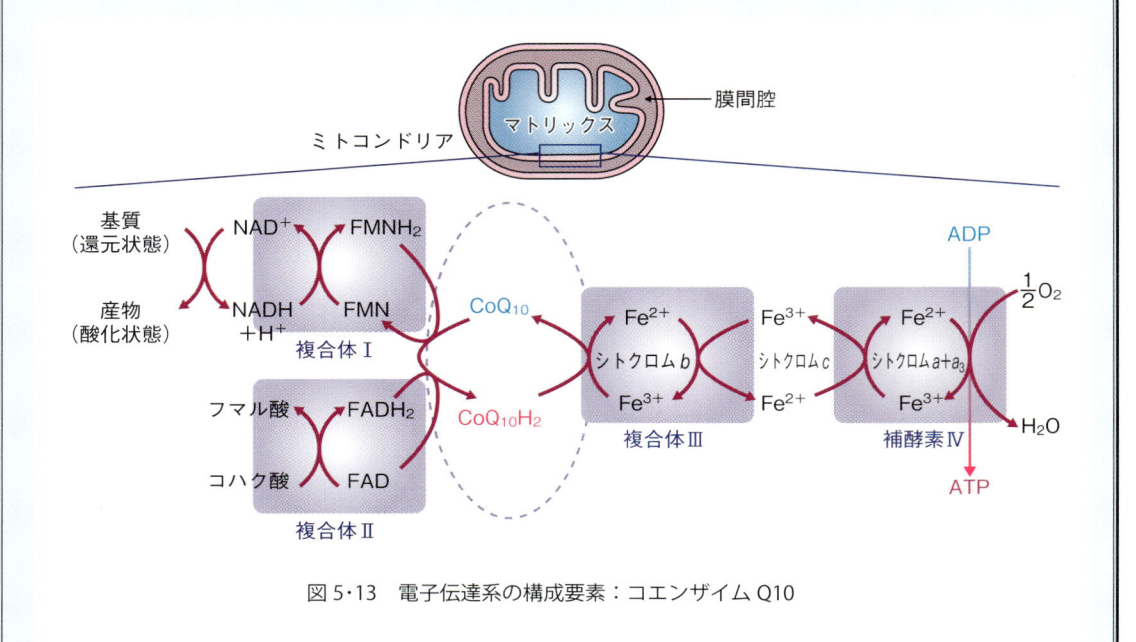

図 5・13　電子伝達系の構成要素：コエンザイム Q10

薬学ノート 5.1 ＜CoQ10 の偽薬＞

　2005 年 3 月に人気のコエンザイム Q10 の"偽薬"が出回る事件があった。この偽薬は CoQ10 の代わりに医薬品成分の「イデベノン」を含有していた。イデベノンは脳代謝・精神症状改善薬として、1986 年に医療用医薬品として承認され、1998 年に承認が取り消されている薬物である。偽薬というとまったく効能がないように思えるが医薬品を含んでいたのである。イデベノンも CoQ10 と同じような構造をもっており、やはり抗酸化作用がある。「アンチエイジング商品として大注目されている抗酸化成分イデベノンを含む美容クリーム」として、イデベノンも喧伝されたことがあった。

表 5・3　ミトコンドリアの遺伝暗号

コドン	標準的暗号：核にコードされたアミノ酸	ミトコンドリア				
		哺乳類	ショウジョウバエ	アカパンカビ	酵母	植物
UGA	終止	Trp	Trp	Trp	Trp	終止
AGA、AGG	Arg	終止	Ser	Arg	Arg	Arg
AUA	Ile	Met	Met	Ile	Met	Ile
AUU	Ile	Met	Met	Met	Met	Ile
CUU、CUC、CUA、CUG	Leu	Leu	Leu	Leu	Thr	Leu

5・7　核　膜

染色体は核膜で覆われている。核膜には内腔があり、核膜自身が袋状であり、それが潰れて面となって核を覆っている。核膜の袋は次に説明する小胞体と連続している。核膜には核膜複合体という複雑な構造のある核膜孔があいており、その孔を経由して、染色体DNAから転写されたmRNAは細胞質へと輸送される。逆に核タンパク質（核移行（局在化）シグナルという特異的なアミノ酸配列がある）は細胞質から核に輸送される。いくつかのタンパク質が結合して、GTPのエネルギーを利用して核膜を経由する能動輸送が行われている（図5・14）。

5・8　細胞核の構造

細胞核はゲノムDNAを保存しておく「データーセンター」のようなものである。DNAの情報はRNAに読み取られてmRNAやsmall RNAとして細胞機能を発揮・調節する。また、DNAは様々

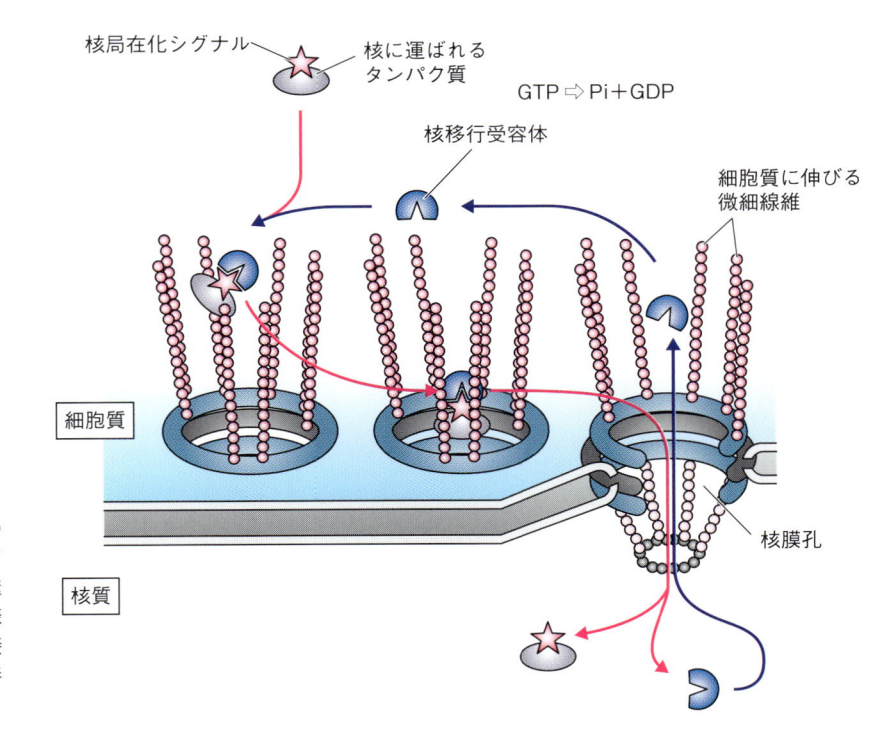

図5・14　核膜孔
核移行シグナルをもったタンパク質はGTPのエネルギーを利用して細胞質から核質へ輸送される。mRNAも同様に輸送されるが、直接的にはGTPの分解は伴わないようである。

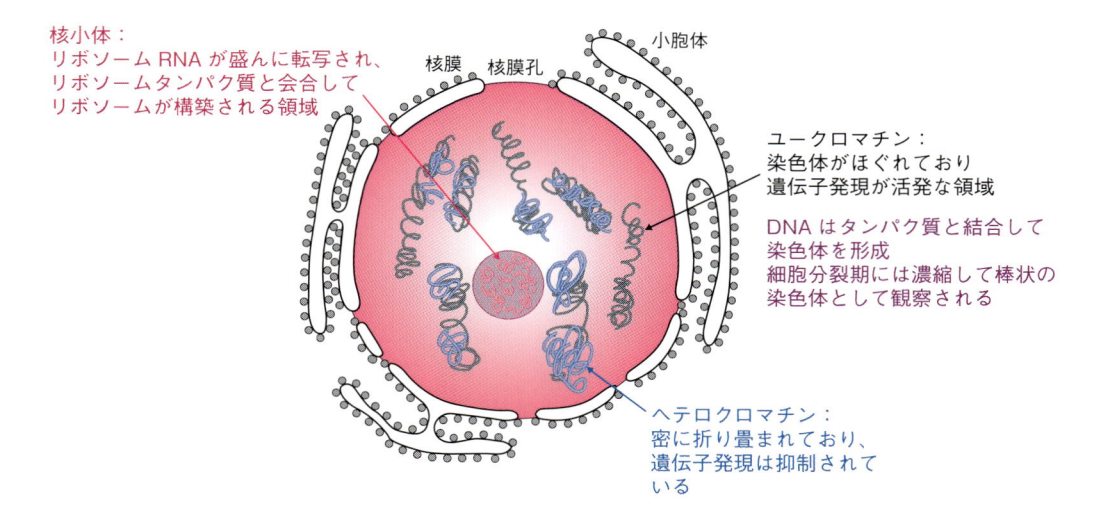

図5・15 細胞核の模式図
DNAとタンパク質の複合体である染色質は細胞分裂時には凝縮して棒状の染色体として観察される。細胞核は染色質とリボソーム構築の場である核小体が主な構造である。

なタンパク質が結合して非常にコンパクトに折りたたまれて染色質となっている。細胞分裂の際にはゲノムDNA／タンパク質は凝縮して染色体として観察される。DNAの情報は細胞活動の根幹をなしているので厳重に防護する必要がある。しかし、必要な情報には容易にアクセスできるようにしなければならない。そのためDNA結合タンパク質（ヒストンなど）とでダイナミックな構造を形成しているのである（図5・15）。

5・9　小胞体／ゴルジ

水溶性のタンパク質は細胞質のmRNAのコドンに従ってリボソームでアミノ酸が連結されていく。膜タンパク質や分泌タンパク質は、小胞体にリボソームが結合した粗面小胞体で伸長して、小胞体内腔に送り込まれたり、小胞体膜に埋め込まれたりする（4章参照）（図5・16）。

5・10　リソソーム

加水分解酵素を豊富に含んで細胞の「胃」とも

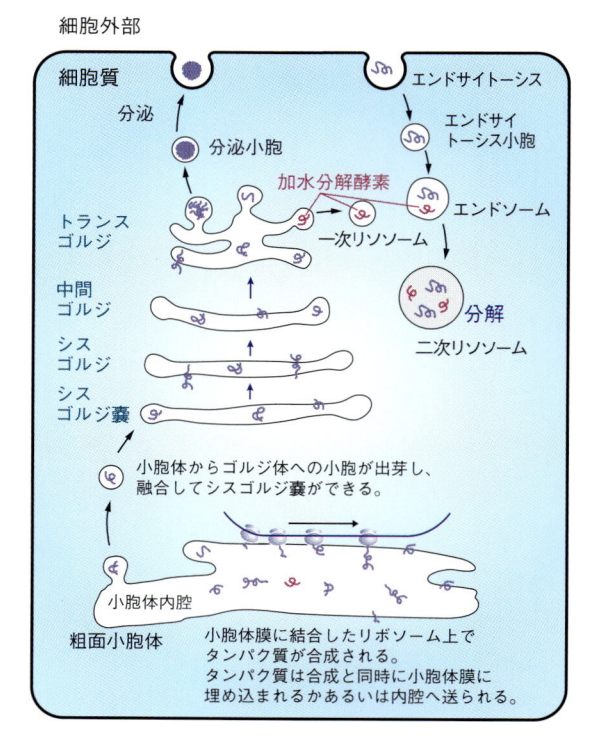

図5・16　粗面小胞体で合成された膜／分泌タンパク質の輸送

コラム 5.2 ＜リソソーム病＞

　リソソームの加水分解酵素が先天的に欠損する疾患である。リソソームにその基質が蓄積することからリソソーム蓄積症とも言われている。ポンペ病、ゴーシェ病、クラッベ病、ニーマン-ピック病、テイ-サックス病、ファブリ病、ガングリオシド蓄積症など多数が知られている。多くは幼年期から中枢神経系の障害が出現する。神経変性により精神発達遅延など重篤な神経疾患となり、多くは若年で死亡する。

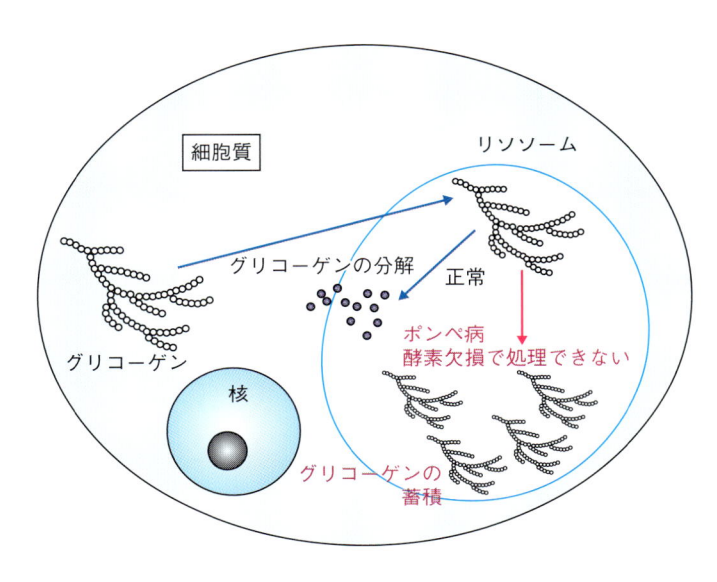

図 5・17　ポンペ病
　リソソームの α-1,4-グルコシダーゼ（酸性マルターゼ）欠損症である。『小さな命が呼ぶとき』（原題：Extraordinary Measures、2010 年、米国映画、主演ハリソン・フォードなど）では、ポンペ病患者の父親が治療薬（欠損酵素）のために奔走する実話が題材となっている。この酵素マイオザイム（1 アンプル約 10 万円）を 2 週間毎に経時的に投与する。リソソーム酵素であるが、点滴投与によって適切に細胞内のリソソームに取り込まれて機能する。

いえる小胞がリソソームである。他の小胞と結合して不要なものを分解したり、あるいは断片化して情報伝達物質とする。その数や形状は細胞によって様々に異なっている。植物や真菌の液胞はリソソームに相当した機能を担う。リソソーム内は pH が低い酸性である。したがって分解酵素群も酸性で活性が高くなる。糖を分解するグリコシダーゼ、タンパク質を分解するプロテアーゼ、硫酸エステルを分解するスルファターゼ、脱リン酸化酵素（ホスファターゼ）など数多くの種類の分解酵素が存在する。

5・11　エンドソーム、ファゴソーム、オートファゴソーム

　細胞は積極的に細胞外の物質を取り込んでいる。ナトリウムイオンやカルシウムイオンといった無機イオンは細胞表面膜に開いたトンネル（チャネル）を経由してそのまま細胞内に侵入

してくる。タンパク質などは細胞表面膜がくびれて小胞内に取り込まれる。これをエンドサイトーシス（飲食作用）といい、取り込まれた小胞をエンドソームという（図5・16を参照）。細胞外の物質ばかりではなく、細胞表面の受容体タンパク質なども取り込まれて、除去されたりリサイクルされたりする。とくに液体や小分子のエンドサイトーシスをピノサイトーシス（飲作用）、細菌のような巨大なのを取り込むのをファゴサイトーシス（貪食作用）という。闇雲に取り込むのではなく、特異的な受容体が存在し、それに標的が結合すると取り込みが進行するという受容体エンドサイトーシス（受容体の除去とリサイクル）が行われている。

エンドサイトーシスとは逆に、小胞が細胞膜に結合して小胞内の成分を細胞外に放出するのが開口分泌（エキソサイトーシス）である。また、ステロイドホルモンなど脂質は、このような小胞を介さないで、そのまま脂質の細胞膜を突き抜けて細胞内外の移動が行われる。

> **コラム 5.3 ＜細胞表面膜の受容体の代謝＞**
>
> 細胞表面膜の受容体はゴルジ経由で膜タンパク質として生合成される。リガンド（ホルモンなどのシグナル伝達物質）が結合すると細胞内に情報が伝達される。その後、リガンドが外れることもあるし、リガンドが結合したまま、エンドサイトーシスで細胞内に取り込まれることもある。そして、リソソームによって受容体も除去されることがある。この場合、受容体が減ることになる。つまり、リガンドへの応答性が低下する。これが耐性の機序の一つである。あるいはリガンドを除去されて受容体は再生して細胞表面膜に戻される。これが受容体のリサイクルである。クラスリンは細胞膜の内側へのくびれ（ピット）を認識して小胞（被覆小胞）として取り込むタンパク質である。

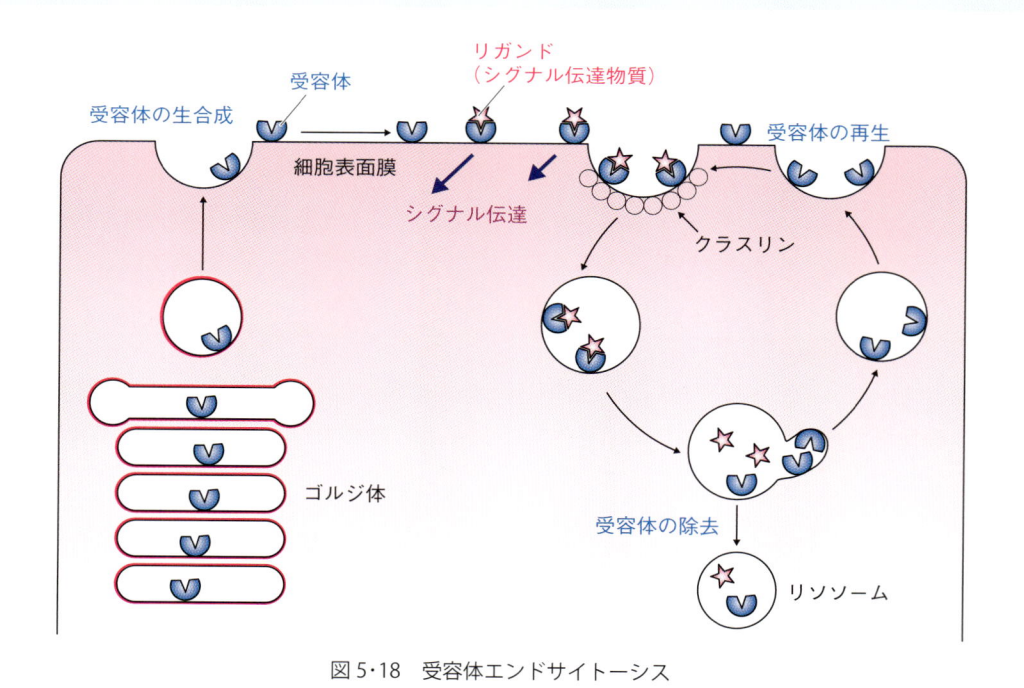

図5・18　受容体エンドサイトーシス

5・12 小胞分泌

小胞の中に小胞が入れ子となったのを多小胞体という。この多小胞体が細胞表面膜に結合すれば、小胞がそのまま開口分泌される。これを exosome という（エキソヌクレアーゼ複合体を意味していることもある）。これによって RNA や DNA など細胞内のあらゆる構成要素を別の細胞へ輸送することが可能になる。細胞内凝集タンパク質（1章で説明したパーキンソン病で凝集する α-シヌクレインなど）も exosome で輸送されてつぎつぎにニューロンが変性するという機序が提唱されている（図 5・19）。

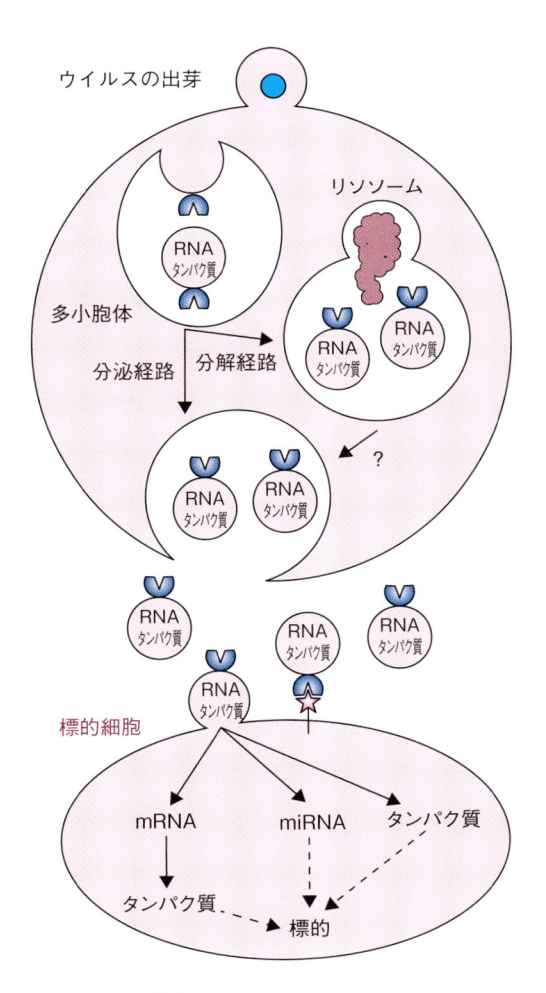

5・13 ペルオキシソーム

ペルオキシソームは脂肪酸の酸化を行う主要な小胞である。基本的には他の小胞と同じように小胞体から出芽して形成される。ミトコンドリアは脂肪酸を酸化して ATP を産生する。ペルオキシソームでは、H_2O_2（これは豊富に含まれるカタラーゼによって H_2O に戻される）と NADH、そして熱が産生される。多くの物質の酸化反応が行われ、ある刺激（など有機溶媒）によって独自に脂質などを獲得して分裂するように増殖する。このようなペルオキシソーム増殖物質の受容体（標

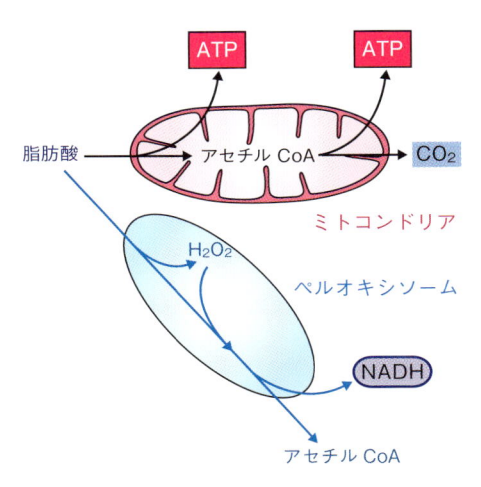

図 5・19 小胞分泌
分泌小胞（exosome）は小胞の中の小胞がそのまま分泌され、他の細胞の細胞膜に結合して物質の輸送を行う。タンパク質ばかりではなく、細胞内のあらゆるもの、例えば小分子 RNA のやりとりも可能になる。

$H_2O_2 + H_2O_2 \rightarrow 2H_2O + O_2$　カタラーゼ
$AH_2 + H_2O_2 \rightarrow 2H_2O + A$　ペルオキシダーゼ

ペルオキシソームの反応
$AH_2 + O_2 \rightarrow A + H_2O_2$
　　　　$H_2O_2 \rightarrow H_2O + \frac{1}{2}O_2$
　　　　$H_2O_2 + RH_2 \rightarrow 2H_2O + R$

様々な物質の酸化が行われる。

図 5・20　ペルオキシソームとミトコンドリアの比較

的）が PPAR（peroxisome proliferator activated receptor、ピーパル）で、PPAR α、β、γ が知られている。細胞質に存在しリガンドと結合して、核内に移行して遺伝子発現を制御する。生理的リガンドとしてはプロスタグランジンやロイコトリエンなどが知られている（図5・20）。

> **薬学ノート 5.2 ＜糖尿病治療薬チアゾリジン系＞**
>
> 糖尿病はインスリンの量そのものが低下したか、インスリンへの反応性が低下した状態である。単純にはインスリンを補うことで治療されるが、インスリン抵抗性（インスリンへの反応性の低下）の改善薬が経口で用いられている。チアゾリジン系（ピオグリタゾン）は、PPARγ に結合して遺伝子発現を制御してインスリン抵抗性を低下させる。ピオグリタゾンは日本の製薬会社の主力製品であるが、2011 年に欧州で膀胱癌を増加させる可能性が指摘された。

5章　問題：誤りがあれば修正せよ。

1. 脂溶性物質は細胞膜を通過できる。
2. 核膜と小胞体は連続している。
3. 膜貫通タンパク質の外側には主として親水性アミノ酸が配置している。
4. 1個の細胞には5個のミトコンドリアが存在する。
5. ミトコンドリアタンパク質はすべてミトコンドリアゲノムが指定する。
6. 核膜孔は単純な開放窓である。
7. リソソームの pH はアルカリ性である。
8. 酵素の点滴静注によってリソソーム酵素を補充することができる。
9. 小胞分泌により様々な物質が細胞外へ分泌される。
10. ペルオキシソームは分裂して増殖する。

6章　シグナル伝達

- 生体における情報のやりとりを、シグナル伝達という。
- シグナル伝達の多くは、化学的にシグナル伝達因子とその受容体で行われる。
- 体表的なシグナル受容体が GPCR である。
- シグナル伝達を調節する薬物が多数存在する。

シグナル伝達にはこのように、情報を伝える物質（光、圧力、温度といった物理的事象も含まれる）情報伝達物質が存在し、それが標的（受容体）に結合して応答が生じることになる。なお応答を生じる生じないに限らず、標的に結合する物質のことをリガンド ligand と言う。リガンドには、ただ結合するだけで何も生じないもの、応答を引き起こすもの（アゴニスト agonist）、あるアゴニストの作用を抑制するもの（アンタゴニスト antagonist）、何もしないもの、アゴニスト非存在下の受容体活性をさらに抑制するもの（リバースアゴニスト reverse agonist）、あるいは受容体の分解を促進するものなど、様々な種類が存在する。ある受容体のアゴニストが別のアゴニストの最大応答に達しない低い応答のみをもたらす場合には部分（partial）アゴニストという。

狭義あるいは一般的には、受容体は細胞外のシグナル伝達物質の標的を意味する。膜受容体は細胞膜を通過できないシグナル伝達物質の情報を細胞内へ伝達する窓口となる。また、ステロイドホルモンは細胞膜を通過して細胞質（細胞内）の受容体に結合する。シグナル伝達の目的は、生体内の各細胞を統合的に制御することである。単細胞生物の場合には、外界の情報に従って、適切な応答を行うことが目的となる。したがって、このシグナル伝達系が異常になれば、多くの場合、合目的応答が不可能となり疾患となる。治療は、異常そのものを正常にすることはもちろん、別のシグナル伝達経路を活性化あるいは抑制することによって異常出力を正常にすることが行われる。薬物の多くは受容体を活性化するアゴニスト、あるいは受容体を阻害するアンタゴニスト、生理的アゴニストそのもの（例えばホルモン製剤）、生理的アゴニストの産生を抑制するものである。

6·1　シグナル（情報）伝達とは？

ヒト社会では、インターネットに代表される IT（information technology）の発達により、各個人が情報を受け取れるだけではなく、発信できるようになってきた。情報の相互発信により社会全体が様々に「制御」されるようになってきた。これらの情報に基づいてヒトの社会的活動が行われる。生命活動も細胞内の反応、ある組織内の細胞間、そして各組織間、あるいは個体と個体の間に至るまで、その内部の各部位間でも、あるいは外界との間でも様々な情報の伝達とそれに基づいた変化（応答 response）が行われている。細胞内情報伝達としては、例えば、酵素のアロステリッ

ク制御は代謝過程間の情報伝達と言える。細胞間情報伝達として、例えば神経伝達物質による神経伝達など化学物質（制御因子）による細胞機能の相互調節が行われている。組織間情報伝達としてはホルモンによる制御が代表である。ヒト社会における情報の多くは言語情報であるように、細胞では化学物質が主な情報伝達手段であるが、時として電気、光や圧力などの物理的刺激も情報を担う。

6・2 酵素の制御における情報伝達

酵素のアロステリック制御やフィードバック阻害では、酵素の直接の標的である基質以外の第3の物質によって酵素の活性が制御（抑制）されるメカニズムである。この第3の物質は酵素活性を抑制するという情報を担う情報伝達物質（広義）signaling molecule である。この第3の物質は酵素に結合して酵素活性が抑制するという応答をもたらすことから、あまり一般的ではないが、酵素は受容体（広義）receptor と言える（図6・1）。

> **メモ 6.1 ＜基質、受容体、標的＞**
> 酵素が作用する相手を基質というように、情報伝達物質が作用（結合）する相手を受容体という。薬物の効果を考える場合には、薬物受容体あるいは薬物標的といわれる。

酵素（その他の様々なタンパク質の機能も含む）の活性制御の代表例がリン酸化によるものである。陰性電荷のリン酸基がキナーゼによって付加されると、タンパク質の立体構造が変化し、その機能が変化する。付加されたリン酸基はホスファターゼによって除去され、リン酸化による制御は可逆的となる。このリン酸化によるタンパク質の機能調節は代表的なシグナル伝達経路である。

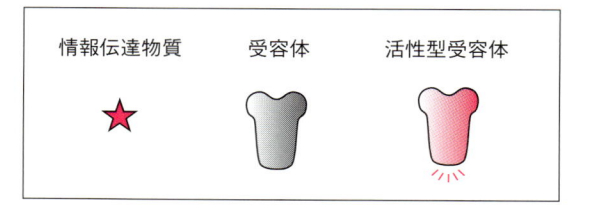

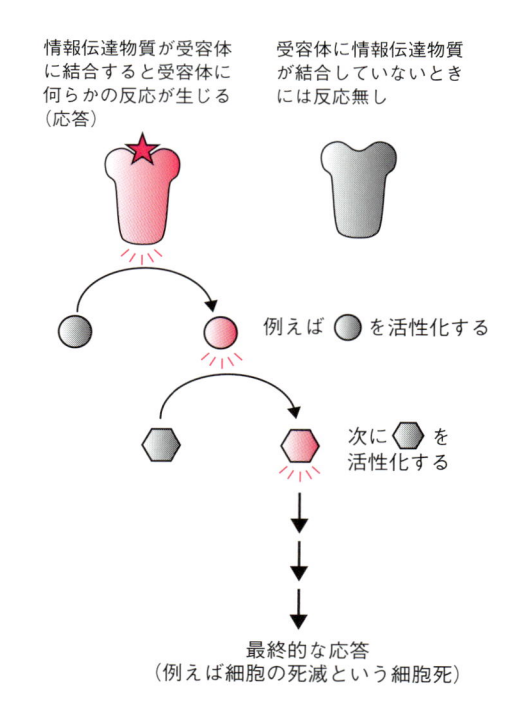

図6・1 シグナル（情報）伝達の基本
シグナル（情報）伝達物質が受容体に結合して応答が生じる。なお受容体の中には化学物質ではなく、光や温度変化といった物理事象に応答するものも存在する。受容体はシグナルを受容するとその立体構造が変化し、キナーゼ作用の活性化など、なんらかの機能変化が生じ、情報に対して応答する。

6・3 カスケード経路

アロステリック酵素では、制御因子が結合するとその酵素の活性が抑制されるという一段階のシグナル伝達である。多くの場合、シグナル伝達には何段階も存在し、連鎖反応的にシグナルが伝達されるカスケード cascade を構成している。何段階

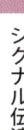

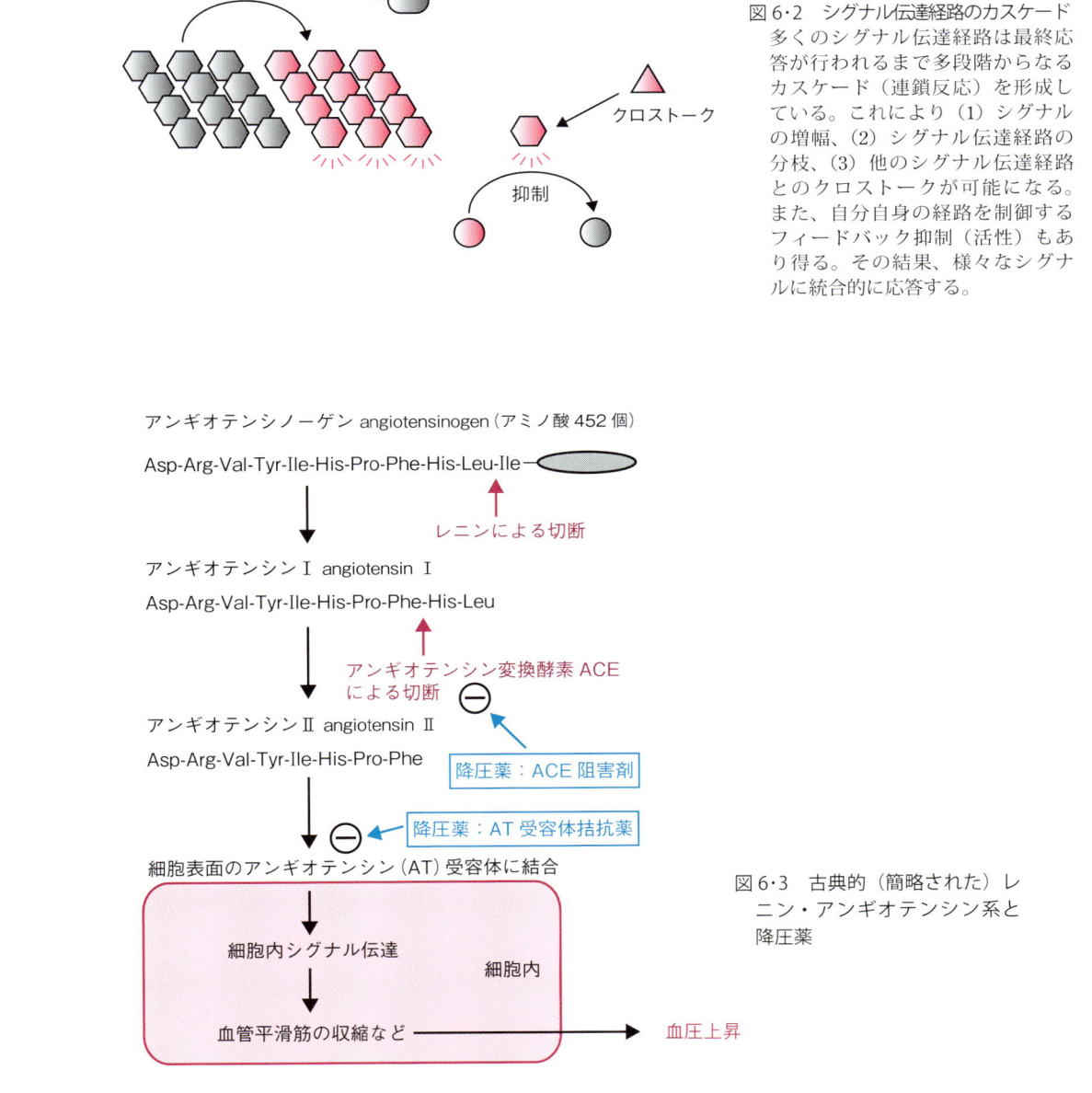

図6・2 シグナル伝達経路のカスケード
多くのシグナル伝達経路は最終応答が行われるまで多段階からなるカスケード（連鎖反応）を形成している。これにより（1）シグナルの増幅、（2）シグナル伝達経路の分枝、（3）他のシグナル伝達経路とのクロストークが可能になる。また、自分自身の経路を制御するフィードバック抑制（活性）もあり得る。その結果、様々なシグナルに統合的に応答する。

アンギオテンシノーゲン angiotensinogen（アミノ酸452個）
Asp-Arg-Val-Tyr-Ile-His-Pro-Phe-His-Leu-Ile―

レニンによる切断

アンギオテンシンⅠ angiotensin Ⅰ
Asp-Arg-Val-Tyr-Ile-His-Pro-Phe-His-Leu

アンギオテンシン変換酵素ACEによる切断

アンギオテンシンⅡ angiotensin Ⅱ
Asp-Arg-Val-Tyr-Ile-His-Pro-Phe

降圧薬：ACE阻害剤

降圧薬：AT受容体拮抗薬

細胞表面のアンギオテンシン（AT）受容体に結合

細胞内シグナル伝達

血管平滑筋の収縮など ―― 血圧上昇

図6・3 古典的（簡略された）レニン・アンギオテンシン系と降圧薬

> **コラム 6.1 ＜細胞外シグナル伝達と薬物の例＞**
>
> 哺乳類個体の正常な機能には血圧の管理が重要である。血圧が低下傾向になると、レニンが腎臓から分泌されて血中のアンギオテンシノーゲンを切断する。さらに ACE によって切断されたアンギオテンシン II は血管内皮細胞受容体に結合して血管を収縮させて血圧を上昇させる。腎臓で察知された血圧低下の情報はアンギオテンシンという化学物質によって体全体の血管平滑筋へ伝達されて、血圧を上昇するように調節される。こうして血圧を一定にすると恒常性維持ホメオスタシスが行われる。逆に何らかの異常により血圧が高く維持される状態となった高血圧症では、このレニン-アンギオテンシン系の抑制が治療薬となる。ACE 阻害薬はアンギオテンシン II が生成されないようにする。AT 受容体拮抗薬はアンギオテンシン II が血管内皮細胞に作用しないようにする。このように疾患治療薬には、シグナル伝達系を活性化あるいは抑制する薬物が数多く存在する。

もの反応を経ることにより、微小なシグナルを増幅することができる。例えば、それぞれの段階の受容体は 10 個のシグナル分子を活性化できるとする。1 個のシグナル分子 S1 が 1 個の受容体 R1 に結合したとする。活性型 R1 は 10 個のシグナル分子 S2 を活性化する。すると S2 によって 10 個の R2 が活性化され、活性型 R2 はそれぞれ 10 個の S3 を活性化することになる。この結果、1 個のシグナル分子から 100 個のシグナルが形成され、シグナルは 100 倍に増幅することになる。また、活性型 R1 が 2 種類のシグナル分子を活性化すれば、1 種類のシグナルを 2 種類に細分化することができる。細分化されたある経路が別のシグナル伝達物質で抑制されれば、異なったシグナル伝達物質により制御することができる（クロストーク crosstalk）。こうして、様々な情報を統合的に処理して最適の最終的応答を行うことが可能になる（図 6・2，図 6・3）。

6・4 細胞の内と外

細胞は、細胞膜という障壁で細胞の外と内を生み出すことにより細胞活動を行っている。例えば、細胞外ではナトリウムイオンの濃度を高く、細胞内ではカリウムイオンの濃度を高く維持することによって細胞内の電位をマイナスに維持している。細胞外からナトリウムイオンが急速に流入することによって細胞内がプラスになる活動電位が発生する。細胞膜が傷害される（すかすかに穴が開く）とその細胞は活動を停止する（死を迎える）。したがって、細胞の外と内の間には細胞膜という障壁（バリアー barrier）が存在する。しかし、完全に隔絶するだけでは細胞は生存し得ない。例えば、エネルギーを細胞外から入手し、老廃物（二酸化炭素も含む）を細胞外へ破棄しなければならない。細胞の外と内の情報伝達でも細胞膜は一種の障壁（あるいは混線を防ぐ絶縁体）となっている。

シグナル分子は細胞間質（水溶性）を浮遊してくるため、多くは水溶性である。水溶性物質は細胞膜を通過できない。したがって、水溶性シグナル伝達物質は、細胞表面膜上にある受容体に結合して細胞内へ情報が伝達される。またタンパク質に結合して水溶性の間質を浮遊している脂溶性シグナル分子（例：ステロイドホルモン、甲状腺ホルモン、ビタミン D、ビタミン A）がある。脂溶性物質は細胞膜を通過できるため細胞内の受容体に結合する。

6・5 情報伝達の標的

細胞外の情報は、これから説明するカスケード

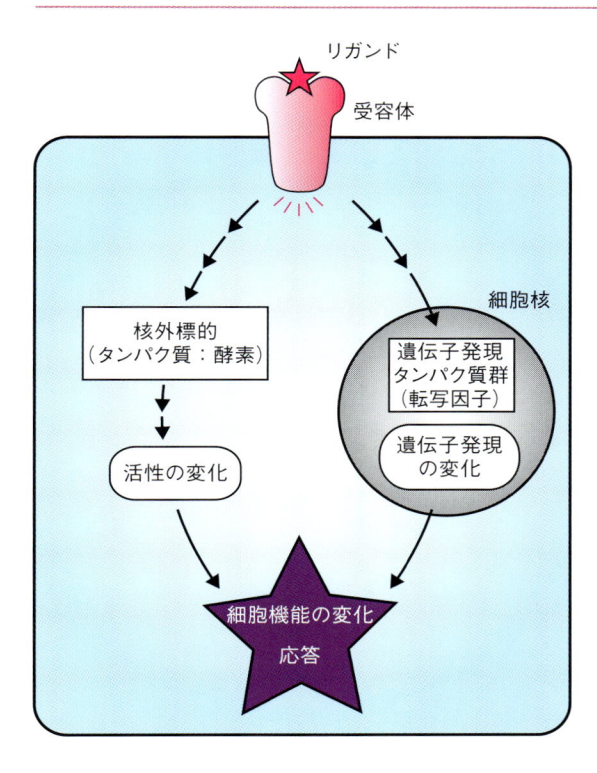

図6·4 情報伝達の核外標的と核内標的
直接的標的が核外のタンパク質（酵素など）であれば、情報伝達の結果は速やかに出現する。核内の場合には遺伝子発現（タンパク質生成）が行われるために効果が出現するまでには時間がかかるが、長期に及ぶ制御が可能となる。なお、本図は説明のために細胞表面受容体のみを示しているが、ステロイドホルモンなどの細胞内受容体も存在する。

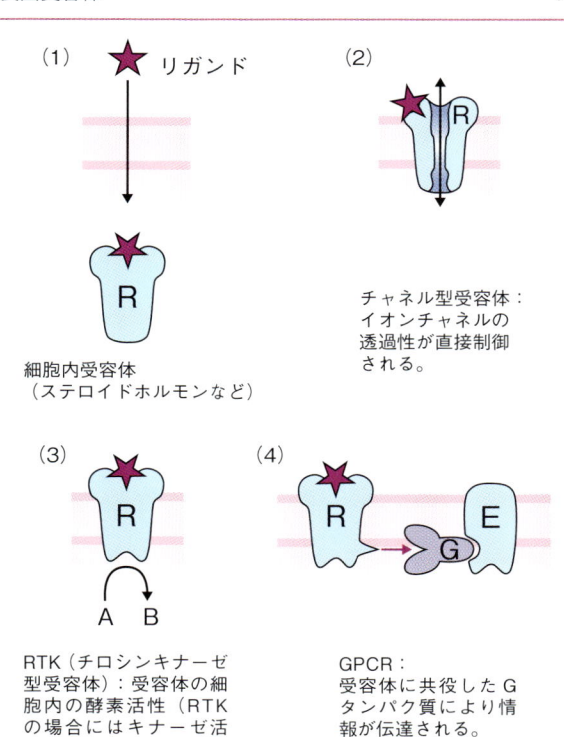

図6·5 典型的な受容体の分類
様々な観点に基づいた分類法がある。ここでは、(1) 細胞内に存在する受容体、(2) イオンチャネルそのものである受容体、(3) 細胞表面にリガンドが結合すると、細胞内ドメインで何らかの反応（リン酸化、プロテアーゼによるプロセシングなど）が生じる受容体、(4) Gタンパク質共役受容体（GPCR）と分類した。
（『カッツング薬理学』原書10版を改変）

（多段階反応）などを経て最終的には細胞機能に影響を及ぼす。その影響として、直接的に現在存在するタンパク質の機能に影響を及ぼす場合（核外標的）と、細胞核の遺伝子発現系に影響を及ぼして「未来」のタンパク質の機能に影響を及ぼす場合（核内標的）がある。核外標的の場合には数分以内にその効果が出現する。核内標的の場合には遺伝子発現の変化を介するために、より遅く、数時間以上のタイムラグ（遅延）が存在することもある（図6·4）。

6·6 細胞表面受容体

生物系は基本的には水の中に油でできた風船が浮かんでいると考えられる。したがって、細胞間のシグナル伝達物質（例えば、インスリン、アドレナリン）の多くは水溶性であり、細胞に進入することはできない。細胞表面に結合して細胞内に情報を伝達することになる。この結合相手が受容体である。代表的なのは以下のように分類される。情報伝達因子は化学的リガンドを想定して説明するが、光や熱、張力といった物理的な刺激によって活性化される（細胞内へ情報を伝達する）受容体も存在する。機械的情報伝達（図6·17を参照）は、このような物理的刺激によって活性化される受容体だけではなく、情報伝達が細胞骨格をテコのようにして機械的に行われるということが知ら

表 6.1　主な化学的受容体の例

	説明
イオンチャネル連結型受容体	細胞内外の間のイオンの透過性の変化によって情報を伝達する。例：アセチルコリン受容体
Gタンパク質共役型受容体（GPCR）	受容体に結合したGタンパク質によって情報を伝達する。例：アドレナリン受容体
キナーゼ連結型受容体	受容体の細胞内ドメインのキナーゼ活性（リン酸化）の変化によって情報を伝達する。例：インスリン受容体
プロテアーゼ連鎖型受容体	プロテアーゼの活性化によって情報を伝達する。例：細胞死受容体
細胞内断片遊離型受容体	活性化されると受容体の細胞内ドメインが遊離して情報を伝達する。例：notch

表 6.2　主な物理的受容体の例

	説明
メカノセンサー mechanosensor（機械受容体）	聴覚の有毛細胞には微小管からなる線毛があり、音で動かされるとイオンチャネルを開口して活動電位を発生する。
光受容体	細胞内の小胞体膜に埋め込まれたロドプシンは光により活性化される。

れている。受容体への刺激がアクチンなどの細胞骨格を介して核に機械的に伝達される機械的情報伝達 mechanotransduction がある（例：細胞外マトリックス・インテグリン系）（図6・5，表6・1，表6・2）。

6・7　細胞内受容体

ステロイドホルモン受容体と甲状腺ホルモン受容体が代表的な細胞内受容体である（表6・3）。

表 6.3　主な細胞内受容体の例

	説明
ステロイドホルモン受容体	抗炎症作用を発揮する糖質コルチコステロイドは、細胞内の受容体に結合して複合体を形成する。この複合体は核内に移行して転写装置に作用して、遺伝子発現を変化させる。
甲状腺ホルモン受容体	甲状腺ホルモン（T3）は細胞核まで浸透し、受容体と結合する。T3が結合した受容体は遺伝子発現を制御する。

メモ 6.2

ステロイドホルモンは細胞内受容体と結合し、細胞核に移行して遺伝子発現を制御する。実は20年以上前より、ステロイドホルモンは細胞核以外にも作用することが知られていた（non-genomic action）。その一つは従来のステロイド受容体に結合するが、核外で作用を発揮するものであり、もう一つが、細胞外の細胞表面膜受容体に結合して作用するというものである。例えばプロゲステロン（黄体ホルモン）のGタンパク質共役型受容体が同定されている。

6・8　セカンドメッセンジャー

細胞外からの情報を細胞内に伝達する代表的な分子が、cAMPやCa^{2+}、IP_3、NO、DAG、cGMPである。これらのセカンドメッセンジャーはそれ

図6・6 セカンドメッセンジャー cAMP
アデニル酸シクラーゼ（膜タンパク質）が活性化されると cAMP が産生される。cAMP は例えばプロテインキナーゼ A を活性化する。

それぞれ特異的な標的に結合して、酵素の活性化などをもたらす。小分子のために細胞質を速やかに拡散して細胞の全体にその情報を伝達していく。

6・9 cAMP

cAMP は細胞表面膜内側に存在するアデニル酸シクラーゼによって ATP から産生される。アデニル酸シクラーゼの主な活性化経路は後述する G タンパク質共役型受容体によるものである。細胞質で上昇した cAMP は、例えば、プロテインキナーゼ A（PKA、cAMP 依存性プロテインキナーゼ）を活性化する。PKA は様々な基質をリン酸化してその活性を制御する（図6・6、図6・7）。

6・10 Ca^{2+}：カルモジュリン

Ca^{2+} による制御機構として最初に発見された骨格筋のトロポニンについては第2章で説明した。トロポニンと同様のカルシウム結合（制御）タンパク質がカルモジュリンである。トロポニンは横紋筋（骨格筋と心筋）においてのみ機能しているが、カルモジュリンはほとんどすべての細胞で機能しているカルシウム受容体タンパク質である（図6・8）。

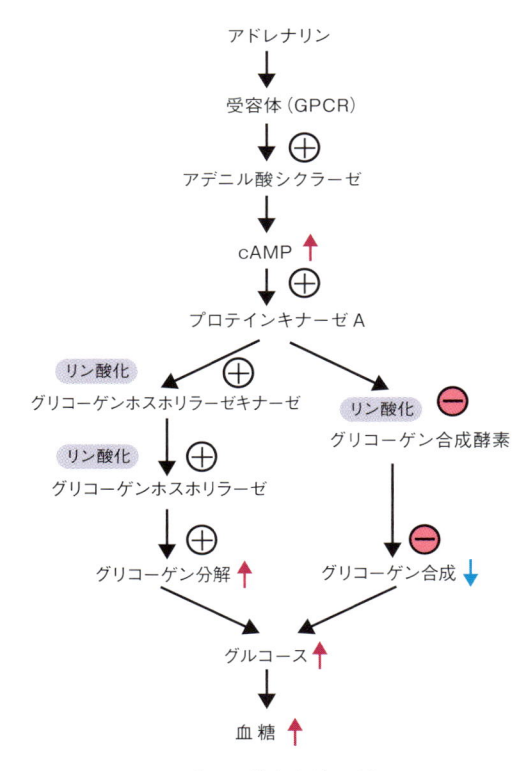

図6・7 cAMP を介した情報伝達の例
細胞表面の受容体にアドレナリンが結合すると、細胞質の cAMP が上昇する。その結果、PKA が活性化され基質がリン酸化される。グリコーゲン合成酵素のようにリン酸化により活性が抑制される場合もある。上図では、グリコーゲン分解が促進され、グリコーゲン合成が抑制され、結果としてグルコースが上昇する。

6・11 IP₃ と DAG

GPCR が Gqα を活性化すると、ホスホリパーゼ C が活性化され、IP₃（イノシトール 3 リン酸、inositol 1,4,5-trisphosphate）と DAG（ジアシルグリセロール、diacylglycerol）が生成される。IP₃ は小胞体の Ca^{2+} チャネルに作用し、小胞体から Ca^{2+} が流出し、細胞内の Ca^{2+} 濃度が上昇する。Ca^{2+} はカルモジュリンなど様々な標的に影響を及ぼす。

IP₃ と同時に生成される DAG はプロテインキナーゼ C（PKC、Ca^{2+} 依存性プロテインキナーゼ）を活性化する。不活性の PKC は細胞質で待機している。Ca^{2+} 濃度が上昇して PKC に Ca^{2+} が結合すると、PKC は細胞膜近傍に局在するようになり、そこで DAG と結合して活性化される。PKC も様々な標的をリン酸化して影響を及ぼす

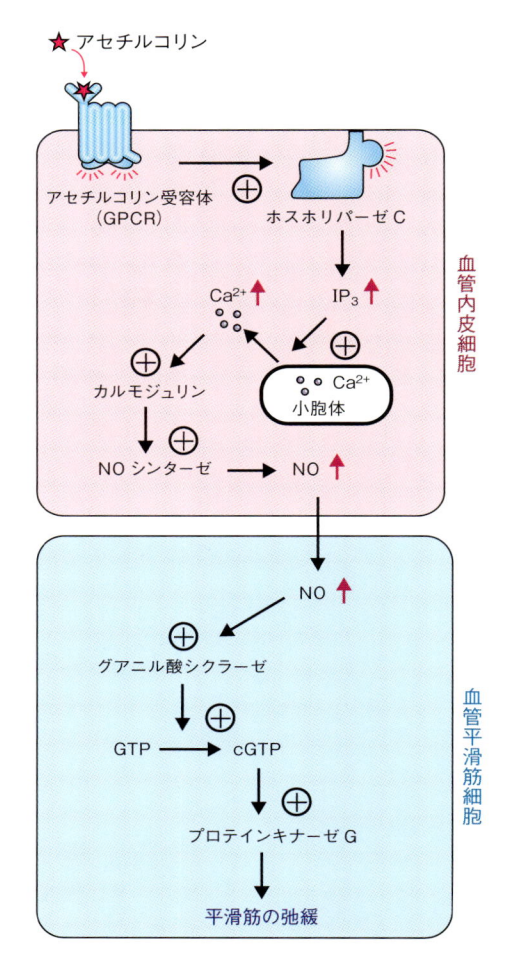

図 6・8　カルモジュリン
この図では、GPCR と NO というシグナル伝達経路も含まれている。GPCR によって IP₃ が産生され、それが細胞内の Ca^{2+} 濃度を上昇させる。Ca^{2+} が結合したカルモジュリンによって NO の産生が上昇する。NO は自由に細胞間を拡散していき、平滑筋の弛緩をもたらす。

トピックス 6.1 ＜双極性障害とシグナル伝達＞

シグナル伝達は当然ながら精神機能にも関与している。双極性障害（躁うつ病）は、やたら楽しくて活動が過剰になる躁病と何もかもやる気をなくす うつ病が周期的に繰り返す疾患である。この複雑な精神疾患に単純な無機塩のリチウム炭酸が有効である。リチウムは IP₃ のリサイクル系酵素を阻害していることが明らかになった。この作用だけでリチウムの効果を説明できないし、精神活動と IP₃ 系の詳細も不明ではある。

薬物の開発（創薬）の手段として、現在有効な化合物を少し改変して新たな薬物を開発することが行われている。リチウムは有効であるが、あまりに単純すぎて、化合物をいじることができないので、リチウムに類似した薬物は開発されていない。

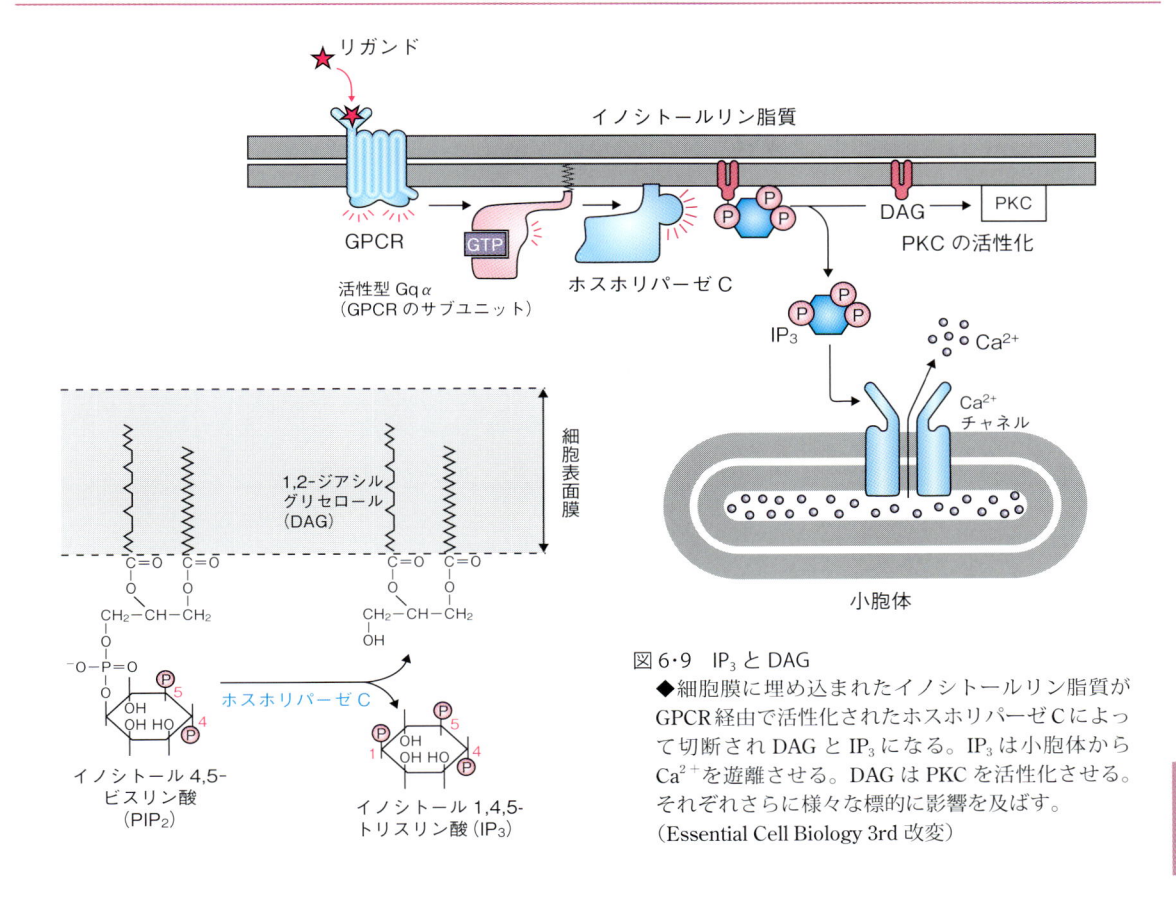

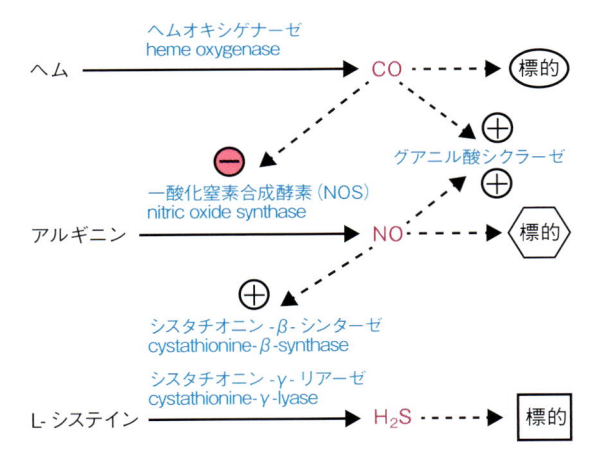

図6・9　IP₃とDAG
◆細胞膜に埋め込まれたイノシトールリン脂質がGPCR経由で活性化されたホスホリパーゼCによって切断されDAGとIP₃になる。IP₃は小胞体からCa²⁺を遊離させる。DAGはPKCを活性化させる。それぞれさらに様々な標的に影響を及ぼす。
(Essential Cell Biology 3rd 改変)

図6・10　有毒気体の産生系路とクロストーク
最初に血管弛緩因子として発見されたNOについては研究が著しく進んでいる。しかし、COやH₂Sについては不明な点が多い。が、本来的な情報伝達物質であることは認められている。

(図6・9)。

一酸化窒素(NO)、硫化水素(H_2S)、一酸化炭素(CO)はそれぞれ有毒気体である。

6・12　NOとcGMP

NOは、血管標本にアセチルコリンを投与した実験で、血管内皮が存在しないと弛緩作用が出現しないことから発見された(血管内皮由来弛緩因子、endothelium-derived relaxing factor、EDRF)。なおNOは速やかにタンパク質などと共有結合を形成して、その活性を失う。非常に強力な酸化ストレス物質であり、過量の場合は強い毒性を発揮する。

狭心症は心筋を養っている冠動脈が狭窄する疾患である。心筋が酸素(栄養)不足となり、痛み

薬学ノート 6.1 ＜バイアグラ＞

　あるcAMP分解酵素（ホスホジエステラーゼ）阻害薬をヒトに投与する臨床試験が開始された。ところが、男性患者が異様にこの薬物を要求した。調べたところ、この薬物（シルデナフィル、商品名バイアグラ）は勃起不全を改善することが明らかになった。陰茎海綿体にあるホスホジエステラーゼを特異的に阻害することによって、弛緩させ、陰茎海面体静脈の血流が増加して勃起させるのであった。シルデナフィルはニトログリセリン系薬物と併用すると著しく血圧が低下する危険性がある。逆にシルデナフィルは心筋保護作用もあるとされる。肺高血圧症という肺動脈の血圧が上昇する疾患にもシルデナフィルが有効なことが見いだされた。肺高血圧症治療薬のシルデナフィルはレバチオという商品名で販売／使用されている。また、NOと同じような小分子の毒ガスCOとH_2Sが情報伝達を行っていることが明らかになってきた。

が出現する。この段階では可逆的で、安静にするなどして心筋の血液必要量が低下すれば収まる。しかし、血流不足により心筋が不可逆的に傷害され壊死に陥った状態が心筋梗塞である。狭心症の場合には血流を改善すれば症状が軽減する。血流を改善するためには血管を拡張すればよい。従来よりニトログリセリン（ダイナマイトの材料だが、薬剤として使われている。微量では爆発の心配は無い）が用いられてきた。ニトログリセリンは狭心症発作時に著効を示す（無効の場合には心筋梗塞に移行してしまった可能性が高い）。ニトログリセリンからNOが発生して血管平滑筋が弛緩する。

　NOはグアニル酸シクラーゼを活性化してcGMPを増加させる。その後の経路ははっきりしないが、Ca^{2+}濃度の低下やホスファターゼの活性化などにより平滑筋のアクチン／ミオシン系が抑制されて弛緩する。ニトログリセリンの問題は半減期（作用時間）が短いことである。そこでcGMPを増加させる、あるいはcGMPの分解を抑制すれば、使いやすい狭心症治療薬になることが期待されている（図6・10）。

6・13　キナーゼ：MAPK系

　哺乳類細胞ではATPのγ-リン酸が付加されるアミノ酸残基はセリン、トレオニン、チロシンに限定されている。MAPK系は、このリン酸化によって情報が伝達される経路であり、細胞増殖因子の細胞内のリン酸化シグナル伝達経路である。当初は微小管結合タンパク質を基質とすることからMAP（microtubule-associated protein）キナーゼと命名された。しかし、それ以外に様々な基質をリン酸化することから、現在ではMAP（mitogen-activated protein）キナーゼ（MAPK）となった（mitogenとは細胞分裂を促進する因子

薬学ノート 6.2 ＜クスリはリスク＞

　危険な毒物（リスク）というのは生体に大きな作用を発揮するということである。それを適切な程度に作用させれば生体機能を制御することができる。NO、CO、H_2Sは過量では毒物であるが、微量で生体制御を行っている。ホルモン（甲状腺ホルモンやステロイドホルモンなど）も過量はホルモン過剰症という疾患になる。マスタードガスという毒ガスから抗癌薬が開発された。毒物と薬物は紙一重である。

表6.4 MAPキナーゼカスケード

刺激	増殖刺激 (元祖 MAPK 経路)	ストレス 増殖刺激 サイトカイン	ストレス 増殖刺激	ストレス 増殖刺激 サイトカイン
MAPKKK MAPKK キナーゼ ↓	多種 例：Ras（低分子量 GTP 結合タンパク質） + Raf	多種 例：ASK1	多種 例：ASK1	MEKK2 MEKK3
MAPKK MAPK キナーゼ ↓	MEK1 MEK2	MKK3 MKK6	MKK4 MKK7	MEK5
MAPK ↓	ERK1 ERK2 （微小管結合タンパク質をリン酸化する酵素として最初に同定）	p38 （刺激によりリン酸化されるタンパク質として同定）	JNK （微小管結合タンパク質を基質とするキナーゼとして同定）	ERK5 （相同性スクリーニングから MEK5 が同定され、その結合タンパク質として ERK5 が同定された）
標的 （転写因子など）	様々			

のことである）。現在のところ4種類の MAP キナーゼがグループとしてまとめられている。これらのキナーゼはセリン／トレオニンキナーゼであり、自身のセリンとトレオニンがリン酸化されることによって活性化される。また様々なホスファターゼによって脱リン酸化されて抑制される。MAPK ファミリーのキナーゼドメインと活性化されるためにリン酸化されるセリン／トレオニン領域の配列は相同性が高い。リン酸化による細胞内シグナル伝達経路の研究が進んでいるファミリーの一つが MAP キナーゼシグナル伝達系であると理解すればよいだろう（表6・4）。

6・14 受容体チロシンキナーゼと Ras

受容体タンパク質の細胞の外側の領域にリガンドが結合すると、受容体の細胞内側のキナーゼ（プロテインチロシンキナーゼ protein tyrosine kinase、PTK）が活性化され、細胞内での情報伝達が開始される（receptor tyrosine kinase、RTK）。上皮増殖因子 epidermal growth factor や線維芽細胞増殖因子 fibroblast growth factor などの受容体は、リガンドが結合しない場合にはモノマーとして細胞膜に存在する。リガンドが結合するとヘテロダイマーあるいはホモダイマーが構成され、細胞内のチロシンキナーゼドメインが活性化される。このキナーゼにより受容体の細胞内ドメインのチロシンが自己リン酸化される。その結果、様々なシグナル伝達物質が結合して活性化され、細胞内へのシグナル伝達が行われる。増殖を促進する因子の一つが Ras である。

Ras は「rat 由来の sarcoma」遺伝子ということで命名された。分子量2万程度であり、GTPase 活性があり、GTP もしくは GDP を結合する低分子量 G タンパク質である。GDP から GTP に置換されると活性化され、例えば Raf キナーゼを活性化するという MAPK カスケードが開始される。

インスリン受容体は SS 結合により常に四量体を形成している。インスリン受容体基質（insulin receptor substrate、IRS）などをリン酸化する（図6・11）。

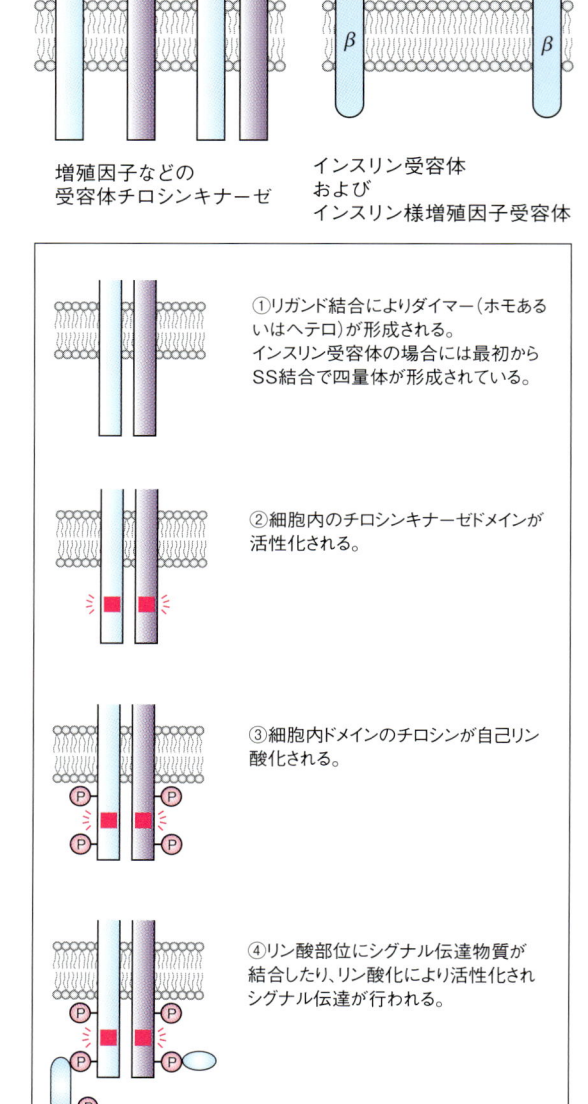

6・15 Gタンパク質共役型受容体（GPCR）と三量体GTP結合タンパク質

細胞外のドメインに結合したリガンドにより細胞内で三量体GTP結合タンパク質が活性化されてシグナルが伝達される経路がある。この受容体はGTP結合タンパク質と共役しているということでGPCR（Gタンパク質共役型受容体、G protein-coupled receptor）という巨大なファミリーを形成している。GPCRは、N末端が細胞外、C末端が細胞内に配位され、膜を7回貫通するという共通の構造をもっている。ゲノムの塩基配列の推測からすると2000種類以上存在し、200種類以上はそのリガンドが不明（孤児受容体、orphan receptor）とされる。1000種類程度は嗅覚受容体と考えられている。ある受容体のリガンドを同定するハンティング（狩り）は新たな生理機能を解明する研究手段の一つでもある。

図6・11　インスリン受容体

① リガンド結合によりダイマー（ホモあるいはヘテロ）が形成される。インスリン受容体の場合には最初からSS結合で四量体が形成されている。

② 細胞内のチロシンキナーゼドメインが活性化される。

③ 細胞内ドメインのチロシンが自己リン酸化される。

④ リン酸部位にシグナル伝達物質が結合したり、リン酸化により活性化されシグナル伝達が行われる。

増殖因子などの受容体チロシンキナーゼ

インスリン受容体およびインスリン様増殖因子受容体

表6.5　三量体Gタンパク質サブユニット Gα の分類

種類	毒素感受性	標的・効果
Gsα （s=stimulatory）	コレラ毒素はGsαのGTPase活性を抑制する。その結果、Gsαの活性が異常に持続する。	アデニル酸シクラーゼの促進。それによりcAMPの増加。
Giα （別名 Gi/oα） （i=inhibitory）	百日咳毒素はGiαに結合し、GPCRとの結合を阻害する。したがって、受容体シグナル伝達を抑制する。	アデニル酸シクラーゼの抑制。それによりcAMPの低下。
Gqα （別名 Gq/11α）		ホスホリパーゼC-βの活性化。それによるIP$_3$産生促進。

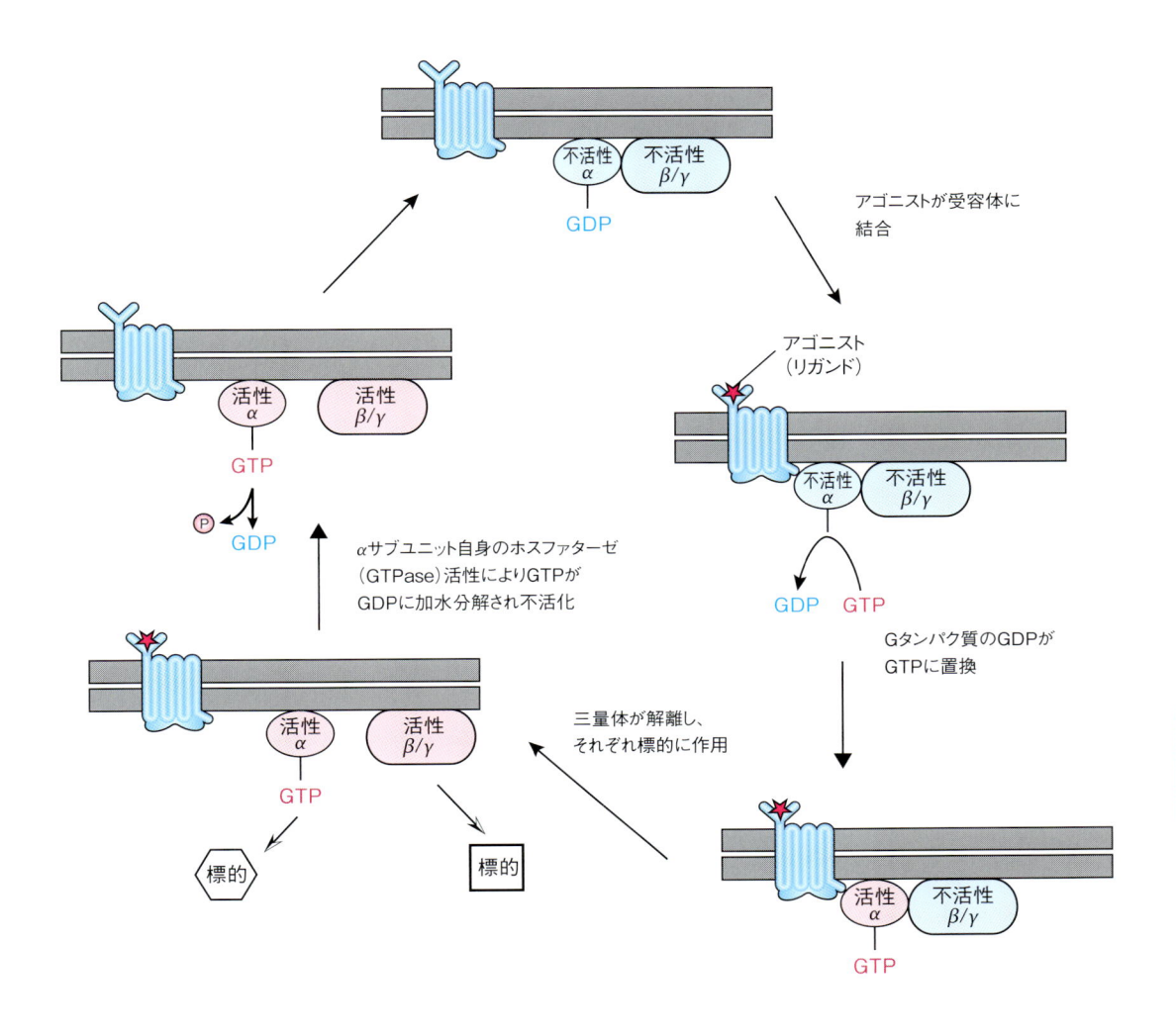

図6·12 GPCRのサイクル

Gタンパク質はα（分子量40kDa程度）、β（35kDa）、γ（8kDa）の3サブユニットから構成される。これらサブユニットは低分子量Gタンパク質とは別個のものである。GαとGβγとして乖離する（GβとGγは乖離しない）。膜を貫通している領域はないが、脂肪酸側鎖を介して膜にアンカーされている。Gβは5種類、Gγは12種類ほどが特定されている。が、機能の違いは不明である。Gタンパク質の特性は基本的にはGα（16種類以上）によって決定されている（表6·5，図6·12）。

6·16 低分子量GTP結合タンパク質

GPCRでは三量体のGTP結合タンパク質が共役していた。この三量体GTP結合タンパク質とは異なり、単体（モノマー）で情報伝達を行う低分子量GTP結合タンパク質（単量体GTPアーゼ）が知られている。6·14で説明したRasなどである。

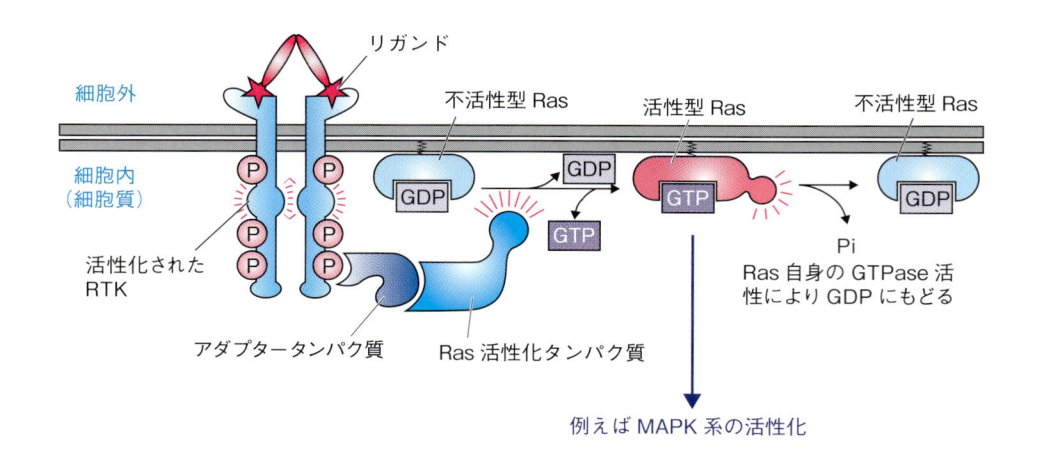

図6·13　低分子量Gタンパク質（Ras）の活性化経路

表6.6　低分子量Gタンパク質のグループ

グループ名	代表的メンバー	機能
Ras	Ras、Ral、Rap	細胞の分化増殖
Rho	Rho、Rac、Cdc42	細胞骨格の制御
Rab	Rab1〜Rab41	細胞内小胞輸送
Arf	Arf1〜Arf9	細胞内小胞輸送
Ran	Ran	核輸送

6·17　チャネル受容体

チャネルはイオンなど親水性低分子が膜を通過するためのトンネルである（図6·14）。多くのチャネルは、開口したり閉口したりしてシグナル伝達や細胞活動に関与している。リガンドの結合によって開口閉口が制御されているチャネルをチャネル受容体という。シナプスや神経筋接合の神経伝達物質受容体がその代表例である。

6·18　ステロイドホルモン受容体

ステロイドホルモンは細胞膜を通過して細胞内に到達し、細胞質受容体と結合する（図6·15）。

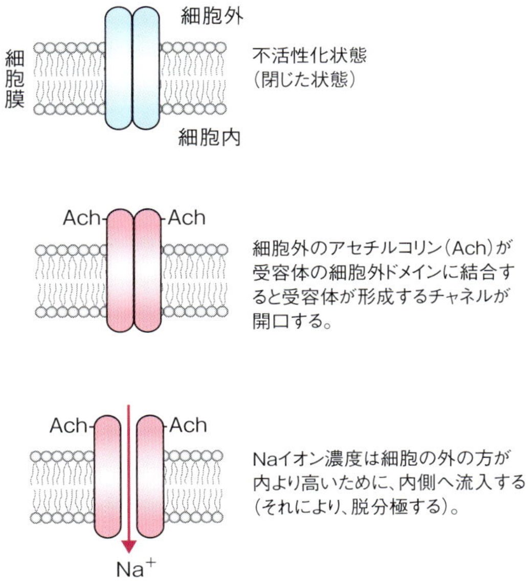

図 6·14　チャネル受容体
シグナル伝達物質が結合するとイオンの透過性が変化する。例えば、骨格筋の終板ではアセチルコリンが結合するとナトリウムイオンが流入して脱分極が生じる。その脱分極により筋小胞体からカルシウムイオンが放出され収縮が開始される。

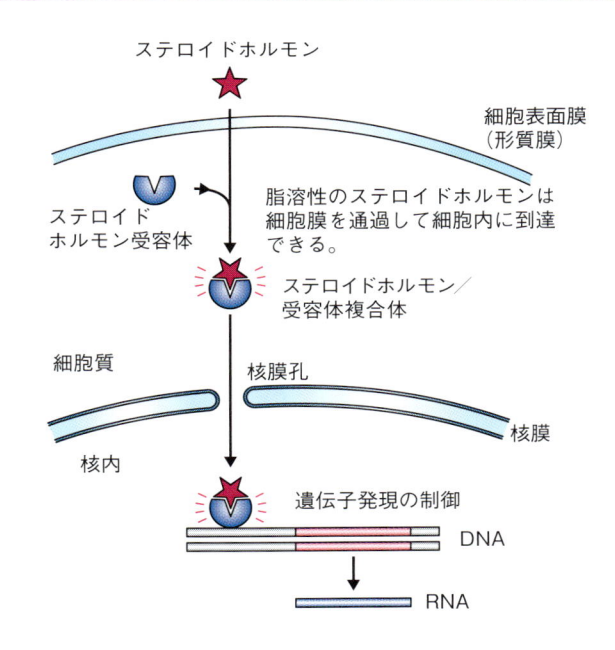

図 6·15　ステロイドホルモン受容体

コラム 6.2 ＜ステロイドホルモンの非ゲノム効果＞

　ステロイドホルモンは一般的に細胞質受容体に結合して遺伝子発現を制御するゲノム効果を発揮する。しかし、細胞表面受容体への作用も知られている（非ゲノム効果）。

　GABA（γ-aminobutyric acid、γ-アミノ酪酸）は抑制性神経伝達物質として知られている。GABA 受容体に GABA が結合すると Cl イオンが流入して神経細胞は過分極となり、興奮性が低下する。睡眠薬のバルビツール酸や精神安定薬のベンゾジアゼピンは GABA 受容体に結合して GABA 受容体を活性化する。同様にステロイドホルモン（プロゲステロンやテストステロンなど）も GABA 受容体に結合して活性化させるので、抗不安作用や鎮静作用が発揮される。神経組織で非ゲノム効果を発揮するステロイドをとくに神経ステロイドという。

トピックス 6.2 ＜メカニカルシグナル伝達 mechanotransduction＞

　光受容体は光という物理学的情報を化学的情報（GPCR の活性変化）に変換している。聴覚では振動をイオンの変化（電位）に変換している。しかし、細胞外の物理的情報を「テコ」の原理を利用して、そのまま物理的に情報伝達されることも知られている。例えば、細胞外マトリックスの力学的変化は核まで細胞骨格を連結して情報伝達される。

　すでに 20 年ほど前から、細胞の形を変えることによって遺伝子発現も変化することが知られている。例えば、ファイブロネクチンを半導体の微細写真技術を用いて細かいパターンとしてコートした接着面を作製した実験系で、細胞の接着面によるアポトーシスの誘引が検討されている。接着面積は同じであっても、1 か所に細胞を押し集めるようなパターンにするとアポトーシスが誘発された。このように機械的な情報（mechanical signal）によるアポトーシスの制御が示されている。また、Rho 活性が細胞の形によって変化することも報告されている。

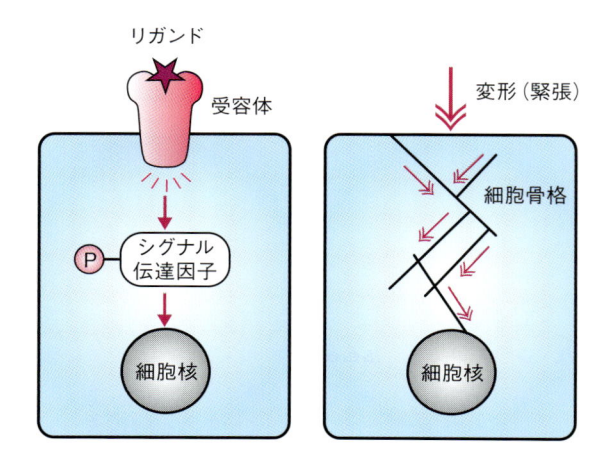

図 6・16　化学的シグナル伝達と機械的（力学的）シグナル伝達の比較

　正 20 面体（サッカーボールのような形）は骨格だけで安定な構造をつくる。細胞でもクラスリン小胞体は、クラスリンが同じ様に規則的に配列し、中の小胞がつぶれないようにしている。この様な単純な骨格が連結してできた立体構造を緊張によって維持する機能の概念として、tensile（張力）と integrity（統合性）を合わせて tensegrity（テンセグリティ：強いて訳せば、張力統合構造性か）という言葉が作られている。テンセグリティを構成するものは、非連続的な骨格とそれを連結する連続的な弾性体である。細胞も細胞骨格による形はテンセグリティによるものとなる。この連結構造を利用してシグナルが伝達される機構が考えられている。細胞外の情報は酵素の変化など化学的に伝達される化学的情報伝達では、各ステップごとにタイムラグ、ある程度の時間を必要とする。しかし、機械的シグナル伝達では、ほとんど瞬時に情報伝達を行うことができる。

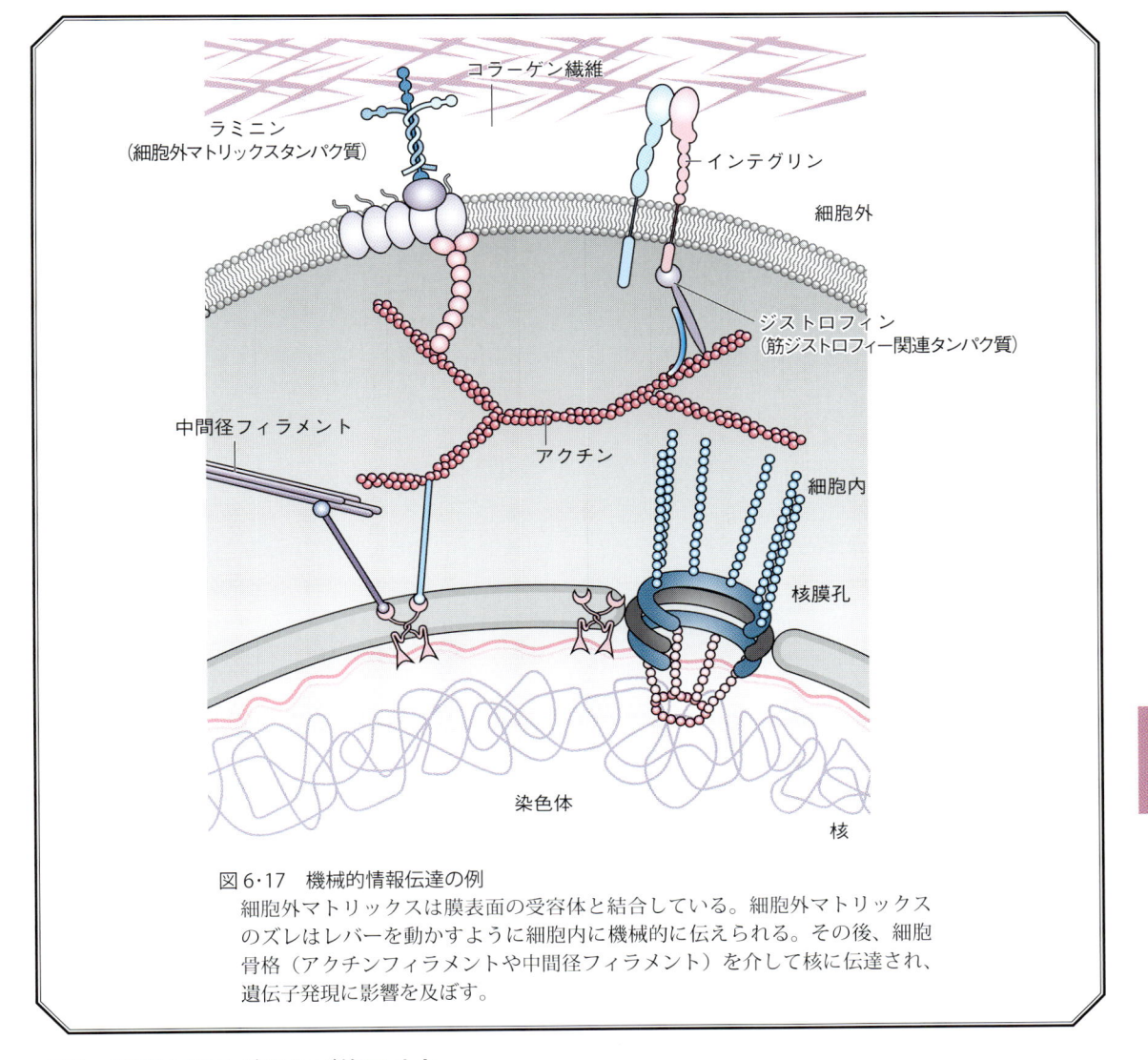

図6·17 機械的情報伝達の例
細胞外マトリックスは膜表面の受容体と結合している。細胞外マトリックスのズレはレバーを動かすように細胞内に機械的に伝えられる。その後、細胞骨格（アクチンフィラメントや中間径フィラメント）を介して核に伝達され、遺伝子発現に影響を及ぼす。

6章　問題：誤りがあれば修正せよ。

1. アンタゴニストはリガンドと競合する。
2. レニン-アンギオテンシン系は重要な血圧制御機構である。
3. 遺伝子発現を制御するシグナル伝達にはタイムラグがある。
4. GPCRとはグルコース・リン酸・交換・受容体のことである。
5. cAMPはAMPより産生される。
6. カルモジュリンはリン酸化によって制御される。
7. IP_3は細胞内のCa^{2+}濃度を上昇させる。
8. 硫化水素は毒物である。
9. NOは平滑筋を弛緩させる。
10. インスリン受容体はGPCRに分類される。

7章　ホルモン

○　ホルモンは血流を介して情報を伝達する化学物質の総称であるが、一般的には古典的な内分泌器官から分泌されるものを意味する。

○　ホルモンの過不足による疾患は稀ではない。不足している場合はホルモン（類似作用薬を含む）を補い、過剰な場合にはホルモン合成阻害薬や拮抗薬が有効である。

　ある臓器（内分泌器官）から血液中に分泌されて、体の隅々まで情報を伝達する物質がホルモンである。甲状腺や副腎などがいわゆる古典的ともいえる内分泌器官である。しかし、消化管（消化管ホルモン）や心房（心房性ナトリウム利尿ペプチド：ANP）など多くの臓器から様々な情報伝達物質が血中に放出されていることが明らかになった。神経細胞と神経細胞の間では隣接する細胞へ神経伝達物質によって情報が伝達されている。血中には放出されずに組織内の細胞間でも数多くの化学物質による情報伝達が行われている。副腎から放出されるホルモンのノルアドレナリンは神経伝達物質でもあり、ホルモンの定義は曖昧となっている。が、成長ホルモン、甲状腺ホルモン、インスリン、アドレナリンなど古典的なホルモンは稀ではない疾患とも関連が深く、分類としては有用である。

　内分泌疾患の多くはホルモンの効果が低下したか過剰となった状態である。そのため治療方針としては、足りない場合は補い（ホルモンそのものが治療薬となる）、過剰な場合は除去する。甲状腺ホルモン過剰症では放射性ヨウ素による甲状腺の破壊が行われる。一見すると放射性ヨウ素により癌の発生が危惧されるが、放射性ヨウ素の半減期が1週間程度と短いためかあまり問題にならない。放射性ヨウ素治療後、十数年で甲状腺ホルモン低下症となる。これは有害作用というよりは、治療効果の指標と言える。甲状腺ホルモン低下症は甲状腺ホルモンの経口投与により比較的容易に対応できる。甲状腺ホルモン低下症では、なんとなく調子が悪いという症状が主となり、時として診断が難しいことがある。小児の甲状腺ホルモン低下は精神発達遅延、成人では認知症となる。そして、甲状腺ホルモンを投与することによって著しく改善するので見落としは許されない。

7・1　細胞間情報伝達物質の分類

　ある細胞から化学物質（情報伝達物質）が放出され、標的細胞に情報が伝達されるという細胞間情報伝達は、多細胞生物では個体の細胞機能を統合するために必須といえる。古典的には、エンドクリン（内分泌、ホルモン）、パラクリン、オートクリン、接触型シグナル伝達物質（ジャクスタクリン）、神経伝達と分類されてきた（図7・1）。しかしながら、ある情報伝達物質はホルモンでもあり、神経伝達物質でもあるというのは稀ではない（例えばノルアドレナリン）。ホルモンの定義も曖昧となっており、古典的な内分泌器官（下垂体や副腎）から分泌される情報伝達物質をホルモンとするが、古典的ホルモン以外にも様々な化

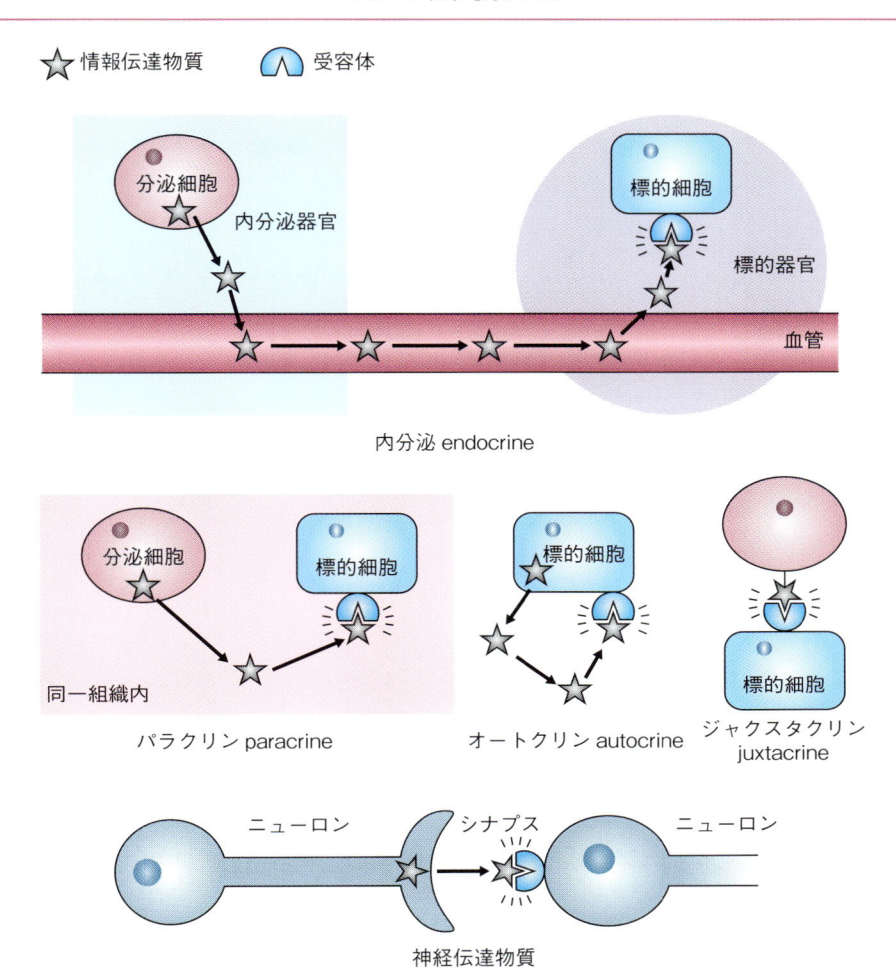

図7・1 細胞外情報伝達の古典的な分類
・情報伝達物質が血流を介して別の組織の標的細胞に作用する→ホルモン
・情報伝達物質が同じ組織内の近傍の別の標的細胞に作用する→パラクリン
・情報伝達物質が分泌細胞と同じ自己に作用する→オートクリン
・細胞外に結合したリガンドが遊離することなく別の細胞に情報を伝達する→ジャクスタクリン
・神経伝達物質→ニューロトランスミッター

学伝達物質が血中に分泌されて情報伝達を行っている。

7・2　いわゆるホルモン

古典的なホルモンとは、古典的内分泌器官（視床下部、下垂体、甲状腺、上皮小体［副甲状腺］、膵島、副腎髄質、副腎皮質、精巣／卵巣／黄体）から分泌される。20年以上前より明らかになっている主要な情報伝達物質である。さらに消化管ホルモンや心房性ナトリウム利尿因子など、数多くの臓器から様々な「ホルモン」が組織間の情報伝達物質として分泌されていることが判明している（表7・1, 表7・2）。

表 7.1　代表的な古典的ホルモン

内分泌器官	ホルモン	機能の概略	過剰症	低下症
視床下部	ソマトスタチン、somatostatin	GH、TSH の分泌抑制		
	TRH、thyrotropic hormone releasing hormone	TSH、PRL の分泌刺激		
	CRH、corticotropin releasing hormone	ACTH の分泌促進		
	GnRH、gonadotropin releasing hormone	Gonadotropin (LH、FSH) の分泌刺激		
下垂体　前葉	成長ホルモン、GH、growth hormone	成長促進	巨人症	低身長症（小人症）
	甲状腺刺激ホルモン、TSH、thyroid stimulating hormone	甲状腺ホルモン分泌促進	甲状腺機能亢進症	甲状腺機能低下症
	プロラクチン、PRL、prolactin	乳汁分泌促進	乳汁漏出症、月経異常	
	副腎皮質刺激ホルモン、ACTH、adrenocorticotropic hormone	副腎皮質ホルモン分泌促進	クッシング病	
	Gonadotropin（黄体化ホルモン、LH、luteinizing hormone／卵胞刺激ホルモン、FSH、follicle-stimulating hormone）	性ホルモン分泌促進		
下垂体　後葉（ホルモンは視床下部のニューロンが産生して、後葉で血中に分泌される）	抗利尿ホルモン、antidiuretic hormone／バソプレシン、vasopressin	抗利尿作用	抗利尿ホルモン分泌異常症、SIADH、syndrome of inappropriate secretion of antidiuretic hormone	尿崩症
	オキシトシン、oxytocin	子宮収縮促進、乳汁射出作用		
甲状腺	甲状腺ホルモン		甲状腺機能亢進症（バセドウ病）	甲状腺機能低下症（クレチン病）
上皮小体（副甲状腺）	副甲状腺ホルモン、PTH、parathyroid hormone、上皮小体ホルモン	血中カルシウム濃度上昇	高カルシウム血症	低カルシウム血症、組織へのカルシウム沈着（石灰化）
膵臓（膵島）	インスリン、insulin	血糖降下（血糖降下作用があるのはインスリンのみ）	低血糖症	糖尿病
	グルカゴン、glucagon	血糖上昇		
副腎皮質	糖質ステロイドコルチゾール	抗炎症作用	クッシング症候群	アジソン病
	鉱質ステロイドアルドステロン	塩類貯留作用	高血圧	
副腎髄質	アドレナリン	血圧上昇、抗ストレスホルモン	高血圧発作	
	ノルアドレナリン			
性腺	性ステロイドホルモン　男性ホルモン（アンドロゲン）　女性ホルモン（エストロゲン）　黄体ホルモン（プロゲステロン）	性機能発達、維持	例えば、女性で男性ホルモンが過剰になると男性化	例えば、女性では更年期障害

表 7.2　古典的ホルモン以外の血液を介する情報伝達物質の例

	情報伝達物質
松果体	メラトニン（24 時間リズムなどに関与）
心房	心房性ナトリウム利尿因子
腎臓	活性ビタミン D（カルシトリオール）
肝臓	インスリン様成長因子 I（insulin-like growth factor I、IGF- I）（成長ホルモンの刺激により肝臓で産生され、細胞増殖を促進する）
消化管	インクレチン（インスリン分泌を促進する。グルカゴン様ペプチド 1、GLP-1 など）
	セクレチン（胃酸分泌抑制、膵臓外分泌促進）
	ガストリン（胃酸分泌促進）

表 7.3　サイトカインとオータコイド

グループ名	特徴や機能	代表的メンバー
サイトカイン	主として血球系細胞、とくにリンパ球系から分泌される。炎症系反応の様々な機能をもつ分子種が見いだされている。広義には細胞間の情報伝達を行うタンパク質を含む（非タンパク質性因子は含まれない）。	コロニー刺激因子、インターフェロン、TNF-α、IL1 〜 35、エリスロポエチン
オータコイド	細胞から分泌されて、ホルモンよりも近傍の標的に作用するものを言う。ペプチドやアミノ酸、その誘導体を含む。	ヒスタミン、ブラジキニン、プロスタグランジン アンギオテンシンや NO を含める場合もある。

表 7.4　参考：ホルモンの分類の 1 例

	水溶性ホルモン	疎水性ホルモン
例	ペプチド（バソプレシン） タンパク質（インスリン） カテコールアミン（アドレナリン）	ステロイド（アンドロゲン） 甲状腺ホルモン（T3、T4） ビタミン D
受容体	細胞表面受容体	細胞質受容体（遺伝子発現の制御）
血中輸送タンパク質	不要	必須（例；サイロキシン結合グロブリン、コルチコステロイド結合グロブリン）

ホルモンの作用は分子レベルで解明が進んでおり、様々な疾患に関与しているとともに「副腎ステロイド」などは治療薬としても汎用されている。代表的ホルモンとして、ステロイドホルモン、身近なバセドウ病（過剰症）の原因となる甲状腺ホルモン、増加している糖尿病との関連でインスリンについて概説する。

7・3　ステロイドホルモン

主要なステロイド系ホルモンは、黄体ホルモン（プロゲステロン）、女性ホルモン（エストロゲン）、男性ホルモン（アンドロゲン）、鉱質（ミネラル）コルチコイド（アルドステロン）、糖質（グルコ）コルチコイド（コルチゾール）である。それぞれの機能や関連疾患の概略は表 7・1 に示した。これ

表 7.5　糖質ステロイドホルモンの臨床適用

炎症性疾患	膠原病（慢性関節リウマチ、全身性エリテマトーデス、多発性筋炎）、気管支喘息、劇症肝炎、多発性硬化症、ネフローゼ症候群、アトピー、リウマチ熱
アレルギー性疾患	薬物アレルギー、血清病、アナフィラキシーショック
白血病	急性白血病、慢性リンパ性白血病
その他	臓器移植の拒絶反応防止、副腎不全、サルコイドーシス

表 7.6　糖質ステロイドホルモンの比較

	作用時間（hr）	抗炎症作用（コルチゾールを1として）	塩類貯留作用（コルチゾールを1として）	皮膚浸透
コルチゾール（糖質コルチコイド）	8〜12	1	1	0（炎症が起こっているときは浸透する）
プレドニゾロン（合成）	12〜24	4	0.3	＋
デキサメタゾン（合成）	24〜36	30	0	＋＋＋
アルドステロン（鉱質コルチコイド）	1〜2	0.3	3000	0

らのホルモンの異常は稀ではない様々な疾患の原因となっている。糖質コルチコイドは薬物として投与すると、抗炎症作用が強い。いわゆるステロイド剤はこの糖質ステロイドホルモンである。

薬物として合成された抗炎症ステロイドは鉱質コルチコイドの作用が非常に少なくなっている。有害作用が喧伝されており、時として使用するのが躊躇される場合もあるが、しっかりと管理すれば非常に有用な薬物である。

7・4　ステロイドホルモンの作用機序

ステロイドホルモンは細胞膜をそのまま通過して細胞質の受容体と結合する。ステロイドホルモンが結合した受容体は核内へ移行して遺伝子発現を制御する（図7・2）。

7・5　ステロイドホルモンの産生

ステロイドホルモンはステロイドを骨格として副腎や性腺で合成される。稀ではあるが、図7・3

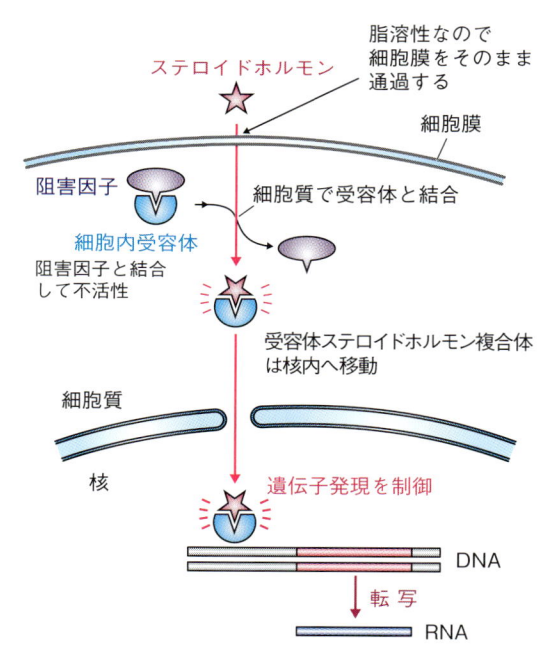

図7・2　細胞質受容体と結合して遺伝子発現を制御するステロイドホルモン

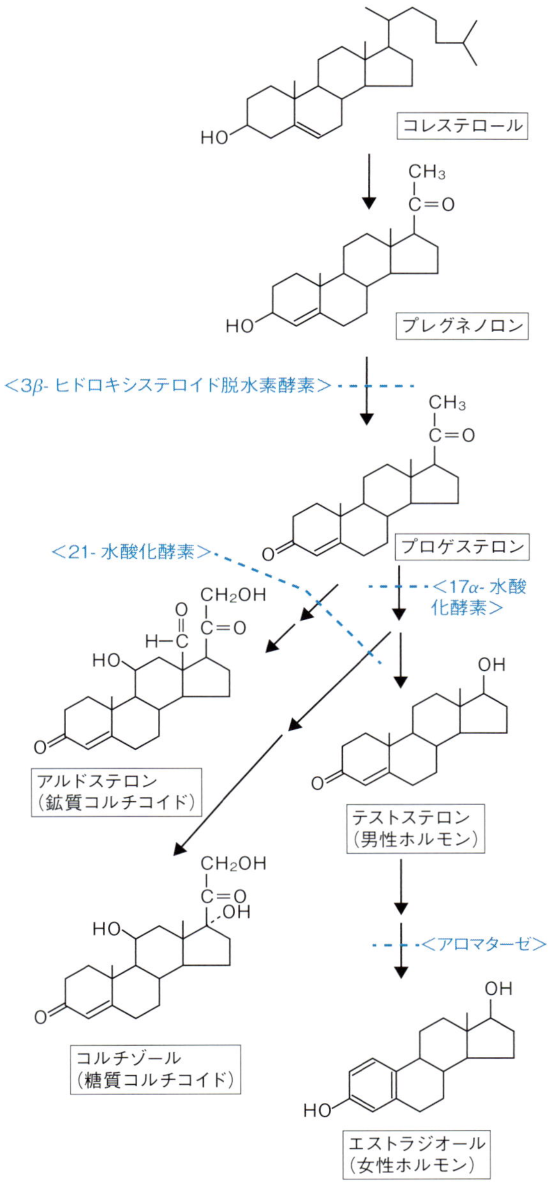

7·6 甲状腺ホルモン

表 7.7 3 酵素が欠損している場合の影響

欠損酵素	ステロイドホルモン産生の変化	主症状
17α-水酸化酵素	コルチゾールと性ホルモンの産生が低下する。余剰となったプロゲステロンから、アルドステロンが過剰に産生される。	● 男性：女性化 ● 女性：2次性徴の欠落 ● アルドステロン過剰による低K血症と高血圧症
21-水酸化酵素（先天性副腎過形成のなかではもっとも頻度が高い）	アルドステロンとコルチゾールの産生が低下する。余剰となったプロゲステロンから、テストステロンが過剰となる。	● 男性：思春期早発症 ● 女性：男性化 ● アルドステロン不足によるナトリウム喪失
3β-ヒドロキシステロイド脱水素酵素	すべてのステロイドホルモンの低下	● 男性：テストステロンの低下による女性化 ● 女性：余剰のプレグネノロンから産生されるデヒドロエピアンドロステロンの男性ホルモン作用により軽度の男性化 ● アルドステロン不足によるナトリウム喪失

図 7·3　ステロイドホルモンの産生系路
　＜　＞に示したのは次表で説明している酵素である。これ以外にも先天性副腎過形成の原因となる酵素の欠損は知られているが、ここでは代表的な3酵素を示した。

の酵素の先天性欠損症（時として活性の低下）が存在する。これらの酵素が欠落するとコルチゾールの産生が低下する。するとフィードバック制御により下垂体からの ACTH の分泌が増加し、副腎皮質の細胞増殖が促進される。その結果、副腎が肥大する先天性副腎過形成となる（表 7·7）。

7·6　甲状腺ホルモン

甲状腺ホルモンは生体で唯一ヨウ素化されている物質である。生体内のヨウ素のほとんどは甲状腺に集積している。したがって、甲状腺機能亢進

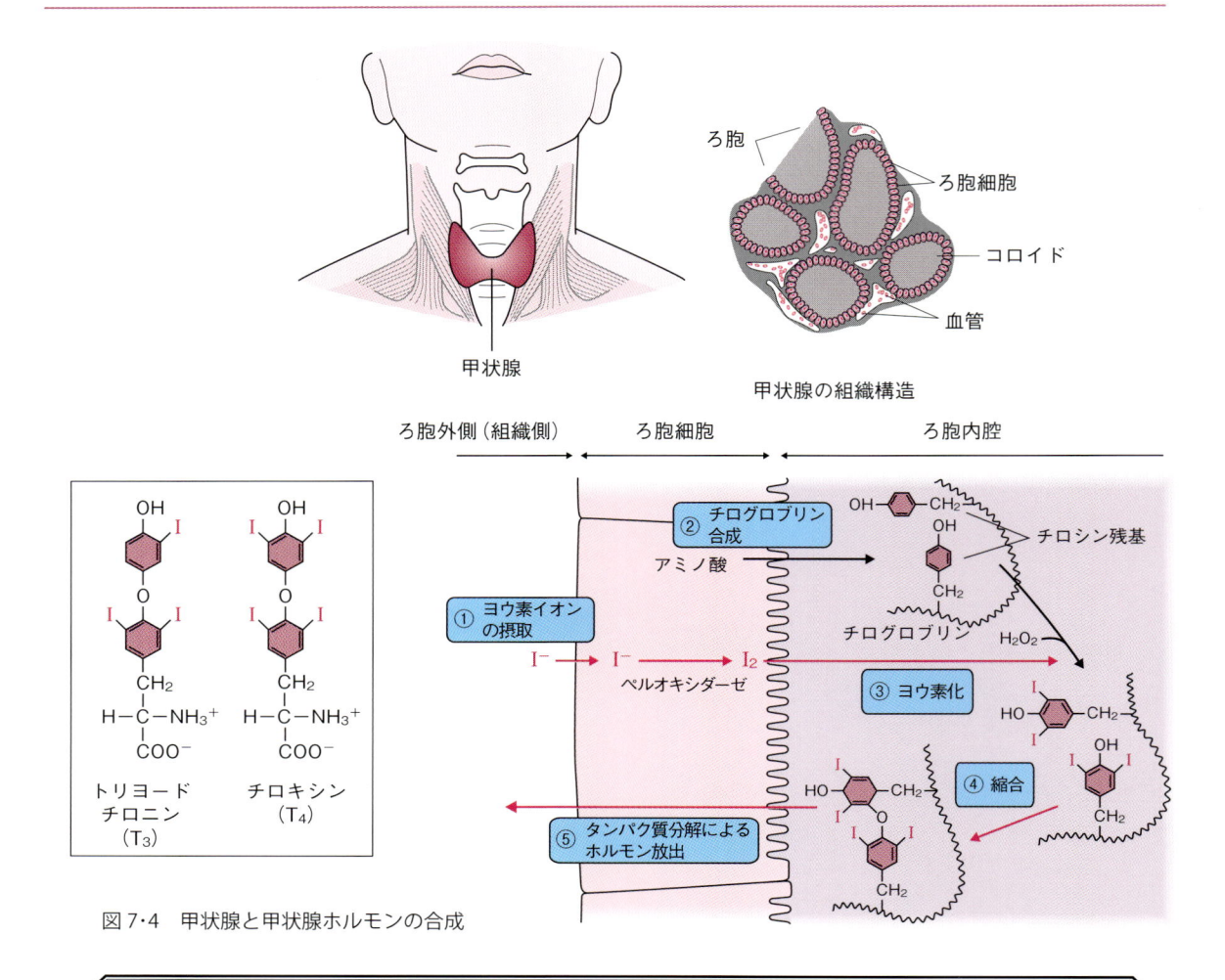

図7・4 甲状腺と甲状腺ホルモンの合成

トピックス 7.1 ＜甲状腺ホルモン異常症＞

　バセドウ病という甲状腺機能亢進症、甲状腺ホルモンが過剰になった病態は有名である。眼がぱっちりして、肌はしっとりとして、そして体重減少が生じる。魅力的にやせると言えなくもない。怪しいやせ薬には甲状腺ホルモンが含まれていることがある。しかし、過ぎたるは及ばざるがごとしで、不整脈や精神的ないらいら感が強くなり、時として命の危険性が生じてしまう。

　バセドウ病と逆の甲状腺機能低下症では、むくんでボーとした感じになる。小児では精神発達遅延、高齢者では認知症となる。高齢者では眉毛の外側3分の1が脱毛するのが特徴的とされる。両者とも甲状腺ホルモン（安い飲み薬）を補えばほとんど正常となり、見落としてはならない。甲状腺機能低下症の症状は息切れなど循環器や呼吸器の症状が主なことがあり、時として診察だけでは診断は困難である。しかし、血液検査で甲状腺ホルモンの値を測定すれば容易に診断することができる。医療費削減のために無駄な検査をするなという意見はごもっともだが、何が無駄な検査かという線引きも難しい。甲状腺ホルモンの検査を怠って認知症が進行してしまったら、個人的および社会的負担は甲状腺ホルモン測定料金よりもはるかに大きい。

7·6 甲状腺ホルモン

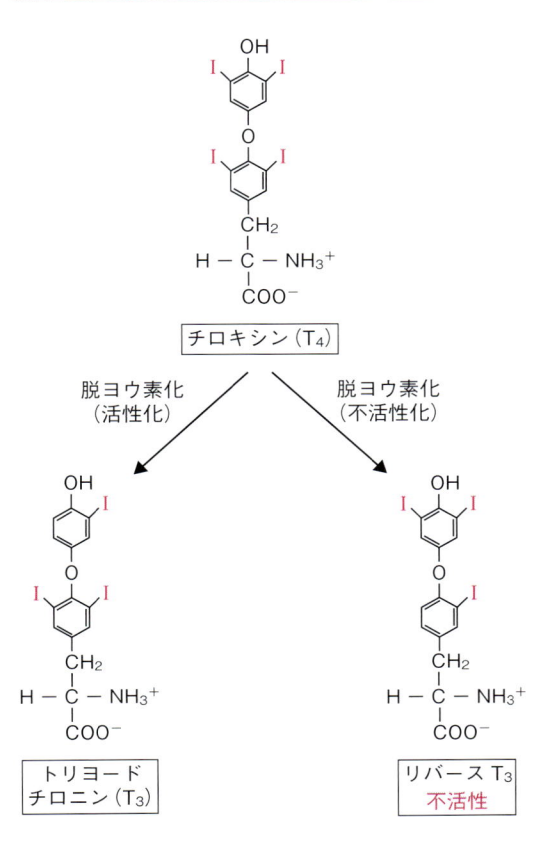

図 7·5 甲状腺ホルモン T3 と T4

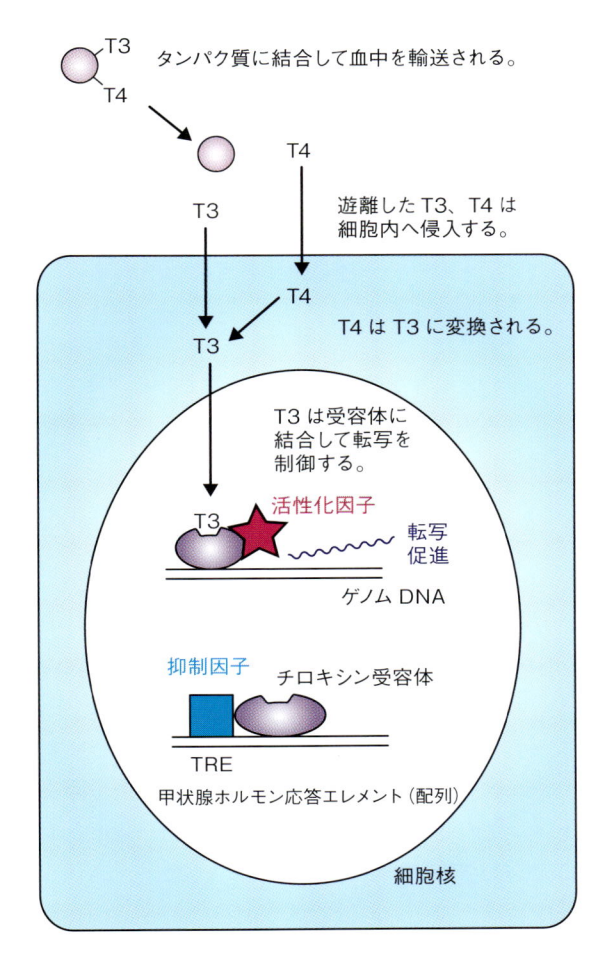

図 7·6 甲状腺ホルモン受容体

表 7.8 甲状腺機能異常の症状

	甲状腺機能亢進症	甲状腺機能低下症
皮膚	温暖で湿った皮膚	冷たく乾燥した皮膚
眼球	突出	陥凹
心血管系	高拍出、頻脈	低拍出、徐脈
胃腸系	食欲増加	食欲低下
基礎代謝	増加、体重減少	低下
神経系	情動不安定	抑うつ、知能低下
発達		遅延

症の際に、放射性ヨウ素を経口投与すれば、そのほとんどは甲状腺に集積し、甲状腺のみに放射線照射することができる。

甲状腺ホルモンにはT3とT4がある（図7·5）。血中ではチロキシン結合タンパク質やアルブミンと結合して存在する。血中のT4はリザーバーとして働き、末梢組織でT4からT3に脱ヨウ素化されて標的組織の細胞内受容体に結合する。なおT3とは逆のヨウ素が除去されたリバースT3は活性をもたない。

T4は細胞内でT3に変換され、T3はそのまま核のTRE（thyroid hormone-responsive element 甲状腺ホルモン応答配列）の制御下の遺伝子の発

> **トピックス 7.2 ＜安定ヨウ素剤＞**
>
> 　ヒトの体内でヨウ素を使用しているのは甲状腺のみである。したがって、体外から摂取したヨウ素はほとんどが甲状腺に集積する。放射性ヨウ素は、甲状腺機能亢進症で甲状腺を特異的に破壊するために臨床的に用いられている。生物学的半減期（放射性物質そのものの半減期と体外に排出されることによる半減期を合わせた値）は約1週間と短いためか、放射線治療後の発癌はほとんど報告されていない。甲状腺の破壊が進んで甲状腺機能低下症になることがある（甲状腺ホルモンの経口投与で対処できる）。
>
> 　原発事故でまき散らされた放射性ヨウ素による甲状腺障害、とくに発癌が心配される。その対処法として安定ヨウ素剤の服用がある。飲むタイミングが重要であり、被曝寸前の服用が最も効果的である。放射線感受性が低い中高年は不要である。ヨウ素の過剰摂取は甲状腺機能障害をもたらすために、日常的な服用は不可であり、上述のタイミングが重要となる。また、海藻は量が少なすぎるし、消毒薬は無効もしくは有害である。
>
> ブロック効果（効果は24時間ほど継続）
> 被曝24時間前：93%　　被曝2時間後：80%　　被曝8時間後：40%　　被曝24時間後：7%
> 40歳以上：不要

現（転写）を促進する（図7・6）。このいわゆる genomic function 以外にも、イオンチャネルやミトコンドリアの遺伝子発現制御など non-genomic function の存在も明らかになっている。

　甲状腺ホルモンの受容体の解析は細かく行われているが、発現が制御される遺伝子については、DNAアレイを用いて、様々な遺伝子の発現増加や低下が報告されているものの、甲状腺ホルモンの機能を分子レベルで解明するには至っていない。現象論としては、甲状腺ホルモンは代謝を促進し、発生分化や機能（例えば神経）の維持に必須である。

7・7　インスリン

　インスリンはペプチドホルモン（タンパク質ホルモン）の代表例である。ペプチドホルモンの多くは前駆体（成熟ホルモンより長いペプチド）から切り出される。インスリンは図7・7のように前駆体が存在する。ペプチドホルモンの多くも前駆体が見いだされている。

　A鎖とB鎖の間に存在するCペプチドにはインスリンの作用（例えば血糖降下作用）は存在しない。しかし、インスリンが膵臓のランゲルハンス島（膵島）のβ（B）細胞から分泌されるとき同時に血中に放出される。インスリンがタンパク質として mRNA から翻訳される場合、シグナル配列をもった1本の長いペプチドが生成される。シグナル配列は小胞内に取り込まれると同時に切断され、プロインスリンとなる。プロインスリンはさらにゴルジ装置で切断されて、A鎖とB鎖はお互いにSS結合によって連結されて成熟インスリンとなる。取り除かれた介在配列がCペプチドである。生理機能は不明であるが（受容体が発見されておりインスリンと協調するホルモンの可能性がある）、例えばインスリン抗体によってインスリン測定が困難な場合にCペプチド量を測定することによってβ細胞の機能を評価することができる（インスリン分泌については p.110 ＜インスリン分泌と血糖降下薬＞を参照）。

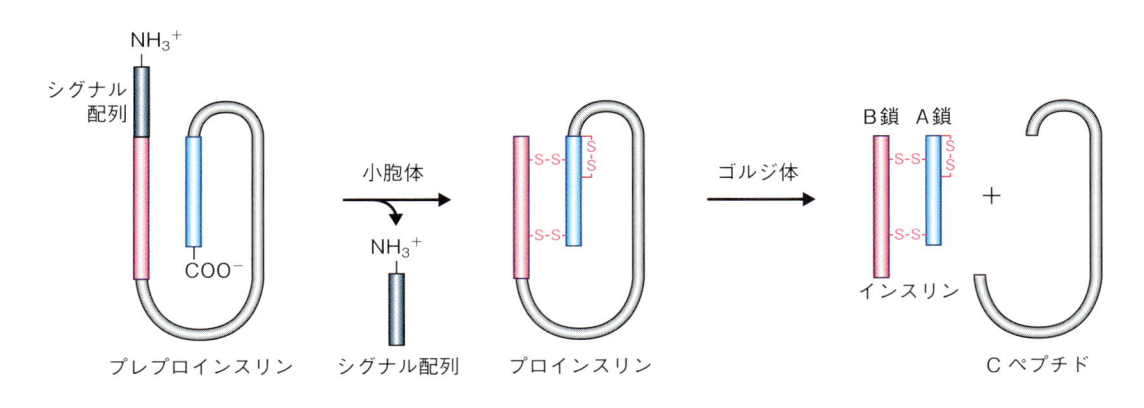

図7·7 インスリンの構造
A鎖（アミノ酸21個）、介在配列（C-ペプチド）（アミノ酸30個）、
B鎖（アミノ酸30個）

7·8　グルカゴン様ペプチド（GLP-1）

　血糖上昇ホルモンのグルカゴンは前駆体プレプログルカゴンから切断されて産生される。このプレグルカゴンでグルカゴンより C 端側に存在し、グルカゴンにアミノ酸配列が類似するペプチドは、グルカゴンの側からグルカゴン様ペプチド glucagon-like peptide 1（GLP-1）およびグルカゴン様ペプチド 2（GLP-2）と呼ばれる（図7·8）。GLP-1、2 は膵臓と消化管で産生される。GLP-1 は糖質を含む食物摂取後に小腸から血中に放出され、膵島 β 細胞からのインスリン分泌を促進する。従来より存在が推測されており、本態が不明のままインクレチン incretin と命名されていた消化管由来の膵臓のインスリン分泌促進物質に相当すると考えられている。GLP-2 に関してはその生理的意義はよくわかっていない。

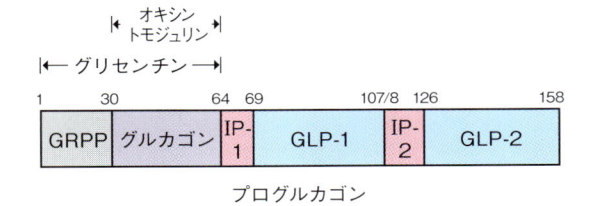

図7·8 プログルカゴンの構造
プロセシング（タンパク質の切断）によりグルカゴン、GLP 以外にもいくつかのペプチドが産生される。

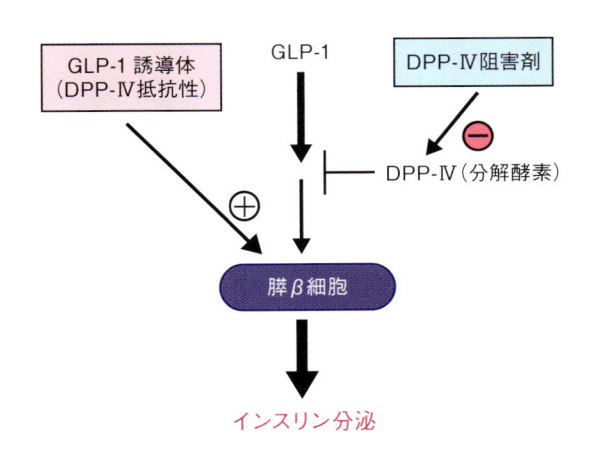

図7·9 インクレチンとインクレチン作用増強薬

薬学ノート 7.1 ＜新しい糖尿病治療に期待が高まる GLP-1＞

　GLP-1 が膵島 β 細胞を活発にすることから、インスリン機能不全に対して、GLP-1 の機能を補助する糖尿病治療薬が開発された（糖尿病については 8 章を参照）。その一つは GLP-1 に類似したアナログ製剤である。ペプチドのために経口投与することができ低血糖を起こしにくいことに加え、体重減少効果や β 細胞再生効果が見られるなど、これまでの糖尿病治療薬になかった効果をもつ薬剤として期待が高まっている。これらはペプチド製剤なので経口投与ではなく非経口投与（皮下注射）となる。GLP-1 を分解する酵素、DPP（ジペプチジルペプチダーゼ）- IVを阻害しても結果として GLP-1 の作用を増強することができる。この阻害薬は小分子のために経口投与することができ、糖尿病（インスリン作用の低下）の治療に臨床使用が日本でも 2009 年に認可され、類似薬が続々と認可されている。膵臓の保護作用があるなど、2012 年では大いに DPP-IV 阻害薬のすばらしさが喧伝されている。

7 章　問題：誤りがあれば修正せよ。

1. ジャクスタクリンとは脾臓から分泌されるホルモンである。
2. ほとんどすべての臓器からなんらかの情報伝達物質が分泌されている。
3. プロラクチンは下垂体から分泌されて乳汁分泌を抑制する。
4. ヒスタミンはオータコイドに分類される。
5. ビタミン D の受容体は細胞表面にある。
6. 鉱質ステロイドホルモン作用の強さは
　　　デキサメタゾン＞プレドニゾロン＞コルチゾールである。
7. T4 の作用は T3 よりも強い。
8. インスリンホルモンは 3 本のペプチド鎖が SS 結合で連結されている。
9. グルカゴン様ペプチドは血糖を上昇させる。
10. グルカゴンは血糖を上昇させる。

8章　糖質代謝と糖尿病

○　糖質（炭水化物）はATP産生を行うための主要な基質である。
○　糖質の代謝は細胞質とミトコンドリアで行われる。
○　糖質は核酸の基本骨格を構成する。
○　ペプチドに糖鎖が結合して複雑な巨大分子（糖タンパク質）となる。
○　インスリンは血糖を降下させるホルモンであり、糖尿病はその機能不全である。

血糖が上昇する糖尿病は、血管病変（脳神経血管障害、網膜障害）を主として様々な不利益の原因となる。血糖は代表的な糖質であるグルコースである。糖質は細胞質やミトコンドリアでATP産生に用いられる（解糖系）。脂質やアミノ酸からもATP産生は可能であるが、その経路は解糖系を必要とする。したがって、糖質は最も直接的なATP産生系ということになる。糖尿病ではインスリン系の問題により糖質の有効利用ができなくなっている。

8・1　細胞のエネルギー源ATP

細胞が機能するためには、細胞の構造と活動のためのエネルギーが必要である。細胞の構造はタンパク質を中心として、糖質と脂質によって作られる。細胞に必要なエネルギーのほとんどはATPのリン酸結合が加水分解されるとき、つまり、ATPがADP（時としてAMP）になるときに発せられるのが利用されている。ATPはいわゆる生体のエネルギー貨幣である。ATP以外の高エネルギー化合物（活性化合物）も多くはATPを利用して生成される。このATPは糖質を酸化（燃焼）して得られる。脂質やタンパク質（アミノ酸）も糖質の酸化経路に合流してATPを産生することができる。

8・2　糖質とは

糖質は、その古典的名称である炭水化物＊という名前が示唆しているように、炭素と水からなる$C_n(H_2O)_n$の構造をもつ化合物の総称である。とくに重要なのは、核酸の構成要素であるリボースとATP産生系の基本的な基質であるグルコースである。

8・3　代表的な糖質

エネルギーを産生する直接的な基質となる糖質は六炭糖のグルコースである。いわゆる砂糖（ショ糖、スクロース）はグルコースとフルクトース（果糖）が結合した二糖類である（図8・1）。ショ糖は腸管で分解されてグルコースとフルクトースとして吸収される。フルクトースは三炭素のグリセルアルデヒドに分解されて代謝される。乳糖（ラクトース）はグルコースとガラクトースの二糖類であり、腸管で単糖に分解されて吸収される。この分解酵素（ラクターゼ）が欠損すると、腸内に乳糖が溜まって浸透圧や腸内細菌の異常をもたら

＊　炭水化物と糖質は同義ではあるが、ヒトが消化吸収できるのを糖質とし、糖質とヒトが消化吸収できない食物繊維などを含めた総称として炭水化物が使われることがある。

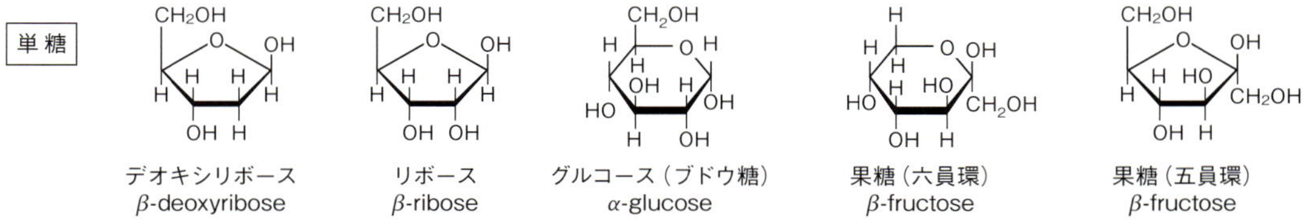

単糖

デオキシリボース
β-deoxyribose
（2-デオキシリボース）

リボース
β-ribose

グルコース（ブドウ糖）
α-glucose

果糖（六員環）
β-fructose

果糖（五員環）
β-fructose

果糖（フルクトース）の化学式はグルコースと同じ $C_6H_{12}O_6$ であるが構造は異なる。さらに、水溶液中では上記の六員環構造と五員環構造が平衡状態で存在する。

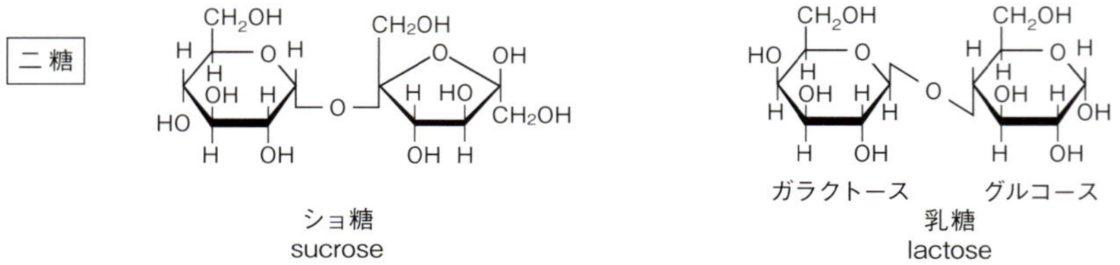

二糖

ショ糖
sucrose

ショ糖（いわゆる砂糖）はグルコースとフルクトースが結合した二糖類である。

ガラクトース　グルコース
乳糖
lactose

乳糖はガラクトースとグルコースが結合した二糖類である。

図8・1　代表的な糖質

薬学ノート8.1 ＜α-グルコシダーゼ阻害薬（糖尿病治療薬）＞

　糖類は単糖になって吸収される。二糖類を単糖に分解するのは小腸粘膜細胞のα-グルコシダーゼである。二糖類と類似した構造をもちながら分解されない糖（ボグリボースなど）を投与すると、吸収を阻害することができる。これにより食後の高血糖を抑制することができる。もともとは抗肥満薬として開発されたが、残念ながら、吸収を遅くさせるだけで、糖の吸収総量はあまり変化しなかった。しかし、糖尿病でもっとも有害とされる食後高血糖を低下させるので、他の糖尿病治療薬と併用される。

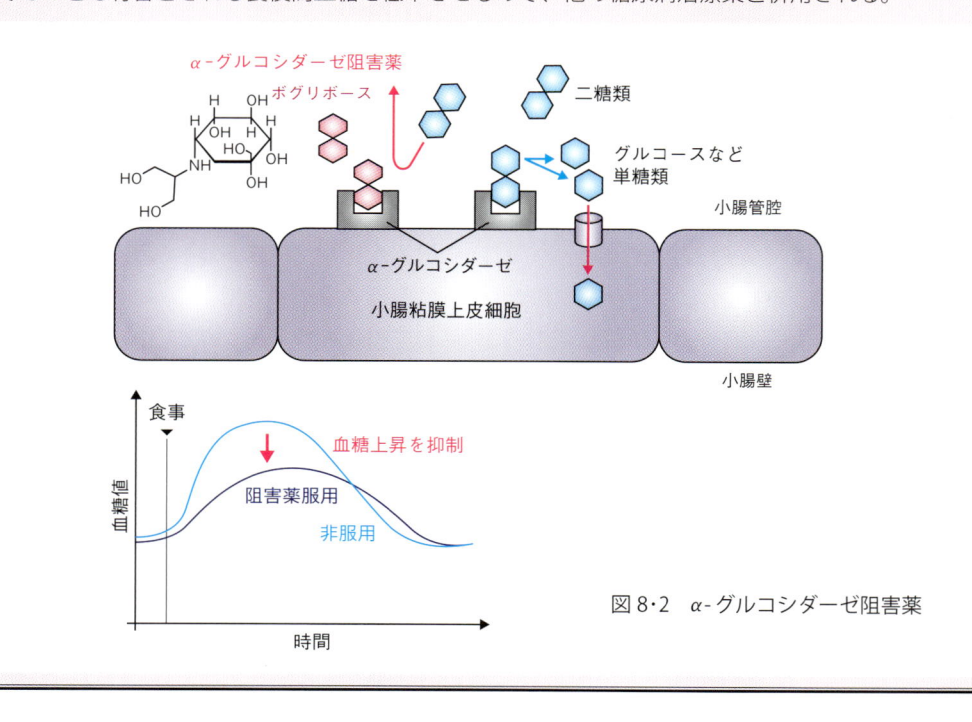

図8・2　α-グルコシダーゼ阻害薬

し、腹部膨満や下痢などが生じる（乳糖不耐症）。ガラクトースは分解されるばかりではなく、グルコースや乳糖の合成に用いられる。

8・4　貯蔵糖質

　動物の場合、グルコースが何個も重合したグリコーゲンが細胞内にエネルギー源として蓄えられる。とくに肝臓では空腹時にグリコーゲンを分解して血中にブドウ糖を放出する。グリコーゲンは多数枝分かれしており、各末端から1個ずつグルコースが切り出されるため、効率よくグルコースを動員することができる。つまり、C1-OH の末端は1個のみで、その他の末端はすべて C4-OH となっている。多数ある C4-OH の末端からグリコーゲンホスホリラーゼによってグルコースが切り出されて代謝される。

　植物のデンプンの場合も、グリコーゲンと同じくグルコースが連結したものである。デンプンは枝分かれのないアミロースと、グリコーゲンほどではないが枝分かれしているアミロペクチンの混和物である（図 8・3）。

　植物の細胞壁の主要成分であるセルロースもグルコースが連結したものである（枝分かれはない）。しかしグリコーゲンでは α 結合で連結され

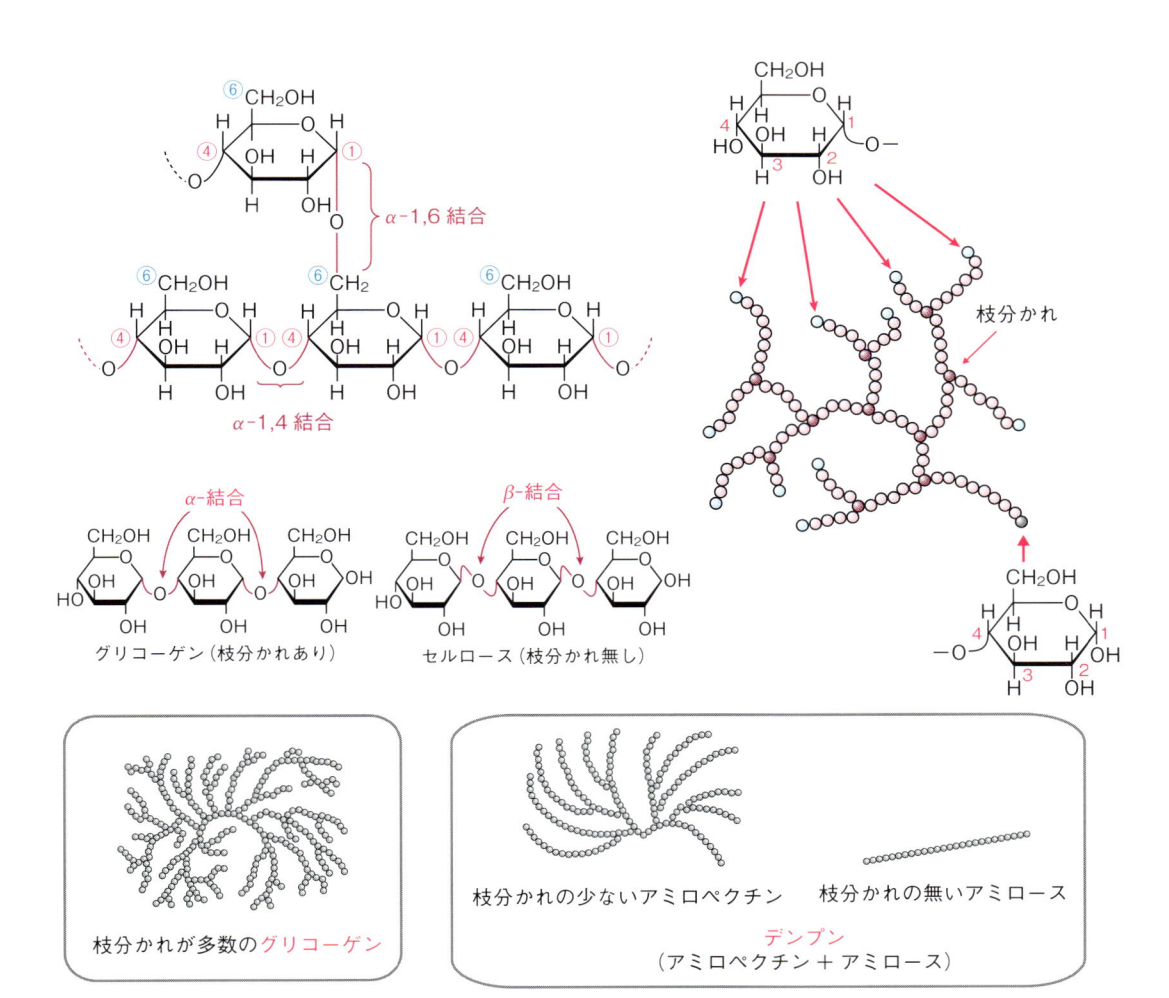

図 8・3　さまざまな多糖類

ているが、セルロースはβ結合となっており、脊椎動物にはβ結合を切断する酵素がない。ヒトはセルロースを消化できずエネルギー源とすることはできないが、草食動物では腸内微生物が分解してくれる。

> **メモ 8.1 ＜食物繊維＞**
> 食物に含まれる難消化性あるいは難吸収性の残渣を言う。セルロースは不溶性食物繊維の代表的成分である。水分を保持するために便通を良好なものにする。また、糖質の吸収を緩慢にして、食後高血糖を軽減する。

8・5 その他の糖

糖質が結合したタンパク質を糖タンパク質という。このようにペプチドが合成されてからの修飾を翻訳後修飾という。ペプチドのアミノ酸配列はゲノム配列から容易に推測することができるが、タンパク質に付加された糖質や脂質の配列の解析は未だに難しい。

グルクロン酸はグルコースの6位の CH_2OH がカルボキシ基に置換した糖である。グルクロン酸とアミノ基をもったアミノ糖を含む糖質に、コンドロイチン硫酸やヒアルロン酸がある（総称グリコサミノグリカン）（図8・4）。粘稠性の高いヒアルロン酸は関節液に含まれており、潤滑と緩衝作用を担っている。ドライアイに対処するための点眼薬にも含まれる。コンドロイチン硫酸は軟骨のマトリックスを構成する。グルクロン酸は肝臓での解毒過程のグルクロン酸抱合でも用いられる。ヒアルロン酸やコンドロイチン硫酸を含むサプリメントは関節痛などに有効とされるが、そのエビデンス（正規の臨床研究に基づく科学的根拠）は希薄である。

ヘパリンは他のグリコサミノグリカンとは異なり細胞内顆粒に存在する。免疫系細胞でヒスタミンを放出するマスト（肥満）細胞に多く含まれ、血液凝固を阻害する（図8・5）。そのため、血管が詰まる脳梗塞や心筋梗塞の急性期に点滴投与される。体外循環や血液透析でも用いられる。

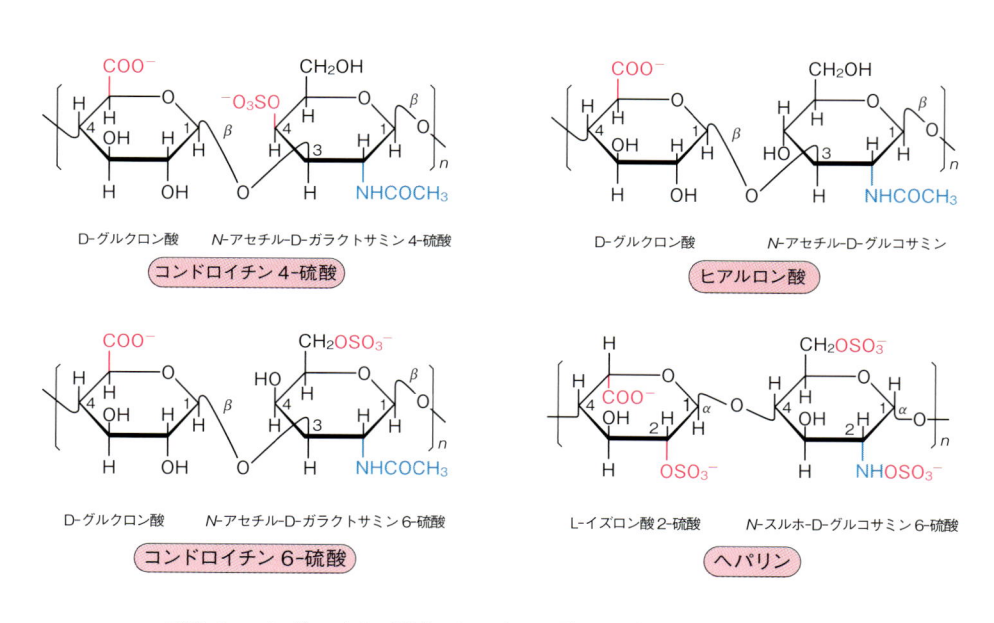

図8・4 コンドロイチン硫酸、ヒアルロン酸、ヘパリン
　　ヘパリン以外は細胞外に存在する。ヘパリンは分泌顆粒に存在し、分泌されると血液凝固を阻害する。

8・6，図 8・7）。

NAD^+（ニコチンアミド・アデニン・ジヌクレオチド）は細胞内の酸化還元反応に共役している電子運搬体である。見かけ上は水素を運搬している。リン酸基が付加した $NADP^+$ もある。NAD^+ は大体エネルギーを得る分解系に関与し、$NADP^+$ は合成系に関与している（図 8・8）。

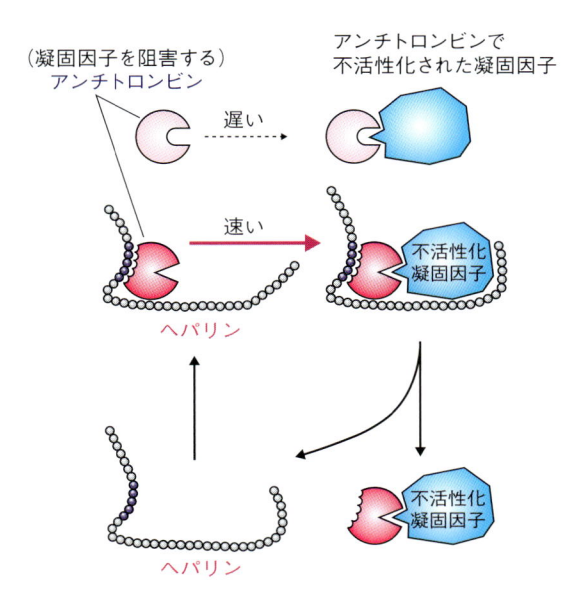

図 8・5　ヘパリンの作用機序
血液中には不必要な凝固を抑制するためにアンチトロンビンという凝固因子阻害因子がある。ヘパリンはアンチトロンビンと凝固因子の結合を促進して抗凝固作用を発揮する。1分子のアンチトロンビンに1分子のヘパリンが必要ということではなく、ヘパリンは酵素的につぎつぎにアンチトロンビンと凝固因子の結合を促進する。

8・6　グルコースの代謝

グルコースからは細胞質で嫌気的（酸素を必要としない）解糖（エムデン・マイヤーホフ経路）により、2分子の ATP を消費して4分子の ATP が産生される。また、2分子の NADH（NAD^+ が還元される）とピルビン酸が生じる。細胞質で反応が完結する場合は、ピルビン酸は乳酸に還元され、NADH は NAD^+ に再生され、グルコースの代謝を継続することができる。短距離競走など筋肉が嫌気的に運動するときには乳酸が蓄積する。単純には乳酸の蓄積は疲労を示唆する。酵母などアルコール発酵を行う微生物では、ピルビン酸はエタノールと CO_2 になり NAD^+ が再生される（図

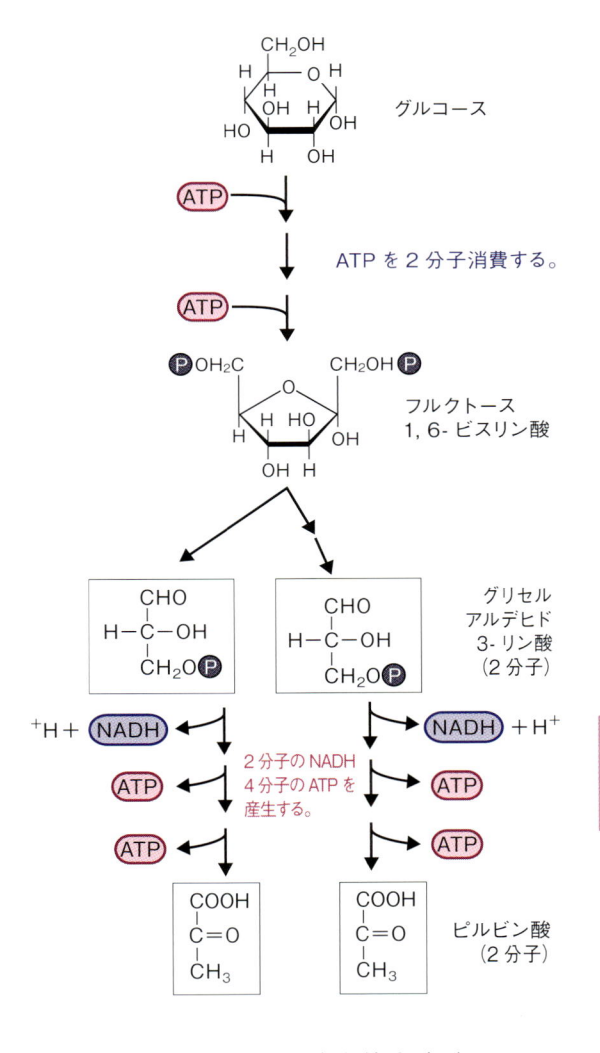

図 8・6　嫌気的（細胞質）解糖系の概略
1分子のグルコースは細胞質で酸素を消費しないで代謝されると、2分子の ATP と2分子の NADH、そして2分子のピルビン酸となる。

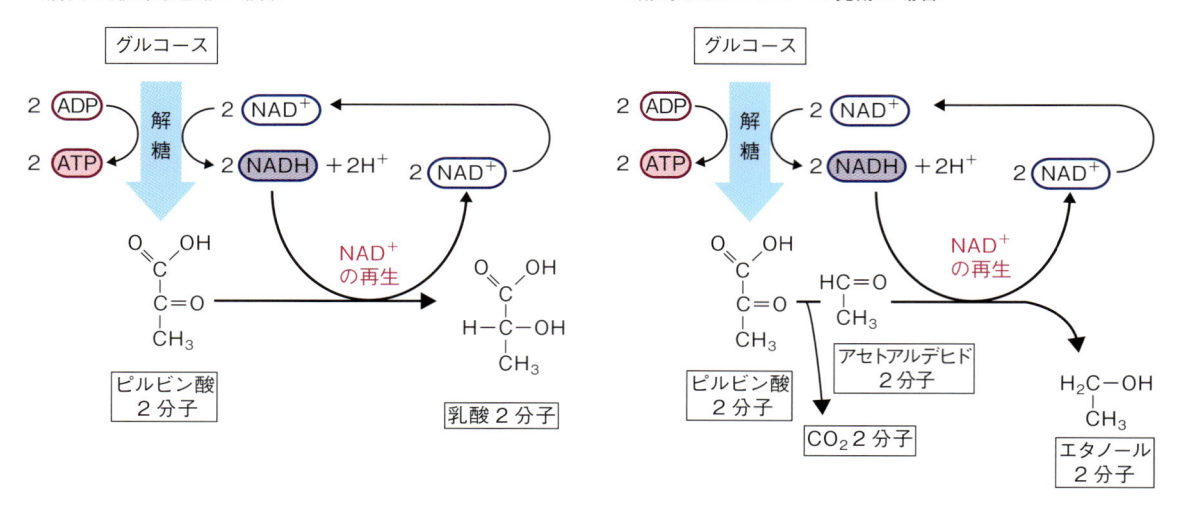

図 8・7　NAD⁺の再生
　2分子の ATP と NAD⁺を消費して4分子の ATP を得ることができた。それで終わっては NAD⁺が枯渇して反応が止まってしまう。そのため筋肉などでは、ピルビン酸を乳酸にすることによって NAD⁺を再生する。酵母などのアルコール発酵では CO_2 とエタノールが産生される。

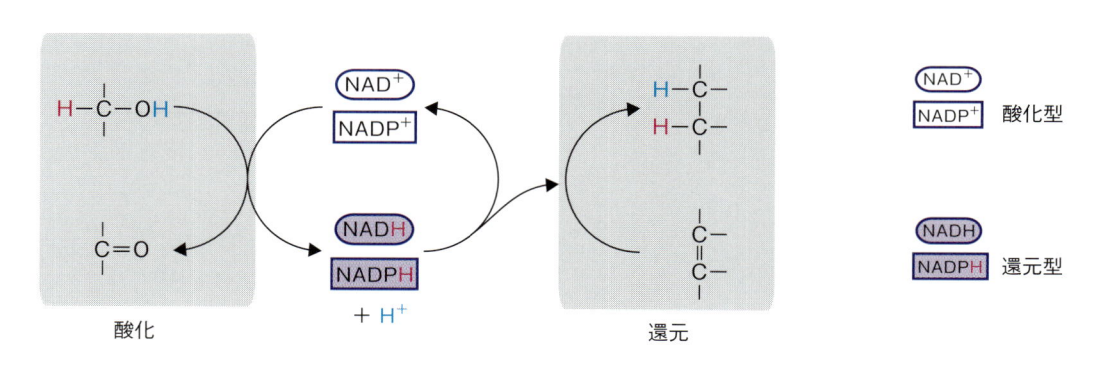

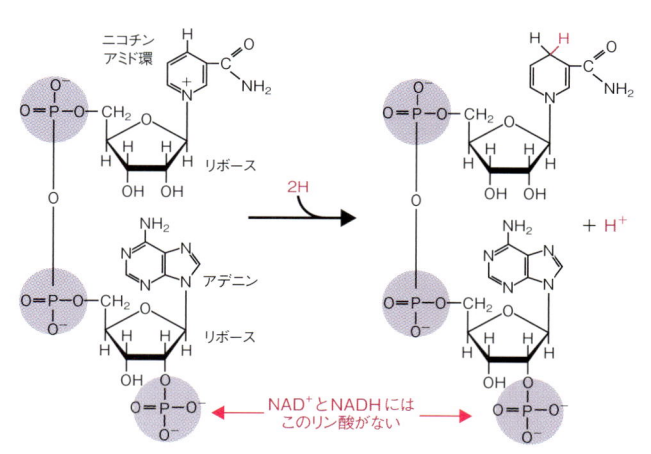

図 8・8　細胞の電子（水素）運搬体 NAD と NADP
　NAD と NADP は酸化型の NAD(P)⁺から還元型の NAD(P)H＋H⁺に変換することによって、細胞内の酸化還元反応に共役している。NAD と NADP は厳密に区別されて使用されている。NAD は比較的分解系で、NADP は合成系に関与している。

8・7 ミトコンドリアでの完全燃焼

　細胞質の嫌気的解糖でグルコースから産生されたピルビン酸は、ミトコンドリアで CO_2 までに「燃焼：酸化」されて大量の ATP が産生される。ミトコンドリアに能動的に輸送されたピルビン酸は、補酵素 A（CoA）と結合してアセチル CoA（図8・9）（活性型アセチル基）となる。アセチル CoA は脂肪酸の代謝物からも生成される。また、ミトコンドリアで燃焼されてエネルギーを産生するばかりではなく、細胞質に輸送されて様々な合成経路にも関与する。

　アセチル CoA からは TCA 回路と呼ばれるサイクル反応によって3分子の NADH と1分子の $FADH_2$（NAD と同じような電子運搬体）と GTP が産生される（図8・10）（グルコース1分子から2分子のアセチル CoA が産生されることに注意）。

NAD や FAD の電子（水素）は酸化的リン酸化によって酸素に渡され H_2O と ATP が産生される。

　グルコース1分子から最終的に産生される ATP の分子数を計算しよう。

① 細胞質の嫌気的解糖で2分子の ATP が産生された。

② ミトコンドリア内で産生された NADH 1分子からはほぼ2.5分子の ATP が産生される。NADH 4分子 × 2.5 × 2 で 20 分子

③ 細胞質の嫌気的解糖で産生された NADH はミトコンドリアへの輸送にエネルギーが消費されるので、1分子は1.5分子の ATP に相当する。したがって3分子の ATP。

④ 1分子の FADH からは約1.5分子の ATP が産生されるので3分子。

⑤ GTP はほぼ ATP に匹敵するので2分子
合計はおおよそ30分子となる（図8・10）。

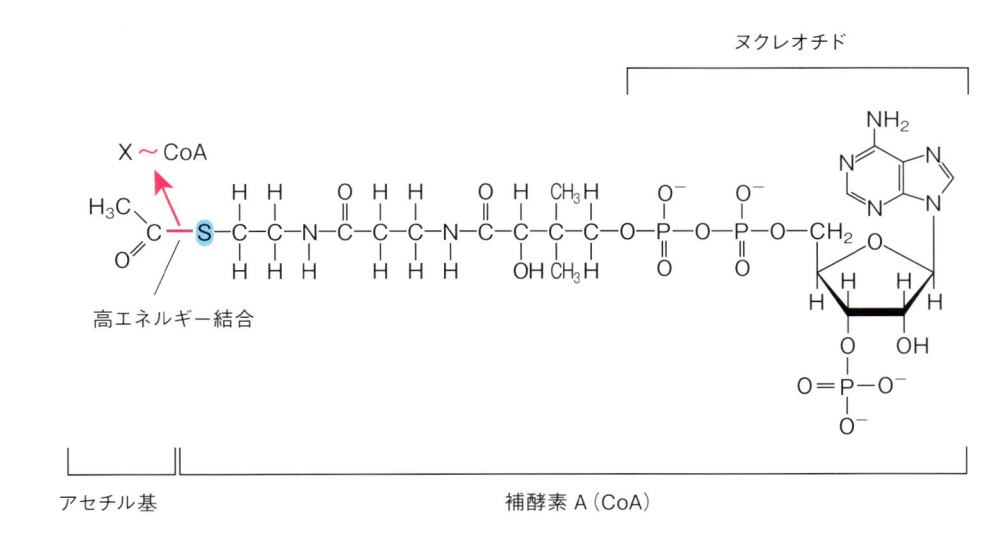

図8・9　活性基運搬体 CoA
補酵素 A（CoA）と基（この場合はアセチル基）との間の結合は高エネルギー型で、基を転移したり代謝するために数多くの酵素反応に登場する。

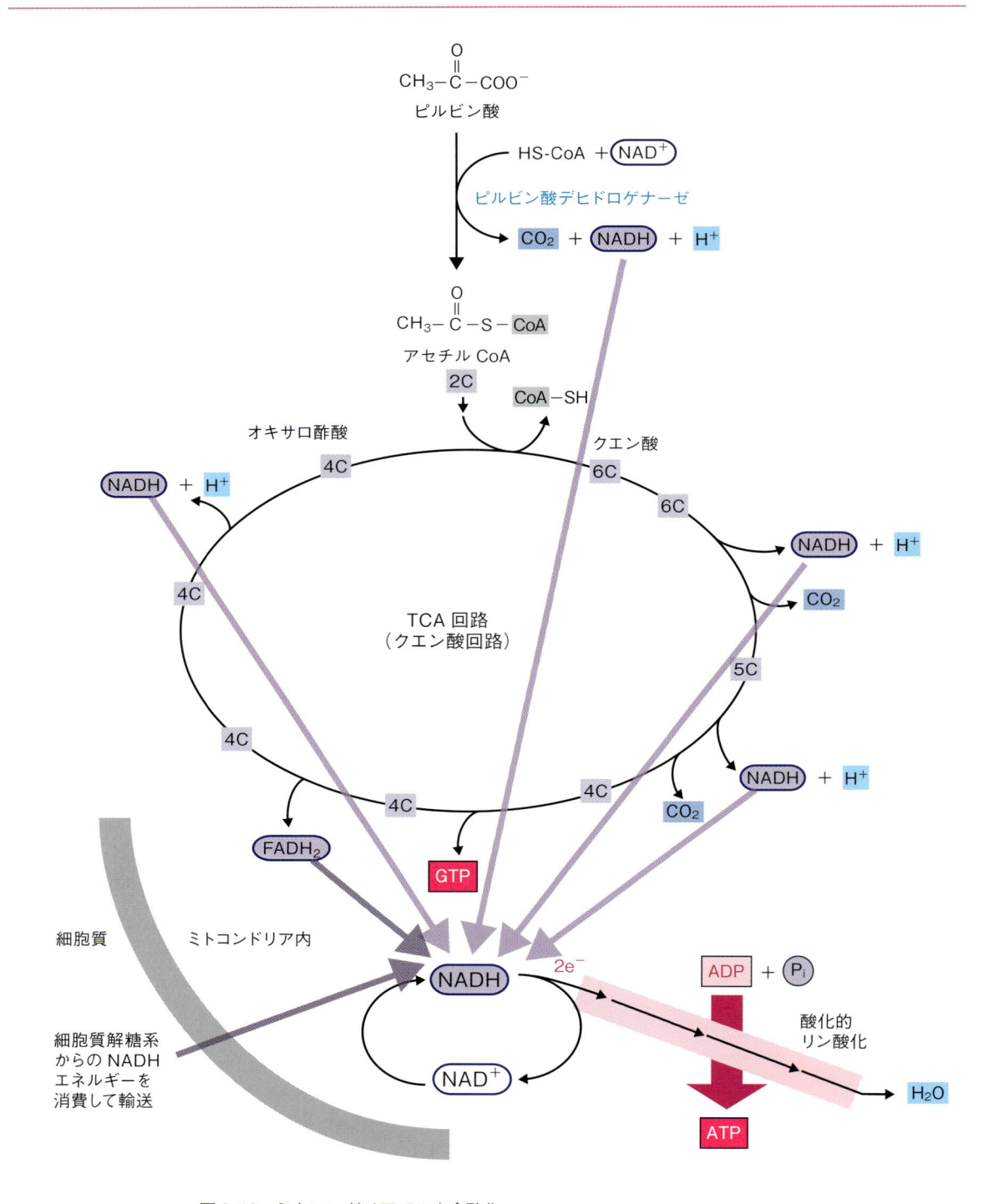

図8・10 ミトコンドリアでの完全酸化
水素を「燃焼」して得られたエネルギーで、ミトコンドリア・マトリックスと膜間腔に水素の濃度差を形成する。その濃度差に従って水素がマトリックスに戻る力を利用してATPを合成する。外膜は透過性が高いが、内膜の透過性は低い。

8・8 pH 勾配を利用した ATP 産生

NADH の水素を呼吸で得た O_2 で「燃焼」するエネルギーを用いて、ミトコンドリア・マトリックスから H^+ が外にくみ出される。その結果、細胞質やミトコンドリア膜間腔の pH は 7.0 なのに対し、ミトコンドリア・マトリックスの pH は 7.5 と高くなり（H^+ 濃度が低下する）、ミトコンドリア内膜を挟んで H^+ の濃度勾配が形成される。この濃度勾配に従って、H^+ はミトコンドリア・マトリックスへ流れ込む。水力発電のように、この「流れ」を利用して ADP とリン酸を結合して ATP が合成される（図 8・11）。

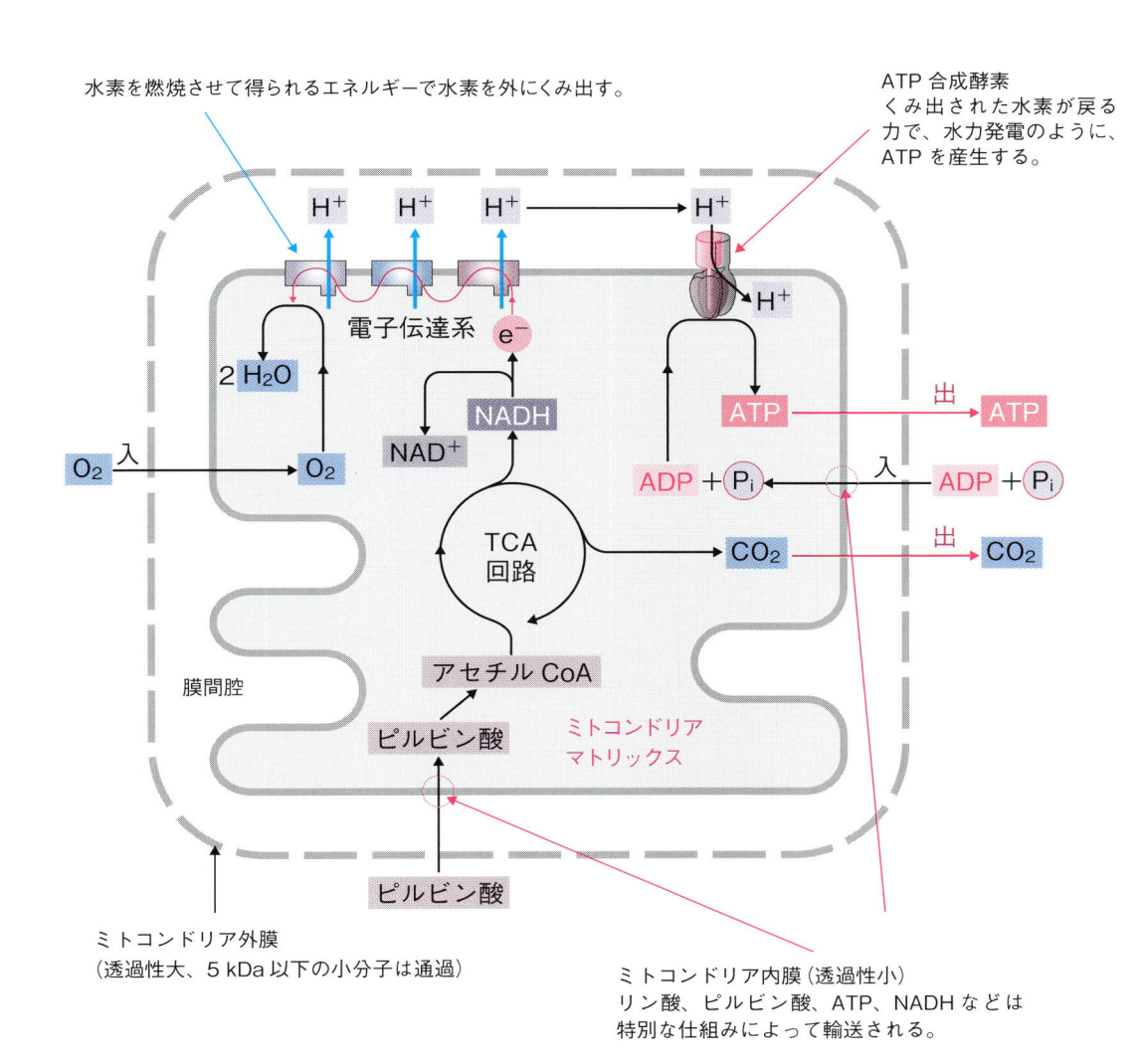

図 8・11 水素の濃度差を利用したミトコンドリアの ATP 産生
水素を「燃焼」して得られたエネルギーで、ミトコンドリア・マトリックスと膜間腔に水素の濃度差を形成する。その濃度差に従って水素がマトリックスに戻る力を利用して ATP を合成する。外膜は透過性が高いが、内膜の透過性は低い。

8・9　ミトコンドリア外膜と内膜

　ミトコンドリアの外膜はポリンというチャネルタンパク質が数多く存在し、5 kDa～10 kDa以下の物質は自由に通過できる。だいたい細胞質ゾルと同等の環境と言える。内膜を自由に通過できるのは O_2、CO_2、H_2O のみであり、その他の物質の通過には特別な輸送系が必要である。

8・10　合成系の資材を提供する解糖系

　生体の多くの代謝経路の目的は一つではないことがしばしばである。解糖系の大目的は糖を酸化してATPを得ることである。しかし、各段階の途中の代謝物（中間代謝物）は他の代謝系に供給されている。それから重要な生体物質が生合成されている（図8・12）。

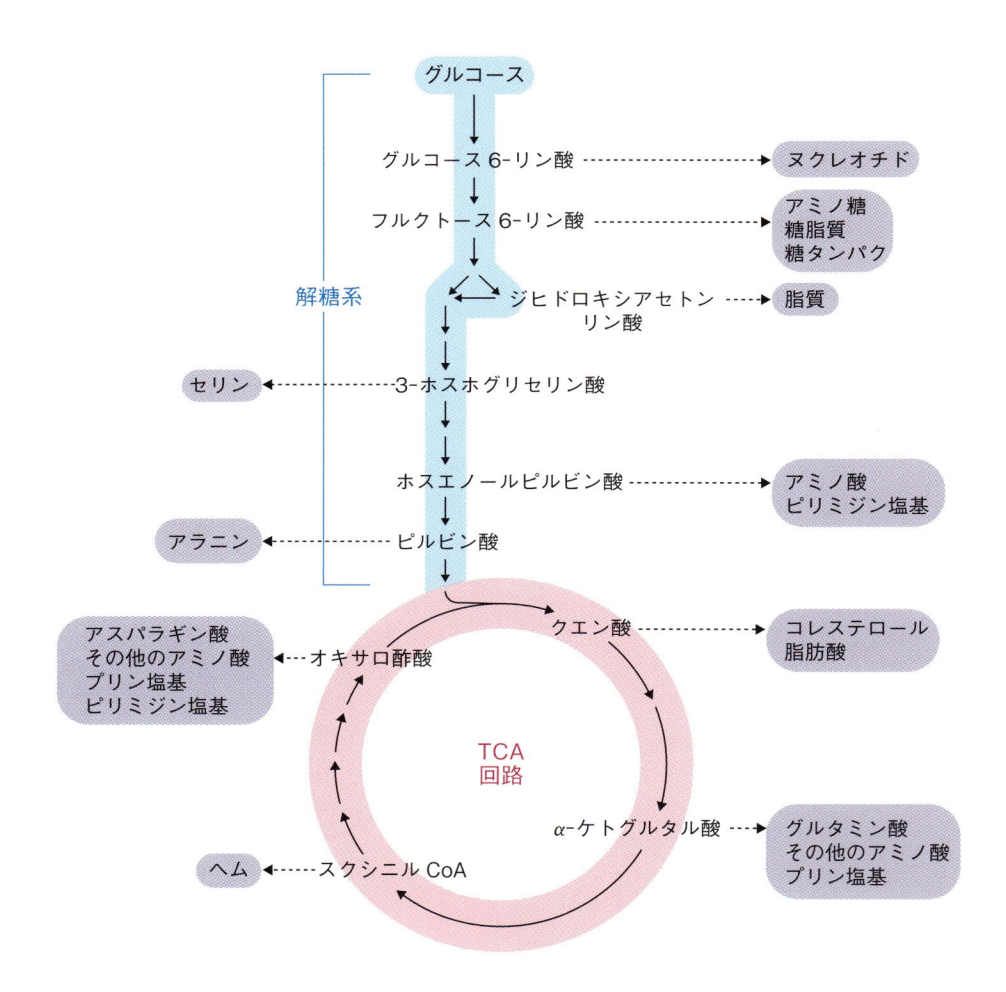

図8・12　解糖系中間代謝物の利用
　解糖系で作られる代謝物は様々に利用されている。

8・11 ミトコンドリアとアポトーシス

アポトーシスとは「プログラムされた細胞死」ということで、何らかの情報に基づいて、細胞が自らを分解していく過程である。カスパーゼと総称される一連のタンパク質分解酵素の活性化により、最終的にはDNAも切断されて細胞は消滅する。膜間腔のシトクロムcは電子伝達系のタンパク質である。アポトーシスの指令が到達すると、外膜に変化が生じて、シトクロムcが細胞質に放出される。細胞質でシトクロムcはカスパーゼを活性化させてアポトーシスが進行する（図8・13）。

8・12 糖 新 生

グルコースは基本的には解糖系を逆行して合成される。脂肪酸やアミノ酸代謝物は、ミトコンドリアでアセチルCoAやオキサロ酢酸を介してホスホエノールピルビン酸となって細胞質解糖系を逆行していく。脂肪組織からのグリセロールや骨格筋からの乳酸は肝臓でグルコースとなる。絶食時にはケトン体はTCAサイクルに取り込まれてグルコースになる。グリコーゲンは、グルコースがUDPと結合したUDP-グルコースとなって活性化され連結されて合成される（図8・14，図8・15）。

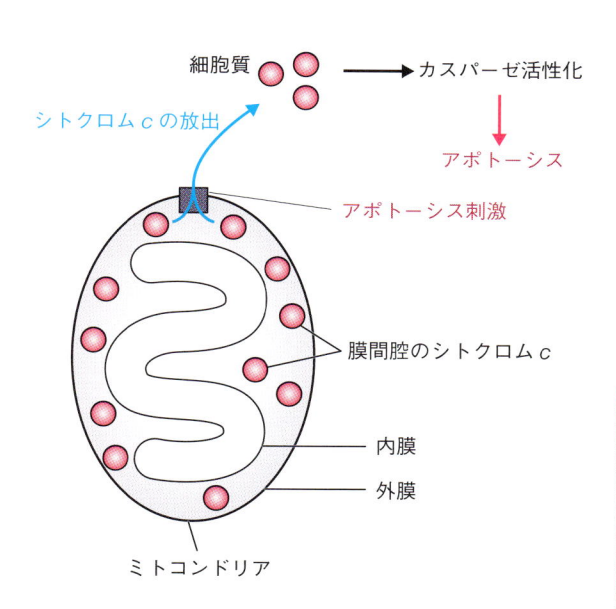

図8・13 ミトコンドリアのアポトーシス制御
細胞自殺命令が到達すると、ミトコンドリアからシトクロムcが放出されカスパーゼが活性化される。

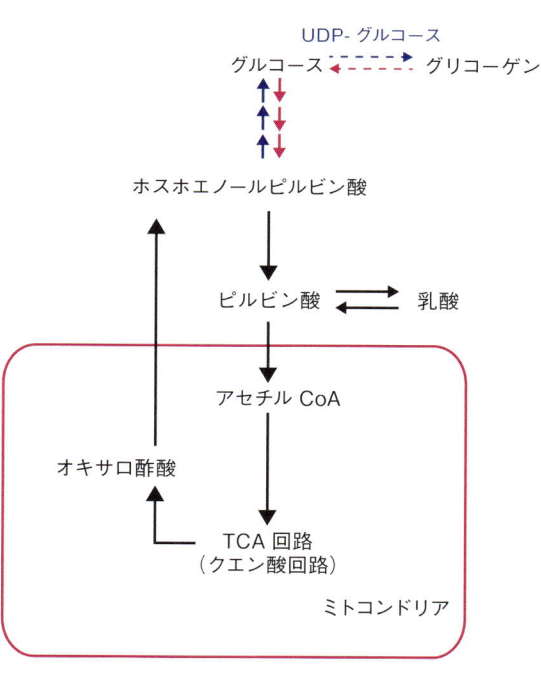

図8・14 糖新生
ブドウ糖はピルビン酸やアセチルCoAから大体は解糖系を逆行して合成される。

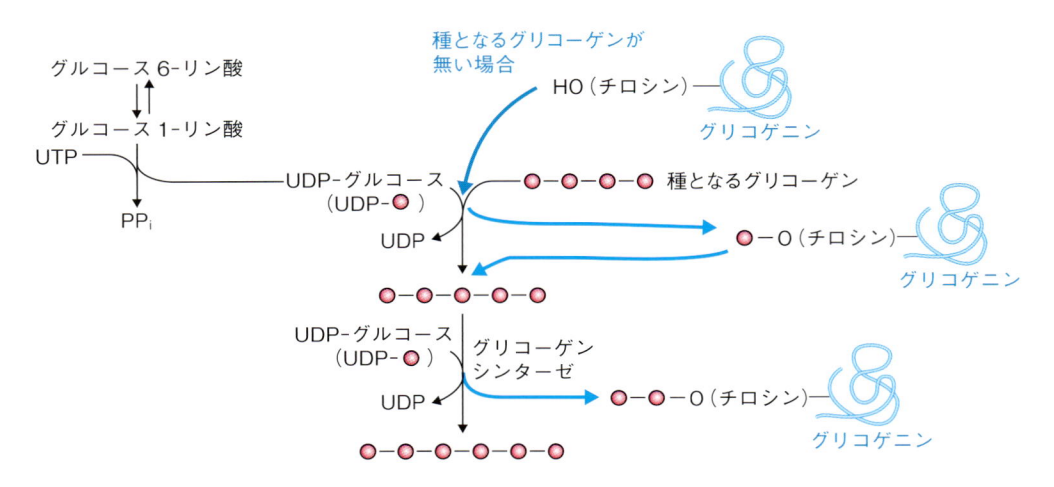

図8・15　グリコーゲン新生
グルコースは活性型グルコースであるUDPグルコースとなって既存のグリコーゲンに付加されていく。「種（たね）」となるグリコーゲンが無い場合には、グリコゲニンというタンパク質のチロシン残基のOH基に付加され伸長していく。

8・13　血糖の維持

　ATPはタンパク質（アミノ酸）代謝や脂質代謝によっても産生されるが、解糖系が迅速な産生に最も重要である。肝臓と骨格筋を除く多くの組織のグルコース源は血糖である（少量のグリコーゲンはある）。例えば、脳は低血糖になると急速に機能不全に陥り、意識障害が生じる。血糖は肝臓のグリコーゲン分解により供給されている。インスリン以外の多くのホルモン（情報伝達物質）はグリコーゲンの分解を促進して血糖を上昇させる。グルカゴンやアドレナリンはそれぞれ特異的なGタンパク質共役受容体（GPCR）に結合して、cAMPを増加させる。cAMPはcAMP依存性キナーゼを活性化し、いくつかの段階を経て、グリコーゲン分解の律速酵素であるグリコーゲンホスホリラーゼを活性化する。グリコーゲンから切り出されたグルコースリン酸は小胞体で脱リン酸化され、グルコースとして血中に放出される（図8・16）。

　骨格筋も豊富にグリコーゲンを備えているが、グリコーゲンを分解して得られたグルコースはATP産生に回される。嫌気的運動では、グルコースは乳酸まで代謝される。乳酸は血中に放出され、肝臓でグルコース新生に用いられる。筋肉⇨乳酸⇨肝臓⇨グルコース⇨筋肉（筋肉に限らない）のサイクルを発見者にちなんでコリ回路（サイクル）という（図8・17）。

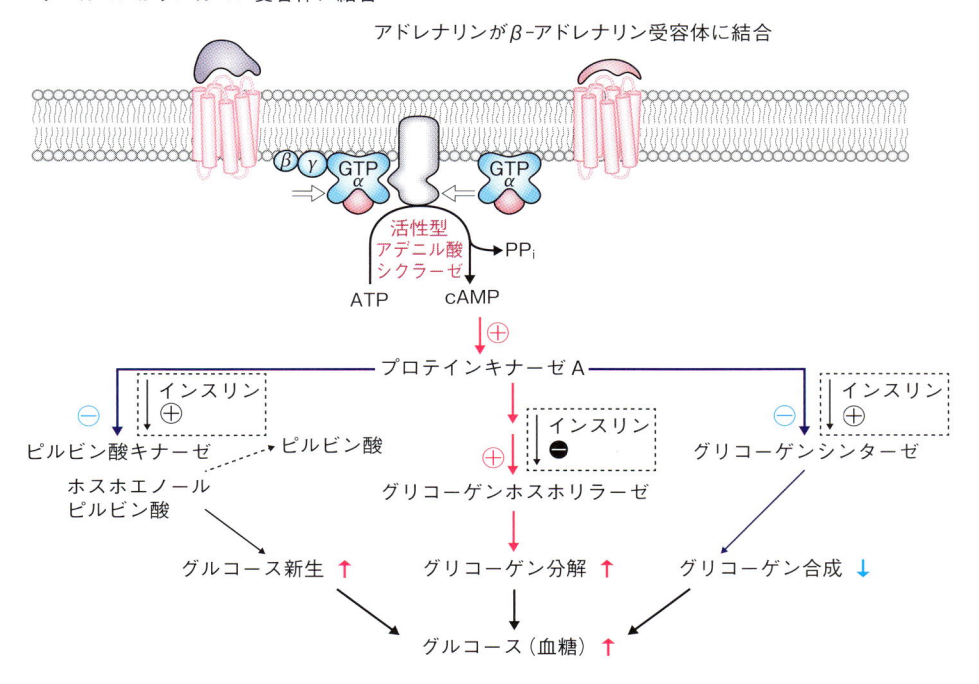

図 8・16　グルカゴンやアドレナリンによる血糖上昇
グルカゴンやアドレナリンは肝臓の cAMP を増加させてプロテインキナーゼ A を活性化する。その結果、グルコース新生とグリコーゲン分解が促進されグルコースが産生されて血糖が上昇する。インスリンは逆にこれらを抑制してグルコース産生を低下させる。

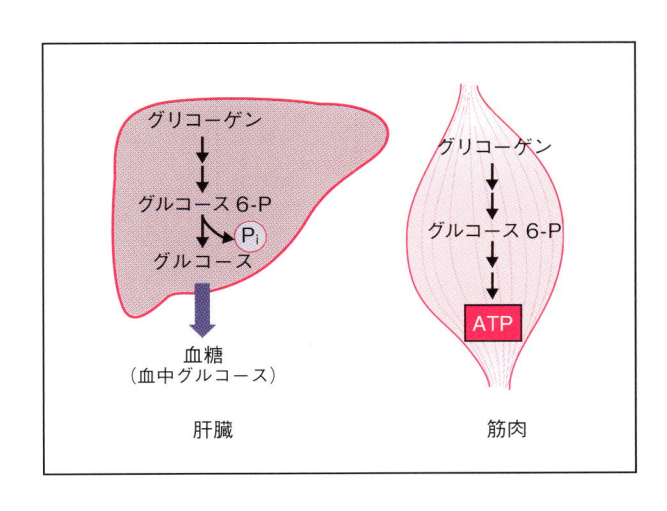

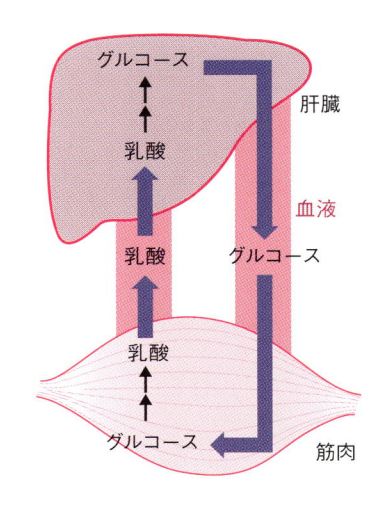

図 8・17　肝臓と筋肉
筋肉ではグリコーゲンは自らのエネルギー補給に用いられる。肝臓ではグルコースとして血中に放出される。筋肉で処理しきることができなくなった乳酸は血中を流れて肝臓でグルコースにされて戻ってくる。これをコリ回路という。

8・14 グルコースの細胞内への輸送

グルコースは細胞膜を通らないために、細胞膜には特異的なグルコース輸送系がある。大きく2種類あり、一つはNa^+非依存性輸送系で、グルコースの濃度差に応じて、高い方から低い方へグルコースが移動する。グルコースを通す「担体、輸送体」である（GLUT：glucose transporter）。14種類ほどが同定されており組織特異的に発現している。骨格筋や脂肪組織のGLUTはインスリンによって増加し、肝臓のGLUTはインスリン非依存性である（図8・18）。もう一つがNa^+共役系である。Na^+が濃度勾配に従った移動を行う際に、それに共役してグルコースが輸送されるものである（SGLT：sodium-dependent glucose transporter）。グルコースを濃度勾配とは逆に輸送することができるために、腸管や尿管の上皮に存在する。さらに、尿細管のSGLTを阻害することによって、尿中グルコース排出を促進する血糖降下薬（糖尿病治療薬）が開発されている（図8・19）。わざわざ「糖尿」にするのはおかしいが、体に一番悪いのはインスリン不足では無く高血糖であるという考え方に基づけば、とにかく血糖を下げれば良いということになる。

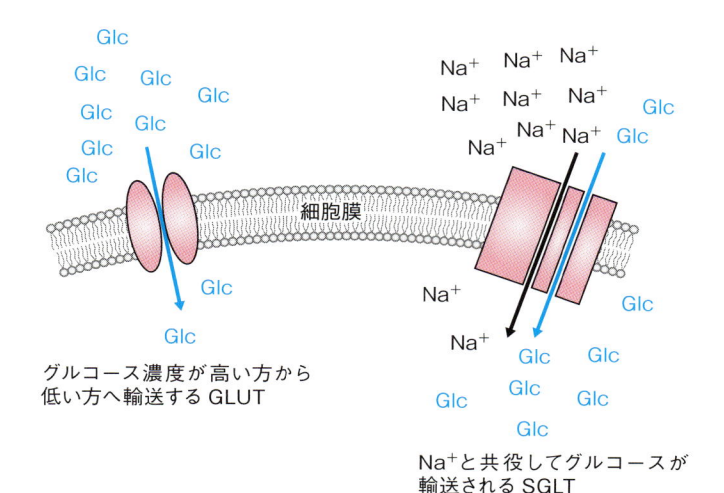

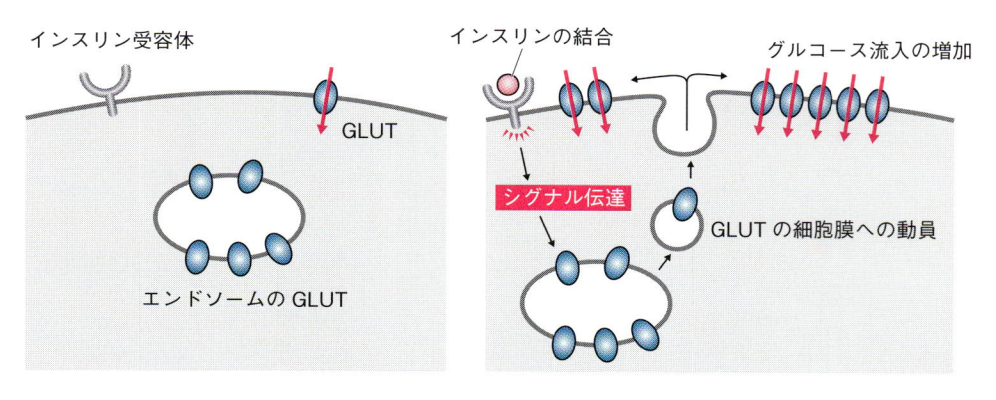

図8・18 インスリンによるGLUTの増加
インスリンによってGLUTがエンドソームから細胞膜へ動員され血中のグルコースを細胞内へ輸送する。

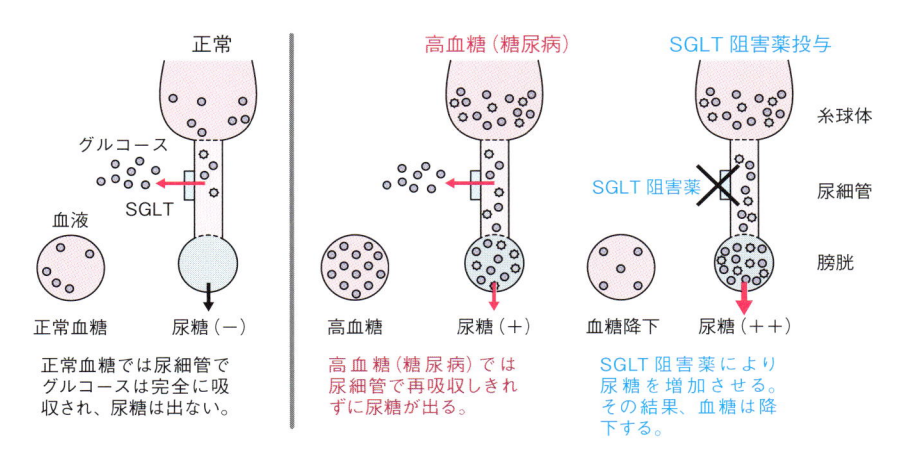

図 8・19　SGLT 阻害薬（糖尿病治療薬）

8・15　HbA1c

赤血球のヘモグロビンの β 鎖 N 末端のバリンのアミノ基に非酵素的にグルコースと結合したのを HbA1c という（検査データのピークの順番から命名された）（図 8・20）。この化合物の量は血糖値に比例し、生成されるとヘモグロビンが分解されないかぎり存在する。赤血球の寿命が 120 日

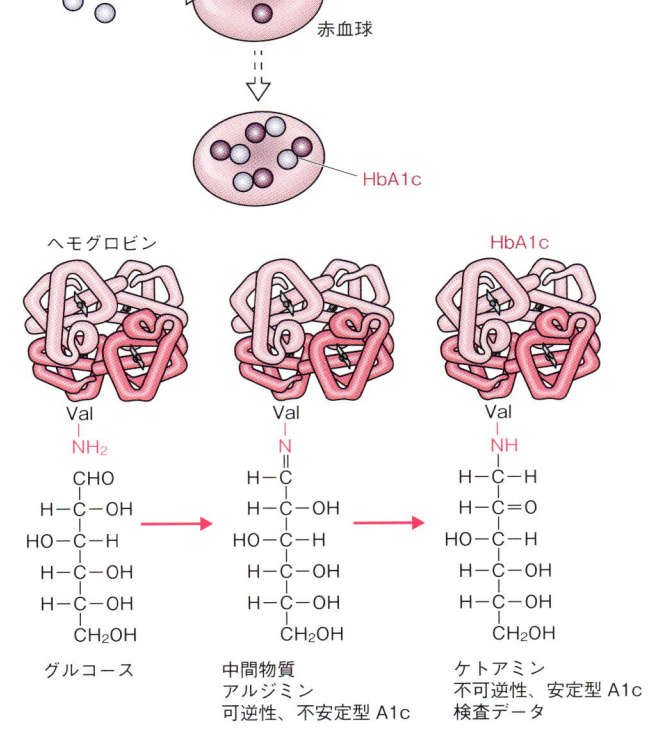

図 8・20　グリコヘモグロビン HbA1c

薬学ノート 8.2 ＜インスリン分泌と血糖降下薬＞

　膵臓ランゲルハンス島のβ細胞は血糖が上昇するとインスリンを分泌して血糖を下げる。β細胞では、高血糖によりグルコースが細胞内に流入すると、解糖系により ATP が産生される。この ATP は K^+ チャネルを閉鎖する。すると細胞が脱分極し、電位依存性 Ca^{2+} チャネルが開き Ca^{2+} が細胞内に流入する。その Ca^{2+} によりインスリンの開口分泌が促進される。

　糖尿病の病態はインスリンそのものが不足しているか、インスリンへの反応性が低下していることである。スルホニル尿素薬は、抗菌薬のサルファ薬の副作用（感染症に投与したら血糖が降下したこと）から開発された血糖降下薬である。この薬物は上記の ATP 依存性 K^+ チャネルの制御因子（SUR）に結合して閉鎖させて、インスリン分泌を促進する。

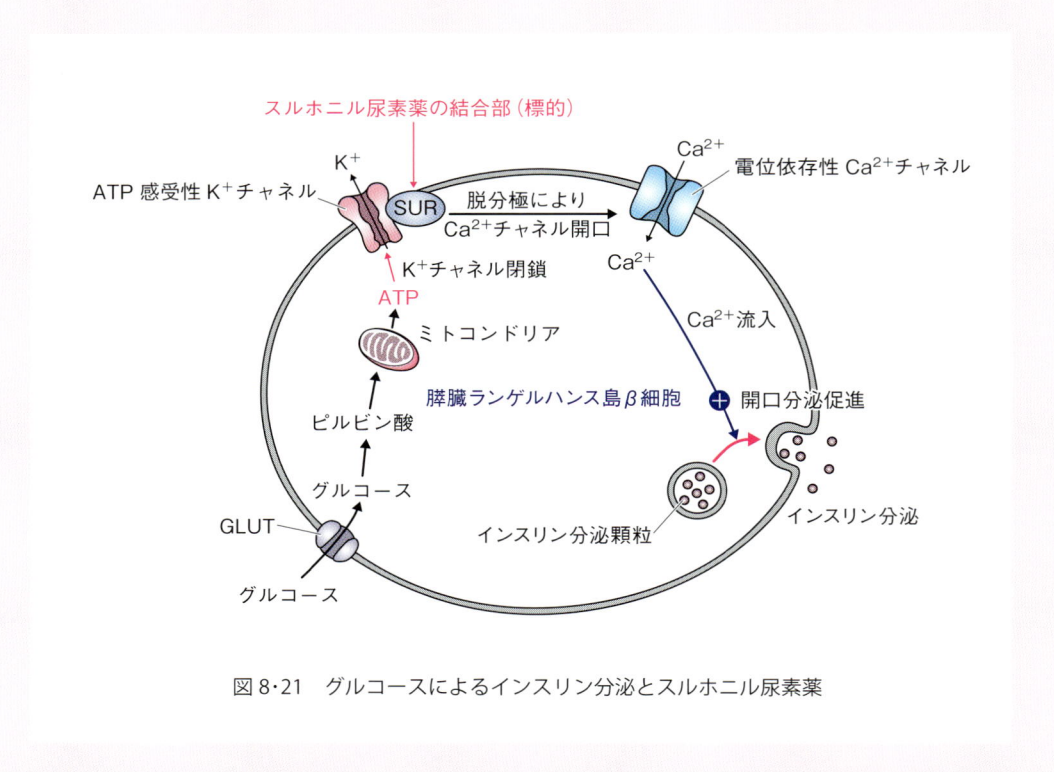

図 8·21　グルコースによるインスリン分泌とスルホニル尿素薬

程度なので、HbA1c の濃度は過去数か月の血糖値を反映しているとされる。

　代表的な血液タンパク質であるアルブミンも糖が付加してグリコアルブミンとなる。アルブミンの寿命（半減期）は 3 週間程度なので、グリコアルブミンは過去数週間の血糖値を反映しているとされる。

　糖尿病の重要な指標は血糖値であるが、採血した時点の血糖以外にも過去の高血糖が血糖管理に重要であり、とくに HbA1c は管理指標となっている。

8章　問題：誤りがあれば修正せよ。

1. 糖質はエネルギー産生に用いられるだけではなく、ATP など核酸の構成要素でもある。
2. α-グルコシダーゼ阻害薬は抗肥満薬としても有効である。
3. グリコーゲン、デンプン、セルロースはグルコース以外の構成分子が異なる。
4. ヘパリンは血液凝固を促進し、止血剤として用いられる。
5. 嫌気性解糖では 4 分子の ATP が産生される。
6. 好気的解糖はミトコンドリアで行われ 30 個程度の ATP が産生される。
7. ミトコンドリア外膜の透過性は高い。
8. グルコース解糖系は ATP 産生が目的である。
9. ミトコンドリアのシトクロムは細胞防御因子である。
10. HbA1c はヘモグロビンの分解産物である。

9章 脂 質

- 脂質は疎水性であり、細胞膜やステロイドホルモンの構成要素である。
- 中性脂肪は脂肪酸とグリセリンのエステルである。
- 脂肪酸代謝によりATPが産生される。
- HMG-CoA阻害薬により血中コレステロールが低下する。

　脂質（コレステロール）は動脈硬化の原因としてなんとなく敬遠されがちである。しかし、脂質は細胞膜など細胞を構築する重要な要素であり、ステロイドホルモンは脂質であるコレステロールに由来する。また、エイコサペンタエン酸（EPA）やドコサヘキサエン酸（DHA）といった不飽和脂肪酸は、サプリメントのみならず薬剤としても動脈硬化軽減などの効能が喧伝されている。脂質は1gあたりのATP産生量が多く、肥満の原因とされてきた。が、肥満はインスリンの過剰が問題であり、糖質がもっともインスリン分泌を促進する。この考え方に従って、糖尿病や肥満の食餌療法として糖質制限食が提唱されている。インスリン不足が問題ではなく、とにかく血糖上昇（高血糖）が問題であり、食後に高血糖をもたらす糖質の摂取さえ減らせば、総カロリーは高くても問題ない。脂質を減らす必要はないという考え方である。糖質制限の長期的な有効性（動脈硬化を促進する可能性が指摘されている）については今後の検証が必要であるが、現時点では、減量にはきわめて効果的である。

9・1　脂質とは

　脂質とは疎水性（水に溶けにくいが、ベンゼンやクロロホルムに溶ける）で、炭化水素鎖をもつ生体物質の総称である。脂肪酸は単純な構造で末端にカルボキシ基（酸）をもち、直鎖状の炭化水素鎖をもつ。脂肪酸がグリセロールにエステル結合したのがアシルグリセロール（中性脂肪）である。3個あるグリセロールの水酸基のうち、2個に脂肪酸が結合し、残り1個にリン酸基が結合したのがリン脂質である。リン脂質にはアミノアルコール骨格に脂肪酸が結合したスフィンゴシン（神経系に分布）もある。リン酸基の代わりに糖質が結合したのが糖脂質である。コレステロールはステロイド骨格をもっている。ステロイドホルモンは抗炎症薬としても使用されている（7章、ステロイドホルモン参照）。炭素数20の多価脂肪酸に由来するエイコサノイド（プロスタグランジン、トロンボキサン、ロイコトリエン）は代表的な細胞間の脂質性情報伝達物質である（2章、COX阻害薬参照）。

9・2　脂肪酸

　脂肪酸の代表的な一般式は
$CH_3\text{-}(CH_2)_n\text{-}(CH=CH)_x\text{-}(CH_2)_m\text{-}COOH$ である。
　$CH=CH$ は二重結合を示し、これをもつのを不飽和脂肪酸という。二重結合の数は2個以上（多不飽和）のこともある。二重結合では炭素原子の回転が阻害されており、シス型とトランス型の二

種類が存在する。脂肪酸の二重結合のほとんどはシス型である。二重結合をもたないものを飽和脂肪酸という（図9・1）。

飽和脂肪酸とトランス型脂肪酸の過度の摂取は動脈硬化を促進するとされる。植物油にはトランス型脂肪酸が含まれないが、マーガリンやサラダ油の製造過程でトランス型脂肪酸が生成される。現在のマーガリンはトランス型脂肪酸を低下させるようにしており、ほとんど飽和脂肪酸となっている。食品のトランス型脂肪酸あるいは飽和脂肪酸の健康への悪影響については議論がある。

青魚に多く含まれ、それを多く食しているイヌイットに動脈硬化が少ないということで注目されているエイコサペンタエン酸（EPA）やドコサヘキサエン酸（DHA）は不飽和脂肪酸であり、これらは食物のα-リノレン酸から生合成される。皆、COOHとは反対側（ω端）から3番目に不飽和結合があり、ω-3系脂肪酸と総称される。EPAのカルボキシ基をエチル化して安定化したもの（商品名エパデール）やEPAエチルとDHAエチルの合剤（商品名ロトリガ）は脂質異常症の治療薬として認可されている。α-リノレン酸とリノール酸は食物から摂取しなければならない必須脂肪酸である。これらが欠乏すると成長低下や皮膚炎、脂質代謝異常（脂肪肝、高コレステロール血症）となる。リノール酸からはプロスタグランジの前駆体であるアラキドン酸が産生される（図9・2）。

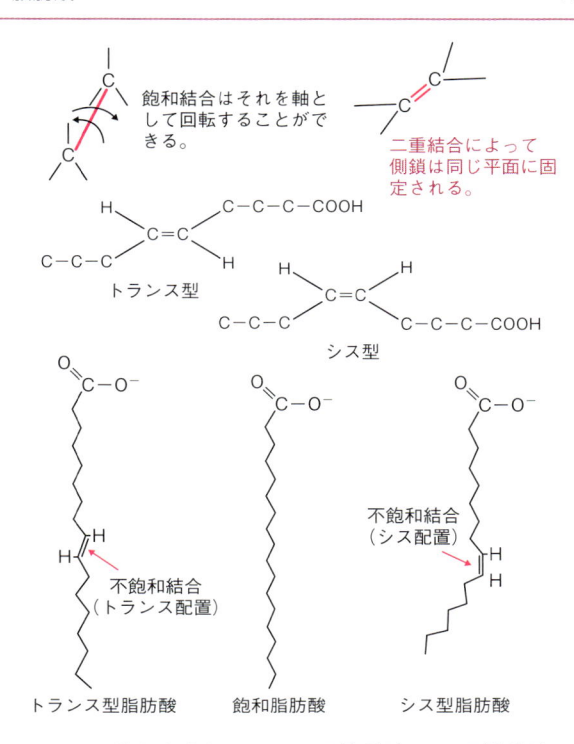

図9・1 飽和脂肪酸、トランス型脂肪酸、シス型脂肪酸

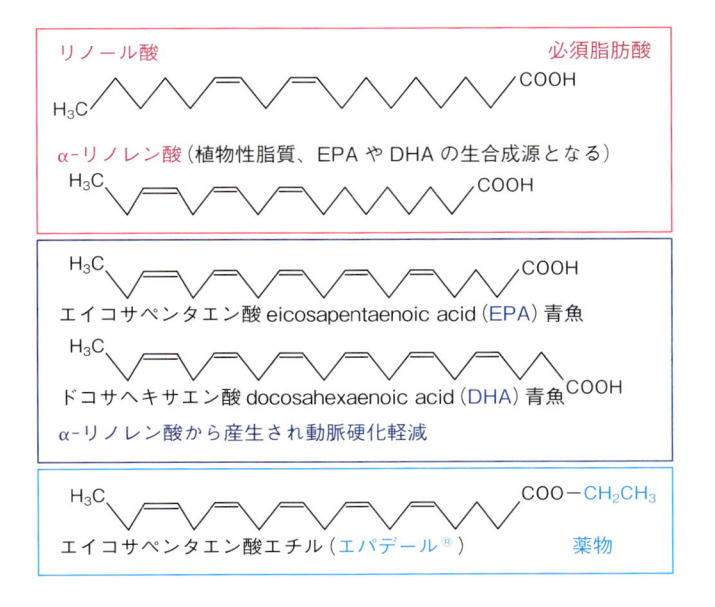

図9・2 代表的な不飽和脂肪酸

9・3 中性脂肪

健康診断で高値だと文句を言われることがしばしばの中性脂肪は、グリセロールに脂肪酸がエステル結合したものである。グリセロールには3個のヒドロキシ基があるので、3個すべてに脂肪酸が結合したトリアシルグリセロール（TAG）、2個結合したジアシルグリセロール（DAG）、1個のみ結合したモノアシルグリセロール（MAG）がある（図9・3）。

トリアシルグリセロールは糖質よりも酸化度が低いために、酸化（燃焼）により分子あたりのエネルギー産生が高い。動物の主要な貯蔵エネルギー源となっている。中性脂肪は油滴が細胞の大部分を占める脂肪細胞に貯蔵される。動物（ヒト）の歴史で、日本でもこの50年ほど前までは飢餓に苦しんでいたので、余ったエネルギーは速やかに脂肪に変換され貯蔵される。したがって、飽食の時代の肥満は当然の結果である。

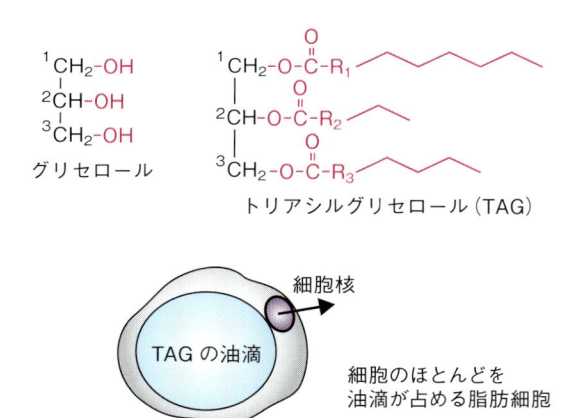

図9・3
中性脂肪はほとんどがトリアシルグリセロールである

9・4 脂肪酸代謝

中性脂肪は、グリセロールから脂肪酸を切り出すことから代謝が開始される。脂肪酸はCoAと細胞質で結合されてアシルCoAとなる。細胞質のアシルCoAのアシル基はカルニチンに転移されてミトコンドリア内膜を通過し、ミトコンドリア・マトリックスで再びCoAと結合する（カルニチンサイクル）。こうしてミトコンドリア内に輸送される。脂肪酸のカルボキシ基が結合した炭素を$α$炭素、その次の炭素を$β$炭素という。ミトコンドリア・マトリックスで$β$炭素は酸化されて、アセチルCoAとして切り出される。残りは炭素が2個減ったアシルCoAとなる。アセチルCoAはTCAサイクルで酸化されATPを産生する。炭素数が2個減ったアシルCoAからは再びアセチルCoAが切り出される。この$β$位の炭素が酸化されるので、この過程を脂肪酸の$β$酸化という。例えば、16炭素のパルミチン酸の1分子が酸化されると129分子のATPが産生される。奇数個の炭素をもつ脂肪酸の最後は炭素3個のスクシニルCoAとなるが、これもTCAサイクルの一員であり、TCAサイクルで酸化される（図9・4）。

9・5 ケトン体

脂肪酸が大量に代謝するとアセチルCoAが余ってくる。2個のアセチルCoAが結合してアセト酢酸となる。アセト酢酸から非酵素的にCO_2が外れるとアセトンとなる（アセトンはそれ以上代謝されない）。アセト酢酸が$NADH_2$で還元されると3-ヒドロキシ酪酸となる。アセト酢酸、アセトン、3-ヒドロキシ酪酸をケトン体と総称する。インスリンが不足した1型糖尿病では、脂肪酸代謝が亢進し、ケトン体が増加する。呼気はアセトン臭を帯びる。飢餓時にもケトン体が増加する。しかし、ケトン体は水溶性で末梢臓器に到達しやすく、有用なエネルギー源である。肝臓以外の組織（脳を含む）では、アセト酢酸と3-ヒドロキシ酪酸（アセト酢酸に戻される）は、TCAサイクルを介してアセチルCoAとなって代謝さ

9·5 ケトン体

図 9·4 トリアシルグリセロールから ATP が産生される代謝の流れ

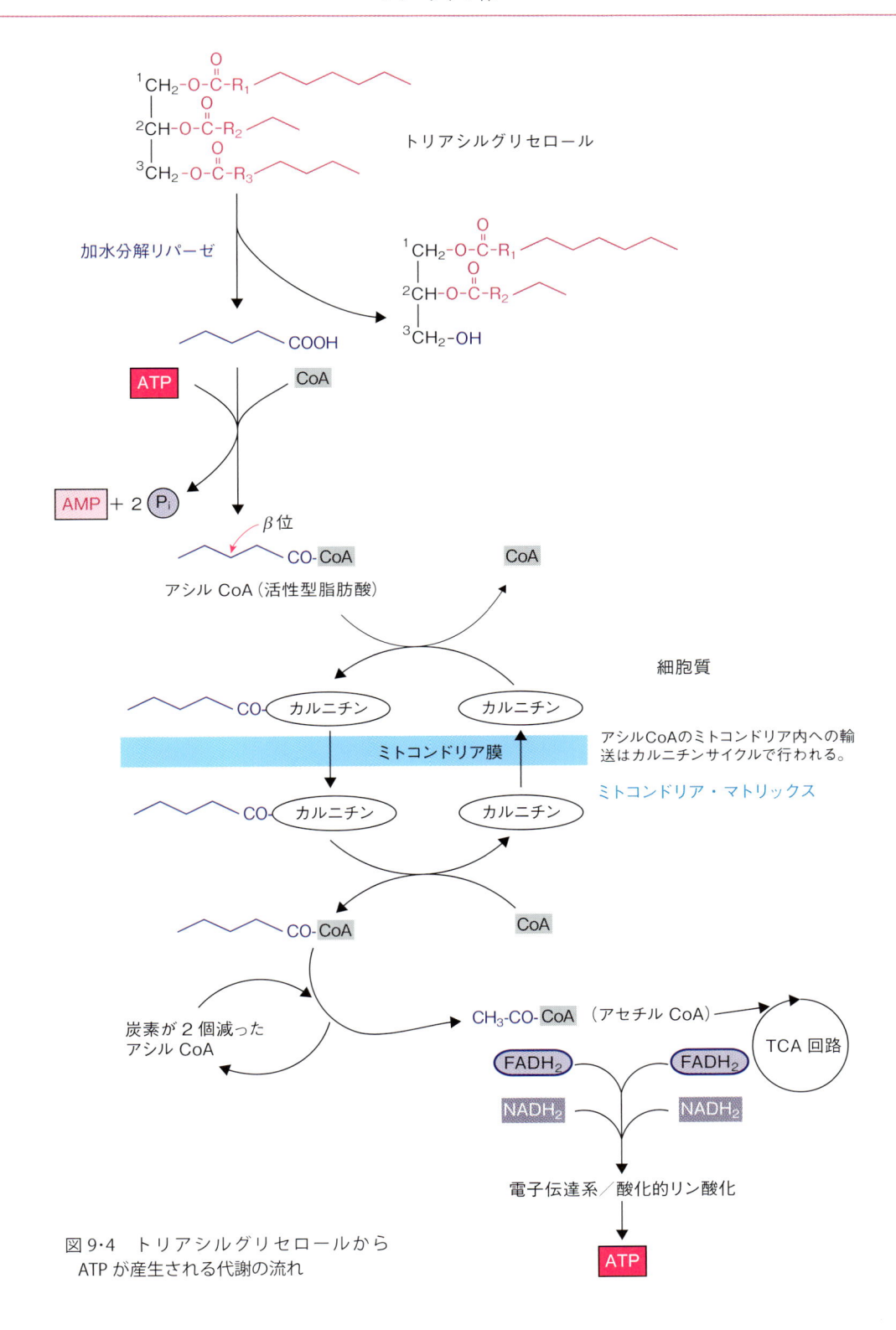

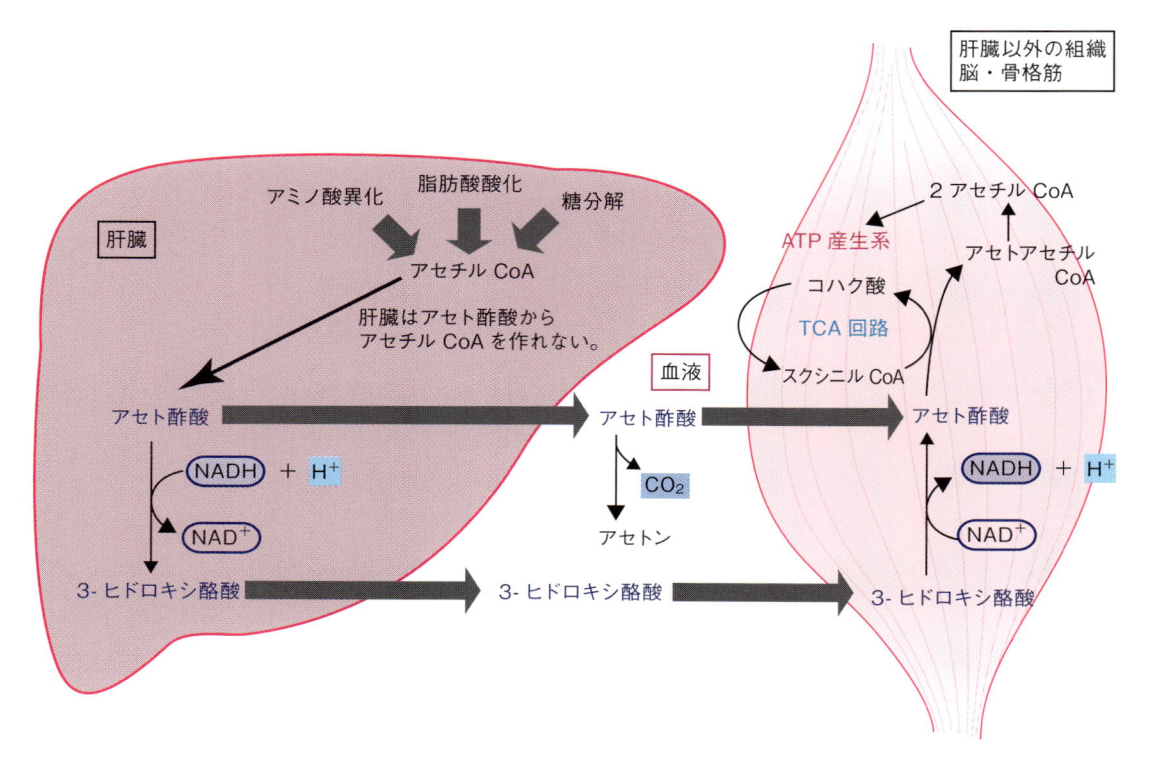

図9・5 肝臓から供給される非常用エネルギー：ケトン体
飢餓時やインスリンが不足した糖尿病では、脂質を分解して得られたケトン体をエネルギー源として使用する。

れる。肝臓にはアセト酢酸からアセチル CoA を生成する酵素が無い。そのため、肝臓はケトンを血中に供給するのみで、エネルギー源として利用することはできない（図9・5）。

9・6 脂肪酸合成とペントース・リン酸回路

脂肪酸の β 酸化はアシル CoA をミトコンドリア内に輸送して、ミトコンドリア・マトリックスで行われた。脂肪酸合成は逆にアセチル CoA を細胞質に輸送して行われる。複雑な脂肪酸合成酵素複合体で、つぎつぎにマロニル CoA（アセチル CoA をカルボキシ化して生成）を連結して行われる。この反応では $NADH_2$ ではなく $NADPH_2$ が必要である。$NADPH_2$ はグルコース6-リン酸を酸化して供給される（ペントース・リン酸回路、

ヘキソース・リン酸シャント）（図9・6）。

9・7 血中リポタンパク質

健康診断の項目に善玉コレステロールという HDL コレステロールがある。HDL は血中リポタンパク質に属する。これは脂質と特異的タンパク質（アポリポタンパク質）の巨大複合体である。粒子の大きさ、あるいは脂質が含まれる量が大きい順に、キロミクロン、VLDL、IDL、LDL、HDL がある（図9・7）。

キロミクロンは密度が最も低く、大きさが最大のリポタンパク質である。タンパク質含有率が最も低く、脂質含有率が最大である。食事からのトリアシルグリセロール（90％を占める）、コレステロール、脂溶性ビタミンを末梢組織に輸送する。

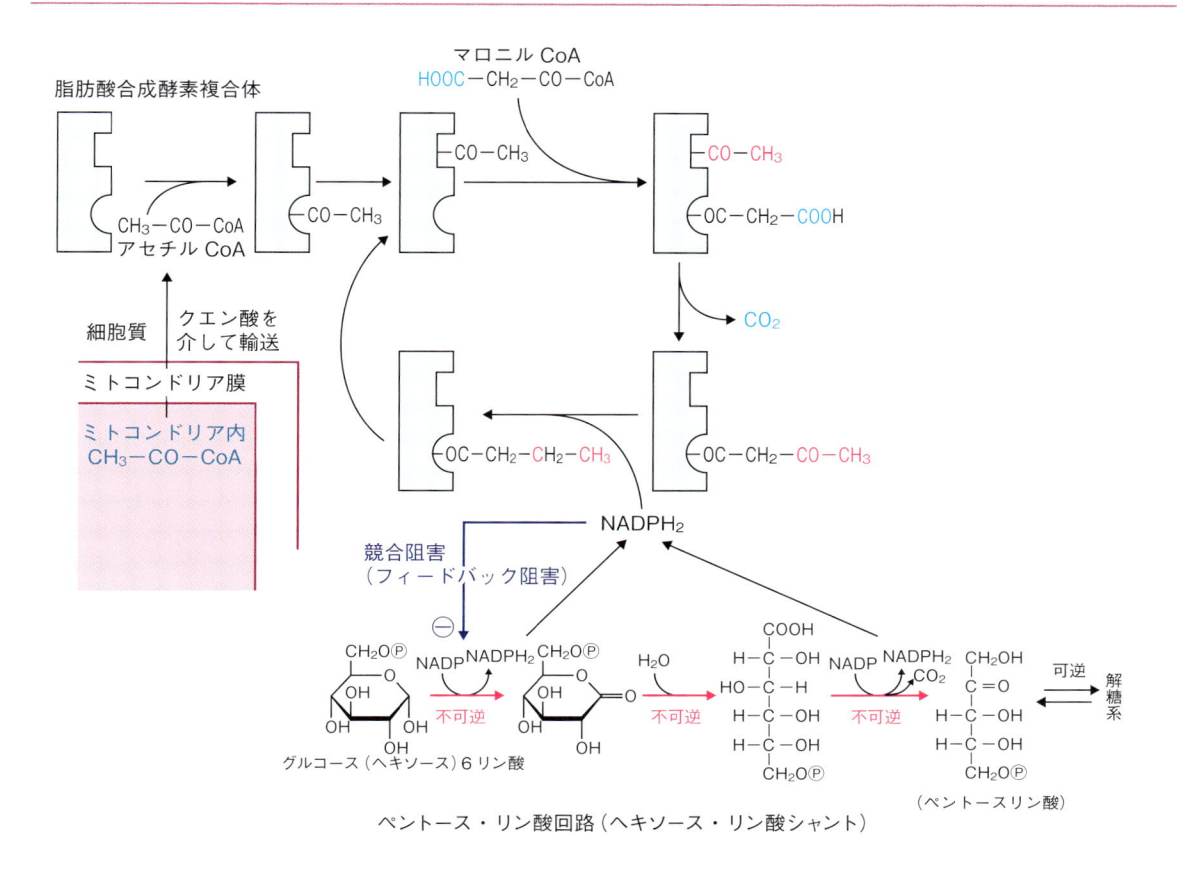

図9・6 脂肪酸合成経路とそれにNADPH₂を供給するペントース・リン酸回路
NADPH₂はグルコース6-リン酸をグルコース6-リン酸デヒドロゲナーゼが不可逆的に酸化して産生される。この酵素はNADPH₂で阻害されるために、NADPH₂の細胞内の量は適切に維持される。

小腸から門脈系にはあまり入らずに、巨大なリンパ管である胸管を経由して大静脈を介して血流に入る。各組織のリポタンパク質リパーゼによって、脂肪酸が切り出されて利用される。脂肪酸を放出しきったキロミクロンをキロミクロン残渣（レムナント）と言い、肝臓で除去される。

VLDLは肝臓で産生され、肝臓から末梢組織へトリアシルグリセロールを輸送する。肝臓から分泌された未熟VLDLはHDLからアポリポタンパク質を得て成熟する。キロミクロンと同じようにリパーゼによって脂肪酸を失ってIDLを経てLDLとなる。LDLのコレステロールの比率が高くなっており、末梢細胞でLDL受容体に結合して細胞内に取り込まれて、コレステロールを細胞に供給する。IDLやLDLは肝臓でも回収される。

HDLは他のリポタンパク質へアポリポタンパク質を供給している（図9・8）。そして、末梢組織からコレステロールを回収して肝臓に輸送する。HDLが豊富ということは末梢組織からコレステロールが効率よく回収されているということであり、不足している場合には末梢組織にコレステロールが蓄積し、動脈硬化を促進する。これが、HDLが「善玉」コレステロール輸送体と言われる所以である。

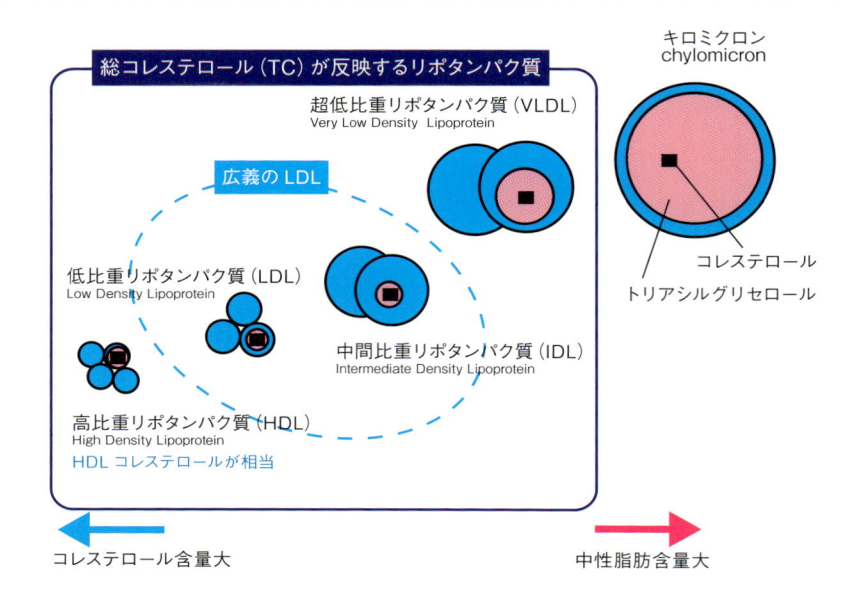

図 9·7　血中リポタンパク質
図の大きさは密度の順番を示す程度である。例えば、キロミクロンは著しく大きい。トリアシルグリセロールやコレステロールの量も大まかな傾向を示している。キロミクロン→HDL の順に密度とコレステロール量が大きくなる。大きさは小さくなる。

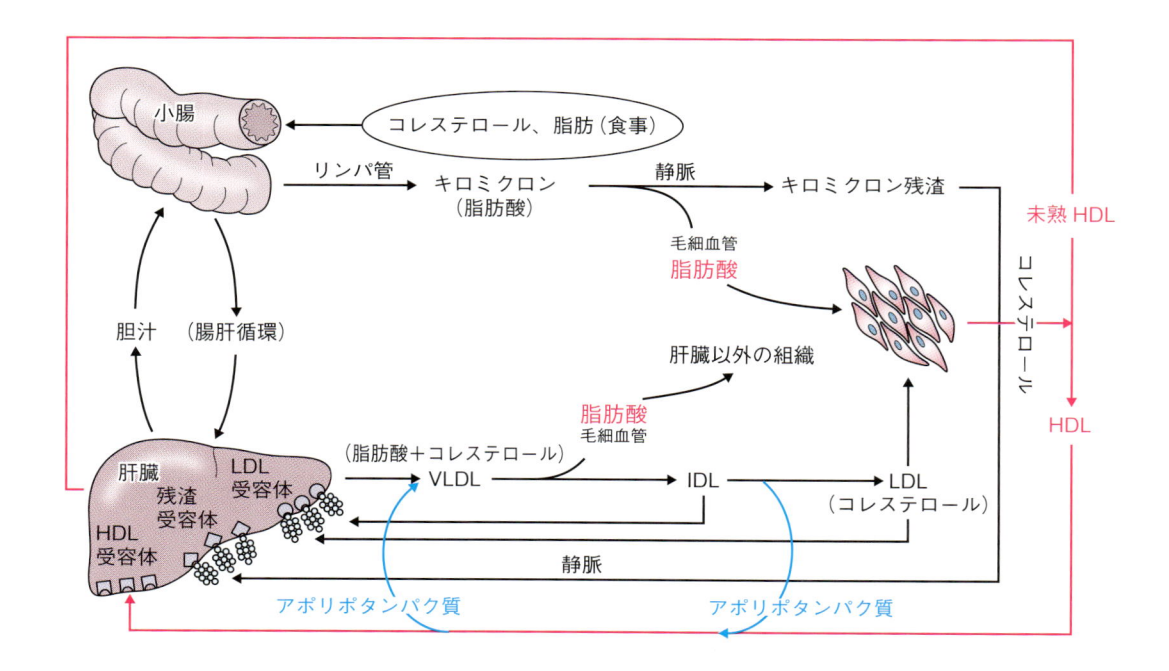

図 9·8　余分なコレステロールを回収する HDL（善玉コレステロール）

コラム 9.1 ＜コレステロールと動脈硬化＞

　コレステロールは細胞膜の構築などに重要な細胞成分である。しかし、過剰になると、細胞内に蓄積して泡沫細胞となり機能不全をもたらす。血管壁の局所的な肥厚（プラーク）が生じ、血小板が活性化されて血栓ができたり、血流の異常が生じたりする。これが動脈硬化である。HDL は末梢のコレステロールを肝臓に輸送して除去するために、動脈硬化を防ぐ。

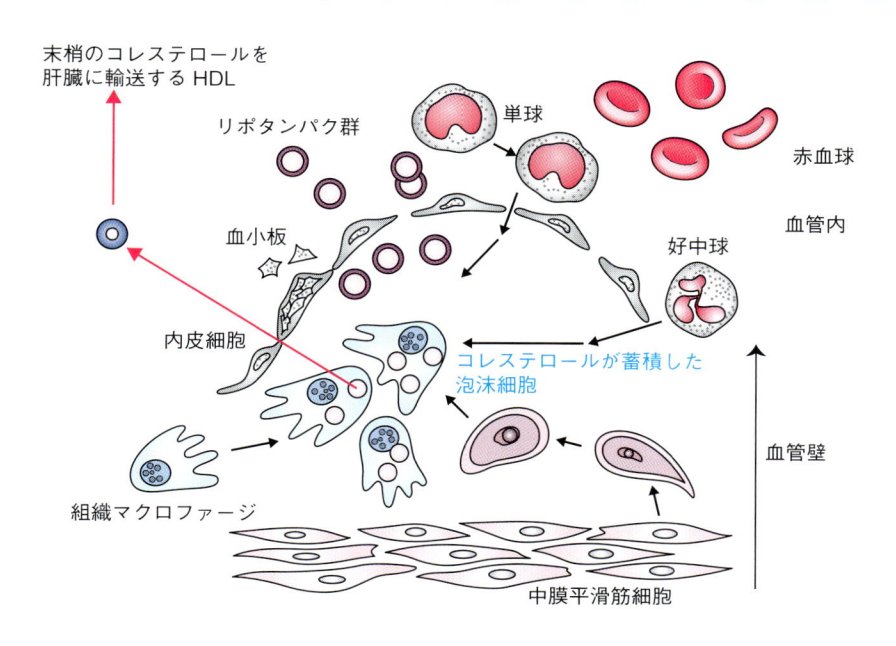

図 9・9　内皮細胞にコレステロールが過剰となる動脈硬化症

薬学ノート 9.1 ＜スタチン類＞

　スタチン類は血中コレステロールを強力に低下させる薬物である。日本人研究者によってカビからその基本物質が発見された。スタチン類（プラバスタチン、アトルバスタチンなど）はコレステロール合成の律速酵素である HMG（ヒドロキシメチルグルタリル酸）-CoA 還元酵素を阻害する。スタチン類を投与すると、肝細胞のコレステロール合成が低下し、コレステロール不足となる。すると肝細胞は VLDL による血中へのコレステロール供給を低下させ、LDL 受容体を増加させて、血中からの LDL の回収を増強する。そのため、血中のコレステロールは著しく低下する。

　稀ではあるが有名な有害作用に横紋筋融解症がある。これはスタチン系により骨格筋小胞体からカルシウムが異常に放出されて、膜系が傷害されて、細胞成分が流出する病態である。筋肉のミオグロビンが尿中に排泄され、尿は暗褐色となる。また、腎不全ももたらす。

薬学ノート 9.1 の図

図 9・10 HMG-CoA 還元酵素の競合的阻害薬：スタチン類
スタチン類の構造は HMG-CoA と類似している。酵素 A（スタチンの場合には HMG-CoA 還元酵素）は基質（HMG-CoA）と間違えてスタチン類を取り込んでしまい、反応を行うことができなくなる。

❶ スタチン系薬は HMG-CoA 還元酵素を阻害して細胞内のコレステロール濃度を低下させる。
❷ 細胞内のコレステロール濃度の低下は LDL 受容体の合成を高める。
❸ LDL 受容体数の増加は血中から LDL を取り込むことを亢進する。
❹ 細胞内のコレステロール濃度の低下は VLDL の分泌を減少させる。

図 9・11 スタチンの血中コレステロール降下作用
スタチンにより肝細胞はコレステロール不足となり、血中のコレステロールの取り込みを増強する。その結果、血中コレステロールが低下する。

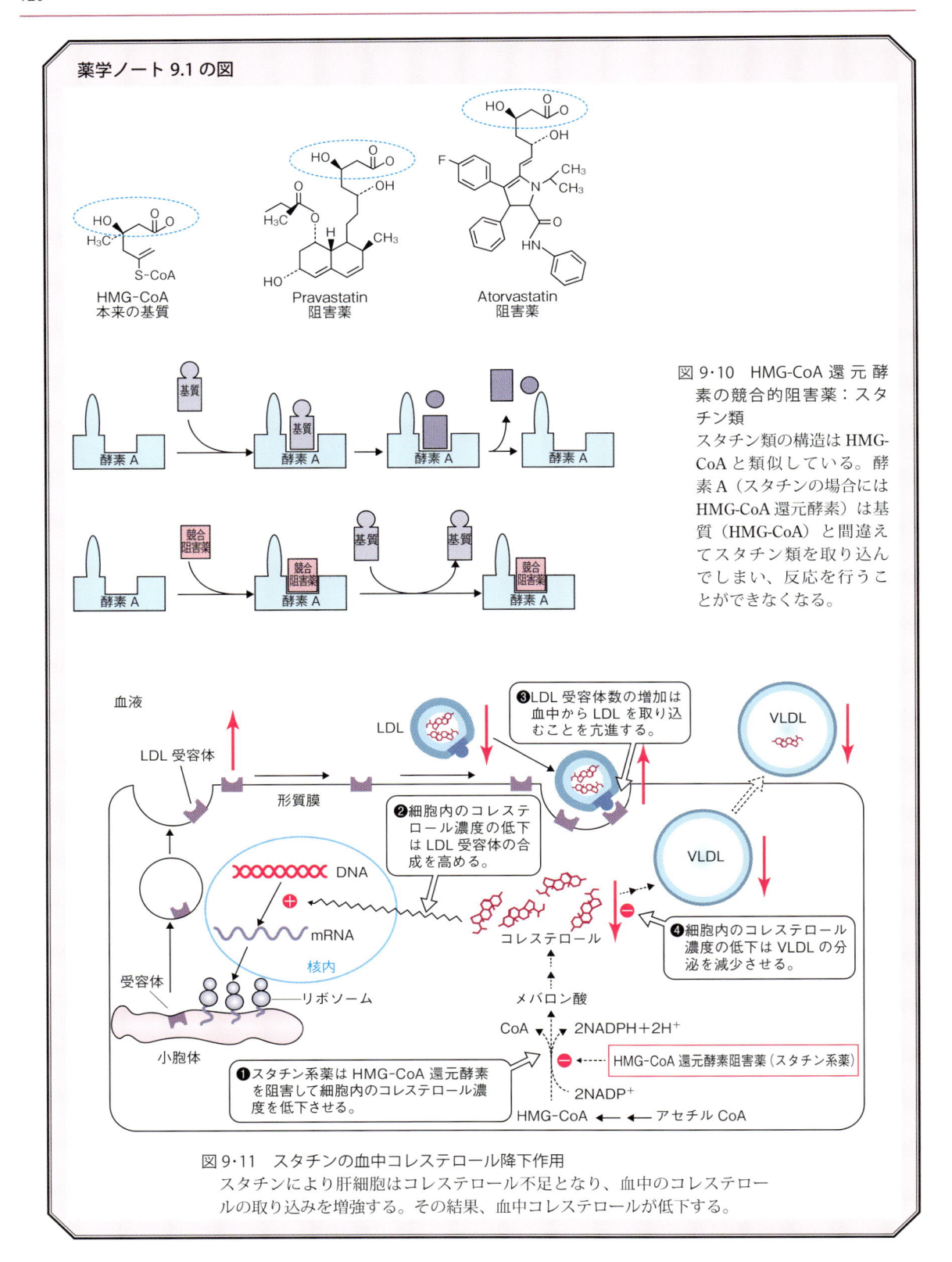

9・8 胆汁酸の吸収阻害

血中コレステロールを下げるためには、小腸でのコレステロールの吸収阻害も戦略となる。消化液として重要な胆汁はコレステロールから産生される。肝臓から消化管腔（体の外）に分泌された胆汁酸は再吸収されて肝臓にもどる（腸肝循環）。この再吸収をイオン交換樹脂（コレスチラミンなど）で阻害すると、肝臓はコレステロールを消費して新たに胆汁酸を合成しなくてはならなくなる。その結果、スタチンを投与したときと同じように、肝臓の血中コレステロールの回収が促進される（図9・12）。

9・9 小腸のコレステロールトランスポーターの阻害

エゼチミブは小腸上皮細胞のコレステロールを汲み取るコレステロールトランスポーターを阻害する（図9・13）。スタチン類とまったく作用機序が異なるために併用が有効である。

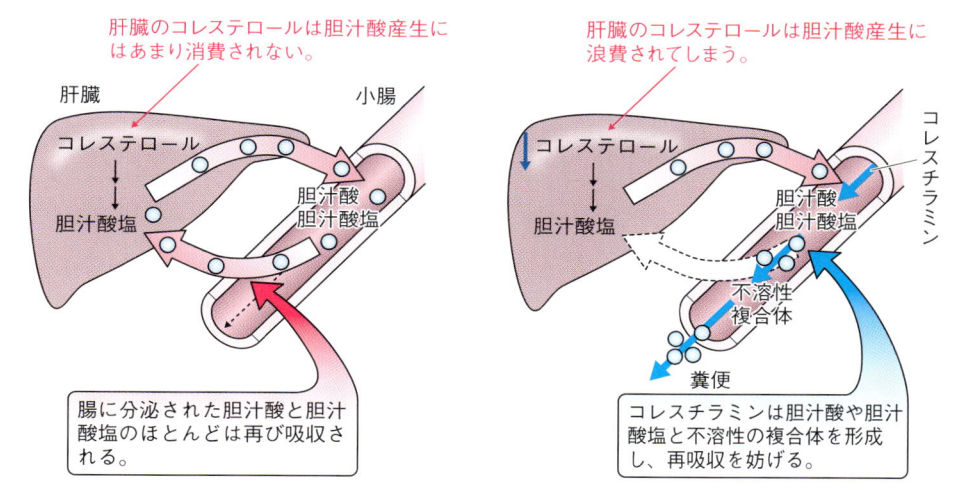

図9・12　コレスチラミンによる胆汁酸の吸収阻害

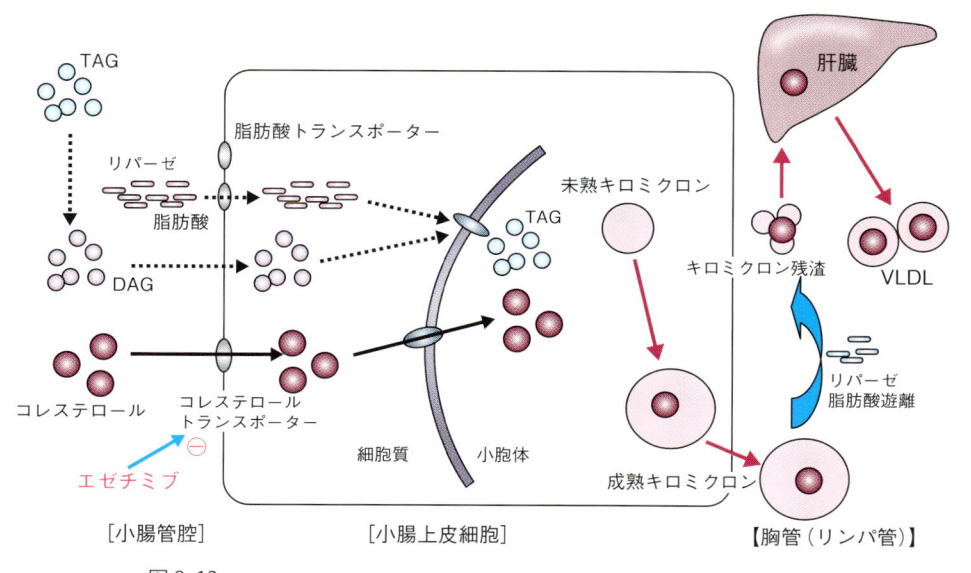

図9・13　エゼチミブは小腸のコレステロールトランスポーターを阻害する。

9・10 肺の界面活性剤

水の表面張力のために，泡はすぐに破壊される。ガス交換を行う肺胞の壁は非常に薄いために、そのままでは水の表面張力のためにつぶれてしまう。これを防ぐのが，石鹸のように泡を維持できるようにさせる界面活性剤（サーファクタント）である。肺では、脂質の一種であるジパルミトイルホスファチジルコリン（Dipalmitoylphosphatidylcholine：DPPC）が界面活性剤となっている。未熟児では肺の発達不全により界面活性剤が低下して呼吸障害（呼吸窮迫症候群）が生じる。牛肺抽出物の肺サーファクタント（図9・14）の気道への注入が有効である。

グリセロール（グリセリン）のOH基に脂肪酸がエステル結合したのがアシルグリセロールである。3個の脂肪酸が結合したのがトリアシルグリセロールでいわゆる中性脂肪である。2個の脂肪酸と1個のリン酸基がグリセロールに結合したのをホスファチジン酸という（脂肪酸1個とリン酸1個はリゾホスファチジン酸、細胞増殖作用をもつ）。ホスファチジン酸のリン酸基にコリンが結合したのをホスファチジルコリン（別名レシチン）という。なおコリンがアセチル化されたアセチルコリンは代表的な神経伝達物質である。肺サーファクタントのDPPCはホスファチジルコリンの2個の脂肪酸がパルミチン酸となっている。

9・11 神経の脂質

神経組織はミエリン鞘など膜構造が豊富であり（14・3参照）、このミエリン鞘にはスフィンゴミエリンが豊富に含まれる。スフィンゴシンはギリ

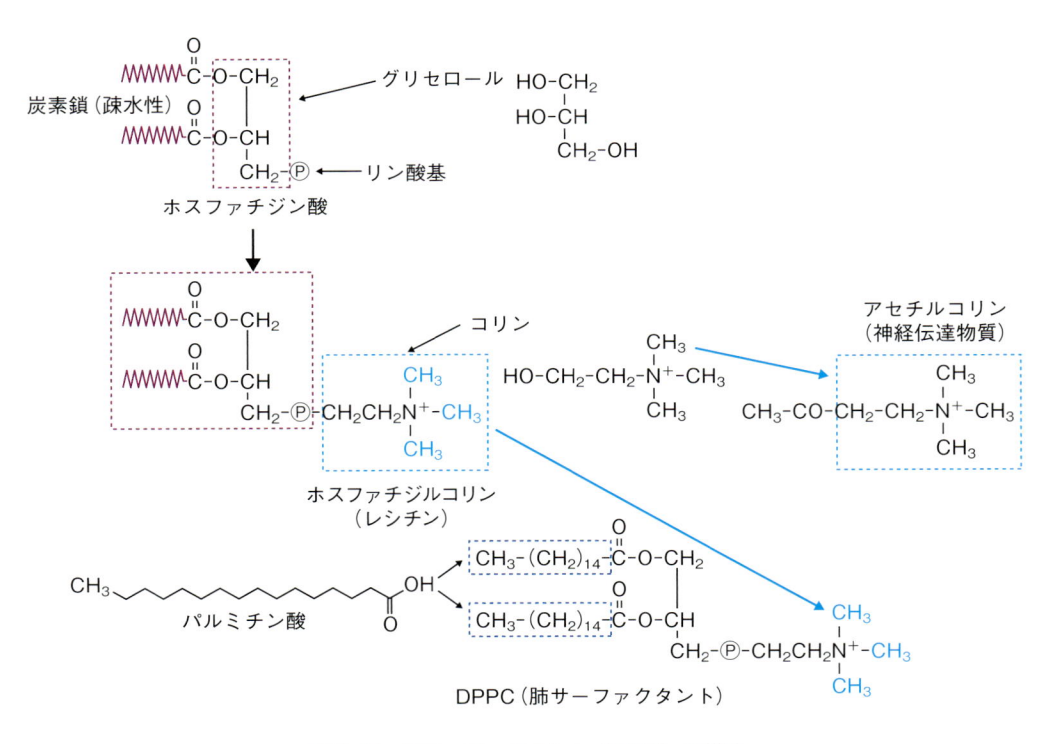

図9・14 肺サーファクタント（DPPC）の構造

シャ語の謎（スフィンクス）にちなんだ名前であり、当初は機能が不明であった。アミノアルコール誘導体のスフィンゴシンのアミノ基に脂肪酸が結合したのがセラミドで、複雑な脂質の前駆体となる。セラミドにホスホコリンが結合したのがスフィンゴミエリンである。セラミドに糖が結合したガングリオシドは脳の灰白質（ニューロン細胞体が多く存在する領域）に豊富に存在する（図9・15）。

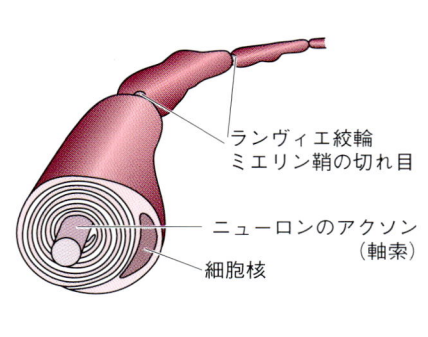

図9・15　代表的な神経の脂質

9章　問題：誤りがあれば修正せよ。

1. エイコサペンタエン酸（EPA）やドコサヘキサエン酸（DHA）は飽和脂肪酸である。
2. 中性脂肪は脂肪酸ナトリウム塩のことである。
3. アシルCoAはミトコンドリア膜を自由に通過できる。
4. 脳はエネルギー源としてケトン体を利用できない。
5. HDLは末梢から肝臓へコレステロールを輸送する。
6. スタチン類は肝臓のコレステロール分解を促進する。
7. 胆汁酸として腸管に分泌されたコレステロールは再吸収される。
8. シグナル伝達物質のIP$_3$とDAGは細胞膜の脂質が分解されて生成される。
9. 肺胞機能には脂質が重要な役割を担っている。
10. スフィンゴシン、セラミド、ガングリオシドは脳の複雑な脂質である。

10章　ウイルス・細菌・植物

- ウイルスは細胞に寄生して増殖する。
- 細菌細胞を原核細胞（生物）、それ以外の細胞を真核細胞（生物）と分類する。
- DNA ウイルス、（＋）鎖 RNA ウイルス、（－）鎖 RNA ウイルスが存在する。
- HPV は子宮頚癌の原因となる。
- 細菌の多くは細胞壁をもち、抗菌薬の標的となる。
- ミドリムシ（ユーグレナ）は葉緑体をもちながら（植物的）、鞭毛によって活発に運動する（動物的）。

今までの説明はほ乳類の細胞を念頭にしてきた。生物種は大きく分類すると、ウイルス、原核生物（細菌）、真核生物（植物、動物）ということになる。ほ乳類細胞の説明はだいたいすべての真核生物にもあてはまる。もっとも同じほ乳類の細胞でも肝臓と神経細胞の構造や機能はかなり違う。しかし、基本は同じということである。言うまでもないが、植物は動物にはない葉緑体をもっており、太陽光のエネルギーを利用して二酸化炭素と水から細胞のエネルギー源となる糖質を生合成することができる。ウイルスは遺伝情報を担う核酸（DNA もしくは RNA）とそれを保護するタンパク質／脂質のみからなる。したがって、ウイルス単独では増殖することはできないし、結晶にすることができ、生命とは言えないという議論が昔はあった。しかしながら、適切な宿主細胞に入り込むと、その代謝系を乗っ取って、効率よく自分を複製（増殖）する。まさに生物の本領を発揮する。細菌細胞には真核細胞のようなはっきりとした細胞小器官は存在しない。ミトコンドリアや葉緑体は進化的に原核細胞が真核細胞に共生して誕生したと考えられている。ウイルスや細菌による感染症は、治療薬が進歩しているとはいえ、重要な疾患であることには変わりない。

10・1　生物の分類

生物は大きく分けると、ウイルス、原核生物、真核生物に分類される。ウイルスが生物か非生物かの議論はある。生物の定義を「核酸の遺伝情報の自己複製を行うことができる有機化合物集合体」とすれば、ほとんどの生物を網羅的に定義できよう。この定義からすれば、ウイルスは単独では増殖することがなく、結晶構造を作りえることから、非生物とも言えるが、DNA もしくは RNA の遺伝情報を元に他の細胞内で自己複製を行えるので、生物と考えるべきであろう。

ウイルスは核酸とそれをコートする殻のみであり、単独では増殖できない。他の細胞に寄生して増殖する。細菌以外の生物はヒトを含めて真核生物（細胞）であり、明快な核構造をもっている。細菌は原核生物と言われ、環状 DNA からなる染色体（真核生物の染色体ほど緻密ではない）は細胞質に浮遊している。ミトコンドリアなど膜性細胞小器官も無い。酸化的 ATP 産生系は細菌の細胞膜に存在しミトコンドリアと同じような構造であることから、ミトコンドリアはそもそも太古の

表 10.1　生物の分類と細胞の特徴

	ウイルス	原核生物（細菌）	真核生物	
			動物	植物
細胞	無	単細胞	単細胞～多細胞	
細胞壁	無	有（無い細菌もある）	動物細胞には無し。植物細胞には有り。	
ミトコンドリア	無	無	有。進化の過程で原核細胞が真核細胞に寄生したという説がある。	
葉緑体	無	無	無	有。進化の過程で原核細胞が植物細胞に寄生したという説がある。
リボソーム	無	50S + 30S	60S + 40S	
小胞体	無	細胞膜の折れ込みが代行	様々な細胞小器官がある。	
核	核酸＋タンパク質	核酸＋タンパク質	核膜をもつ独立した細胞小器官	

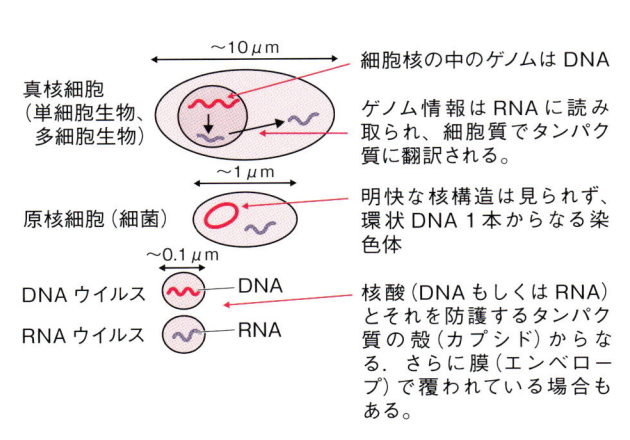

図 10・1　ウイルス、原核生物、真核生物

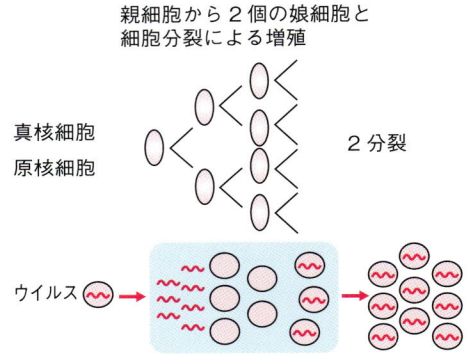

トピックス 10.1 ＜真正細菌と真核生物の中間に位置する古細菌＞

　古細菌 archaebacterium という名からすると、真正細菌の祖先に思えてしまうが、古は太古の地球に似た過酷な環境（高温、メタンガス存在下）に棲んでいることにちなんだ名前である。古細菌にはメタン生成菌、高度好塩菌（生育に 2M 以上の NaCl が必要）、好熱好酸菌（酸性温泉に生息）などが属する。古細菌は真正細菌と同じように核、細胞小器官をもたず、DNA も環状である。しかし、転写プロモーターや RNA ポリメラーゼは真核生物と類似している。古細菌のリボソーム RNA はどちらとも異なっている。進化論では、古細菌がまず太古の海に誕生して、簡略化した細菌と複雑化した真核生物が生まれたという考え方と、細菌が最初に出現したという二通りの考え方がある。

細菌に由来すると考えられている（表 10.1，図 10・1）。

10・2　ウイルスの構造

単なる核酸（DNA 鎖，もしくは RNA 鎖）も細胞に取り込まれて，その遺伝情報が読み取られたり，ゲノム DNA に組み込まれたりすることは，実験操作（トランスフェクション）だけではなく自然界でも行われている。しかし，その場合には，核酸鎖は断片化されることがしばしばで，完全な「子孫」を残すことはできない。ウイルスは自己の核酸を完全に複製させるために，まず，「殻」で核酸鎖を保護している。そして，細胞に複製を行わせるために必要な酵素を遺伝情報として備えている。殻にはタンパク質からなるカプシド，さらに一部のウイルスには宿主細胞の細胞膜を借用したエンベロープもある。核酸と殻からなる完全なるウイルス粒子をビリオン virion という（図 10・2）。

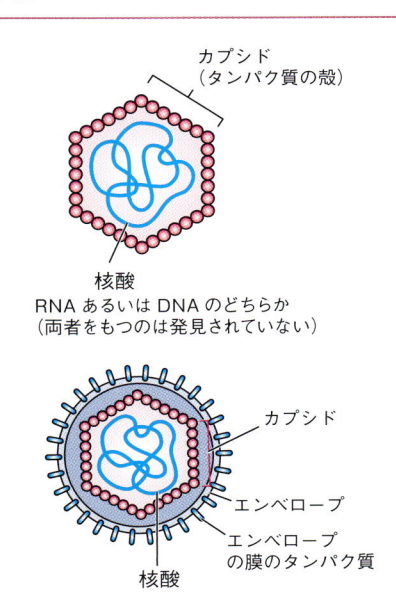

図 10・2　DNA もしくは RNA とそれを守る殻からなるウイルス

10・3　ウイルスと細胞

ウイルスが細胞に感染すると，細胞機能はウイルス複製のために乗っ取られる。その結果には次の三つがある。(1) 多数のウイルスを放出して細胞が死滅する。細胞が溶けてしまうことから溶融的 lytic という。(2) 細胞にウイルスが「共

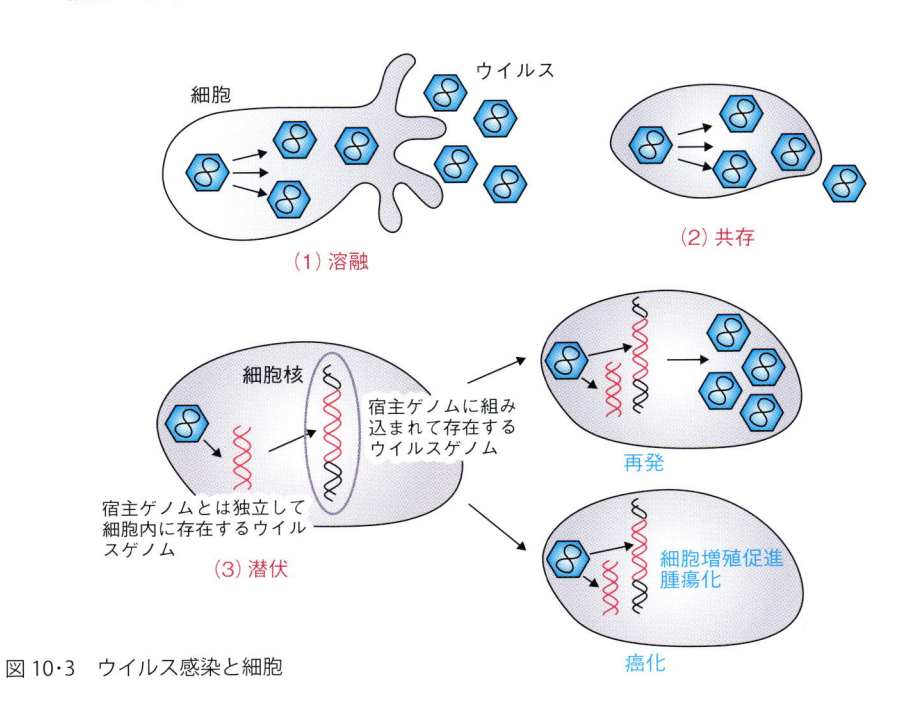

図 10・3　ウイルス感染と細胞

存」するような状態となり、細胞はウイルスを放出しながら存続する。AIDS（後天性免疫不全症候群 acquired immunodeficiency syndrome）の原因である HIV（ヒト免疫不全ウイルス human immunodeficiency virus）が感染したマクロファージは、死滅することなく HIV を放出し続ける。リンパ球は HIV によって死滅する。(3) ウイルスが放出されることなく潜伏感染する。ウイルスは増殖しないが、細胞内に持続的に存在する。時として、ウイルスのゲノム DNA は（RNA ウイルスの場合は逆転写されて DNA となる）、細胞のゲノムに組み込まれる。そのまま細胞もしくは個体が一生を終えることもあるが、ウイルスが活動を再開することがある。腫瘍（癌）ウイルスでは、自己ではなく細胞の増殖を促進させる（図10・3）。

10・4　ウイルスゲノムの複製

ウイルスゲノムが二本鎖 DNA の場合は、宿主細胞ゲノム DNA と同じように複製／転写／翻訳が行われる。

┌→ ウイルス二本鎖 DNA → mRNA → タンパク質

一本鎖 DNA の場合には宿主細胞の DNA ポリメラーゼによって二本鎖 DNA となって、後は、宿主細胞ゲノム DNA と同じように複製／転写／翻訳が行われる。

┌→ ウイルス一本鎖 DNA → 二本鎖 DNA → mRNA → タンパク質

二本鎖 RNA の場合には、ビリオンに準備されているウイルス自身の RNA 依存性 RNA ポリメラーゼによって mRNA となる（＋）鎖が複製される。（＋）鎖は mRNA としてウイルスタンパク質の翻訳を行いつつ、相補的な（－）鎖の鋳型となり、二本鎖 RNA が作られていく。

┌→ ウイルス二本鎖 RNA → mRNA → タンパク質

ウイルス一本鎖 RNA が mRNA としても機能する（＋）鎖の場合には、そのまま翻訳されてウイルスタンパク質（RNA 依存性 RNA ポリメラーゼも含む）の翻訳が行われる。また、RNA 依存性 RNA ポリメラーゼによって（＋）鎖を鋳型として（－）鎖が作られ、さらにそれを鋳型として（＋）鎖 RNA が複製される。

┌→ (－)鎖 RNA → ウイルス(＋)鎖 RNA (mRNA) → タンパク質

ウイルス一本鎖 RNA が mRNA と相補的な（－）鎖の場合には、ビリオンに準備されているウイルス自身の RNA 依存性 RNA ポリメラーゼによって（＋）鎖 RNA が複製される。

┌→ ウイルス(－)鎖 RNA → mRNA → タンパク質

レトロウイルスでは RNA のゲノムは逆転写酵素（ビリオンに準備されている）により DNA に複製され、宿主細胞のゲノムに組み込まれる。

```
            ┌→ タンパク質
            │  ウイルス逆転写酵素
┌→ ウイルス(＋)鎖 RNA (mRNA) → (－)鎖 DNA → 二本鎖 DNA
         ─宿主 DNA─
```

10・5　ヘルペスウイルス

ヘルペスウイルスは二本鎖 DNA ウイルスで単純ヘルペスウイルス（性器ヘルペス感染症）と水痘・帯状疱疹ヘルペスウイルス（初感染では水痘、潜伏後に再活性化すると帯状疱疹となる）が代表である。グアニンのアナログ[1]のアシクロビルはヘルペスウイルスのキナーゼ、その後に細胞のキナーゼによってリン酸化されて、dGTP と競合する活性型となる。これがウイルス DNA ポリメラーゼを特異的に阻害する。ウイルスが感染していない細胞では活性化されないため無害である

---

[1]: アナログにはアナログ／デジタルのアナログという意味と、類似物という意味がある。ここでは類似物という意味で使用している。

トピックス 10.2 ＜RNA ウイルス＞

ウイルスは遺伝子（RNA もしくは DNA）とそれをコートするタンパク質／脂質のみで構成されている最小単位の生命である。そのゲノムが RNA だけのウイルスが RNA ウイルスである。

（＋）鎖（センス鎖）RNA ウイルス（例えば A 型肝炎ウイルス、C 型肝炎ウイルス）のゲノム RNA はそのまま mRNA として機能する。宿主細胞の翻訳系に潜り込んでウイルス自身のタンパク質を合成させる。1 本の mRNA から複数種類のペプチドを合成させるので、細菌と同じようにポリシストロン性をもっている。哺乳類のリボソームが結合できるように細菌の ribosome bindig site と同様な IRES（internal ribosome entry site）が存在する。遺伝子工学により、哺乳類の適当な遺伝子を IRES を入れて連結することによって、哺乳類細胞でもポリシストロン的に 1 本の mRNA から複数種類のペプチドを合成させることができる。ウイルスゲノムの複製では、まず、ウイルス自身の RNA ポリメラーゼによって（＋）鎖 RNA を鋳型として（－）鎖 RNA を合成する。それを元に（＋）鎖 RNA を複製していく。

（－）鎖（アンチセンス鎖）RNA ウイルスはそのままではウイルスタンパク質を宿主に合成されることができない。そのためにウイルス粒子のなかに RNA ポリメラーゼを備えており、まず、自らの力で宿主細胞のなかで（＋）鎖 RNA を複製する。後は（＋）鎖 RNA ウイルスと同じように宿主の翻訳系に潜り込んで自身のタンパク質を合成していく。二本鎖 RNA のウイルスも二本鎖 RNA を鋳型にできる自己の RNA ポリメラーゼをウイルス粒子に備えている。

RNA ウイルスの中には、一度、DNA を介して増殖するウイルスがいる。AIDS の原因である HIV が属するレトロウイルスのゲノムは（＋）鎖 RNA であるが、自身の逆転写酵素によって RNA を鋳型として DNA を合成し、その DNA は宿主のゲノムに組み込まれる。そして、機を見て、宿主に組み込まれた遺伝子として発現してウイルスが複製される。

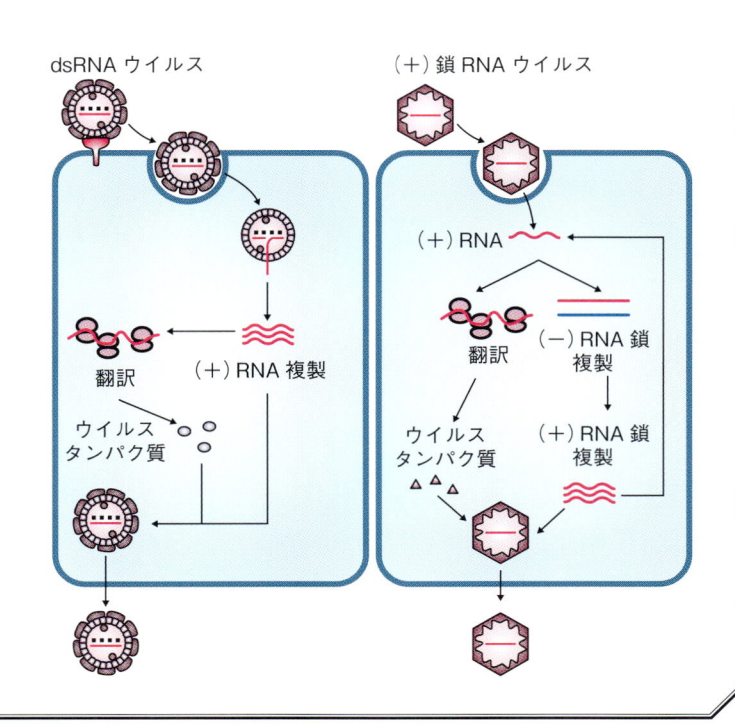

図 10・4　RNA ウイルス
　ds（二本鎖）RNA および（－）鎖 RNA はウイルス自身がもつ RNA ポリメラーゼによってまず（＋）鎖の RNA が複製される。（＋）鎖 RNA ウイルスではそれがそのまま mRNA として宿主の翻訳系を乗っ取ってウイルスが複製されていく。

トピックス 10.2 の図

図 10・5　RNA から DNA に逆転写されるレトロウイルス

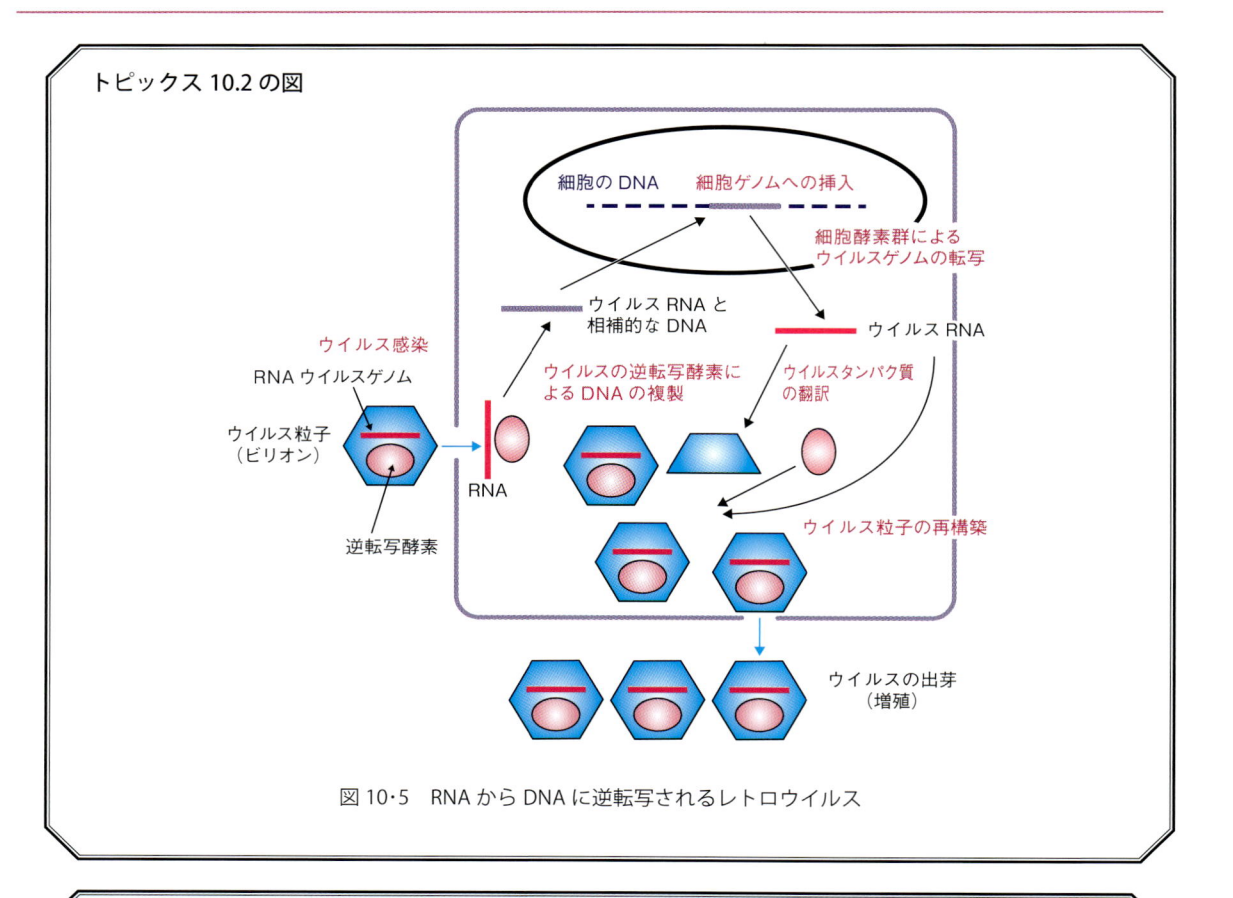

コラム 10.1 ＜ファージを利用した医学研究＞

　ファージは細菌に感染するウイルスで、DNA が遺伝情報を担っていることを証明する実験で用いられた（ハーシー・チェイス Hershey-Chase 実験）。バクテリオファージは月面着陸船のような形をしており、細菌に突き刺さって DNA を細菌内に注入する。その DNA が複製されタンパク質が合成されて、ファージは増殖する。ファージがどんどん増殖して細菌が溶菌する場合（ビルレントファージ）と、ファージ DNA が細菌ゲノム DNA に組み込まれる場合（テンプレートファージ）がある。テンプレートファージもなんらかの刺激があると、細菌ゲノムから切り出されて増殖を再開し、細菌は溶菌する。例えば、紫外線などにより細菌 DNA が傷害されると溶菌を開始する。あたかも、細菌が元気なうちはおとなしく一緒に増殖しているが、宿主の調子が悪くなると、寄生していたファージだけが一気に増えて子孫を残すかのようである。ファージは遺伝子工学で大腸菌に遺伝子を導入するためにも用いられる。また、ファージ頭部に様々なタンパク質を発現させてタンパク質ライブラリも作製される（ファージディスプレイ）。

　　　図 10・7　ファージディスプレイ法（図は次ページに掲載）
　　　　ファージの頭部タンパク質をコードする領域に適当な配列（時としてランダム）を挿入すれば、様々なアミノ酸配列のペプチドが、頭部タンパク質の一部として発現するファージの集団（ライブラリ）を作製することができる。このファージと目的の因子（例えば受容体）を混和し、洗浄すれば受容体に結合するファージだけを精製することができる。このファージの DNA 配列から、特異的に結合するペプチドのアミノ酸配列を得ることができる。

コラム 10.1 の図

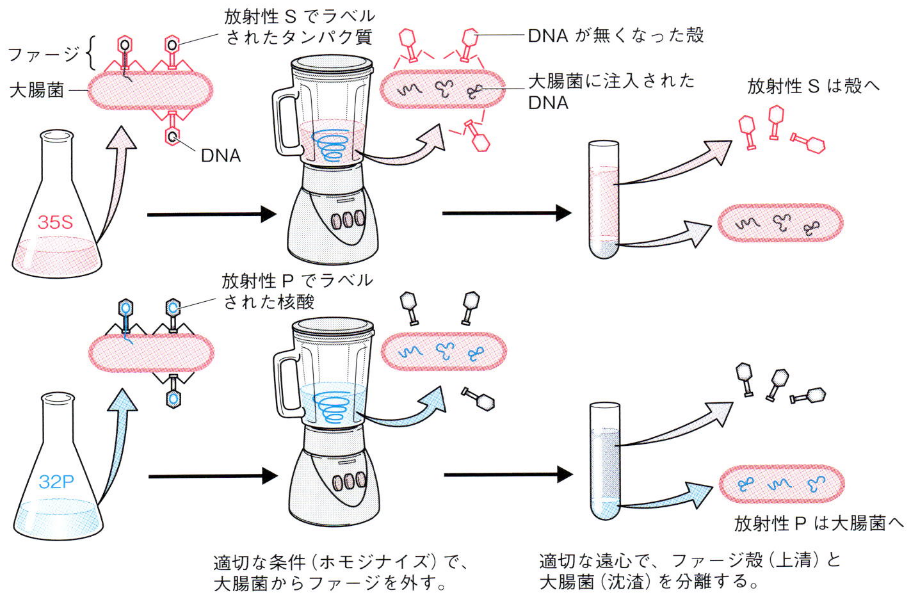

図 10･6　ファージの模式図とハーシー・チェイス実験

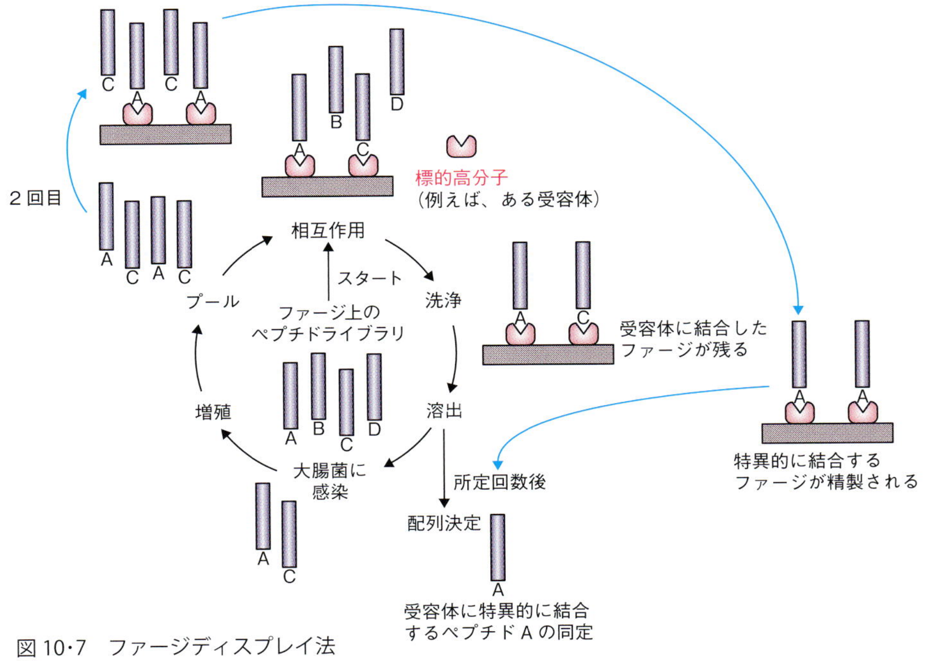

図 10･7　ファージディスプレイ法
説明は前ページに掲載。

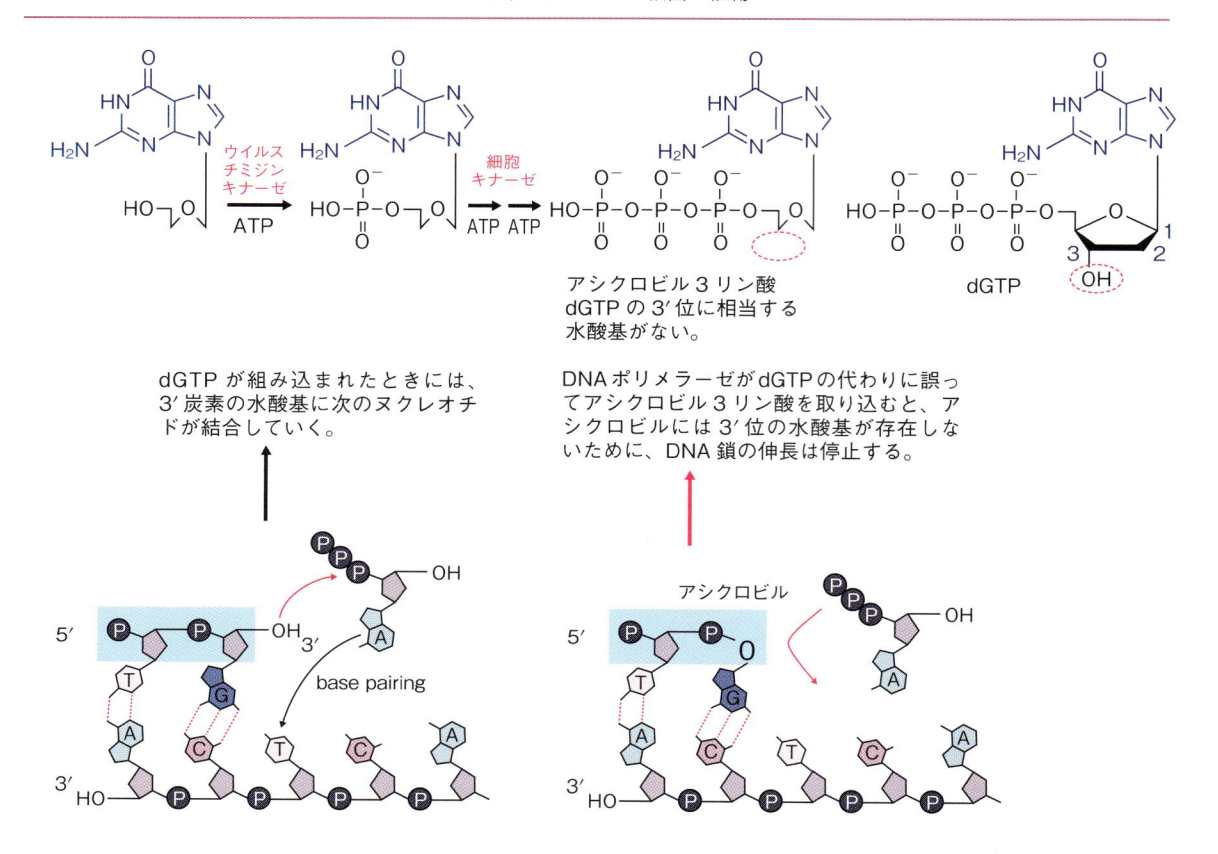

図10・8 抗ヘルペス薬アシクロビルの作用機序
アシクロビルへの耐性はアシクロビルを活性化するチミジンキナーゼや阻害されるポリメラーゼの変異によって生じる。

（細胞のDNAポリメラーゼも少し阻害する）（図10・8）。アシクロビルはヘルペスウイルスのみに有効である。抗生物質など抗菌薬は、無効な細菌もあるが様々な種類の細菌を抑制する。しかし、抗ウイルス薬はウイルスごとに特異的である。

10・6 インフルエンザウイルス

インフルエンザウイルスは（−）鎖RNAウイルスである（インフルエンザ杆菌という細菌もある。肺炎も引き起こすが、髄膜炎の原因菌として有名）。ビリオンはRNAポリメラーゼを備えており、感染細胞でウイルスRNAを複製することができる。ゲノムRNA鎖は8本あり、成熟時にはきちんと8本ずつのRNAをもったビリオンが構築されていく（図10・9）。

インフルエンザウイルスが感染する真核細胞のmRNAは、効率よく翻訳するために5′にキャップ構造 cap structure が存在する。しかし、インフルエンザウイルスの酵素ではキャップ構造を作れない。そこで、宿主細胞のmRNAの5′端を拝借する。

インフルエンザウイルスのサブタイプはビリオン内部のタンパク質によってA型、B型、C型に分類される。とくにA型の主要な抗原決定部位であるウイルス表面のノイラミニダーゼ（N）と赤血球凝集素（H）は多様である。ノイラミニダーゼは成熟ウイルスが細胞から離脱するときに必要な酵素であり、赤血球凝集素はウイルスが細胞内

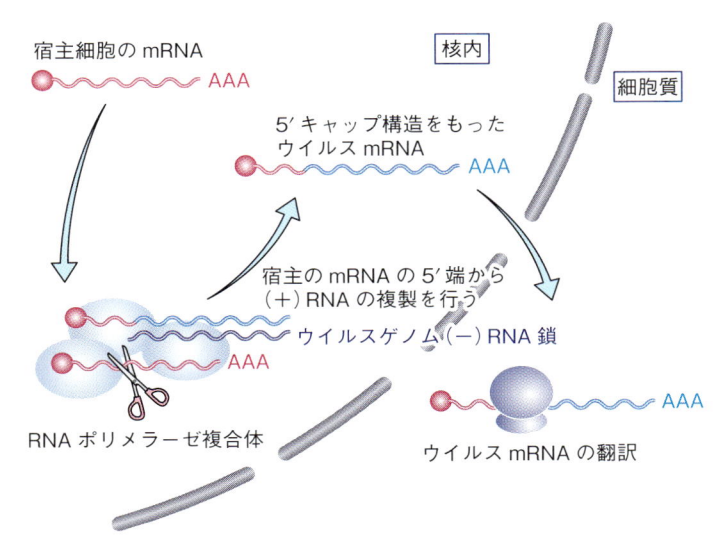

図10・9　宿主細胞のmRNAを拝借するインフルエンザウイルス

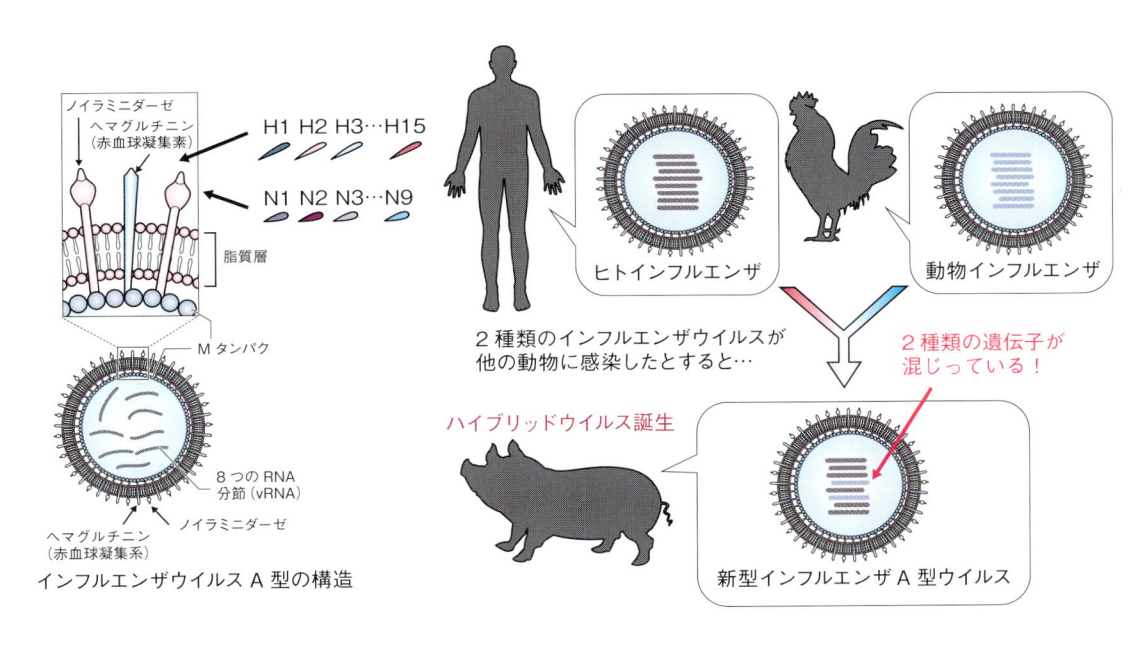

図10・10　変異しやすいA型インフルエンザウイルス

に侵入するときに必要である。ヒトの免疫系はHとNを認識して免疫応答を行うために、それらが変異して別のものになると免疫ができていないことになり、大流行となる。また、宿主としてヒトばかりではなく、ブタや渡り鳥なども使われるとされる。鳥インフルエンザとヒトインフルエンザがブタで同時感染するとゲノムの組換えが起こり、新たな危険なウイルスが誕生することが危惧されている（図10・10）。

薬学ノート 10.1 ＜ノイラミニダーゼ阻害薬＞

インフルエンザ治療薬の代表がノイラミニダーゼ阻害薬である。この酵素はウイルスが細胞から放出されるときに必須の酵素である。オセルタミビル（商品名タミフル®）がトリインフルエンザにも有効ということで大量購入して備蓄したのは良いが、2007年あたりに購入したロットあたりから使用期限を迎えるものが大量にでてくるというので、使用期限の延長が行われたらしい。日本ではインフルエンザになるとすぐにタミフルが投与されてしまうために、すでに耐性ウイルスによるインフルエンザが蔓延しているという話である。耐性はノイラミニダーゼの変異による。

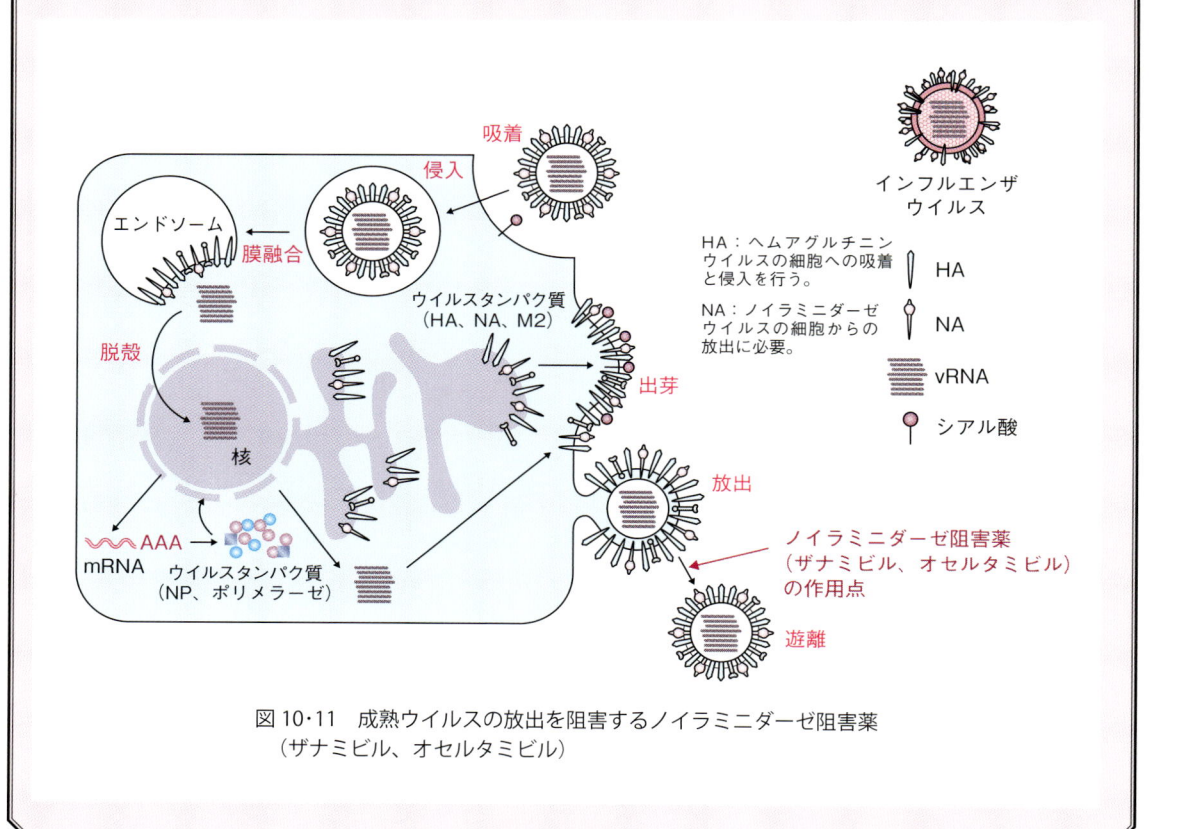

図 10·11　成熟ウイルスの放出を阻害するノイラミニダーゼ阻害薬（ザナミビル、オセルタミビル）

10·7　癌ウイルス

癌は、細胞の増殖制御系が異常になり、著しく増殖する能力と、別の臓器へ浸潤していく能力と非連続的に新たな部位へ転移する能力を得た細胞であり、遺伝子異常が原因である。ウイルスの中には宿主細胞を癌化するものがある。

最初に見いだされたのが、トリに肉腫（非上皮組織の悪性腫瘍）をもたらす RNA ウイルスのラウス肉腫ウイルス Rous sarcoma virus（RSV、Rous は発見者名）である。ゲノム RNA は逆転写によって宿主細胞に組み込まれて異常増殖をもたらす。その後、正常細胞にもウイルスと相同の配列な遺伝子 *src* が見いだされた。この細胞型の *src*（*c-src*）は細胞の増殖制御を行っている。RSV のゲノムに組み込まれた細胞の *c-src* は癌化作用の

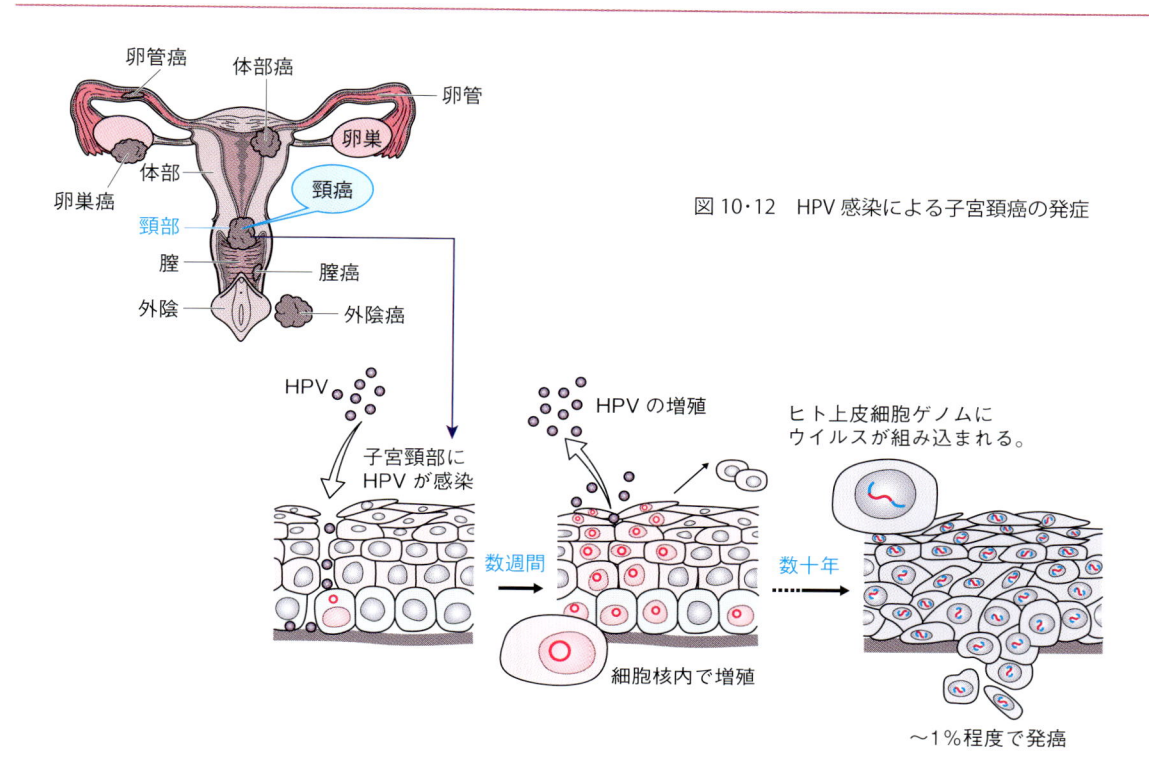

図10・12 HPV感染による子宮頸癌の発症

強い v-src となったらしい。ヒトの癌では src は直接的要因にはなっていないようである。

ヒトの癌と関係の深いウイルスとしては、ヒトパピローマウイルス human papillomavirus（HPV）（図10・12）、肝炎ウイルス、ヒトT細胞白血病ウイルス human T-cell leukemia virus（HTLV）などが知られている。その癌化のメカニズムは複雑である。肝炎ウイルスはウイルスによる慢性炎症が引き金になるとされる。HTLV はウイルス転写因子が増殖を促進するとされる。HPV は子宮頸癌の原因となり、ワクチンによる予防が可能になっている。

10・8 細 菌

細菌のほとんどは独立生活ができる。例外的にマイコプラズマ、クラミジア、リケッチアは真核細胞内に寄生している。真核細胞とは異なり、小胞体などの細胞小器官は無く、ミトコンドリアも無い。ミトコンドリアは太古の細菌が真核細胞に寄生したと考えられている。リボソームも異なったものとなっている。しかし、DNA複製、mRNA転写、翻訳、解糖系など基本的な生化学的過程は共通している部分が多い。

細菌の細胞は、細胞質に浮遊する染色体（真核生物よりも単純）と細胞膜からなる（図10・13）。ほとんどの細菌は細胞壁をもち、さらにその周りに莢膜という膜構造も存在する場合がある。運動器官として線毛や鞭毛をもつのもいる。大まかな細菌の形態は球状の球菌（ブドウ球菌）、杆状の杆菌（大腸菌）、らせん菌（スピロヘータ）などに分類される。

栄養状態や環境が悪化すると、芽胞と呼ばれる休眠細胞をつくる細菌がいる（炭疽菌、破傷風菌、ボツリヌス菌）。芽胞は非常に強固な壁で覆われており、煮沸に耐え、通常の消毒薬には著しく抵抗性を発揮する。したがって、沸騰水に器具を入

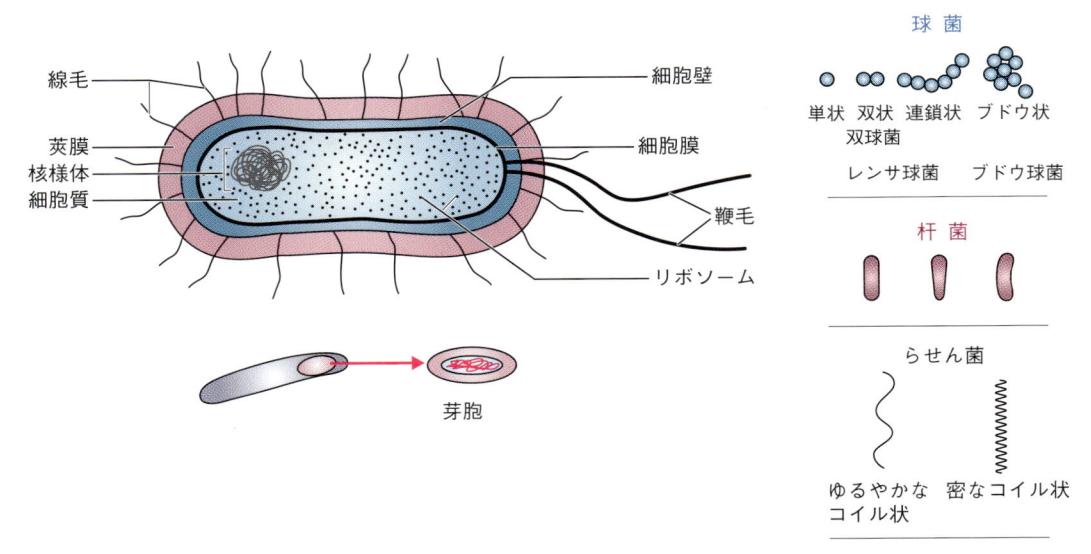

図10・13　細菌の一般的な構造と形態

れても十分に消毒できないことがある。高圧蒸気滅菌（オートクレーブ、水蒸気温度120℃）では死滅する。

10・9　グラム染色

グラム染色は、病室検査室で簡便に行うことができる細菌の染色による分類法である（図10・14）。

①**グラム陽性菌（紫に染まる）**：一般的に感染症としては重篤だが、抗生剤（ペニシリン）が効きやすい。ブドウ球菌、レンサ球菌。

②**グラム陰性菌（ピンクに染まる）**：一般的に病原性が低いが、抗生剤が効きにくい。大腸菌、淋菌。

③**染まらない菌**：結核菌。

グラム陽性菌が染まりやすいということは、外壁が薄いということである。そのために増殖スピードは身軽で速くなり、急性で重篤な感染症となる。しかし、抗菌薬も菌内に侵入しやすいため効きやすい。グラム陰性菌が染まりにくいということは鎧甲（よろいかぶと）が重いということなので、増殖スピードは遅く、症状は比較的軽い。しかし、抗菌薬が菌内に入りにくいので効きにくい。また、グラム陰性菌の外膜にはLPSという内毒素があり、菌が死滅すると放出され、エンドトキシンショックを引き起こす危険性があるので、うっかり殺菌的な抗菌薬を投与するとショックとなることがある。結核菌はほとんど染まらないことからわかるように、がちんがちんの細胞壁を備えている。そのため、ちんたらちんたら増殖するが、一般的な抗菌薬がほとんど無効ということになる。結核菌の別名の好酸菌は、なかなか染色されないが、一度染色されると酸性処理でも脱色されないことを意味している。

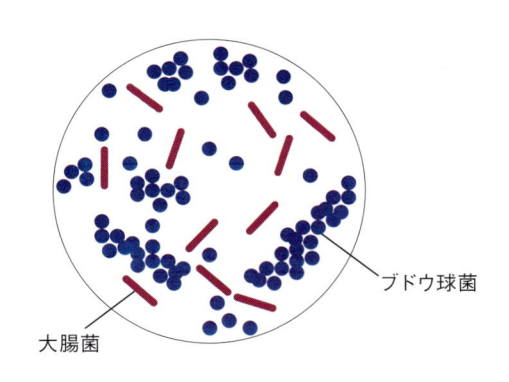

図10・14　グラム染色の模式図

薬学ノート 10.2 ＜抗菌薬＞

　真核細胞（ヒト細胞）と細菌細胞には異なった点が数多く存在するために、細菌細胞のみに毒性を発揮する抗菌薬が数多く存在する。抗生物質とは、微生物が産生する他の微生物の増殖を抑制する物質のことである。天然の抗生物質を人工的に改変した薬物や、まったく新たに作製した細菌を抑制する薬物の総称が抗菌薬である。抗生物質には臨床的には抗癌薬として用いられるのもある（アドリアマイシンなど）。

　ペニシリンは青カビから発見された抗生物質である。その作用は、ヒトの細胞にはない細菌の細胞のみに存在する細胞壁の合成を阻害することである。細菌は単細胞生物として生き抜くために、頑丈な細胞壁で身を守っている（ヒトの場合は皮膚や粘膜が体内の細胞を守ってくれている）。ペニシリンはその防御壁の合成を阻害してしまうために、細菌はふにゃふにゃになり、容易に破れてしまうか、体の防衛系細胞（マクロファージなど）によって破壊されるようになる。ペニシリンはすでに完成している細胞壁を破壊するのではなく、新たに作られるのを阻害する。したがって、分裂していない「お休み」している細菌にはあまり効果がない。活発に増殖している細菌をやっつけてくれる。したがって、増殖の遅い細菌には少し効果が弱まることになる。また、もともと細胞壁のないマイコプラズマなどにはまったく効果がない。ペニシリンはヒト細胞にはほとんど無害であるが、ペニシリンに対するアレルギー反応（ペニシリンショック）が起こることがある。

　細菌のタンパク質合成を阻害する抗菌薬にはテトラサイクリン、マクロライド（エリスロマイシン）、アミノグリコシド（ストレプトマイシン）などがある。

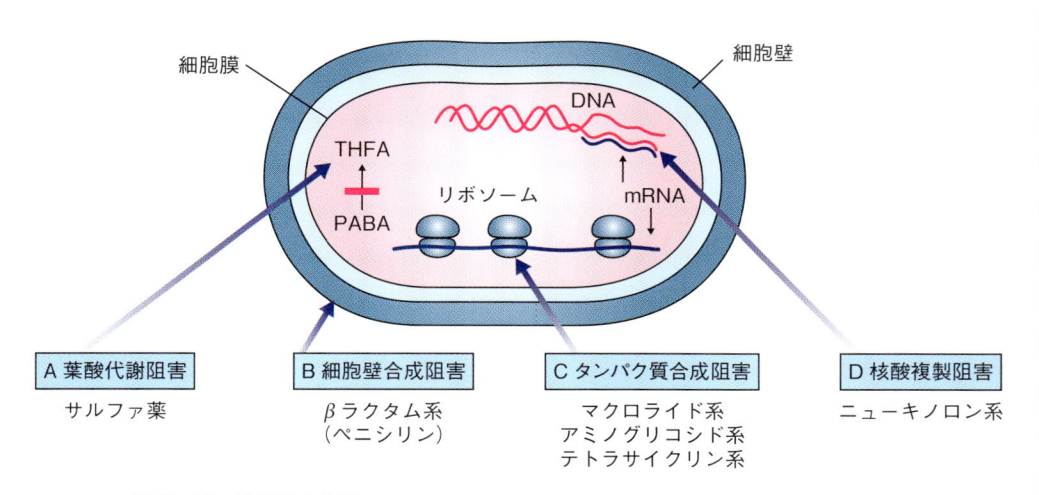

図 10・15　抗菌薬の分類
A. 葉酸代謝阻害（サルファ薬）
B. 細胞壁合成阻害（β-ラクタム系抗生物質）（ペニシリン）
C. タンパク質合成阻害（マクロライド系抗生物質、アミノ配糖体系抗生物質、テトラサイクリン系抗生物質）
D. 核酸複製阻害（ニューキノロン系抗菌薬）
抗生物質は微生物由来の抗菌化合物そのものかそれを改変したものである。ニューキノロン系とサルファ薬は最初から人工合成された。

10·10　耐性菌、菌交代症、日和見感染

ほとんどの抗菌薬には抵抗性を増した耐性菌が出現する。例えば、ペニシリンに対してはペニシリンを分解するペニシリナーゼを産生して耐性となる。ペニシリナーゼを産生する耐性菌は余計な酵素を合成するために、ペニシリンが存在しない環境では、非耐性菌のほうが増殖が速い。したがって、耐性菌が蔓延しても、その抗菌薬の使用を中止すると、耐性菌が減少していく。もっとも再開するとただちに耐性菌が息を吹き返すようである。多剤耐性ブドウ球菌（MRSA）が怖いからといって（MRSAが検出されたからといって）、その特効薬バンコマイシンを使用するとバンコマイシン耐性菌が増えてしまう。MRSAが検出されたことと感染症となっていることは違うということを理解しなくてはならない。

また、抗菌薬を無計画に使用すると、それに耐性の微生物が急速に増殖することがある。通常の大腸では増殖の遅い真菌（カンジダなど）は大腸菌に押さえ込まれている。ところが、抗菌薬によって大腸菌が死滅すると、抗菌薬が効かない真菌が急速に増加することがあり、それが感染症をもたらすことがある。抗菌薬によって細菌（微生物）の状態が大きく変わることを菌交代症といい、普段は無害な微生物がヒトの防衛力の低下などにより感染症をもたらすことを、日和見感染という。

10·11　マイコプラズマ、クラミジア

マイコプラズマは細胞壁をもたず細胞内に寄生する細菌である。肺炎の原因となる。クラミジアは細胞壁をもつ。性交など濃厚な接触によって感染する性感染症（STD：sexually transmitted disease）の原因菌の一つである。オーラルセックスのためか、性器だけではなく咽頭にも感染し流行の要因の一つとされる。症状はあまりないが、慢性の腹膜炎などにより女性不妊の原因となる（図

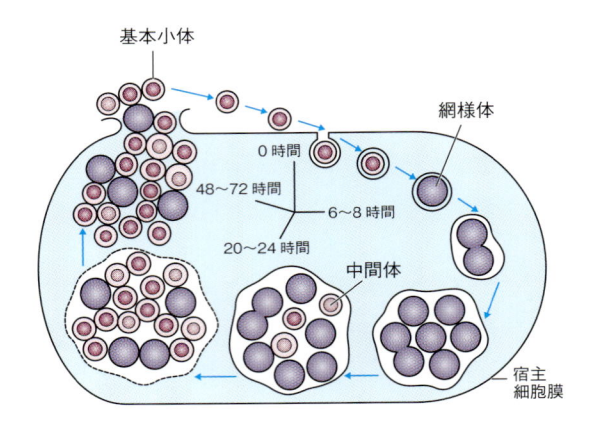

図10·16　細胞内に寄生するクラミジア

10·16）。

10·12　腸内細菌、正常細菌叢

大腸の中には大腸菌を主として未知の細菌が数多く生息している。これらの常在菌は、より危険な細菌の侵入やカビなどの増殖を防いでいるとされる。また、適宜、腸管から体内に侵入して免疫系を賦活しているとも言われる。また、各個人が個性的な細菌叢を構成している。腸肝循環など薬物代謝にも深く関与しており、個別化医療では、ヒトのゲノムだけではなく腸内細菌叢の個性も考慮する必要があるだろう。

腸内細菌は特殊な条件のために体外で培養することが難しい菌種も多数存在する。そこで、便のなかのDNAやRNAを網羅的にシークエンスすることによって、すべての菌種をリストアップすることが試みられている。腸内細菌は、栄養物の消化、薬物の吸収、代謝性疾患に関係している。また、免疫との関わりで、免疫性疾患や炎症性疾患に関係している。さらに、高次脳機能にも関係していることが報告される。テーラーメイド医療には、ヒトのゲノム情報だけではなく、腸内細菌のゲノム情報も必要である。

10·13　真　菌

真菌は植物に類似しているが光合成を行わな

い。酒や味噌など発酵によりヒトに多大の貢献をしているが、時に人に感染症をもたらす。真核生物のために細菌に有効な抗菌薬は無効である。ヒトの細胞とは異なり細胞壁をもつ。したがって細胞壁合成は有力な抗真菌薬の標的となるが、それが実用化されたのは 2000 年になってからである（ミカファンギンなど）。

従来から使用されていたアムホテリシン B（amphotericin B）は真菌の細胞膜を傷害する。しかし、ヒトと真菌の細胞膜には大きな差はないために、ヒトの細胞にも毒性を発揮して有害作用が出やすい薬物である。とはいうものの抗真菌作用は強力なので、現在でも使用されている（図 10・17，図 10・18）。

図 10・17　アムホテリシン B の構造
親水性領域（青色）と疎水性領域（赤色）がある。

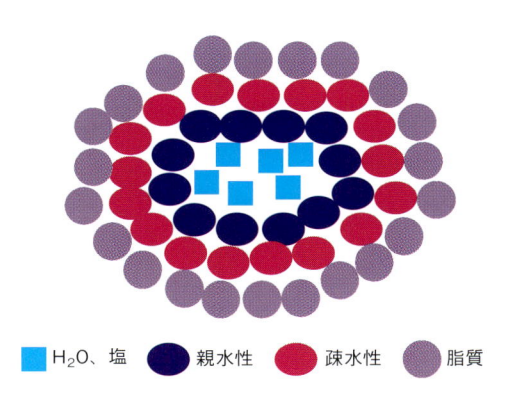

■ H_2O、塩　● 親水性　● 疎水性　● 脂質

図 10・18　アムホテリシン B の作用機序
細胞膜を上から眺めた模式図。親水性と疎水性の二極性分子であるアムホテリシン B は真菌の細胞膜に穴を開ける。アムホテリシン B はヒト細胞よりも真菌細胞の細胞膜への親和性が少し高いために、真菌細胞のほうを傷害する。

10・14　植物、光合成

植物の特徴は光合成による独立栄養（他の生物に由来しない無機化合物だけで生存できる）である。細胞は細胞壁をもち、一つの細胞から比較的容易に個体を得ることができる。光合成が行われる葉緑体も太古の細菌が細胞内に寄生したものとされる。独立したゲノムをもつなどミトコンドリアと類似している（図 10・19）。

葉緑体にはミトコンドリアには無い袋、チラコイドが存在する。チラコイドは非常に複雑に連結した小嚢の形態となっている。ここに光が当たると、そのエネルギーを利用して水は O_2 と H^+ に分解される。光のエネルギーを吸収するのがクロロフィル（葉緑素）である。こうして維持される H^+ の濃度勾配を利用して、ミトコンドリアと同じように ATP、さらに NADPH が作られる。これらによって、結局は光のエネルギーによって二酸化炭素からグルコースが産生される（図 10・20）。

植物は地中のアンモニアをグルタミンにする窒素同化も行う。グルタミンを元にすべてのアミノ酸を合成することができる。また、一部の微生物は大気の窒素をアンモニアとする窒素固定も行う。マメ科の根に寄生している根粒菌は、植物からエネルギーを供給してもらって、窒素固定を行い、マメにアンモニアを供給する。したがって、植物は水、二酸化炭素、光と地中のアンモニア（時として大気の窒素）から、他の生物（主に動物）が利用する糖質やアミノ酸を提供しているのである。

10・15　ミドリムシ

植物と動物細胞の違いは、植物は光合成を行うが、移動することはできないということになる。ミドリムシ Euglena は原生動物（ゾウリムシなど）のように単細胞で活発に泳ぐことができるが、葉

140   10章　ウイルス・細菌・植物

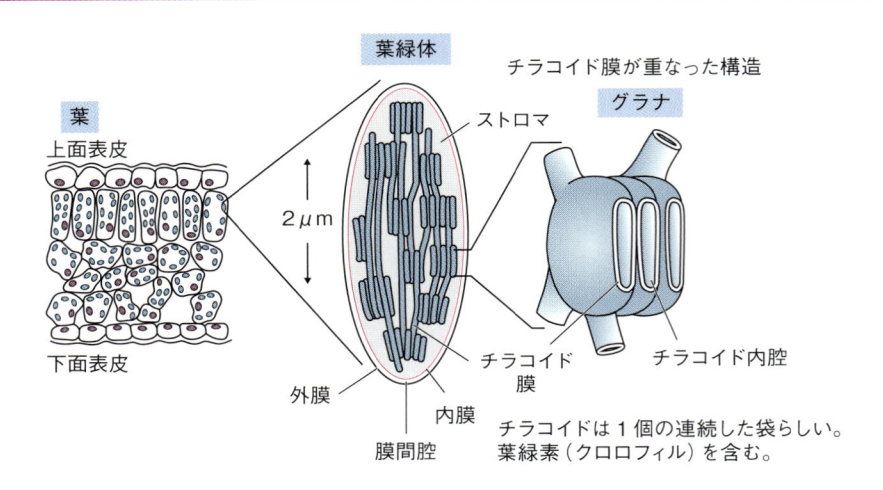

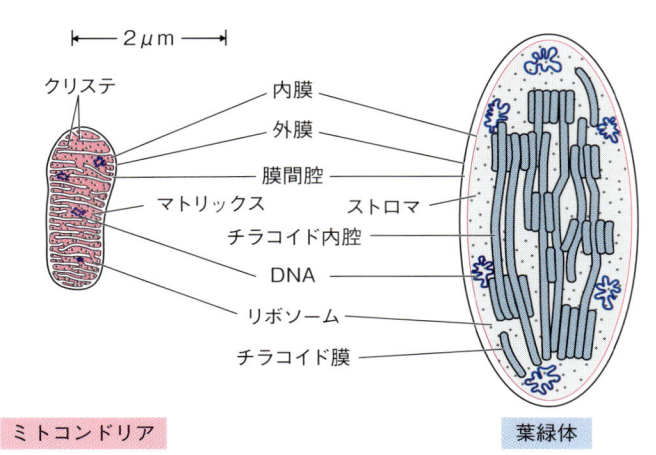

葉緑体
葉
上面表皮
下面表皮
外膜
内膜
膜間腔
2μm
ストロマ
チラコイド膜
チラコイド内腔
グラナ　チラコイド膜が重なった構造
チラコイドは1個の連続した袋らしい。
葉緑素（クロロフィル）を含む。

ミトコンドリア
クリステ
内膜
外膜
膜間腔
マトリックス
2μm

葉緑体
ストロマ
チラコイド内腔
DNA
リボソーム
チラコイド膜

図10・19　ミトコンドリアと類似した葉緑体

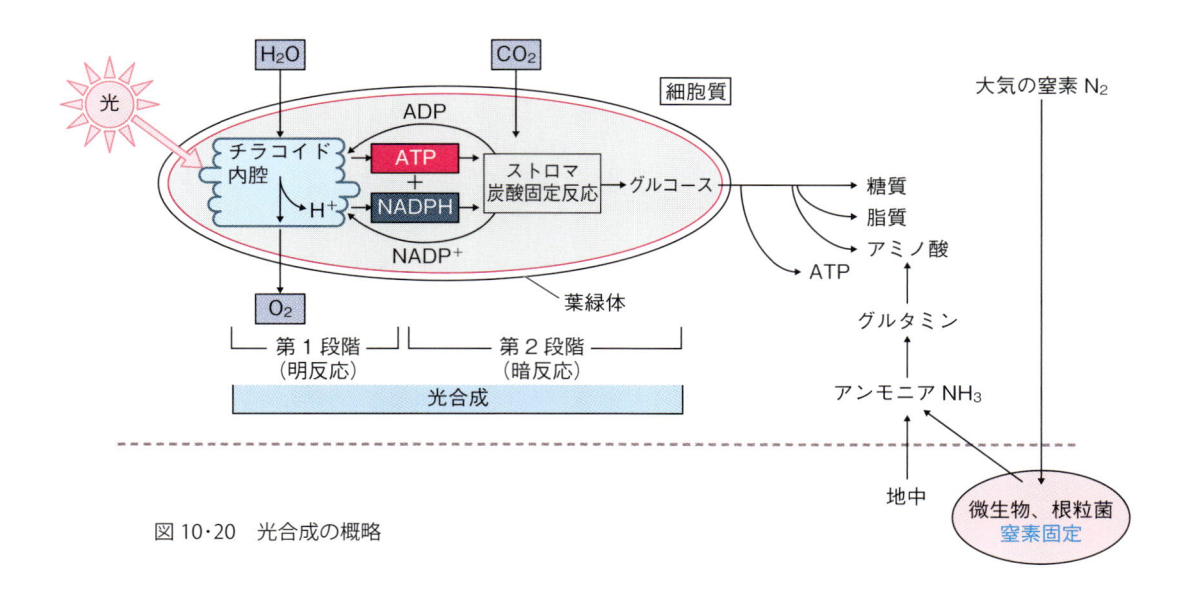

光
H_2O
CO_2
細胞質
チラコイド内腔
H^+
ADP
ATP
NADPH
$NADP^+$
ストロマ
炭酸固定反応
グルコース
糖質
脂質
アミノ酸
ATP
グルタミン
アンモニア NH_3
地中
大気の窒素 N_2
微生物、根粒菌
窒素固定
O_2
葉緑体
第1段階（明反応）
第2段階（暗反応）
光合成

図10・20　光合成の概略

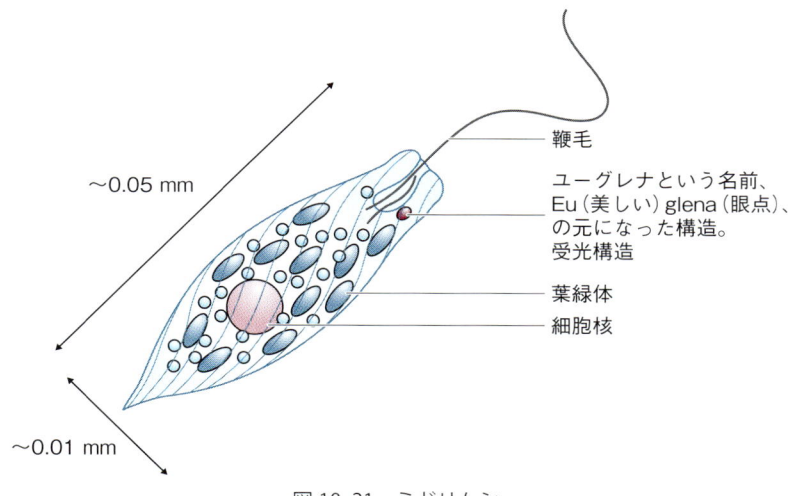

図 10·21　ミドリムシ

緑体をもち光合成を行うことができる。分類学上は藻類に属しているが、動物と植物の中間に位置するとも言える（図 10·21）。

10 章　問題：誤りがあれば修正せよ。

1. 古細菌は進化的に真正細菌の下位に属するより原始的な生物である。
2. ファージはヒト細胞に感染する危険なウイルスである。
3. ノイラミニダーゼ阻害薬（タミフル）はインフルエンザウイルスの核酸合成を阻害する。
4. インフルエンザはヒトのみに感染する。
5. ヒトパピローマウイルスは肝臓癌の原因となる。
6. 細菌は沸騰水中（100℃）で死滅する。
7. グラム陽性菌はグラム陰性菌よりも抗菌薬が効きやすい。
8. 腸内細菌は腸疾患ばかりかアレルギーなどにも関与している。
9. 真菌とヒトの細胞膜は同等である。
10. ミドリムシは植物である。

11章　細胞運動・細胞分裂・幹細胞

○　細胞の運動系にはアクチン／ミオシン系とチューブリン（微小管）系がある。
○　細胞内 Ca^{2+} が上昇するとアクチン／ミオシン系は滑り説に従って収縮する。
○　微小管による輸送は双方向性である。
○　通常の細胞分裂で誕生する娘細胞は相同であるが、幹細胞の細胞分裂では時として一つの娘細胞は分化して異なった細胞となる。

　死んだ動物は動かなくなる。植物は動かないように思える。しかし、運動は目で見える筋肉（アクチン／ミオシン系）の動きだけではなく、細胞レベルでも活発に行われている。植物細胞でも原形質流動という細胞小器官の移動が活発に行われている。神経細胞ではアクソンの中をベルトコンベアのように輸送が行われている（チューブリン／キネシン・ダイニン系）。これらモータータンパク質も ATP を分解する ATP アーゼという酵素であるが、産生するのは代謝産物ではなく運動である。細胞分裂も染色体の正確な分配や娘細胞の分断で細胞運動が行われている。細胞分裂で誕生する二つの娘細胞は同じ性質である。しかし、幹細胞では一つの娘細胞はそのまま幹細胞となり、もう一つの娘細胞は他の細胞へと分化していく。その結果、様々な細胞になる能力をもった幹細胞が維持されつつ、分化した細胞を作り出すことができる。受精卵はすべての細胞になりうる全能性をもっている。胚性幹細胞はすべての細胞になることはできるが、受精卵と違って、そのまま成体になることはできない。受精卵からの発生が進行した胚盤胞に注入すると生殖細胞に分化して、個体を形成することができる。ES 細胞を操作することによって遺伝子改変動物を作製することができる。

11・1　運　動

　動物と植物の大きな違いは、動物は「動ける」ことである。動物の運動は筋肉という組織によるものである。この筋肉の仕組み（アクチンとミオシンの相互作用）は、他の細胞（植物を含む）にも普遍的に存在する細胞運動と細胞骨格の解明につながった。また、アクチン／ミオシンと双璧をなす細胞運動を行うタンパク質（モータータンパク質）であるチューブリンは細胞分裂や鞭毛運動を担っている。

11・2　筋　肉

　筋肉は、運動を意思で制御できる随意筋（骨格筋）と、できない不随意筋（心筋と平滑筋）に分類される。骨格筋は規則的な横紋構造が観察されることから横紋筋とも呼ばれ、多数の細胞が融合してできた巨大な多核細胞である。心筋も横紋筋の一種ではあるが単核細胞である。平滑筋も単核細胞であるが、横紋構造ははっきりしない。しかし、収縮の基本的な機序（収縮タンパク質アクチンとミオシンと Ca^{2+} による収縮開始）は共通である（図11・1）。

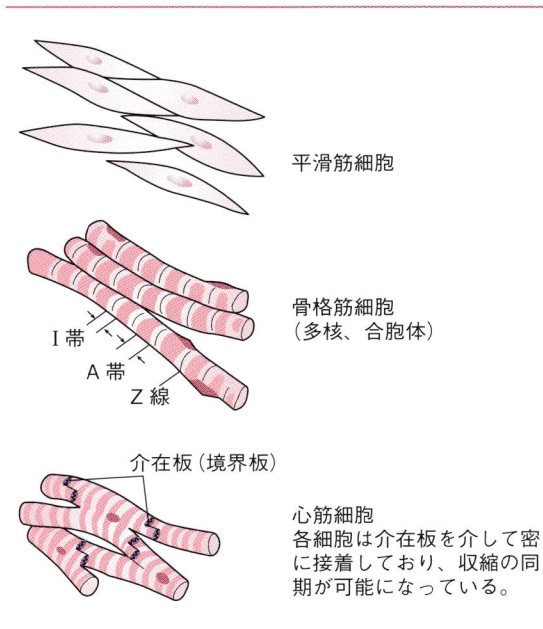

図 11·1　骨格筋、心筋、平滑筋

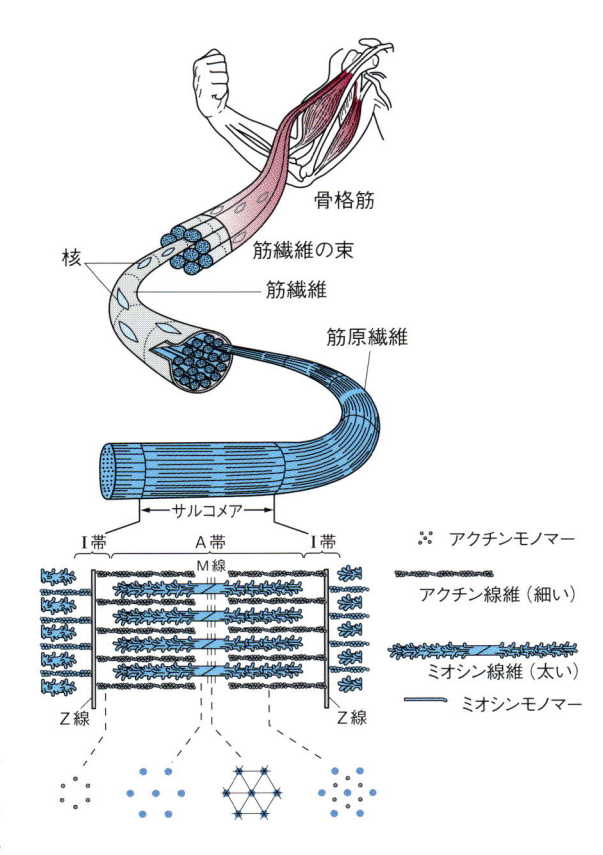

図 11·2　骨格筋の整然とした構造
骨格筋の収縮は整然と配列したアクチンとミオシンの相互作用によって行われる。

11·3　骨格筋

骨格筋は体重の〜45%を占める最大の臓器である。運動器官であるとともに熱発生器官でもある。多数の筋芽細胞が融合して完成する。もはや分裂することはできない。骨格筋が損傷した場合には、衛星細胞（組織幹細胞）と呼ばれる単核細胞が骨格筋細胞に分化して補修される。

この章の冒頭に述べたように、動物の特徴として運動がある。「動く、動かない」は「生きている、死んでいる」の判断の一つになる。代表的なモータータンパク質はグルコースや脂質代謝から得られたエネルギーを運動に変換する筋肉のアクチンやミオシンである（図 11·2）。ミオシンはアクチンと結合するとATPのエネルギーを得て、アクチンをたぐり寄せて、動きをもたらす（図 11·3）。

実は、ここで酵素の制御機構の一つが明らかになっている。ミオシン単独では動くことはできない。アクチンというレールの上を滑って初めて運動できる。アクチンがないところでミオシンが

ATPを消費するというのは、脱線した電車のモーターを回すようなものである。そのためミオシンのATPを消費してエネルギーを得る活性（これを一般的にATPase活性という。ここでaseは分解酵素を意味する。別の例では、peptidaseはペプチドを分解する酵素である）は、ミオシンにアクチンが結合して初めて活性化される。酵素には活性を上昇させる活性化因子と、逆に抑制する抑制因子が存在する。

筋肉の運動は縮むことである。しかし、縮みっぱなしではなく、必要なときには収縮し、必要がなくなったら伸びる、弛緩する必要がある。筋肉細胞ではアクチンとミオシンが整然とならんでお

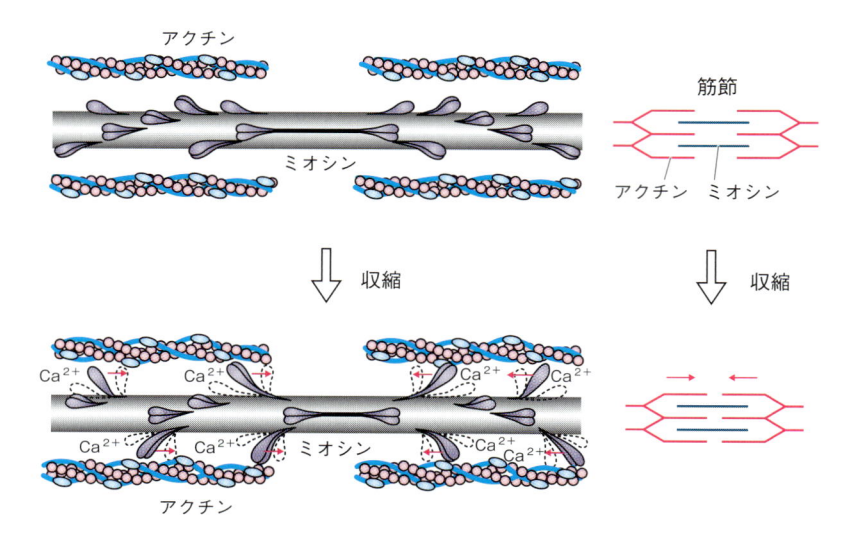

図11・3 モータータンパク質:アクチンとミオシン
　ミオシンはATPのエネルギーを消費しながら、アクチンをたぐり寄せる(sliding theory と呼ばれる)。

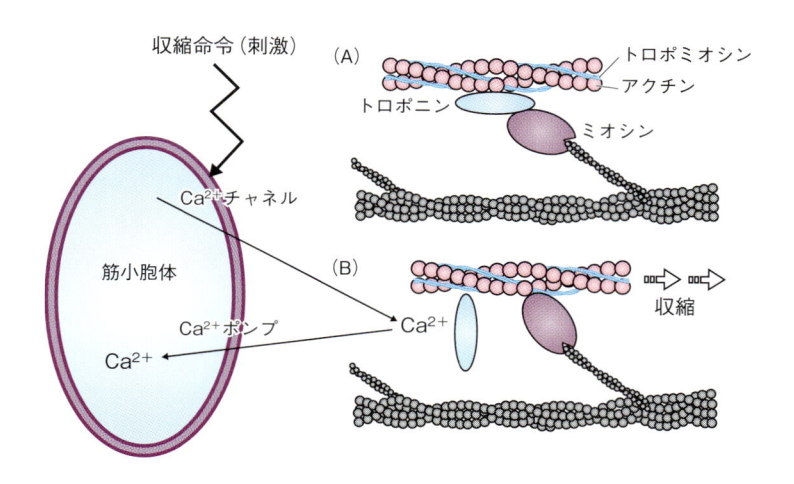

図11・4 骨格筋のCa^{2+}による制御機構
　収縮せよという命令(電気信号)が来ると、骨格筋の小胞体(筋小胞体)からCa^{2+}が放出される。Ca^{2+}によりアクチンとミオシンの間のトロポニンによる阻害が解除され、ミオシンはATPを消費しながらアクチンをたぐりよせ収縮が開始する。細胞質に放出されたCa^{2+}はCa^{2+}ポンプにより再び筋小胞体に回収される。(上図に示すように、トロポニンはアクチン線維にトロポミオシンを介して結合している。)

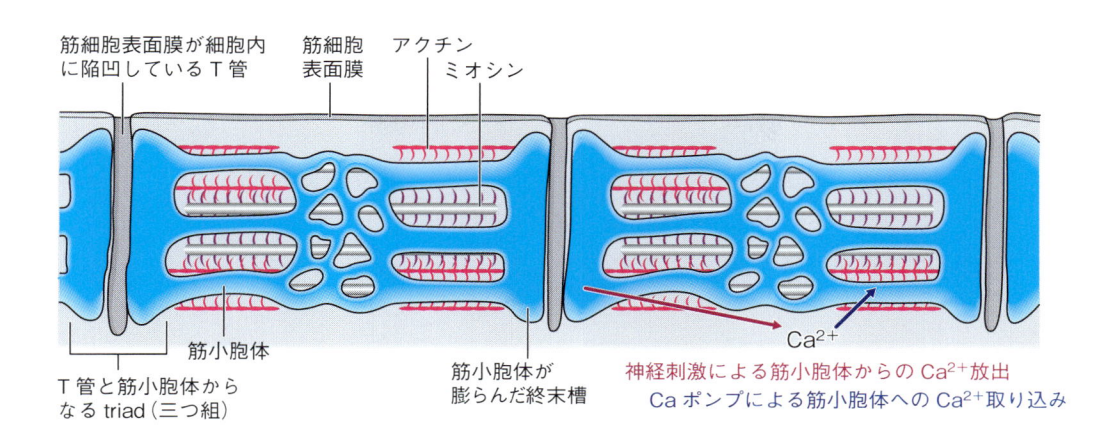

図11·5 筋小胞体のCa^{2+}放出／回収

り、アクチンとミオシンを引き離すのは難しい。そこで、アクチンとミオシンの間に制御因子トロポニンがある（図11·4）。カルシウムイオン（Ca^{2+}）がないときは（10^{-7}M以下）、トロポニンはアクチンとミオシンの間に入り込み、両者の相互作用を阻害している。Ca^{2+}が上昇すると（10^{-6}M程度）、トロポニンは邪魔しなくなり、ミオシンはATPのエネルギーを利用してアクチンをたぐり寄せていくのである。細胞内のCa^{2+}は、骨格筋では筋小胞体から放出される（その他の細胞では細胞外からの流入もある）。細胞膜あるいは小胞体膜には強力なCa^{2+}ポンプ（ATPのエネルギーを利用して、Ca^{2+}を低濃度側から高濃度側へくみ上げる酵素）が存在し、余分なCa^{2+}はただちに除去される（図11·5）。したがって、収縮刺激がなくなると、Ca^{2+}濃度は再び低くなり、筋肉は弛緩する。

トロポニンは骨格筋と心筋のみに存在する。平滑筋になるとカルモジュリンというCa^{2+}結合（制御）タンパク質が収縮を制御している。カルモジュリンは収縮以外にも様々な細胞機能の制御に関係している。カルモジュリン以外にも数多くのCa^{2+}の結合の有無によって性質が変化するタンパク質が知られている（6章参照）。

11·4 心 臓

心筋の収縮系は骨格筋と同じであり、アクチン線維とミオシン線維が規則正しい横紋構造を形成している。Ca^{2+}の放出は骨格筋とは異なる（図11·6）。まず活動電位により電位依存性Ca^{2+}チャネルが開口して、細胞外から細胞内にCa^{2+}が流入する（心室筋にはT管が発達しているが、心房筋では未発達）。この細胞外からのCa^{2+}が、心筋小胞体からCa^{2+}を放出させて収縮が開始される（Ca^{2+}によるCa^{2+}放出、Ca^{2+}-induced-Ca^{2+} release：CICR）。Ca^{2+}は筋小胞体に汲み取られるとともに細胞外にも排出される。この細胞外への排出は、細胞外に濃度の高いNa$^+$が細胞内に流入するのを利用して、細胞内で濃度の低いCa^{2+}を細胞外へくみ上げるNa$^+$Ca^{2+}対向輸送体で行われる。Ca^{2+}の代わりに細胞内に流れ込んだNa$^+$はNa$^+$K$^+$ATPaseによって細胞外へ戻される。

古典的な強心薬（弱った心臓にむち打って収縮力を増強する薬物）のジギタリスはNa$^+$K$^+$ATPaseを阻害する。その結果、細胞内のCa^{2+}が上昇して、心筋の収縮が増強する。交感神経系神経伝達物質のアドレナリンβ受容体はcAMPを

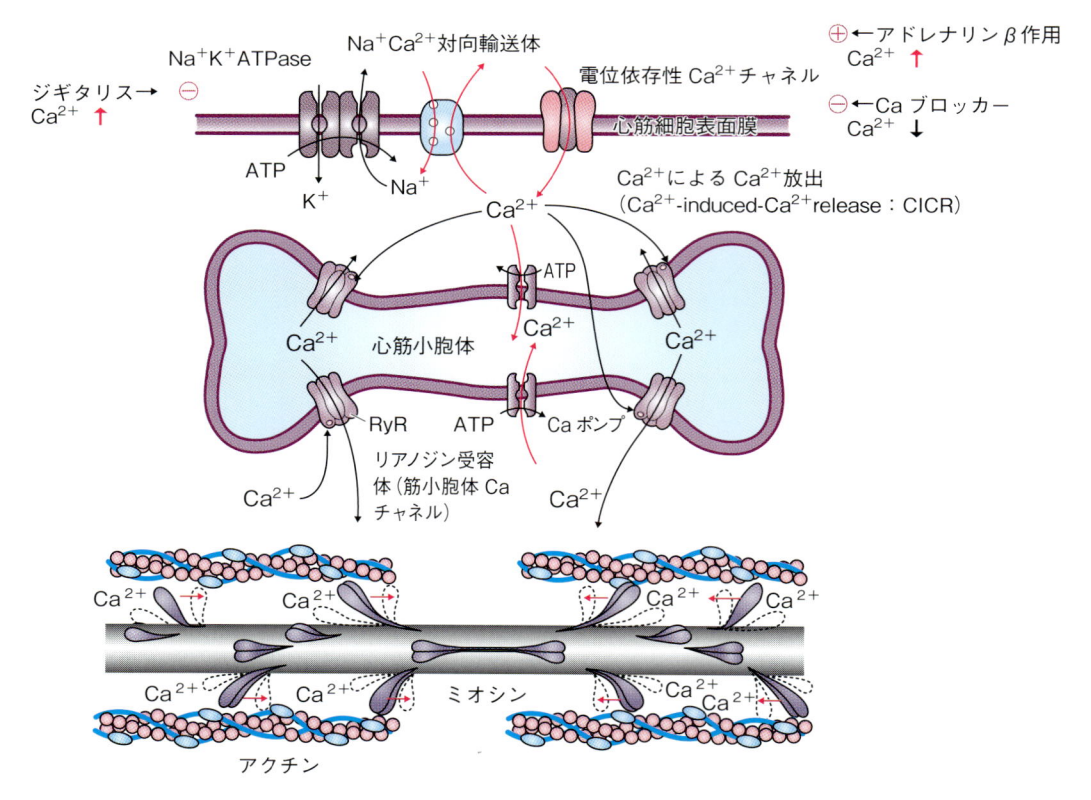

図11・6 心筋の収縮制御
心筋では細胞外から流入したCa^{2+}によって心筋小胞体からCa^{2+}が放出されて収縮が開始する。心室筋には骨格筋と類似したT管が存在するが、心房筋にはない。

介してCa^{2+}チャネルを開口して心筋内のCa^{2+}を上昇させる。逆に、降圧薬のCaチャネルブロッカーはCa^{2+}チャネルを閉じて心筋内のCa^{2+}を低下させる。

11・5 平滑筋

平滑筋の収縮もアクチンフィラメントとミオシンフィラメントの相互作用で行われるが、横紋のような規則正しい構造をもたない。また、骨格筋も心筋もアクチンフィラメントに結合したトロポニンがCa^{2+}による収縮制御を行っているが、平滑筋ではミオシン軽鎖キナーゼとカルモジュリンによって行われている（図11・7）。カルモジュリンは様々なCa^{2+}依存性制御系に存在するCa^{2+}結合タンパク質である。カルモジュリンにCa^{2+}が結合するとミオシン軽鎖キナーゼが活性化され、ミオシンをリン酸化する。リン酸化ミオシンはアクチンとの相互作用が可能になり、ATPを消費しながら収縮を行う。

副交感神経系のアセチルコリンは消化管平滑筋を刺激する。そのムスカリン受容体はGタンパク質共役受容体であり、イノシトール3リン酸（IP_3）を増加させて平滑筋小胞体からCa^{2+}を放出させる。また、受容体作動性カルシウムチャネル receptor-operated calcium channel を開口して、細胞外から細胞内へCa^{2+}を流入させる。逆に、交感神経は「闘争か逃走」のときに活動し、消化管平滑筋を抑制する。戦うときに飯を食っている暇はないのである。このアドレナリンβ受容体が活性化されると、細胞内のcAMPが上昇し、

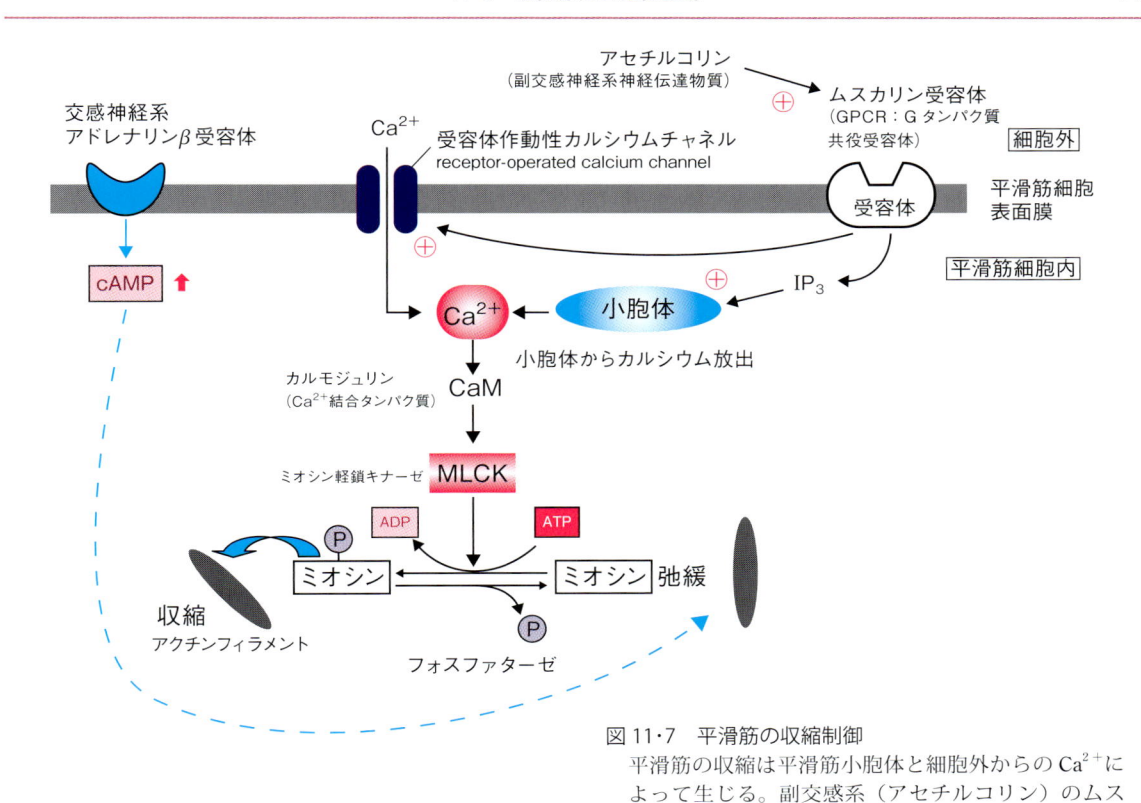

図11・7 平滑筋の収縮制御
平滑筋の収縮は平滑筋小胞体と細胞外からのCa^{2+}によって生じる。副交感系（アセチルコリン）のムスカリン受容体が活性化されるとCa^{2+}の細胞内濃度が上昇し平滑筋は収縮する。交感神経系のアドレナリンβ受容体が活性化されると詳しい機序は未だ不明であるが、平滑筋は弛緩する。

作用機序は明らかではないが、ミオシン系を抑制して平滑筋は弛緩する。

11・6 細胞骨格と細胞運動

アクチンとミオシンは筋肉系細胞に止まらず、ほとんどすべての細胞に存在し、細胞運動を担っている。アクチンフィラメント、中間径フィラメント、微小管は細胞運動と細胞の形を構成する代表的な線維（フィラメント）タンパク質であり、これからが構築する構造を細胞骨格という。

中間径フィラメントは、皮膚など上皮ではケラチン、結合組織ではビメンチン、ニューロンではニューロフィラメントなどから構成される（図11・8）。アクチンとミオシンの中間の太さであることから中間径フィラメントと総称される。この

フィラメントはミオシンがアクチンの上をすべるというような直接的な細胞運動には関わっていない。が、強靭な骨格を形成して細胞の形の維持を担っている。細胞核には核ラミンという中間径フィラメントが存在し、核の立体構造が形成されている。

筋肉細胞以外ではアクチンフィラメントは様々な方向に配置されている（図11・9）。細胞骨格として形を構築するともに、ミオシン（筋肉とは異なったサブタイプ）がアクチンフィラメントを滑るように移動することによって細胞運動が行われる。また、アクチンフィラメントは柔軟に脱重合と重合を行うことによって変形や運動が行われる。

中間径フィラメントの分類

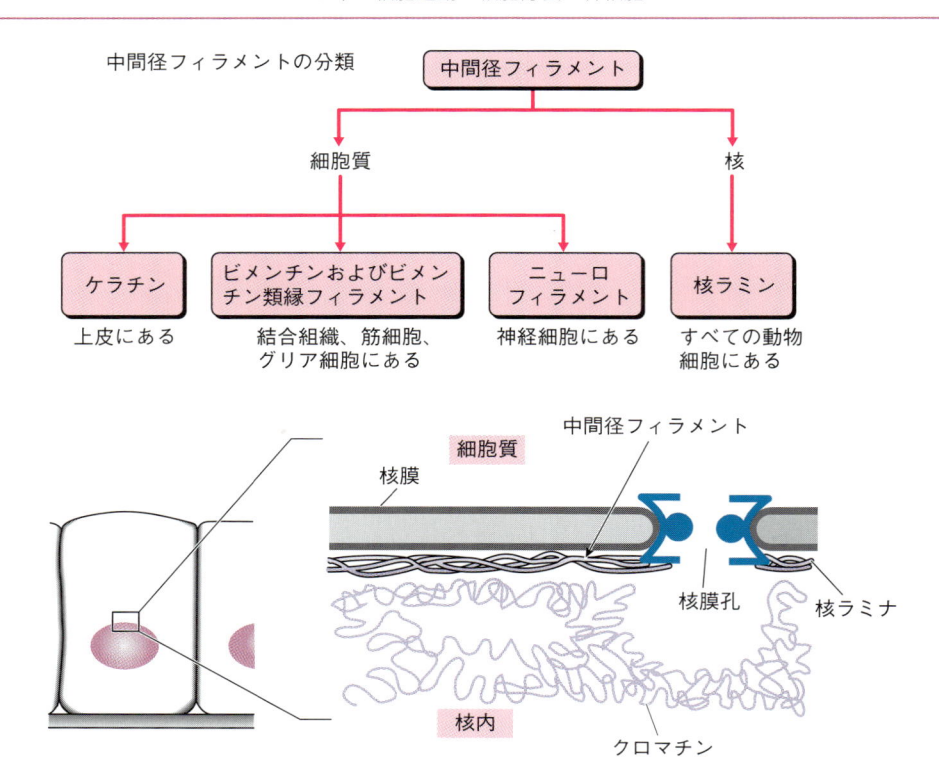

```
                    中間径フィラメント
                    ↙        ↓        ↘
              細胞質                    核
         ↙      ↓      ↘                ↓
      ケラチン  ビメンチンおよびビメン  ニューロ  核ラミン
              チン類縁フィラメント      フィラメント
      上皮にある  結合組織、筋細胞、    神経細胞にある  すべての動物
                グリア細胞にある                    細胞にある
```

図11・8　中間径フィラメント

様々に分布するアクチンフィラメント
（微絨毛／細胞質／移動する細胞の仮足／分裂細胞の収縮環）

アクチンフィラメント ⇌ アクチンモノマー
アクチンの重合と脱重合

アクチン結合タンパク質

アクチンフィラメントのネットワーク

アクチンフィラメントの運動（ミオシン）

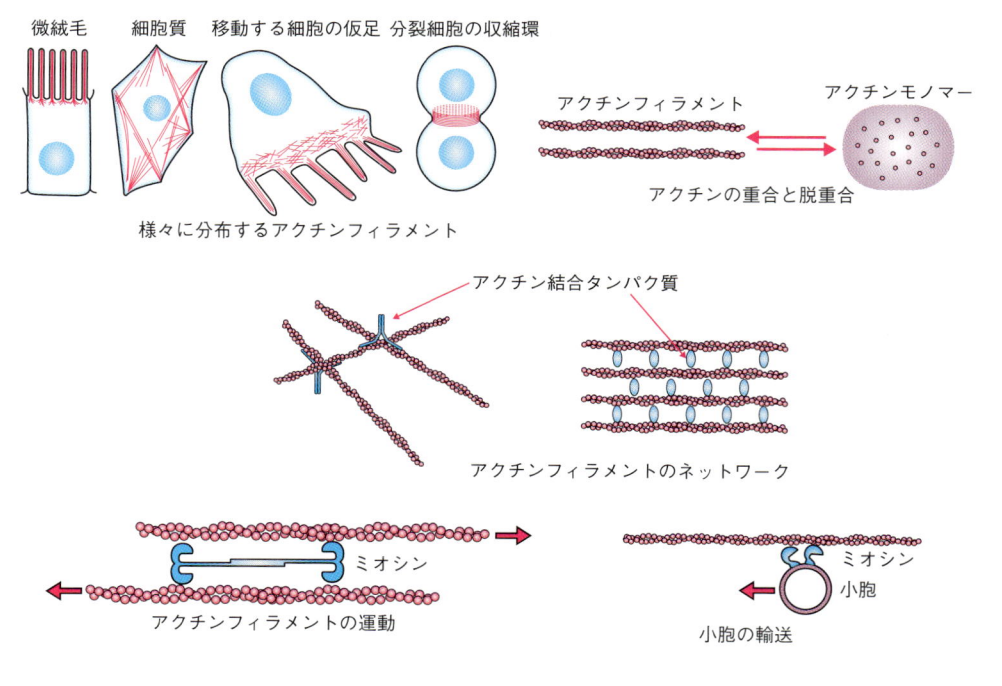

小胞の輸送（ミオシン／小胞）

図11・9　細胞骨格として、また、細胞運動のレールとして機能するアクチンフィラメント

11・7 微小管

球状タンパク質のチューブリンが重合して管状のフィラメントとなったのが微小管である。アクチンフィラメントには方向性があり、ミオシンは一方向にしか移動できない。微小管には方向性があり、キネシン類とダイニン類はそれぞれ反対方向に移動する。その結果、1本の微小管で双方向の輸送が可能になる（図11・10）。ニューロンには軸索（アクソン）という長い突起が存在する。その細胞体と軸索末端との輸送を軸索輸送というが、微小管によって双方向の輸送が可能となっている。

11・8 微絨毛、繊毛、鞭毛

小腸の粘膜上皮の細胞の内腔面には直径 0.1 μm 長さ 0.5 〜 1.5 μm 程度の毛状の突起が多数存在する。これを微絨毛といい、その芯にはアクチンフィラメントがある。一方、繊毛と鞭毛は、直径 0.2 μm 長さ 10 〜 30 μm の 9 本の周辺微小管でつくる輪の中心に 2 本の中心微小管がある（図11・11）。周辺微小管は 2 本の微小管が融合した断面は 8 の字状になっている。微小管に結合したダイニンによって鞭のようなしなやかな屈曲運動が行われる。2 組の微小管が自由に動ける場合には滑り運動となる。短く本数が多く存在するのは繊毛、精子のように長いのが 1 本や数本存在するのを鞭毛という。

しかし、2 組の微小管がずれないように連結されていると、屈曲する。このように繊毛／鞭毛は周辺微小管とダイニンによって屈曲運動を行う。

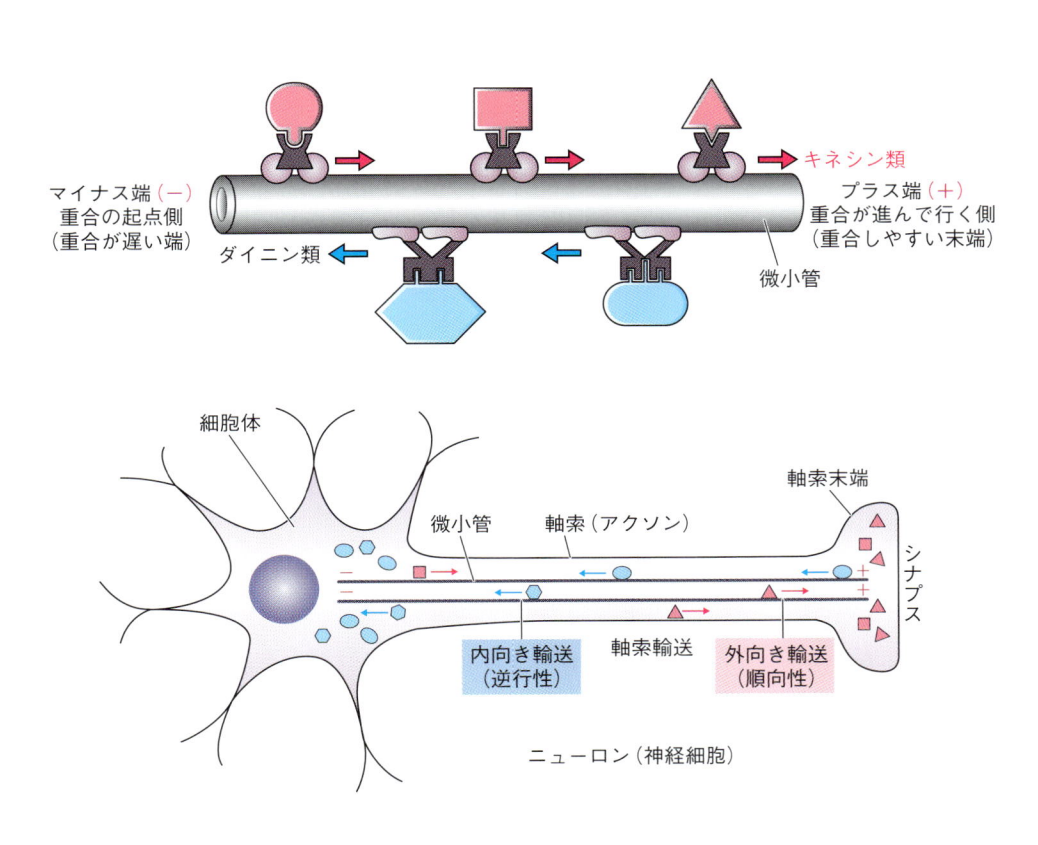

図 11・10　双方向の輸送が可能な微小管

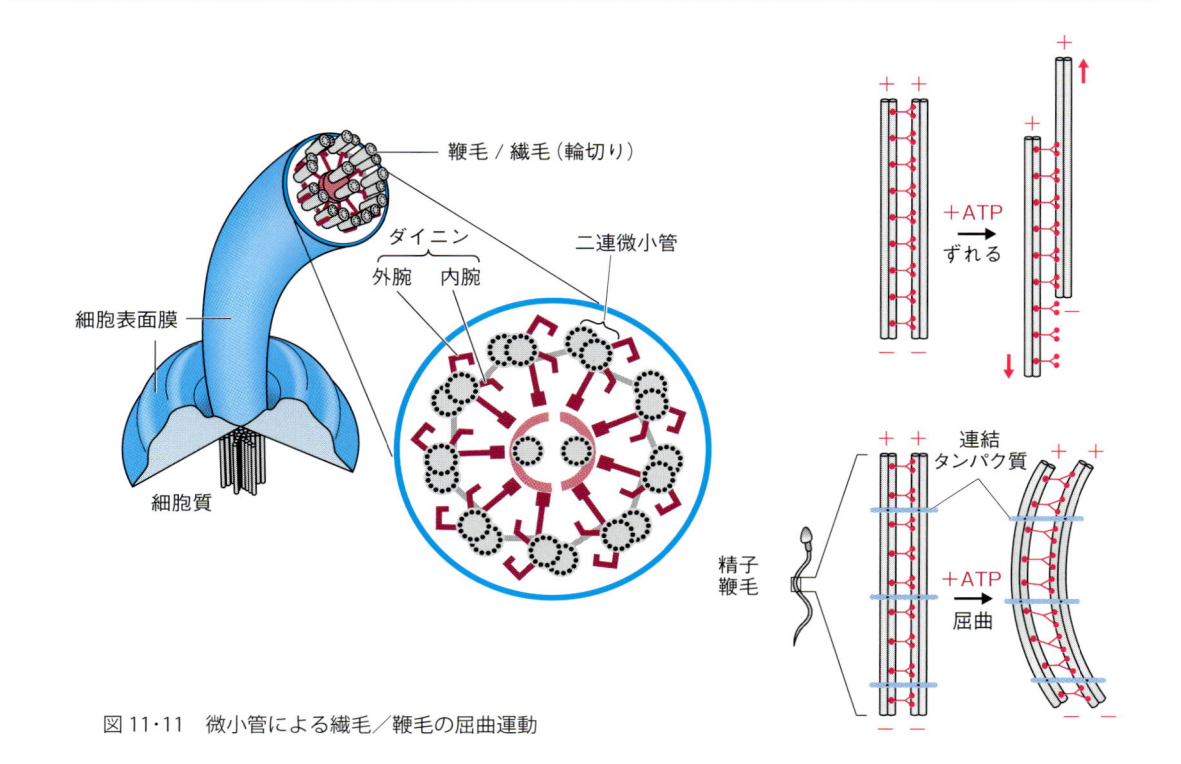

図 11・11　微小管による繊毛／鞭毛の屈曲運動

11・9　細胞分裂

　生命の基本である細胞も、子孫を残すという意味で細胞分裂 cell division を行って次の世代を誕生させる。細胞分裂は文字通り細胞が二つに分かれて新しい娘細胞ができることである。体細胞分裂では元の細胞とまったく同じ二つの細胞がつくられるが、生殖細胞をつくるための減数分裂では染色体数が半分の生殖細胞（精子、卵）が作られる。

11・9・1　体細胞分裂

　細胞分裂では、染色体は微小管（紡錘体）によってたぐり寄せられて二つの娘細胞に正確に分配される（有糸分裂 mitosis）。この微小管は中心体から放射状に配置される（有糸分裂紡錘体）。体細胞分裂では、分裂の前に倍加した染色体はそれぞれ娘細胞に等分に分配され染色体数 $2n$ の娘細胞となる。生殖細胞をつくる減数分裂では、相同染色体を二分した染色体数 n の生殖細胞が生成される。細胞質などの細胞体はアクチンとミオシンからなる収縮環によって絞り切るようにして二分される。染色体以外のミトコンドリアや小胞体も大体、等分に娘細胞に分配される。このような細胞分裂が進行する過程を細胞周期という。細胞の種類によって細胞周期の長さは様々であり、たとえば、腸の上皮細胞では 12 時間、通常の肝細胞では 1 年ほどである（損傷を復旧する場合には短くなる）。細胞周期は 4 つの段階が存在する（図 11・12, 図 11・13）。核と細胞質の分裂が行われる M（mitotic）期は、多くのほ乳類細胞で 1 時間程度である。この M 期の準備のために DNA の複製が行われるのが S（synthesis）期である。S 期から M 期の間が G_2（gap2）期、M 期から S 期の間が G_1 期である。G 期は「間をとる」期間であり、周囲の環境や情報を監視して（チェックポイント）、細胞周期を進行させるかが決定される。G_1 期から G_0 期へ移行して細胞周期が長期に停止されることもある。

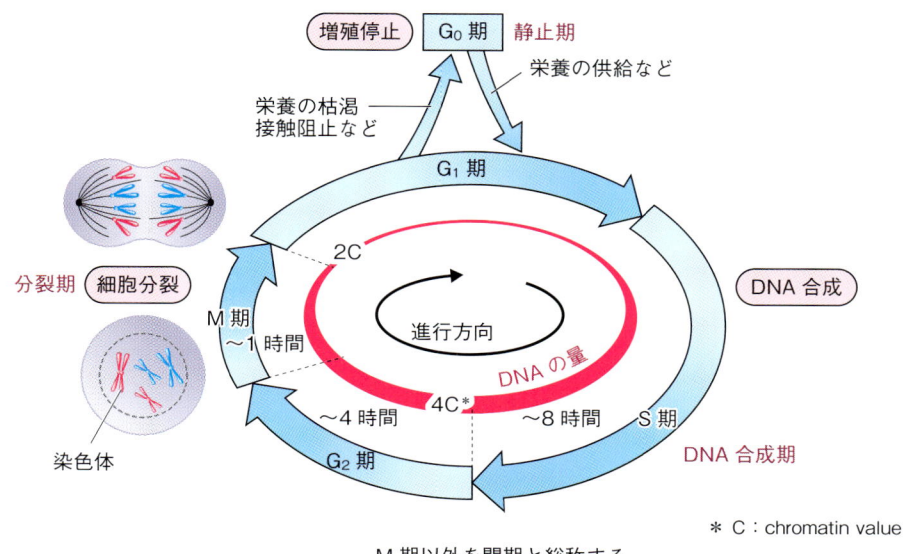

図11・12 典型的な細胞周期
有糸分裂が行われる M 期以外を間期という。細胞周期の 1 サイクルの時間は細胞によって数十分から数年と様々である（G_1 期が延長して G_0 期となる）。M 期には前期（染色体の濃縮）、前中期（核膜の消失）、中期（染色体の整列）、後期（染色体の移動開始）、終期（染色体の移動終了）、そして細胞質分裂という段階がある。

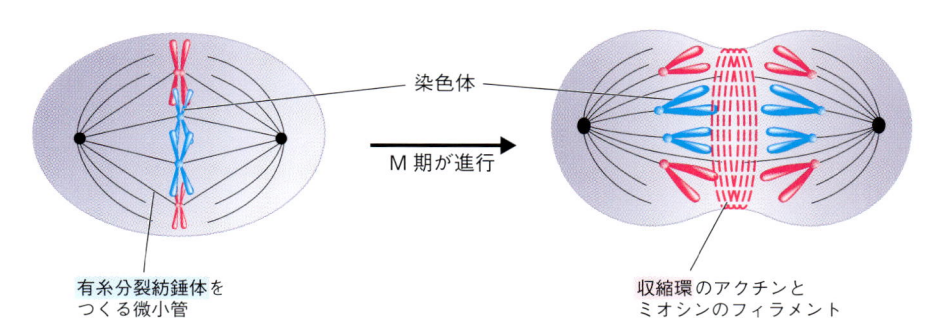

染色体は微小管によって分離され、細胞体はアクチン／ミオシンフィラメントによって 2 分される。

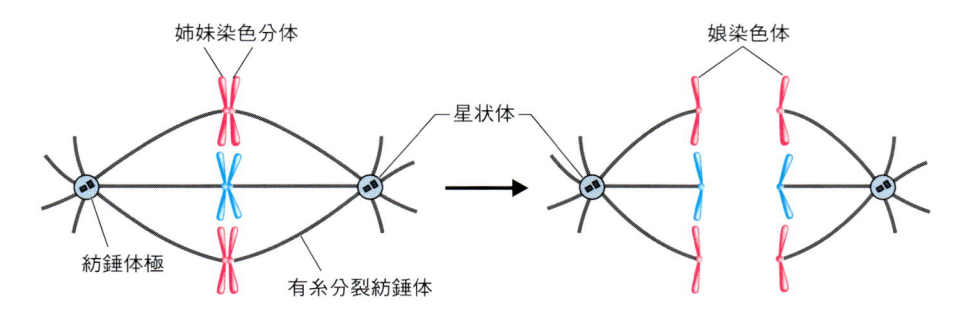

図11・13 細胞分裂における微小管とアクチン／ミオシンの役割
染色体は微小管により移動し、細胞質はアクチン／ミオシンによって絞りちぎられるようにして細胞が分裂する。

細胞分裂の制御や分子機構は非常に複雑であり、例のごとく、様々なキナーゼが関与している。これらキナーゼの活性化因子で良く知られているのがサイクリンである。サイクリンで活性化されるキナーゼをサイクリン依存性キナーゼ（Cdk）という。間期末期になるとサイクリンが増加してCdkが活性化されて細胞分裂が開始される。サイクリンの周期的増減は遺伝子発現や分解制御によって行われている。

抗癌薬の中には微小管機能に影響を及ぼすものがある。ビンブラスチンはチューブリンの重合を阻害し、パクリタキセルは逆に脱重合を阻害する。どちらも微小管は正常に機能することができないので、細胞分裂を停止させる。増殖の盛んな癌細胞を傷害するが、正常でも盛んに分裂している骨髄細胞も抑制してしまう。

11・9・2 減数分裂

有性生殖を行うために染色体の数（体細胞は二倍体）が半分になった生殖細胞（半数体）を作るのが減数分裂 meiosis である（図 11・14）。体細胞分裂と異なるのは、複製された相同染色体がペアを作って（対合して）、細胞分裂赤道面に整列することである。この段階で、染色体の組換えが行われ、元々の染色体とは異なった遺伝情報の組み

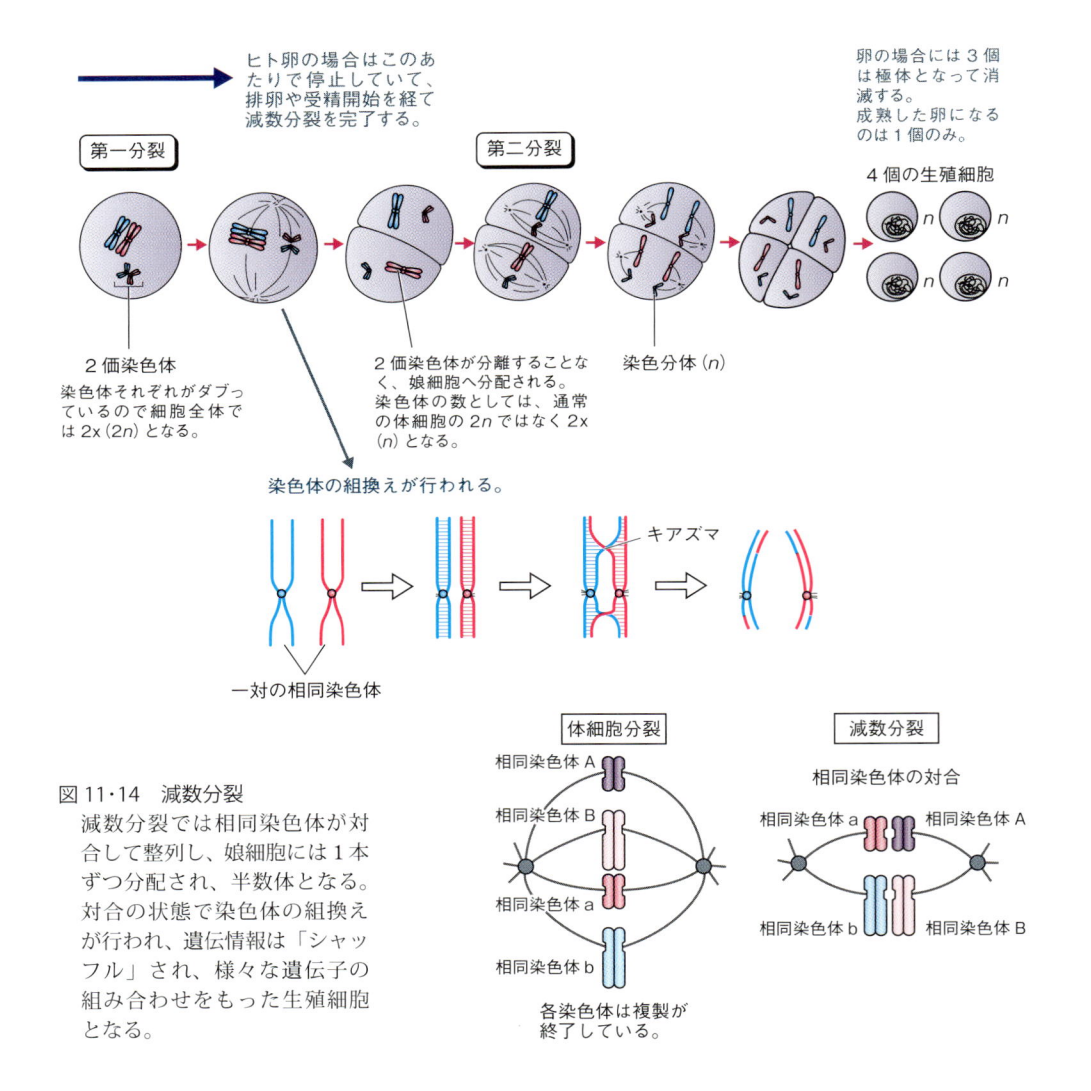

図 11・14　減数分裂
減数分裂では相同染色体が対合して整列し、娘細胞には1本ずつ分配され、半数体となる。対合の状態で染色体の組換えが行われ、遺伝情報は「シャッフル」され、様々な遺伝子の組み合わせをもった生殖細胞となる。

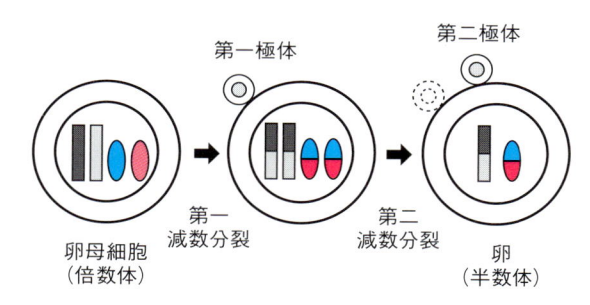

図 11・15 卵形成
精子では1個の精母細胞から4個の精子が誕生するが、卵では1個のみである。また、ヒトでは第一減数分裂の段階で停止しており、思春期になると1個ずつ成熟を開始して排卵が行われる。

合わせをもった染色体となる。その後、相同染色体は1本ずつ娘細胞に渡され、娘細胞は半数体となる（第一減数分裂）。それぞれの染色体の複製は完了しているので、ただちに通常の分裂が行われる（第二減数分裂）。こうして1回の減数分裂の過程で、4個の半数体の生殖細胞が誕生する。

精子形成の場合は、精母細胞（倍数体）が分裂した娘細胞（半数体）はさらに分裂してそれぞれ精子となる。精子は運動する鞭毛をわずかのミトコンドリア程度を残すのみの細胞となり、もはや細胞分裂することはなく受精するか死滅する。

卵形成では第一減数分裂でも第二減数分裂でも1個の細胞が細胞質を独占し、もう1個の細胞は極体として消滅する（図11・15）。従って、1個の卵母細胞からは1個の卵のみできる。ヒトの場合、第一減数分裂前期という細胞分裂寸前の状態で出生時に停止して、数年から数十年を経て成熟することになる。排卵までに至る卵は400個程度とされる。高齢出産ではダウン症などの染色体異常が生じやすくなる。

11・10 幹細胞

一般的には、娘細胞の両者は等価である。一つの細胞は分裂して同じ二つの細胞になる。受精卵から体ができることを考えてみると、細胞が分裂して同じ二つの細胞しかできないのであれば、個体は受精卵がいくつも集まった単なる細胞塊になってしまう。娘細胞がなんらかの意味で親細胞と異なって特別な機能をもつようになることを分化という。

受精卵は、それだけで個体を形成することができるので、全能性 totipotent 幹細胞という。哺乳類の受精卵は、発生初期に胎盤になる胚の外側の栄養芽層と胎児になる内部細胞塊となる。この内部細胞塊を分化抑制因子 leukemia inhibitory factor など特殊な条件下で培養したものが ES（embryonic stem）細胞である。幹細胞 stem cell とは、細胞分裂して自分と同じ細胞と異なった細胞（ある性質をもつように運命づけられた細胞、これを commitment という）の両方をつくる能力を備えた細胞のことである。ES 細胞は、そのまま子宮に戻されても発生を継続することはできないが、他の胚細胞と混和して子宮に戻すと、その細胞由来の個体を形成することができる（ノックアウトマウス作製を参照）。これを多能性 pluripotent という。生体組織には、すべての細胞に分化できるか不明だが、様々な細胞（例えば赤血球や白血球など）に分化できる細胞、組織幹細胞がある。このように全能かは不明だが、様々な種類の細胞に分化できることを多分化能性 multipotent という。

数種の遺伝子やタンパク質を注入することによって、数多くの種類の細胞に多能性を発揮させることが確認された。こうして人工的に作られた細胞を iPS 細胞という。なお、それらの操作をした細胞すべてが多能性を発揮するわけではなく、現在の技術では数％以下の細胞のみが多能性を獲得する（この効率を向上させる手法がつぎつぎに報告されている）。

iPS 細胞は損傷した組織を交換する「部品」の作製手段として期待されている。例えば、インスリンを分泌する β 細胞が機能不全となったタイ

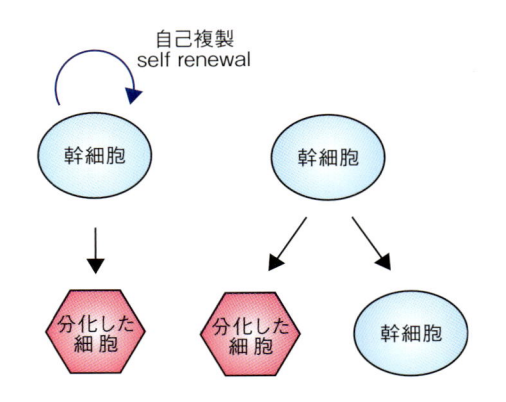

図 11・16 幹細胞
幹細胞が分裂するとき「ストック」として自分自身と同じ幹細胞（自己複製）と分化する細胞の2種類を作製する必要がある。

プの糖尿病では、その患者の皮膚から線維芽細胞を採取して、体外でiPS細胞とし、それをβ細胞に分化させて、患者に注入する治療法が期待できる。しかし、(1) 試験管内で、β細胞とした細胞がどの程度本当の機能を発揮できるのか、(2) 癌化（もともと癌遺伝子によって多能性をもたせている。時として癌がいろいろな細胞に分化"変化"するのも知られた現象である）、(3) そして、本来のβ細胞が機能不全に陥った環境なのだから、移植した細胞もやがては機能不全に陥る可能

性など、様々な問題がある。また、2011年には、同じ個体の細胞から作製したiPS細胞でも拒絶反応が生じ得ることが報告された。あるいは、すべての細胞が全能性を獲得しうるかという問題もある。iPS細胞については、組織にもともと存在する幹細胞を増殖させているという考え方も提唱されている。

11・11 癌幹細胞

幹細胞は様々な細胞に分化できる能力とともに自己複製 self renewal できることがその特質である。癌組織の中にも癌幹細胞が存在することが明らかになりつつある。これは普段はあまり増殖していないが（図 11・16）、時として、非常に増殖力の強い癌細胞を作り出すとされる。もともとは、癌細胞の集団を別の動物に移植したときに、癌を再発できる細胞は限られていることから明らかになった。癌幹細胞は普段はあまり増殖しないので、増殖細胞を標的とする抗癌薬が効きにくく再発の要因となることが考えられている。

11・12 ノックアウトマウス

目的の遺伝子を自由に改変できる技術が遺伝子

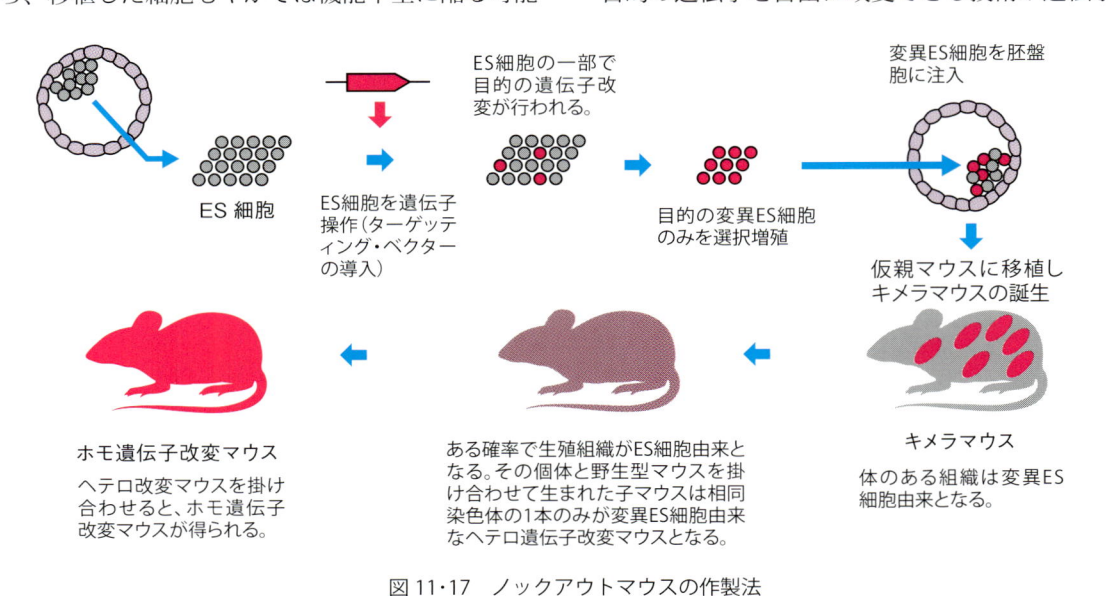

図 11・17 ノックアウトマウスの作製法

> **トピックス 11.1 ＜標的遺伝子を改変するベクター＞**
>
> ターゲティング・ベクターには十分長い（数 kb）マウスゲノムの目的遺伝子と同じ配列がある。すると、相同組換えにより目的遺伝子と置換される。NeoR はネオマイシン耐性遺伝子であり、遺伝子操作した ES 細胞をネオマイシン存在下で培養することによって、ベクターが組み込まれた ES 細胞を選択することができる。しかし、ゲノムにランダムに組み込まれたクローンも生存する。そこで、ベクターのゲノム相同領域の外側に致死遺伝子を入れておく。ランダムにゲノムに組み込まれた場合には、この致死遺伝子も組み込まれるため、そのクローンは死滅する。しかし、相同組換えが行われたクローンは致死遺伝子が除去され生存する。NeoR と致死遺伝子の二段階の選択により、目的の変異 ES 細胞を効率的に得ることができる。
>
> loxP とは cre リコンビナーゼの標的配列であり、この酵素を発現すると、loxP で挟まれたゲノムが除去される（ノックアウト）。リコンビナーゼをある組織のみ、あるいはある時期のみ発現させることによって、任意の組織で任意の時にその遺伝子をノックアウトすることができる（条件ノックアウト）。
>
> 図 11・18　遺伝子ターゲティングから組換え ES 細胞を樹立する

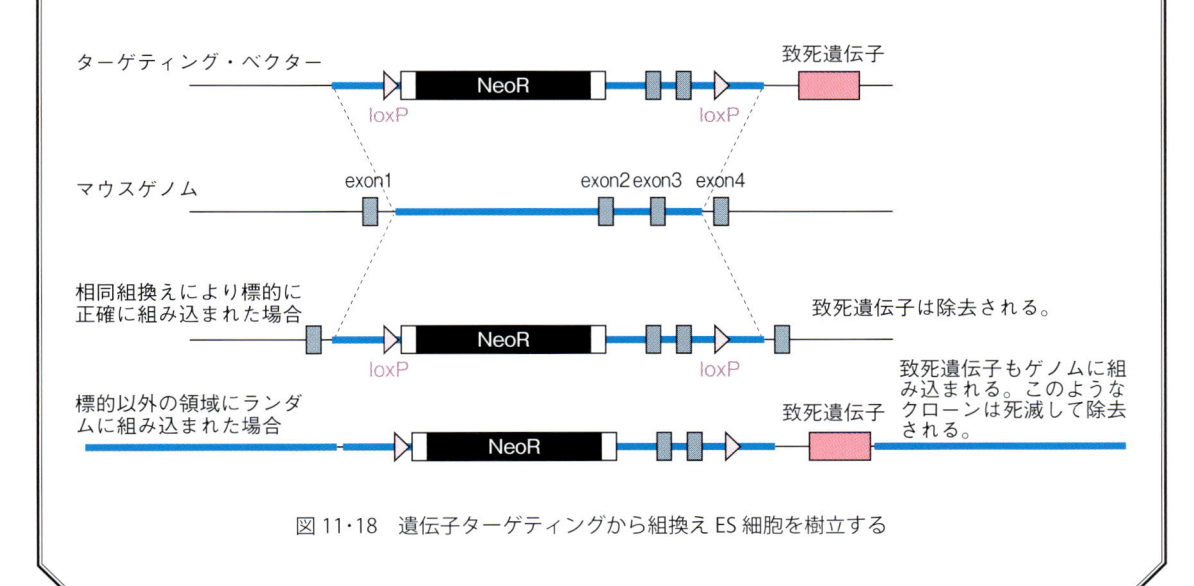

ターゲティング gene targeting である。個体に分化できる ES 細胞に遺伝子操作（ある遺伝子を除去したり別の遺伝子と置き換えたりする）を行い、それを個体にすれば、目的の遺伝子改変が行われたマウス個体を得ることができる（図 11・17）。ある遺伝子を除去したマウスをノックアウトマウスという。遺伝子操作が、目的の遺伝子以外に影響を与える可能性については議論がある（例えば、近傍の別の遺伝子を抑制する可能性など）。

11・13　トランスジェニック動物（マウス、牛）

遺伝子ターゲティング法では、目的の遺伝子を正確に改変することができる。しかし、ターゲティングベクターを作製し、キメラマウス、ヘテロマウス、ホモマウスと手数がかかる。トランスジェニック・マウスはとにかく遺伝子を導入するという方法である。ベクターを受精卵に注入して子宮に戻すだけの操作となる。また、ES 細胞を培養

系として樹立する必要も無いので、マウスだけではなく、ラットや牛、その他、多くの動物種で行うことができる（図11・19）。ある遺伝子を過剰発現の影響を観察するには比較的手軽な方法である。しかし、ベクターがゲノムに入る位置はランダム（予測できない）なために、それによってある遺伝子の機能が変化する可能性もあるし、また、ベクターもゲノム上に複数個挿入されることがある。したがって、得られたトランスジェニック・マウスのクローンを数種類以上解析する必要がある。

11・14　クローン動物の作製

クローンとは同じ遺伝情報をもった生物の集団である。植物の場合には、挿し木によって容易に同じ遺伝情報の個体を得ることができる。動物では、未受精卵の核をある個体由来の核（免疫組織や生殖組織を除いて、体細胞の核はすべて同じとされる）に置き換えることによって、ある個体と同じ遺伝情報をもった多数の個体（クローン）を

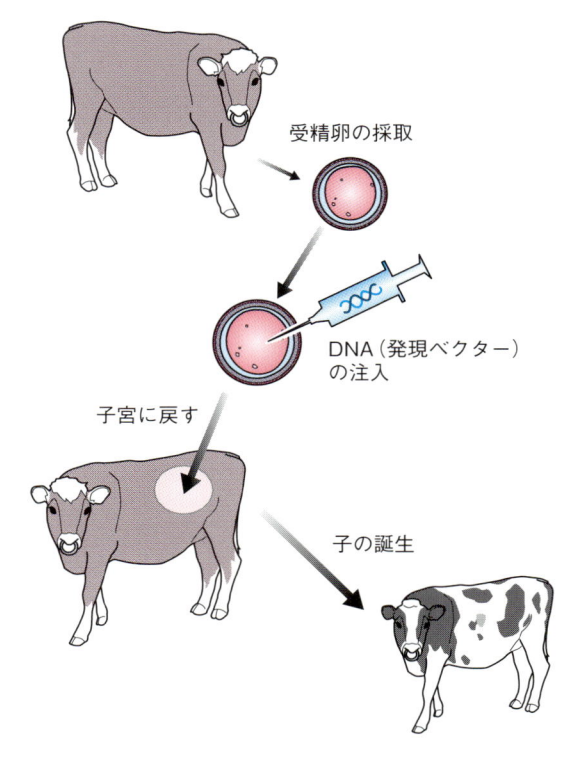

図11・19　受精卵にベクターを注入して作製するトランスジェニック動物

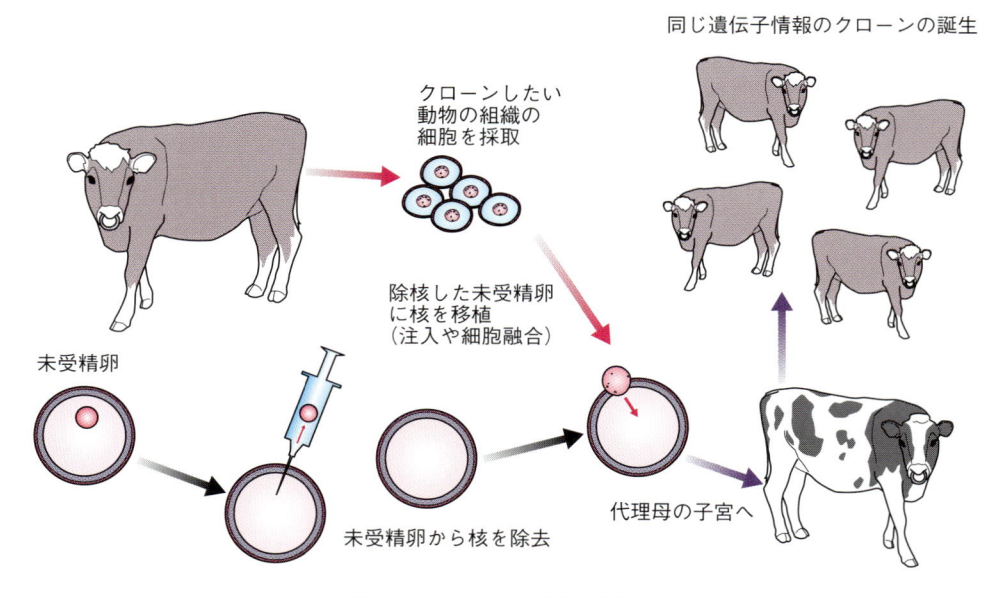

図11・20　クローン動物の作製

得ることができる（図 11・20）。

11 章　問題：誤りがあれば修正せよ。

1. 骨格筋の収縮を担う太いフィラメントはアクチンである。
2. 平滑筋の収縮シグナルの Ca^{2+} は小胞体から放出される。
3. 骨格筋の収縮は Ca^{2+} が上昇するとミオシンのリン酸化によって惹起される。
4. 心筋では筋小胞体からの Ca^{2+} 放出は Ca^{2+} 自身によって促進される。
5. 中間径フィラメントは運動とは無関係である。
6. 微小管による輸送は双方向性である。
7. 細胞分裂時に染色体はアクチン／ミオシンによって移動する。
8. 癌幹細胞は盛んに分裂する。
9. loxP とはノックアウトマウス作製時に用いる耐性遺伝子である。
10. トランスジェニック・マウスでは遺伝子が導入される部位はランダムである。

12章　免　疫

- 抗原と特異的に結合する抗体は薬物としても使用される。
- 1個のB細胞に由来する抗体がモノクローナル抗体である。1種類の抗原に対する複数のB細胞に由来する抗体がポリクローナル抗体である。
- 抗体にはIgM、IgA、IgG、IgD、IgEがある。
- 無限ともいえる抗体をつくるために抗体遺伝子では体細胞変異が行われる。

　生きているウシは腐らないが、切り身となった牛肉は放っておけば急速に腐敗していく。動物は常にウイルス、細菌、真菌といった周囲の微生物の侵入の危機にさらされている。それを防いでいるのが生体防御系（免疫系）である。免疫系は外敵ばかりではなく、自分の細胞の反乱分子である癌も抑止している。免疫系では自己と非自己（敵）を正確に識別して敵を除去する。時として自己（味方）を攻撃するのが自己免疫疾患である。

12・1　生体防御

　ヒトの体には絶えず微生物（ウイルス、細菌、真菌）が侵入している。それら外敵を除去するのが生体防御である。とくに重要なのが、異物を認識して除去する免疫系である。

　免疫系には、異物（敵）を非特異的に（すべての異物に同じように）攻撃する自然免疫と、ある異物のみに特異的に攻撃する（それ以外の異物には反応しない）獲得免疫がある（図12・1）。獲得免疫には、抗体を分泌する体液性免疫と、抗体の結合した細胞が異物を除去する細胞性免疫がある。獲得免疫では、最初に異物に遭遇したときの反応は小規模であるが、2回目以降は迅速に強力な攻撃が行われる。いわゆるワクチンは感染が生じる前に獲得免疫を樹立して、感染症の発症を予防するというものである。インフルエンザワクチンはインフルエンザウイルスのみに有効で、ポリオ（小児麻痺）ウイルスには無効である。逆に、ポリオワクチンはインフルエンザの予防にはならない。

12・2　免疫系細胞

　免疫系細胞のリンパ球には大きくわけてB細胞とT細胞がある。抗原によって刺激されたB細胞は、成熟して形質細胞 plasma cell となって抗体を分泌する。T細胞の細胞表面膜には抗体が受容体のように局在しており、抗原を認識することができる。そしてヘルパーT細胞、サプレッサーT細胞、キラーT細胞となって、免疫系を調節したり、細胞性免疫として異物の除去を行う。NK（natural killer）細胞はリンパ球の一種であるが、キラーT細胞とは異なり、非特異的な細胞攻撃を行う。マクロファージは異物を貪食して除去する細胞であるが、抗原を分解して断片化して細胞表面に組織適合抗原に結合した形で提示する。これをT細胞が認識して適切な免疫応答が行われる。皮膚などに局在するマクロファージと似た樹状細胞は、抗原提示に特化してT細胞に情報を

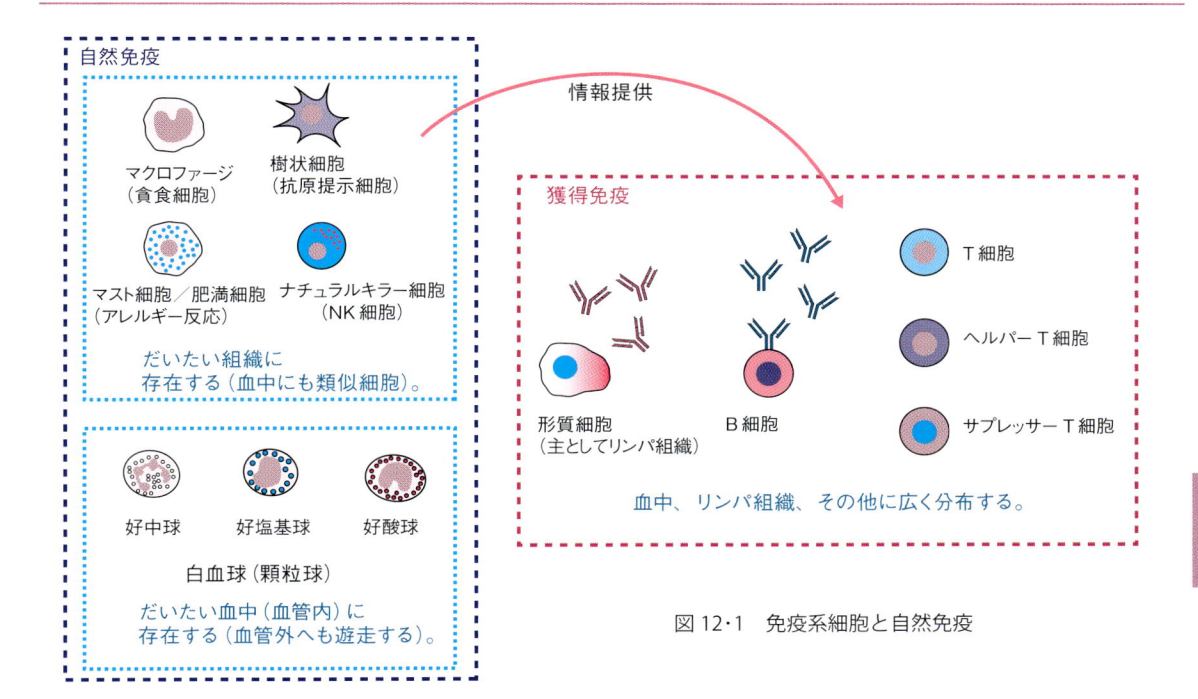

12・2 免疫系細胞

自然免疫

マクロファージ（貪食細胞）
樹状細胞（抗原提示細胞）
マスト細胞／肥満細胞（アレルギー反応）
ナチュラルキラー細胞（NK細胞）

だいたい組織に存在する（血中にも類似細胞）。

白血球（顆粒球）
好中球　好塩基球　好酸球

だいたい血中（血管内）に存在する（血管外へも遊走する）。

情報提供 →

獲得免疫

形質細胞（主としてリンパ組織）
B細胞
T細胞
ヘルパーT細胞
サプレッサーT細胞

血中、リンパ組織、その他に広く分布する。

図 12・1　免疫系細胞と自然免疫

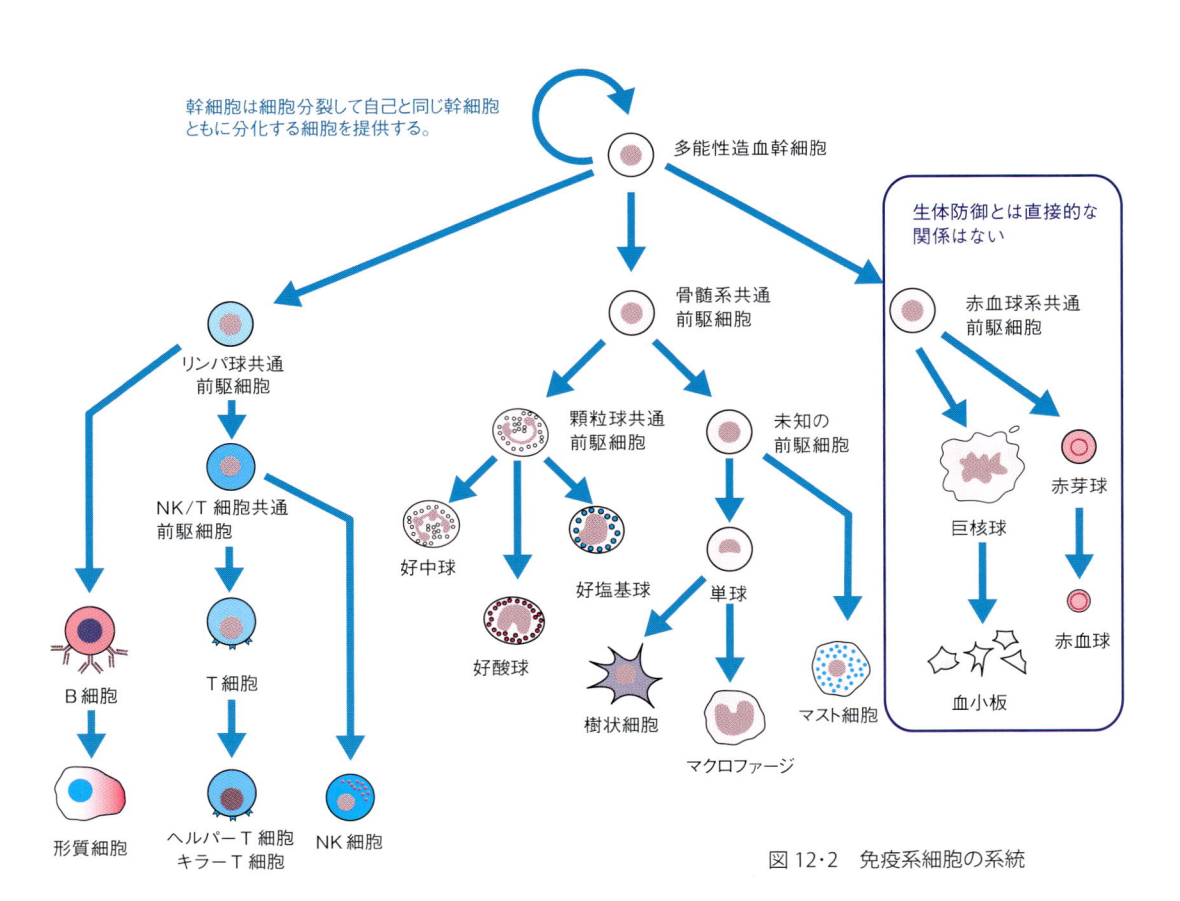

幹細胞は細胞分裂して自己と同じ幹細胞ともに分化する細胞を提供する。

多能性造血幹細胞

骨髄系共通前駆細胞

生体防御とは直接的な関係はない

赤血球系共通前駆細胞

リンパ球共通前駆細胞

NK/T細胞共通前駆細胞

顆粒球共通前駆細胞

未知の前駆細胞

B細胞　T細胞

形質細胞　ヘルパーT細胞　キラーT細胞　NK細胞

好中球　好塩基球　好酸球　樹状細胞　単球　マクロファージ　マスト細胞

巨核球　血小板

赤芽球　赤血球

図 12・2　免疫系細胞の系統

12章 免疫

伝える。樹状細胞は組織によって名前が異なっている（表皮：ランゲルハンス細胞、胸腺やリンパ節：相互連結性嵌入（かん）細胞、筋肉：間質細胞、神経系：ミクログリア）（図12・2）。

12・3　自然免疫と獲得免疫

マクロファージや白血球による生体防御は、異物にたいして特異的な抗体を作製せずに、ただちに応答する。もともとある免疫ということで自然免疫という。最初の侵入時に、その異物に特異的に応答するリンパ球が増殖し、次に侵入してきたときには、ただちに強力な免疫応答を行ういわゆる「免疫」は獲得免疫と言われる。

自然免疫は、多くの種類の微生物（細菌など）に結合して細胞を傷害するペプチドやマクロファージによる非特異的貪食などによって行われる。マクロファージはその情報を獲得免疫系（T細胞など）に伝達する役割も担っている（図12・3）。脊椎動物以外の動物種では自然免疫のみであり、獲得免疫系を備えていない。自然免疫系だけで十分かどうかの議論は難しいが、そのような生物種に感染する微生物は、哺乳類に感染するのよりも弱毒となり、共存して進化してきたという考え方がある。つまり、感染微生物が宿主を全滅させては自分たちも滅びてしまう。そのために、自然免疫のみの動物種に感染する微生物は脊椎動物よりも弱いという。あるいは、強力な感染微生物が存在した生物種は滅んでしまったとも言えよう。

病原体を認識する受容体の一つがトール様受容体（toll-like receptor；TLR）である。ショウジョウバエの発生と形態形成に関与するtollという受容体に類似の受容体として同定された。tollはドイツ語で「すごい」というような意味である。TLRには10種類が見いだされており、単球やマクロファージ、腸管上皮など様々な細胞で異なった受容体が発現している。各TLRは細菌やウイルスなど異なった微生物を認識する。この受容体

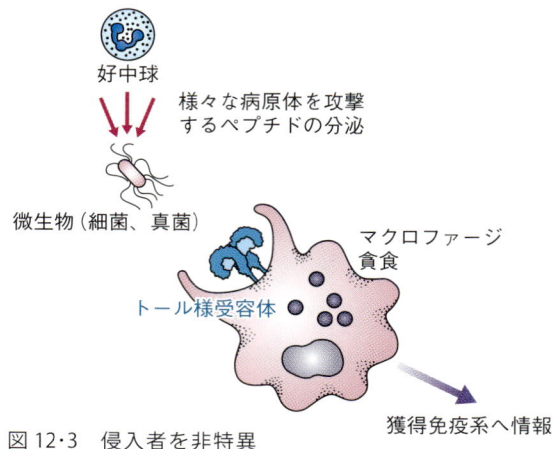

図12・3　侵入者を非特異的に攻撃する自然免疫

に病原体が結合すると防衛反応である炎症が惹起される。

12・4　抗　体

抗体は、自分の体とは異なる（時として自分の体の構成要素に対しても）物質に対して、特異的に結合する免疫を担う主要なタンパク質である。その模式的な構造はYの字形となっている（図12・4）。2本の軽鎖と2本の重鎖とからなり、分子内に多数のジスルフィド結合（SS結合）が存在する。Yの字の頭の2か所が特異的に抗原と結

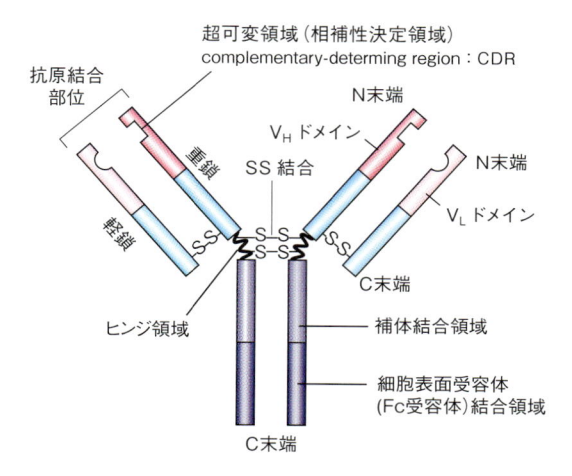

図12・4　抗体の機能を理解するための模式図
ヒンジ領域は蝶番（ちょうつがい）のように柔軟で、抗体の抗原結合を促進するとされる。

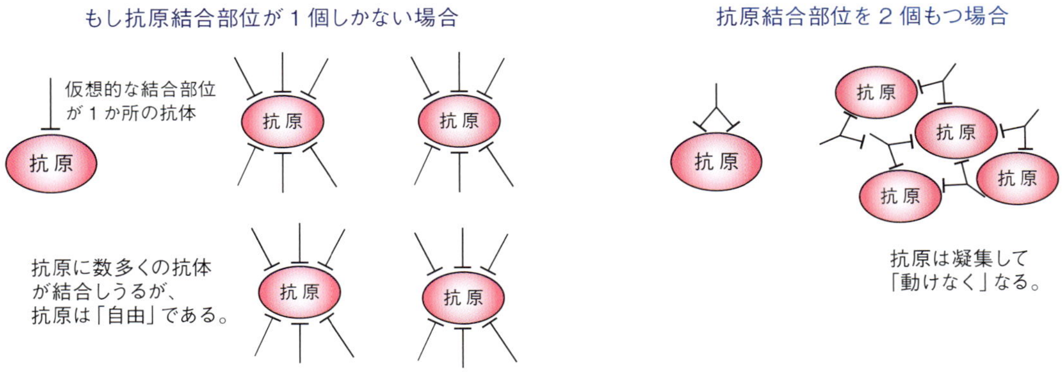

12・4 抗体

もし抗原結合部位が1個しかない場合

仮想的な結合部位が1か所の抗体

抗原に数多くの抗体が結合しうるが、抗原は「自由」である。

抗原結合部位を2個もつ場合

抗原は凝集して「動けなく」なる。

図 12・5 免疫沈降
抗体には2か所の抗原結合部位があるために、例えば、細菌などは抗体によって寄せ集められて凝集してしまい沈殿する。これを免疫沈降という。

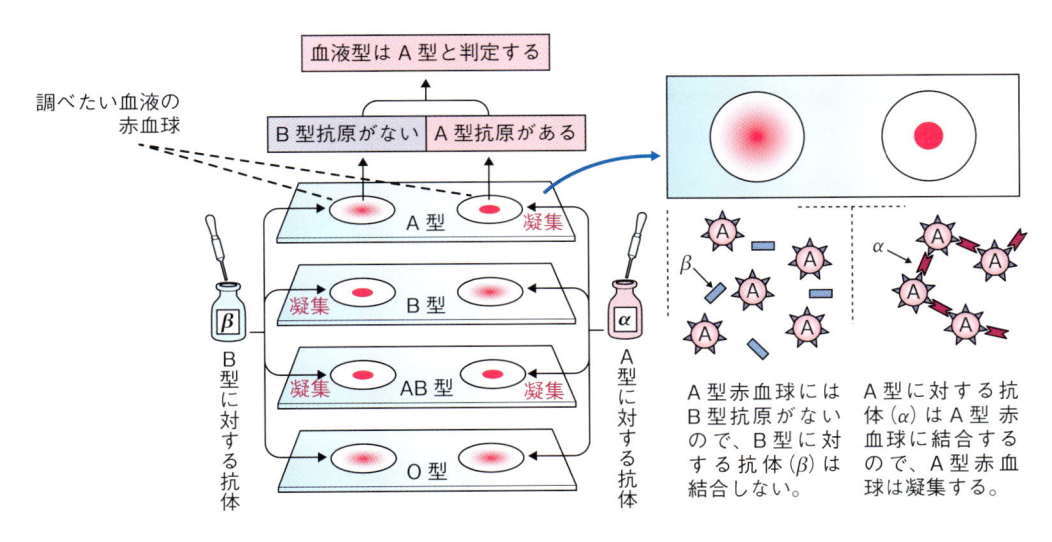

調べたい血液の赤血球

血液型はA型と判定する

B型抗原がない　A型抗原がある

A型
B型
AB型
O型

β B型に対する抗体
α A型に対する抗体

A型赤血球にはB型抗原がないので、B型に対する抗体（β）は結合しない。

A型に対する抗体（α）はA型赤血球に結合するので、A型赤血球は凝集する。

A型赤血球にはA型抗原がある。
B型赤血球にはB型抗原がある。
AB型は両者をもち、O型は両者ともない。

図 12・6 免疫沈降の応用（血液型の判定）
O型のヒトは、輸血をされなくても抗A抗体と抗B抗体をもっている。このように抗原に暴露されることがないのに備えられている抗体を自然抗体という。細菌などの類似した抗原（交叉抗原）によるものと想像されている。
注：交叉とは、似て非なるものにも反応することで、しばしば使われる言葉である。交叉アレルギーとは、ある物質Aにアレルギーを起こすようになると、物質Aに類似した物質aにもアレルギーを起こすということである。

合する部位である。したがって1個の抗体分子には2か所の抗原結合領域が存在することになる。それぞれの結合部位で別個の抗原を結合することによって抗原どうしをクロスリンクして凝集させることが可能になる（免疫沈降）（図 12・5，図 12・6）。

12・5 抗体の種類

抗体の基本構造は血清に存在するY字形のタンパク質であるが、IgG、IgA、IgM、IgD、IgE と五つのサブタイプが存在する（Ig は immunoglobulin）。これらの軽鎖は κ 鎖もしくは λ 鎖であり、重鎖は、それぞれ γ 鎖、α 鎖、μ 鎖、δ 鎖、ε 鎖となっている。IgG がもっとも一般的な主力の免疫グロブリンであり、Y字形の典型構造をもち、血液中や血管外に広く存在する（図 12・7）。IgA は Y字の基部が結合した二量体となっている。腸管や母乳に分泌される。母乳が新生児の免疫に重要なのは、母乳に含まれる分泌型抗体である IgA によるものである。IgM は Y字の基部を中心にして五量体を形成している。免疫応答で最初に出現する抗体である。IgD の機能は未だ不明であるが、IgM と同じような挙動を示す。IgE は寄生虫などの感染で増加する。IgE は免疫系の好ましくない反応であるアレルギーにも関与している。寄生虫感染症が激減したので、暇になった IgE が悪さをするという説がある。

母乳に含まれる IgA は新生児の腸管ばかりではなく、そのまま吸収されて全身で機能する。消化吸収では、例えば、タンパク質の場合にはアミノ酸までばらばらにされて吸収されるのではなく、断片化ペプチドやタンパク質まるごとが吸収されることがある。例えば、狂牛病の原因タンパク質とされるプリオンは吸収されて神経を変性させる。とくに新生児は母乳の IgA を丸ごと吸収して防衛力を高める。

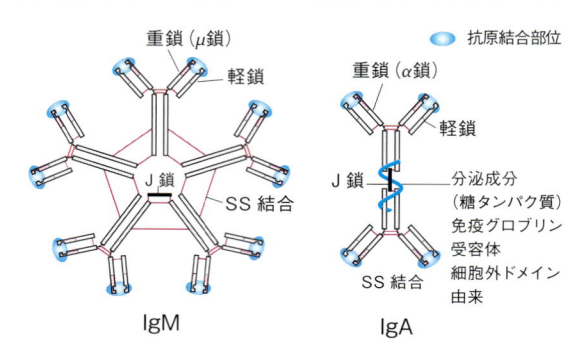

図 12・7 IgM と IgA
IgG、IgD、IgE は Y字形の基本構造である。

12・6 補 体

抗体はそれ単独でも、例えば細菌の動きを封じ込めるなど、十分に強力な「武器」である。抗体が結合した「敵」を強力に積極的に破壊するのが補体である。抗体と抗原の複合体が形成されると、補体の C1 のタンパク質分解酵素活性が活性化され、つぎつぎに別の因子が切断されて活性化され（プロテアーゼ・カスケード）、最終的には膜侵襲複合体（membrane attack complex：MAC）が形

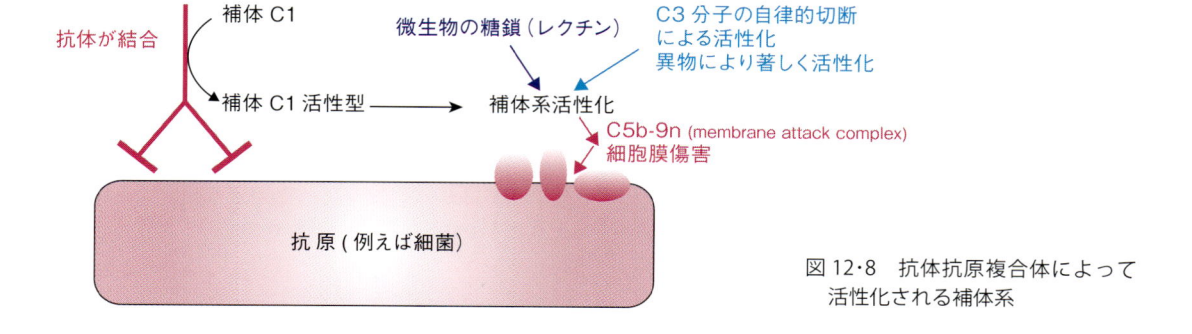

図 12・8 抗体抗原複合体によって活性化される補体系

成されて、細菌の細胞表面膜に孔を開ける（図12・8）。この補体の活性化は抗体が存在しなくても細菌の糖鎖（糖タンパク質レクチン）によっても惹起される（レクチン経路）。また、異物が存在しない状態でも少し活性化されている補体因子 C3 が、異物によって著しく活性化される経路（第二経路）もある。

12・7 ポリクローナル抗体とモノクローナル抗体

実験などで用いられる抗体は、一般的にはウサギなどに抗原を投与して作製される。抗体は血液の細胞成分を除いた血清（主成分はアルブミン）に含まれる。時として、この血清をそのまま使用することから抗血清という。ある抗原を打って得られた抗血清には、その抗原につく抗体が含まれるが、それは抗原の様々な部位（抗原決定基：エピトープ）に結合する数多くの抗体が含まれている（ポリクローナル抗体）（図12・9）。

マウスの抗原を注入して抗体を産生する B 細胞を得る。その B 細胞と、骨髄細胞が癌化したミエローマ細胞とを融合する。すると抗体を産生する B 細胞は半永久的に細胞分裂するようになる。1 個の B 細胞に由来する細胞株の培養上清には抗体が分泌されている。1 個の B 細胞に由来する細胞群がつくる抗体はすべて同じ分子となり、モノクローナル抗体ということになる。モノクローナル抗体は細胞株を適切に維持すれば、同じ分子の抗体をほぼ無限に得ることができ、実験や臨床でも用いることができる均質な薬物となる。

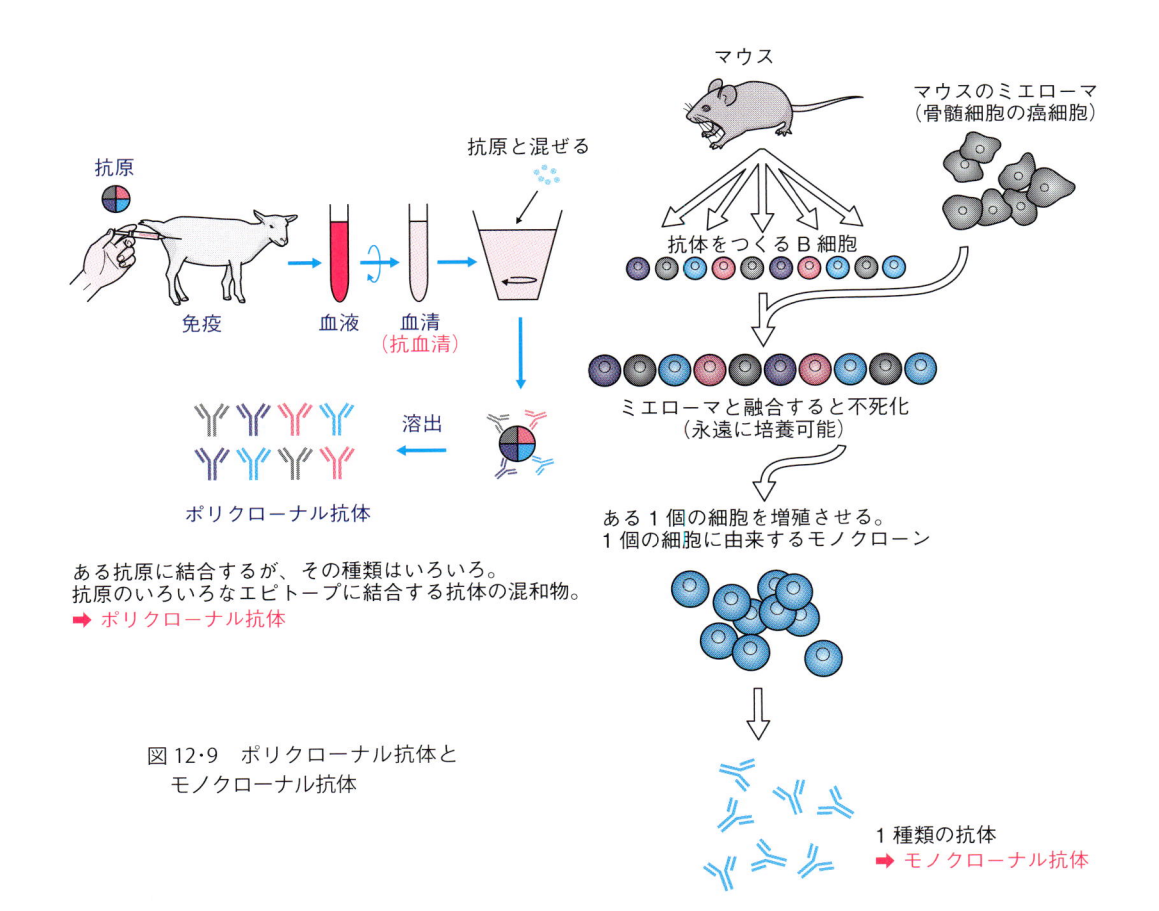

図 12・9 ポリクローナル抗体とモノクローナル抗体

薬学ノート 12.1 ＜抗体製剤＞

　抗体の結合性は非常に特異性が高く、標的以外の分子にはほとんど結合しない。そのために、ある生体内のある分子（例えば、受容体）の抗体を投与すれば、その機能を特異的に抑制することが期待される。

　ヘビやクモに噛まれた場合には、速やかにその毒を中和する必要がある。そのときに使われるのが馬の抗血清である。これは毒を馬に投与して作製される。ところが、馬の抗体（血清）は馬のタンパク質であり、それをヒトに投与すると、ヒトは異物と認識して、それに対する抗体ができてしまう。そのため、最初の一回は問題ないが、2回目には免疫応答がすみやかに行われて、抗血清を無効にするばかりではなく、時としてアレルギー反応など好ましくない反応が生じてしまう。そこで遺伝子工学を駆使して、マウスのモノクローナル抗体のヒト化が行われた。抗原との決定部位（可変領域）以外をマウスからヒトに置き換えたのがキメラ抗体で、一般名は ~ximab（例：インフリキシマブ infliximab、抗 TNFα 抗体）となる。もっとも抗原結合と関与している CDR（相補性決定領域 complementarity determining region）のみをマウス由来として、その他はすべてヒト型にしたのがヒト化抗体で、～ zumab の一般名をもつ（例：トラスツズマブ trastuzumab：乳癌治療薬）（13 章 薬学ノート参照）。ヒト抗体を産生するトランスジェニック・マウスを使用する方法などが確立し、最初からヒト型の抗体（～ umab の一般名をもつ、adalimumab 抗 TNFα抗体、denosumab 骨粗鬆症治療薬など）も作製可能になっている。

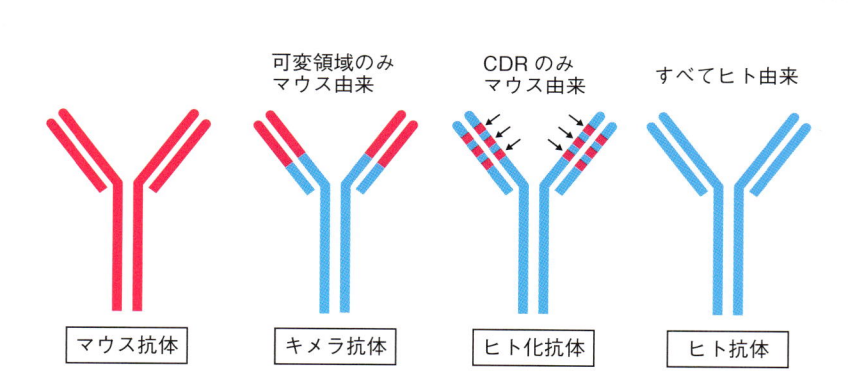

図 12・10　抗体製剤
　マウスのモノクローナル抗体の抗原結合部位（可変領域）以外をヒトで置き換えたのがキメラ抗体（～ ximab）、可変領域のなかでも、抗原との結合性を決定する領域（相補性決定領域）のみをマウス由来としたのがヒト化抗体（～ zumab）、最初から完全なヒト型抗体（～ umab）が開発されている。

薬学ノート 12.2 ＜抗 TNF-α 抗体＞

　腫瘍壊死因子 tumor necrosis factor (TNF) は、壊死（ネクローシス）ではなくアポトーシスを起こす因子である。TNF-β は膜結合型であり、TNF-α は膜タンパク質であるが切断されて可溶性タンパク質として機能する。刺激されたマクロファージやリンパ球から放出される。腫瘍細胞を傷害することから抗癌薬として期待されたが、薬物としては癌を抑制するよりも、ショックなど有害作用が強く実用化されなかった。逆に、炎症反応の重要な促進因子であることから、抗 TNF-α 抗体 (infliximab) は様々な炎症性疾患（関節リウマチ、ベーチェット病、クローン病、潰瘍性大腸炎、乾癬）への特効薬的地位を確立している。TNF-α は生体防御を担っているために、infliximab 投与では結核の再燃が重要な有害作用として注意する必要がある。悪性腫瘍の発生も危惧されるが、実際は、その危険性は低いようである。

　注：ネクローシスとは、毒素などにより細胞が膨潤して死滅する過程である。アポトーシスは、シグナル伝達により細胞自ら分解酵素により萎縮して死滅する過程で、プログラム細胞死と言われる（13 章参照）。

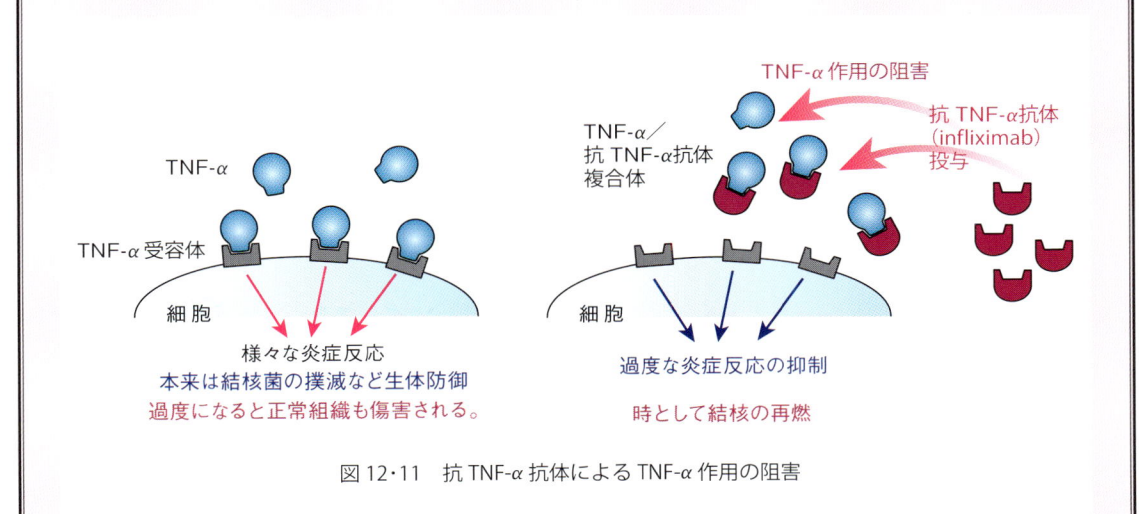

図 12・11　抗 TNF-α 抗体による TNF-α 作用の阻害

薬学ノート 12.3 ＜新薬開発につきまとう危険性＞

　新薬開発では、動物実験を十分に行った後、ヒトに投与される。健常人 10 名程度で危険性がないか様子を見る第 I 相、100 名程度の患者に投与して有効な投与量を探索する第 II 相、そしてコントロール（既存薬か薬効の無い偽薬）と新薬をそれぞれ 500 名程度の患者に投与して有効性を客観的に評価する第 III 相がある。2006 年 3 月、英国での完全ヒト化モノクローナル抗体製剤「TG1412」の第 I 相では、投与された被験者 6 人全員が集中治療室に担ぎ込まれることになってしまった。TG1412 は調節性 T 細胞を活性化して、自己免疫を動物実験では抑制した。しかし、ヒトでは急激な炎症反応が生じてしまった。動物とヒトとの違いを常に念頭に置いて、動物では安全であっても、最初に投与した被験者の様子をしばらく観察してから次の被験者に投与すべきであった。

12·8 IgE によるアレルギー

　免疫は外敵から体を守る重要な生体防御機構である。いわば国家における軍隊のようなものである。しかし、国家の歴史で明らかなように、軍隊は自国民を守るばかりではなく、時として圧政により一般大衆を苦しめる。それと同じようなことが生体防御でも発生する。その一つがアレルギーである（もう一つは自己免疫疾患で後述）。アレルギーとはギリシャ語の allos（他）と ergo（作用）を組み合わせた造語 allergy で、免疫の異常反応を示す。古典的にはⅠ～Ⅳ型に分類されている。Ⅰ型は即時型アレルギーあるいはアナフィラキシーと呼ばれている急性（抗原暴露から 15 分程度で発症）の免疫系の不利益な異常反応である。アトピーという診断名は乱用されているが、狭義には遺伝的要因によるアレルギー疾患である。しかし、小児期からのアレルギー性疾患の多くをアトピーと呼んでいる。

　アナフィラキシーとはプロフィラキシー（予防）の逆の意味である。ワクチン（抗原）接種によって免疫を樹立させるのが予防であるが、抗原接種によってショック（これも難しい言葉だが、急性の循環不全としておく）が生じた現象に命名

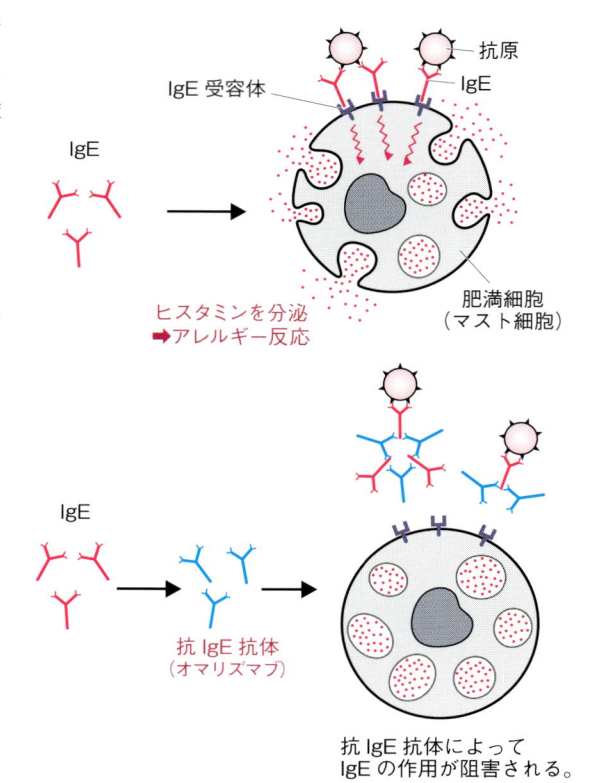

図 12·13　抗 IgE 抗体によるアレルギーの治療

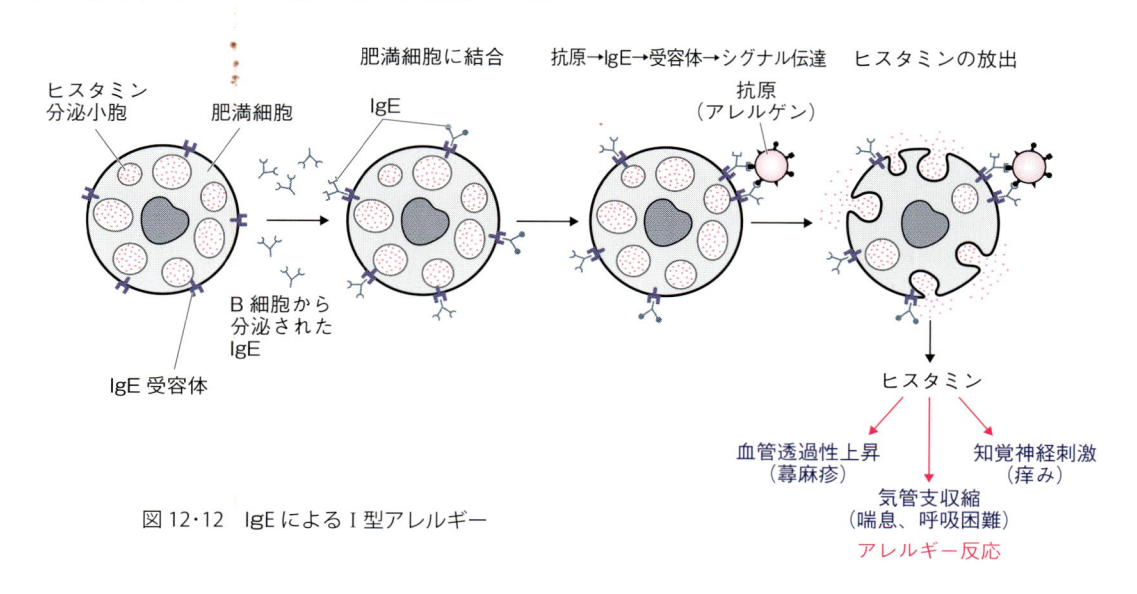

図 12·12　IgE によるⅠ型アレルギー

された。そのメカニズムには、抗体の IgE が肥満細胞に結合して、抗原（アレルギーの原因となるものはアレルゲンと呼ばれる）と反応してヒスタミンを放出するというものである。ヒスタミンは気管支収縮による呼吸不全などをもたらす（図 12・12）。

免疫系は一般的に糖質ステロイド（抗炎症性ステロイドホルモン）によって抑制されるので、アナフィラキシーにもステロイドは有効である。また、ショックによる循環不全の解消には交感系ホルモンであるアドレナリンの筋注が行われる。

IgE はアナフィラキシーばかりではなく喘息にも関与している。その特異的な治療薬として、IgE に対するヒト化モノクローナル抗体がある。抗 TNFα 抗体と同じように抗 IgE 抗体は IgE と結合して、その作用を阻害する（図 12・13）。

12・9　アレルギーの分類

古典的なクームス分類ではアレルギーは 4 種類に分類されている（図 12・14）。Ⅰ型アレルギーは上述した IgE を介したアナフィラキシー型である。Ⅱ型アレルギー（細胞傷害型）は細胞や組織に結合した抗原に IgG、IgM 抗体が結合し補体系が活性化されて細胞傷害が生じる。Ⅲ型アレルギー（免疫複合型、アルサス型）は可溶性抗原に IgG、IgM 抗体が結合した免疫複合体が組織を傷害する。馬血清を治療のために投与した場合に、馬タンパク質への免疫反応による蕁麻疹や関節痛

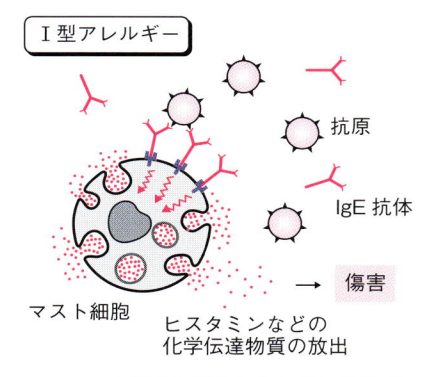

Ⅰ型アレルギー

マスト細胞　ヒスタミンなどの化学伝達物質の放出　抗原　IgE 抗体　→ 傷害

マスト細胞に結合した IgE に抗原が結合してヒスタミンを分泌。

Ⅱ型アレルギー

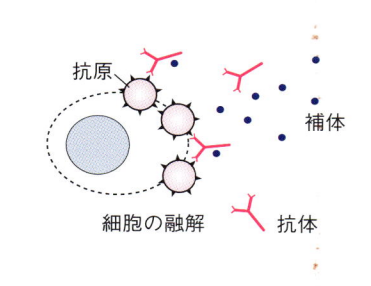

抗原　補体　細胞の融解　抗体

細胞に結合した抗原に抗体が結合して補体系などを活性化して細胞を傷害する。

Ⅲ型アレルギー

抗体　抗原　補体の活性化　組織の傷害

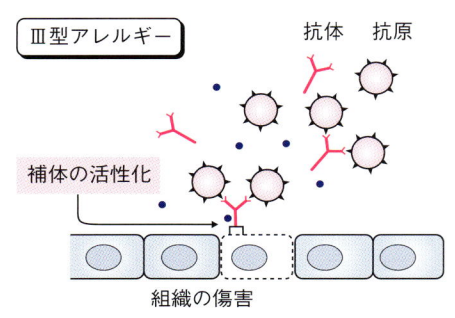

血液中で抗体抗原複合体が形成されて、補体系を活性化して細胞を傷害する。

Ⅳ型アレルギー

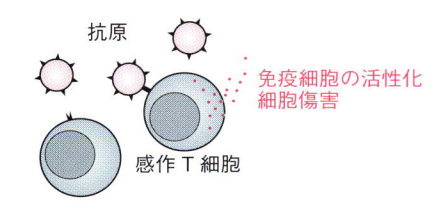

抗原　免疫細胞の活性化 細胞傷害　感作 T 細胞

抗体は直接的には関与せず、免疫系細胞が抗原によって活性化されて正常細胞を傷害する。

図 12・14　アレルギーの分類

が生じる血清病はこれに属する。Ⅳ型アレルギー（遅延型アレルギー、細胞性免疫型、ツベルクリン型）は、抗体は直接的には関与しておらず、外敵を認識するリンパ球（T細胞）が正常細胞を傷害する。ツベルクリン反応のように、皮膚反応では24〜48時間後に極大となる紅斑や硬結が生じる。

12·10　抗体の多様性と自己／非自己の識別

抗体の驚くべき特徴として、多様性と非自己特異性がある。まず、ほとんど無限とも言える標的に対して、特異的に結合する抗体を作製することができる。時として抗体ができにくい物質も無いわけでは無いが、ウサギに人工抗原（おそらく自然界には存在し得ないような物質、例えば、ヒトが合成した生体に存在しないようなアミノ酸配列のペプチド）を投与しても多くの場合、それに特異的に結合する抗体が血中に現れる。その次に不思議なのは、抗体は自分の体に元々ある抗原には作られないということである。自己と非自己をどのように区別しているのであろうか。自己の抗原にたいして抗体ができてしまうことが自己免疫疾患であり、多くの疾患には自己免疫が関与しているとされる。

12·11　抗体の多様性

リンパ球前駆細胞の軽鎖（κ鎖、λ鎖）のゲノムには、可変領域をコードするゲノム領域（V）が40個、連結領域（J）が5個ほどある（図12·15）。したがって、組み合わせとしては40×5で200種となる。重鎖では、65個のV領域、軽鎖にはないD領域が27個、そして6個のJ領域がある。65×27×6≒10000種となる。軽鎖と重鎖の組み合わせは200×10000≒10^6となる。また、それぞれの相同組換え時にランダムに塩基の脱落や挿入が行われる。その見積もりは難しいが、少なくとも10種類ぐらいは十分に考えられる。軽鎖と重鎖それぞれ10倍となるので種類としては10×10で100倍は増加すると見積もられる。したがって、抗体分子（遺伝子）の多様性は少なく見積もっても10^8（10^6×100）に達する。こうして、無限とも言える種類の抗原に結合することができる抗体を産生するリンパ球が用意される。

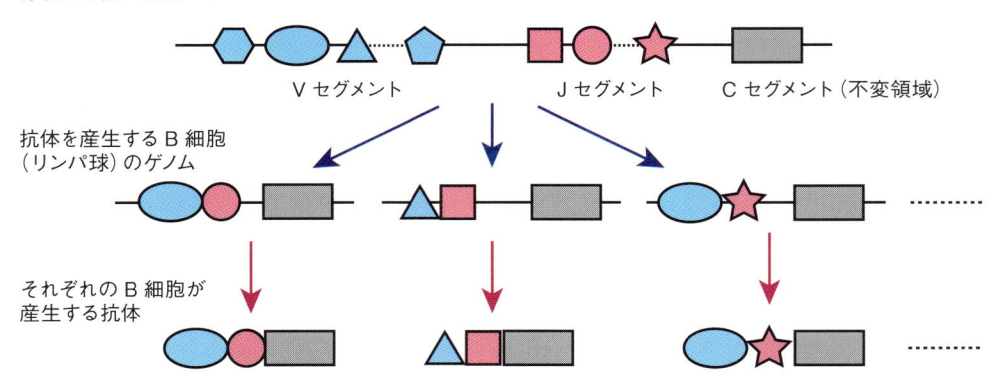

図12·15　リンパ球の分化に伴う体細胞組換え
　リンパ球に特異的な組換え酵素（リコンビナーゼ）によって、可変領域をコードするゲノム領域（〜40個）とJセグメント（〜5個）から1個ずつがランダムに選ばれてゲノムの再構築が行われる。

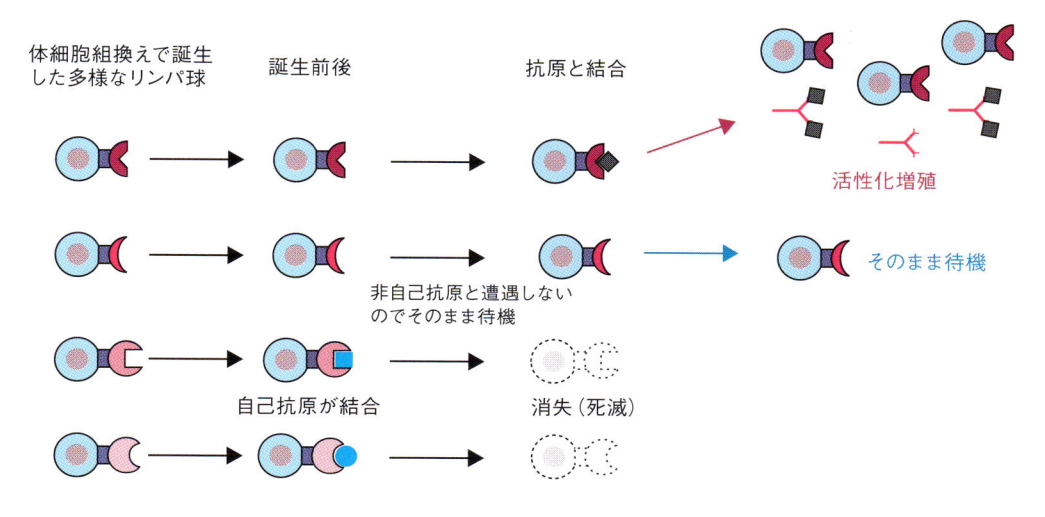

図12・16 クローン選択説
誕生前後に抗原と接したリンパ球は除去される。その後、抗原と結合したリンパ球は活性化されて増殖し、抗体を作製する。

12・12 自己と非自己の識別

抗体遺伝子はランダムに多様化されるので、その中には自分のタンパク質（自己抗原）に結合する抗体遺伝子も当然存在する。そのようなリンパ球は自己組織へも抗体を産生することになり、自己組織を傷害してしまう。そのために自己抗原に結合する抗体を産生するリンパ球を除去する必要がある。これは、免疫系細胞の分化が終了する誕生前後に抗原（自己）が結合した細胞は細胞死（アポトーシス）もしくは抑制されることによって行われている（図12・16）。

12・13 主要組織適合遺伝子複合体 (MHC)

MHC (major histocompatibility complex) はヒトでは HLA (human leukocyte antigen)、マウスでは H2、ヒツジでは OLA などと呼ばれている。もともとはマウスの移植実験で、拒絶反応を決定する抗原として特定された。MHC は各個人によって非常に異なっており、臓器移植ではドナーとレシピエントの MHC 型ができるだけ一致するように選択される。

MHC は拒絶反応のために存在するのではなく、T 細胞が抗原を認識する過程で重要な役割を担っている。B 細胞は、細胞表面に自分が産生するのと同じ抗体分子を受容体としてもっている（Y 字形の抗体分子の下に膜貫通領域が付加されている）（図12・17）。T 細胞受容体は厳密に制御するためか、自分自身は抗原を認識することはできない。抗原提示細胞（樹状細胞、マクロファージ、B 細胞など）の膜表面に提示された抗原のみを認識する。その際、抗原は MHC 分子と結合している。一つの MHC 分子は多種のペプチドを結合することができ、さらにヒトには 6 個の遺伝子座が存在する（父親由来と母親由来を合わせれば 12 個となる）。

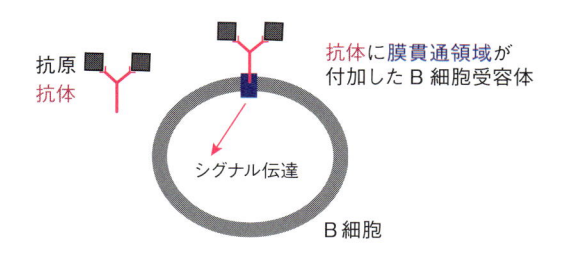

図12・17 B 細胞受容体
B 細胞では膜に結合した抗体が抗原を認識する。

抗原提示細胞が抗原を貪食する。

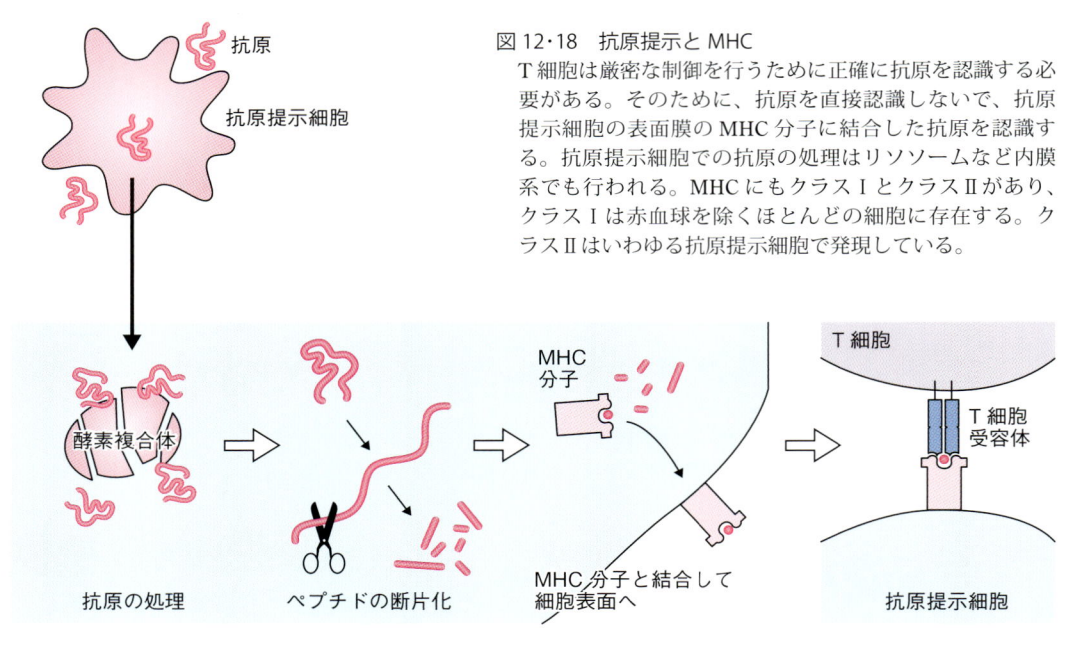

図 12・18　抗原提示と MHC
　T 細胞は厳密な制御を行うために正確に抗原を認識する必要がある。そのために、抗原を直接認識しないで、抗原提示細胞の表面膜の MHC 分子に結合した抗原を認識する。抗原提示細胞での抗原の処理はリソソームなど内膜系でも行われる。MHC にもクラス I とクラス II があり、クラス I は赤血球を除くほとんどの細胞に存在する。クラス II はいわゆる抗原提示細胞で発現している。

薬学ノート 12.4 ＜免疫抑制薬＞

　アレルギーの原因となる IgE と結合する抗 IgE 抗体については、すでに説明した。また、抗原/IgE 複合体によって放出されるヒスタミンの作用を阻害する薬物が、抗ヒスタミン薬である。抗炎症ステロイド（副腎皮質から分泌される糖質ステロイドホルモン、およびその改変薬物）は細胞質の受容体に結合して遺伝子発現を複雑に制御する。その結果、免疫系応答は抑制される。リンパ腫（リンパ球系の悪性腫瘍細胞）も抑制し、抗癌薬としても使用される。

　シクロスポリンはノルウェーの土壌の真菌から見いだされた抗生物質（マクロライド系）である。T 細胞の細胞質ゾルに存在するシクロフィリンに結合して T 細胞支持因子（インターロイキン 2）の産生を抑制する。臓器移植で汎用される免疫抑制薬である。

　タクロリムス（FK506）は筑波の土壌の細菌から見いだされた抗生物質（マクロライド系）である。FKBP（FK506 binding protein）というタンパク質に結合して、シクロスポリンと同じようにインターロイキン 2 の産生を抑制する免疫抑制薬である。軟膏はアトピーに用いられる。

薬学ノート 12.4 の図

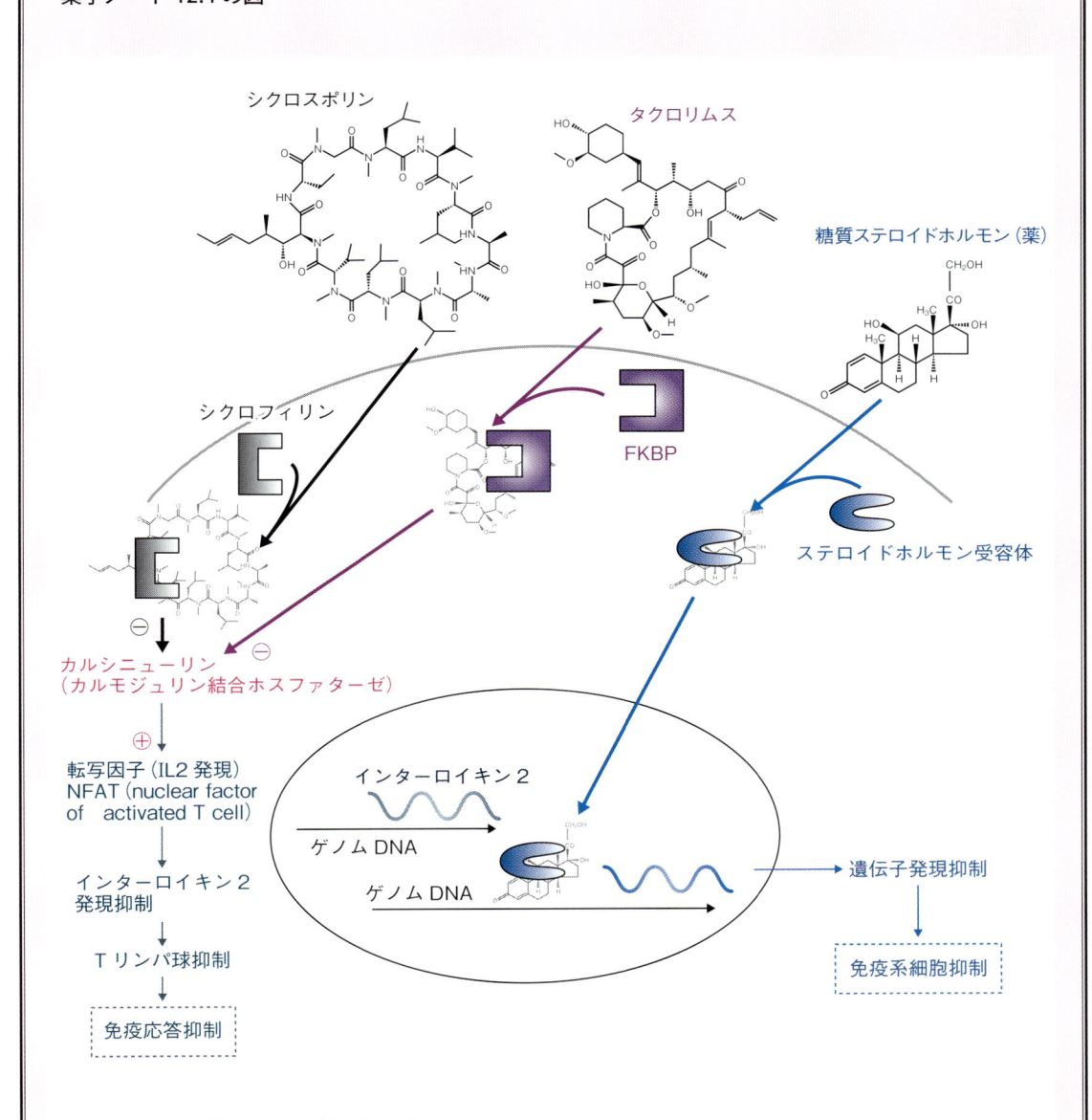

図 12・19　イムノフィリン

シクロスポリンはシクロフィリン、タクロリムスは FKBP に結合してカルシニューリンを抑制する。カルシニューリンはカルモジュリンが結合したホスファターゼで、T リンパ球を維持するインターロイキン 2 の転写を促進している。このカルシニューリンによる活性化がシクロスポリンやタクロリムスによって阻害されるため T リンパ球は抑制される。シクロフィリンや FKBP を総称してイムノフィリンという。

12章　問題：誤りがあれば修正せよ。

1. IgA の抗原結合部位は 4 か所である。
2. ポリクローナル抗体は一つの抗原のみに結合する。
3. ヒト化抗体の一般名は〜zumab となっている。
4. infliximab は関節リウマチには無効である。
5. 即時型（I 型）アレルギーに関与している抗体は IgD である。
6. 母乳に分泌される抗体は IgM である。
7. 未知の病原体への防御機構はない。
8. HLA は移植片に対する拒絶反応のために存在する。
9. 抗ヒスタミン薬は免疫抑制薬である。
10. カルシニューリンはキナーゼである。

13章　癌

- 悪性腫瘍の特徴は増殖、浸潤、転移である。
- 慢性骨髄性白血病の BCR-ABL など一つの遺伝子異常が原因の悪性腫瘍には、酵素阻害薬など有効な分子標的薬が開発されている。
- 通常の固形癌の腫瘍細胞は、多彩な変異が生じた雑多な癌細胞の集団であり、癌幹細胞の存在も明らかになっている。
- 制御された細胞死（アポトーシス）や細胞老化（テロメアの短縮）などを、悪性腫瘍細胞は回避しているらしい。

20年ほど前までは、癌は非常に恐ろしい、つまり確実に死を迎える疾患であった。そのために癌が見つかっても、患者本人には告知しないことがまかりとおっていた。ある重鎮医師により「高名な僧侶に癌であることを告知したら、非常に落ち込んでしまった。僧侶ですらそうなのだから、一般には告知するべきではない」というようなことが堂々と述べられていた。しかし、患者本人が自分のことを知らないで、周りが知っているのは、どんなに辛いことであってもおかしいだろう。20年前でも多くの癌患者は、十分に説明すれば、最初はショックを受けるものの速やかに立ち直り前向きに考えるようになったものである。先の逸話で落ち込んだ僧侶は一般よりも卓越していなかったか（世俗に固執していたか）、医師の説明不足が問題だったと思われる。今は、外科的治療、抗癌薬、放射線治療などがん治療もかなり進歩し、完治はしばしば難しいものの、癌と一緒に生活することが可能になっている。それでも治療は困難であり、新しい癌治療を評価するためには癌の生物学の知識が必要である。

ところで、癌はそんなに「いやな」疾患だろうか。余命がはっきりしたら、恨みのある奴に殴りにいくことも可能である。認知症のほうが個人的にはずっといやである。もっとも、癌の末期には骨転移などにより辛い癌性疼痛が生じることがある。強力な鎮痛薬であるモルヒネが使用されるが、禁断症状のイメージが強くて投与量がしばしば不十分である。末期癌への緩和医療など、現代の医療では対処法が無い疾患への対応も必要である。

13・1　悪性腫瘍

腫瘍とは、増殖が適切に制御されている細胞が無秩序に増殖を開始した細胞の集団のことである。ある一つの臓器内に止まる腫瘍は、それを除去すれば治癒するということで良性腫瘍と呼ばれる。良性腫瘍でも除去が難しい部位にできた場合

> **メモ 13.1 ＜癌の表記について＞**
> 本書では統一上、漢字の「癌」を使用している。平仮名で「がん」は一般的に悪性腫瘍を意味する。「癌」の語源は進行癌が「岩」のように固いしこりとなることに基づく。

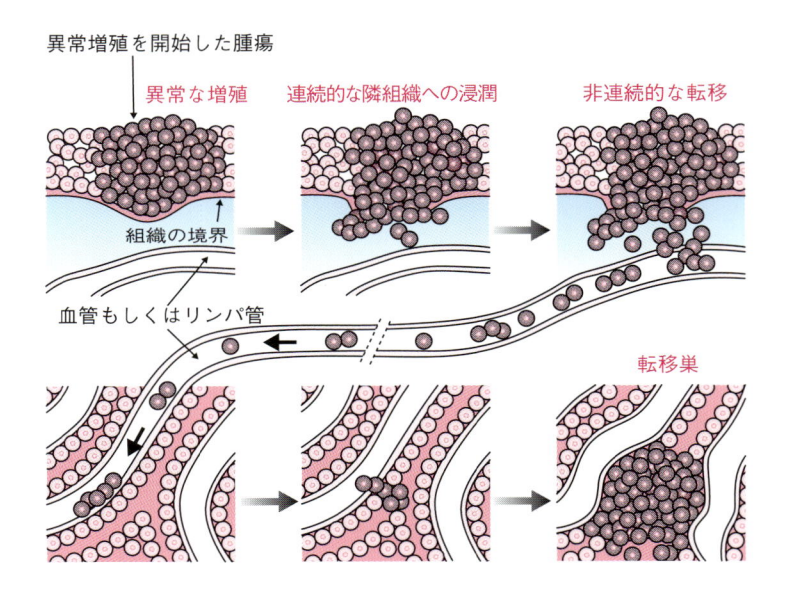

図 13・1　悪性腫瘍の特徴：増殖、浸潤、転移

には（外科手術の進歩のおかげで稀にはなっている）、治療が難しいものとなる。悪性腫瘍は一つの臓器に止まらず、その他の部位に拡散していく（連続的な浸潤、非連続的な転移）。そのため一か所を切除しても完治には至らず、治療が難しいために悪性腫瘍となる。上皮組織（粘膜など）にできるのを癌（癌腫）、非上皮性組織（骨、筋肉）にできるのを肉腫と区別する。また、白血球の異常な増殖は白血病、リンパ系細胞由来の腫瘍はリンパ腫、脳に原発するのは脳腫瘍と一般的に呼ばれている（図 13・1）。

13・2　癌の遺伝子変異

正常細胞の異常な増殖能、浸潤能、転移能の獲得は遺伝子変異による。これらはヒトの個体内における細胞の生存競争からすれば有利な形質である。癌に関係する遺伝子変異は実は細胞の生存に重要な役割を担っていることもしばしばである。ある細胞が本来とは違う部位に出現しても異常に増殖しなければ問題とならない。癌となった細胞が増殖をせずに浸潤するか、あるいは転移するかについての議論は難しい。話は複雑だが、いわゆる原発巣（最初に発見される癌）で癌細胞が異常増殖する前に、すでに他組織に同じような癌細胞が存在して、それらが異常増殖を開始するのが転移という考え方もある。逆に、異常増殖しない癌は存在するかという論点もあるが、異常増殖しなければ不利益が生じないので、ほとんど議論されない。ある細胞が異常増殖能を獲得して癌となり、やがて、連続的に他の臓器に浸潤し、そして血管やリンパ管を流れて、他の臓器に不連続的に転移巣を確立すると、単純に考えておこう。

遺伝子変異で相同染色体の1個のみの変異で癌化する場合は、癌化に必要なある形質を獲得した優性変異といえる。このような遺伝子を癌遺伝子 oncogene といい、変異する前の正常な遺伝子を原癌遺伝子 proto-oncogene という（図 13・2）。iPS 細胞の作製に用いられる *myc* 遺伝子（転写因子）（遺伝子はイタリック体、タンパク質は立体で記述するのが一般的）は癌遺伝子であり、様々な癌で遺伝子の増幅や変異が見いだされている。正常な *myc* 遺伝子（*c-myc*）は細胞の増殖や分化に必須であり、そのノックアウトマウスは胎生致死となってしまう。

相同染色体それぞれの遺伝子に変異が生じないと癌化しない劣性変異の場合には、癌を抑制し

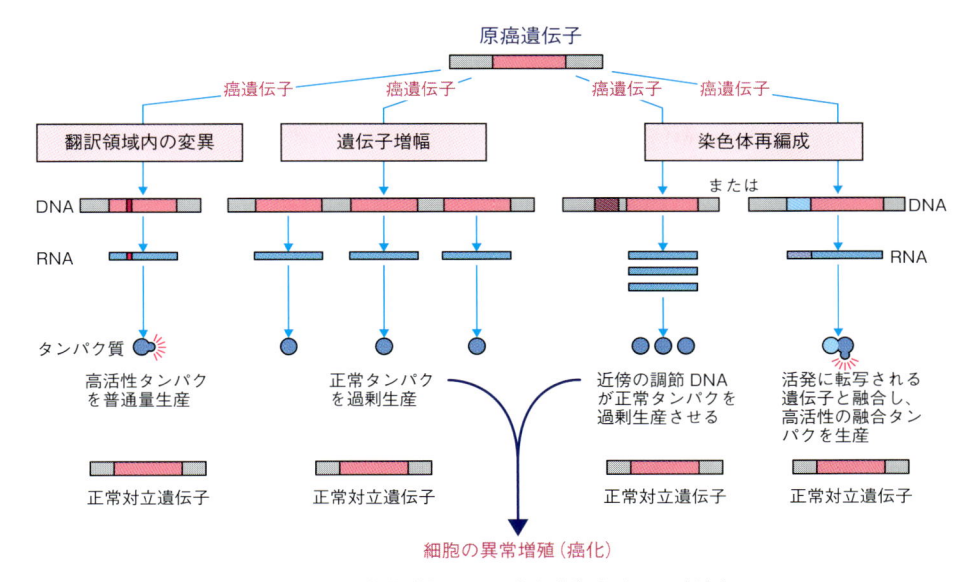

図 13・2 機能獲得による癌を発生させる原癌遺伝子

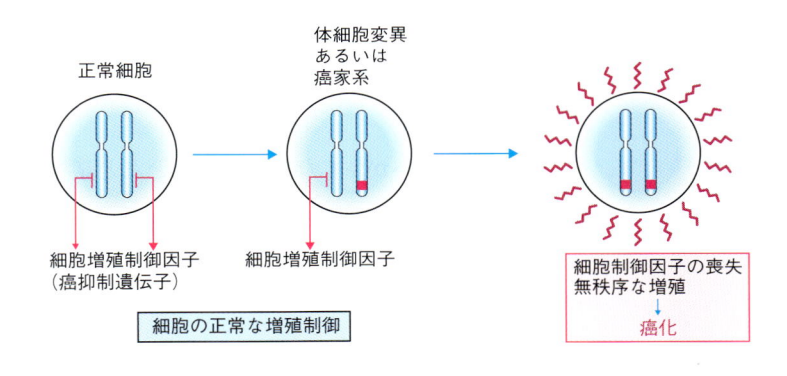

図 13・3 2ヒット（1対の遺伝子の2個が異常となる）で発癌する癌抑制遺伝子

図 13・4 癌の遺伝子
　ある癌腫に含まれる細胞がすべて同じ遺伝子で均質なのがクローナルであり、様々な変異をもったヘテロな集団がポリクローナルである。白血病は比較的クローナルであるが、固形癌（例えば胃癌）では、それぞれの癌細胞には異なった変異が生じているようである。癌細胞1個1個のゲノム解析が行われつつある。

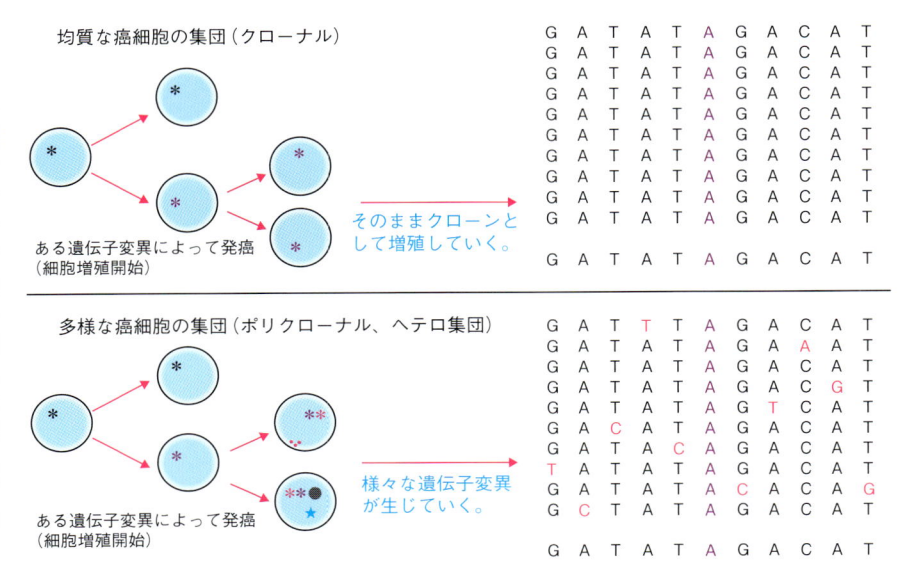

薬学ノート 13.1 ＜慢性骨髄性白血病＞

慢性骨髄性白血病は、骨髄の造血幹細胞で、第9染色体と第22染色体の間での転座によって生成されたフィラデルフィア（Ph）染色体が原因の白血病である。Ph染色体の融合領域では新たなBCR-ABLという遺伝子が誕生する。ABLはウイルス遺伝子に類似した癌遺伝子である。この遺伝子が活性化されることによって白血球は無秩序な増殖を開始し、白血病となる。BCR-ABLはリン酸化を行うキナーゼ活性をもっている。このキナーゼを特異的に阻害するイマチニブ imatinib（グリベック®）[注]という薬物が開発された。この薬物は経口投与され、白血病細胞の増殖をほぼ完全に抑制することができる。それまでの治療法では5年生存率が40％程度だったのが、飲み薬（1日1回）で90％以上になった。しかし、長期生存例では、白血病細胞のBCR-ABLのキナーゼに変異が生じて、イマチニブに耐性を得た白血病細胞が出現することがある。抗菌薬への耐性菌と同じように、抗癌薬治療ではそれに耐性の癌細胞の出現が問題となっている。癌はまさに悪性な新生物である。

注：イマチニブというのは物質名（一般名）であり、グリベックというのが商品名である。どの製薬会社が販売しようと一般名は共通であるが、商品名は各会社が覚えやすい名前を工夫して付けていく。特許が切れて開発費の負担なしに安価に製造販売される薬剤は後発品、もしくは、一般名で扱われることからジェネリックと総称される。

図 13・5　慢性骨髄性白血病の原因の Ph 染色体

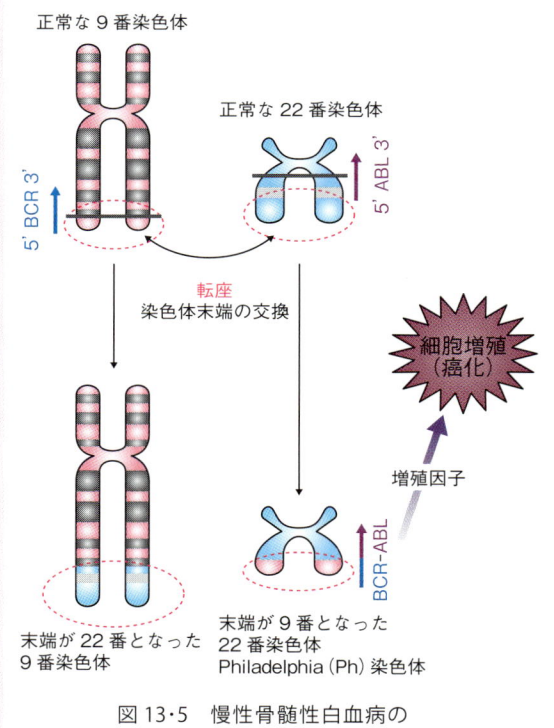

図 13・6　慢性骨髄性白血病の特効薬イマチニブ
ばたばた亡くなっていた白血病患者だったが、飲み薬で5年生存率が90％以上に向上した。

ていた機能を喪失したと考えられる（図13・3）。このような遺伝子を癌抑制遺伝子という。ある大腸癌が頻発する家系では *APC*（adenomatous polyposis coli）遺伝子がヘテロで欠失していた。APC（タンパク質）は細胞増殖系を抑制する因子である。したがって、1個しか残っていない正常な *APC* に遺伝子変異が生じると癌化してしまうために、この家系では癌が頻発するのであった。APCがホモで正常な場合でも、何らかの要因でそれぞれの遺伝子が異常となると癌が発生する。実際、非家族性の大腸癌患者では、癌以外の組織ではAPCはホモで正常であるが、癌ではホモで異常になっている。

多くの癌では1個の遺伝子変異だけではなく、正常細胞とは異なる数多くの変異が生じている。また、著しい増殖のために癌細胞は分裂している過程でさらに遺伝子変異が生じている。癌腫の細胞群は非常にヘテロな集団と考えられる（図13・4）。この多様性は抗癌薬への耐性の要因ともいえる。ある抗癌薬が最初のうちは腫瘍抑制効果を発揮できるのに、しばらくすると再び増殖が活発になるというのは抗癌薬治療でしばしば経験される。これは、多様な癌細胞のなかで少数存在していた抗癌薬に耐性をもつ細胞群が生き残るということで説明される。また、自分自身はあまり増殖しないが、適宜、活発に増殖する細胞を提供する癌幹細胞の存在も明らかになってきた。癌幹細胞は生来的に抗癌薬に耐性であり、これを標的とする治療法の開発が注目されている。

13・3　増殖因子と癌

細胞の増殖は適宜調節される必要がある。増殖因子は可溶性の細胞外シグナル伝達分子で、細胞表面の増殖因子受容体に結合する。すると細胞内シグナル伝達が行われて、細胞分裂を促進する遺伝子が発現し、細胞増殖が促進される。数多くの増殖因子が同定されている。線維芽細胞増殖因子（fibroblast growth factor、FGF）は、その名のとおり線維芽細胞の増殖を促進する（神経系細胞や血管内皮細胞にも作用）。FGFは傷口にスプレー

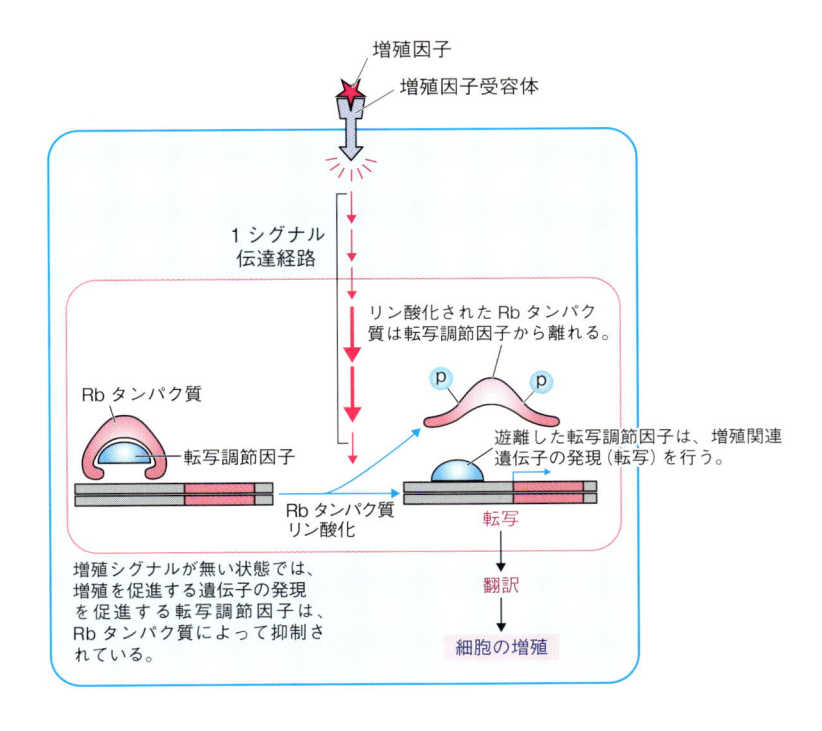

図13・7　増殖シグナル
リン酸化されていない正常なRbタンパク質は増殖シグナルを抑えている。しかし、網膜芽細胞腫ではRb遺伝子（癌抑制遺伝子）変異によって増殖抑制ができなくなり、無秩序な増殖が行われる。

> **薬学ノート 13.2 ＜乳癌と HER 2 受容体＞**
>
> 増殖因子受容体 HER（human epidermal growth factor receptor）には HER 1,2,3,4 と 4 種のサブタイプが存在する。HER 2 自身は直接的には増殖因子と結合しないが、他のサブタイプとヘテロダイマーを形成して、種々の増殖因子と結合する受容体を形成する。一部の乳癌で HER 2 が過剰に発現しており、それによって細胞の異常増殖が行われている。この HER 2 に対するヒト化モノクローナル抗体がトラスツズマブ trastuzumab（商品名：ハーセプチン®）である。正常細胞はほとんど HER 2 を発現していないので、トラスツズマブは作用しない。癌化した細胞では大量の HER 2 が発現しているので、それらにトラスツズマブが結合する。すると、この受容体を介する増殖シグナルは低下し、さらに免疫反応が生じて癌細胞のみが特異的に傷害される。HER 2 が過剰発現している乳癌には安全で非常に効果的であるが、当然ながら、HER 2 が発現していない癌には無効である。そのため、乳癌細胞を生検（バイオプシー、注射器などで癌細胞のサンプルを採取すること）して、HER 2 が陽性か陰性かを確認して治療法を選択する必要がある。

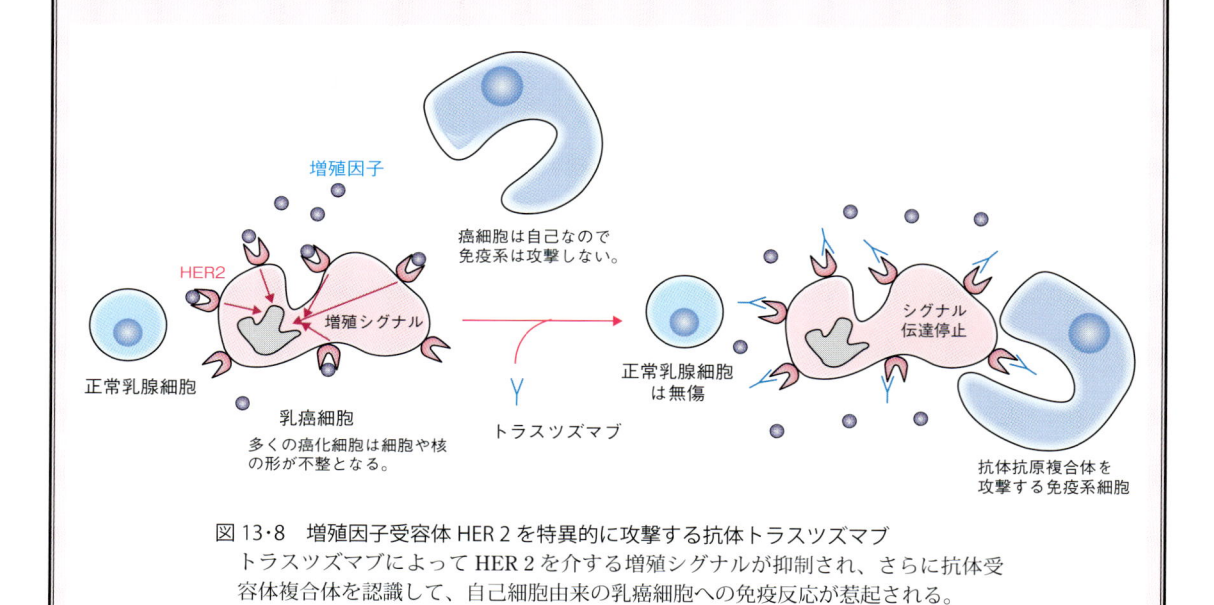

図 13・8 増殖因子受容体 HER 2 を特異的に攻撃する抗体トラスツズマブ
トラスツズマブによって HER 2 を介する増殖シグナルが抑制され、さらに抗体受容体複合体を認識して、自己細胞由来の乳癌細胞への免疫反応が惹起される。

して治癒を促進させる薬剤として臨床使用されている（フィブラスト®）（図 13・7）。

網膜芽細胞腫（retinoblastoma）は稀ではあるが、小児の眼悪性腫瘍では最も頻度が高い。眼底の網膜に発生する。この原因として癌抑制遺伝子 Rb 遺伝子が特定された。Rb タンパク質は、増殖シグナルが来ない場合には、転写因子に結合してそれを抑制している。増殖因子受容体からのシグナルが到達すると、転写因子から遊離する。自由となった転写因子は増殖促進タンパク質の転写を促進して、細胞増殖が開始される。網膜芽細胞腫では、この遺伝子が変異して抑制作用を喪失することによって細胞の無秩序な増殖、つまり癌が発生する。

13・4 浸潤と転移

細胞の増殖シグナルについては、成長因子をはじめとしてかなり解明が進んでいる。しかし、浸潤と転移の分子メカニズムはまだほとんど不明である。逆に考えると、例えば肝臓の形は多少の大小などヒトによって多少の違いはあるものの、大まかな形はほとんど同じである。胃でも腸でも、内臓にかぎらず、考えてみればヒトの臓器や体の構造はヒトであれば大きな違いはない。したがって、一般的な形と違っていれば異常と判断することができるのである。癌の浸潤と転移の詳細は不明であるが、逆に、正常な組織の形が維持されている機序も不明である。正常な組織の発生では、細胞は組織間を移動しつつ器官を形成していく。癌細胞もそのような発生初期の未分化な状態で発揮される能力を再獲得して利用していると想像される（図13・9）。

浸潤と転移の機序が不明なために、抗癌薬のほとんどは細胞増殖を抑制するものである。イマチニブやトラスツズマブは、癌細胞の異常増殖の原因となっている原因因子を直接標的としているために分子標的薬という。その他の従来型の抗癌薬は、癌に限らず細胞分裂の活発な細胞を標的とする（例えば、細胞分裂装置のチューブリン／微小管、ビンクリスチンなど）。そのために、正常でも分裂が活発な毛根細胞（脱毛）や消化管粘膜（消化管出血）も傷害され有害作用が出現する。転移や浸潤を標的とする薬物は研究段階である。

13・5 アポトーシスとネクローシス

細胞は増殖するばかりではなく、必要がなくなった細胞は除去される必要がある。有名な例が、手の形成である。われわれの手は発生初期では水かきのように指と指の間がつながっている。発生が進むにつれて、指と指の間の細胞が死滅して指が独立するようになる。あるいは、オタマジャクシからカエルになるとき、尾の細胞が死滅していく。このように制御された（プログラムされた）細胞死をアポトーシスという（図13・10）。アポトーシスはギリシャ語「葉が落ちる」にちなんでいる。アポトーシスではシグナル伝達が行われている。例えば、細胞膜表面の受容体（death receptor）に「死のシグナル（death ligand）」が結合すると、一連のタンパク質分解酵素（カスパーゼ）がつぎつぎに活性化され、最終的にはゲノムDNAが分解されて細胞は死を迎える。貪食細胞が処理しやすいように細胞は小さく分断される。このシグナル伝達ではミトコンドリアも関与している。細胞死のシグナルにより、ミトコンド

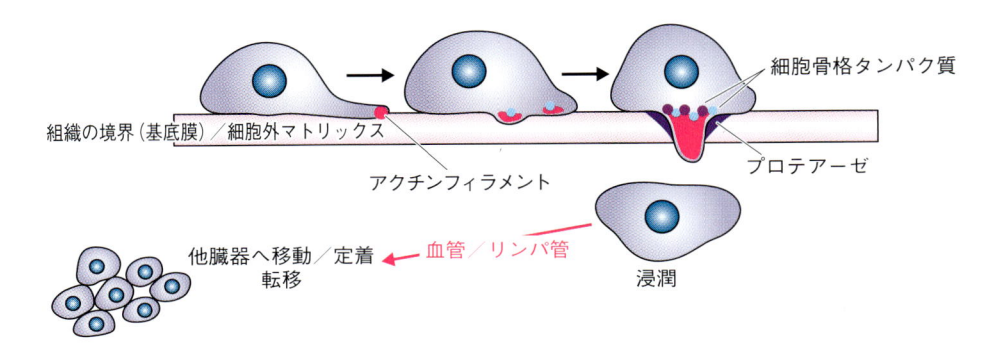

図13・9 癌細胞の浸潤と転移
　浸潤では、細胞骨格系による細胞の遊走と、基底膜など臓器間のバリアのプロテアーゼによる除去が行われる。その後、血管／リンパ管を流れて、新たな臓器へ侵入し定着する。その詳細な機序は不明である。

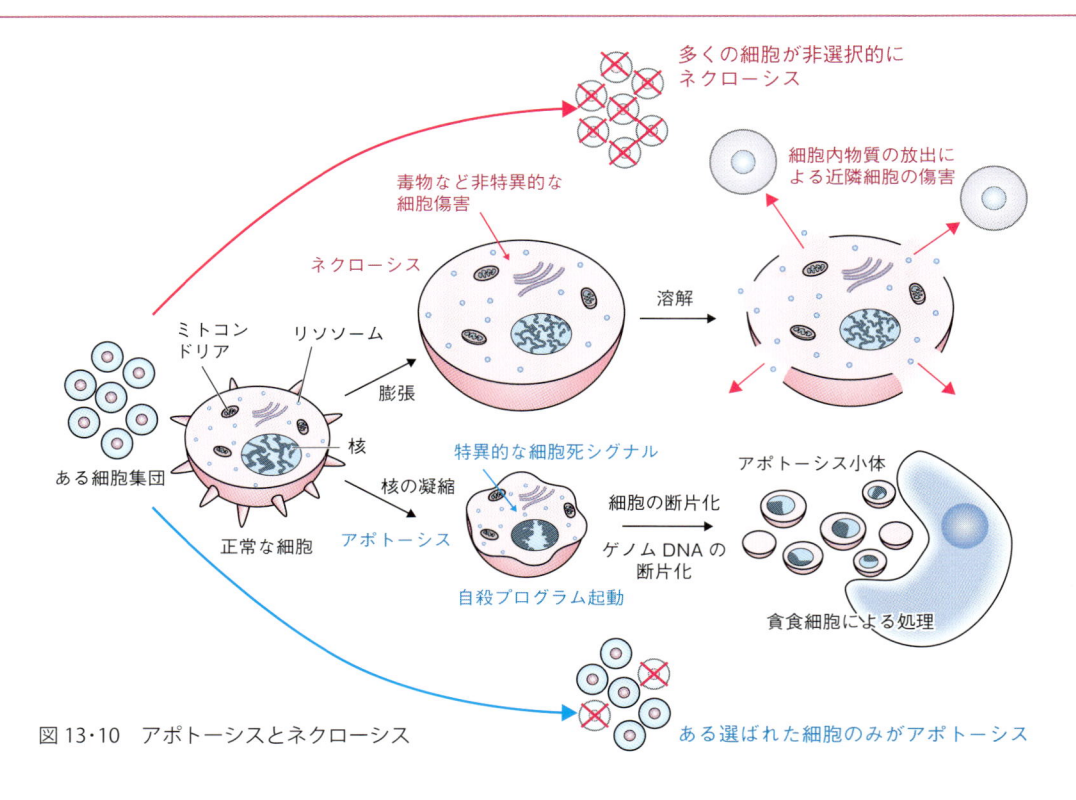

図13・10 アポトーシスとネクローシス

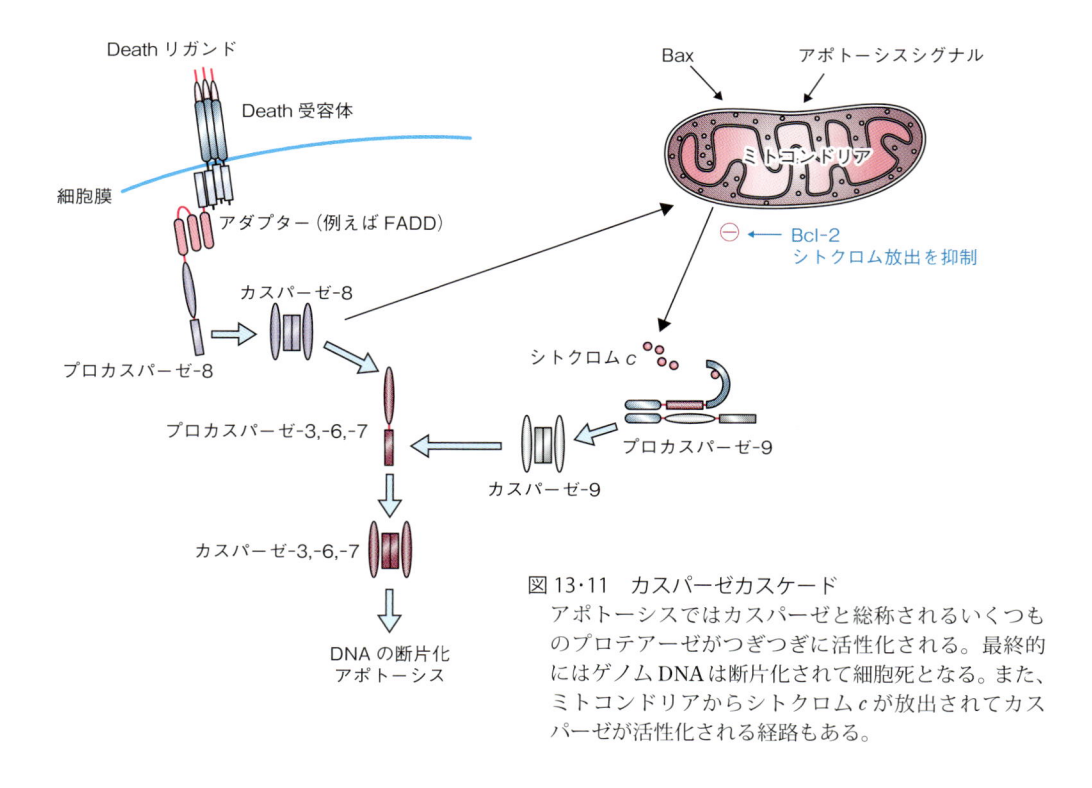

図13・11 カスパーゼカスケード
アポトーシスではカスパーゼと総称されるいくつものプロテアーゼがつぎつぎに活性化される。最終的にはゲノムDNAは断片化されて細胞死となる。また、ミトコンドリアからシトクロムcが放出されてカスパーゼが活性化される経路もある。

リアの電子伝達系のシトクロム c が細胞質に放出され、カスパーゼを活性化する。アポトーシスを抑制する Bcl-2 や促進する Bax など、アポトーシスには数多くの因子が関与している。Bcl-2 は癌遺伝子として発見されたように、癌細胞でもアポトーシスを回避することによって増殖を継続している場合がある（図 13・11）。

アポトーシスの対となる細胞死がネクローシスである。ネクローシスでは毒物などにより細胞機能が異常となって、細胞は膨潤して溶解して死を迎える。その際、細胞内成分が放出されて、炎症が生じ、さらに周りの細胞も傷害する。アポトーシスでは、シグナル伝達が行われた細胞のみが死ぬ。したがって、隣の細胞は健全である。少し話は複雑だが、プログラムされたネクローシス様の細胞死も報告されている。が、単純にはアポトーシスは制御された合目的な細胞死、ネクローシスは機能不全による病的細胞死と考えられる。

13・6 老 化

例えば、ヒトの線維芽細胞を採取して培養をすると、十数回分裂を繰り返したところで、それ以上、分裂することができなくなる。これを細胞老化という。老化のメカニズムは、DNA の酸化的傷害や末端のテロメア構造の短縮などが提唱されているが詳細は不明である。ところが、この培養細胞に癌遺伝子を発現させると無限に細胞分裂を行うことができるようになる。1951 年にヒト子宮頸癌から樹立された HeLa（ヒーラ）細胞は世界中の研究室で今なお細胞分裂している。

細胞が分裂することによって、染色体 DNA の端のテロメア構造が短くなっていき、寿命を迎えるというのは魅力的な仮説である（3 章参照）。細胞の核を移植されたクローン動物のテロメアは正常であったが、クローン動物の寿命は通常動物よりもやや短くなるようである。

13 章　問題：誤りがあれば修正せよ。

1. 悪性腫瘍の特徴は増殖、脱分化、転移である。
2. 悪性腫瘍の原因は遺伝子変異である。
3. 悪性腫瘍はモノクローナルである。
4. iPS 細胞作製に用いられる *myc* 遺伝子は発癌作用がある。
5. 抗癌薬治療では癌細胞の耐性獲得が問題である。
6. イマチニブは慢性骨髄性白血病に有効である。
7. 乳癌にはハーセプチンが有効である。
8. アポトーシスではタンパク質分解酵素が連鎖的に活性化される。
9. ミトコンドリアから放出されたコエンザイム Q10 はアポトーシスを惹起する。
10. 従来型抗癌薬は癌細胞のみを傷害する。

14章　脳と神経

○　ニューロンの特徴は、細胞外 Na^+ の細胞内への流入によって活動電位を発生できることである。
○　ニューロンを維持する裏方の細胞とされていたグリア（アストログリア、オリゴデンドログリア、ミクログリア）も積極的に情報処理を行っている。
○　脳の血管の内皮やそれを覆うアストロサイトによって血液脳関門が形成されている。

　生命科学の進歩は著しいが、それでもまだまだ未解決の問題が山積みしている。その中でも特に「最後のフロンティア」とまで言われるのが、ヒトの高次精神機能を担っている脳の働きの解明である。いわゆる脳科学である。少し下火になったが「脳科学的には」という言葉が枕詞のように使われている。191ページのコラムで紹介しているように、残念ながら、あるいは幸いなことに脳の精神機能は分子生物学的にはほとんど解明されていない。が、脳を構築する細胞や分子群はかなり細かくわかっている。

　脳の細胞は大きくニューロンとグリアに分けられる。ニューロンは活動電位を発生し、電気的情報を扱うことができる神経組織の機能的細胞と考えられていた。グリアはニューロンが活動できるように支える支持細胞とされてきた。しかし、グリアも情報処理を行う細胞であり、脳の情報処理はニューロンとグリアすべてが参加している。各細胞個別の機能は次々に明らかになっているが、脳としての全体の機能となると、ほとんど不明である。ニューロンはもはや分裂することはできない。ヒトの脳は生まれてからはニューロンを失っていくだけと昔は考えられていた。しかし、成体でも幹細胞から新しいニューロンが誕生して補充されている。記憶形成や学習などに関与しているらしい。

14・1　脳科学の現状

　神経を構成する各細胞の分子レベルでの機能についてはかなり解明が進んでいる。しかしながら、ヒトの精神活動はもとより、線虫やショウジョウバエのレベルでも、脳としての統合的な神経機能の生物学的解明は未知の領域である。

14・2　神経系の分類

　われわれの精神機能を担っているのは脳を中心とする神経系組織である。神経系組織は中枢神経系（脳と脊髄）と末梢神経系に分類される。末梢神経は、シグナルを脳から末梢に伝達する遠心性神経と、末梢から情報を得る求心性神経に分類される。機能的観点から分類すると、自分の意思で制御できる随意（体性）神経（骨格筋の運動神経）と不随意神経（自律神経）があり、自律神経系は交感神経系と副交感神経系がある（図14・1）。

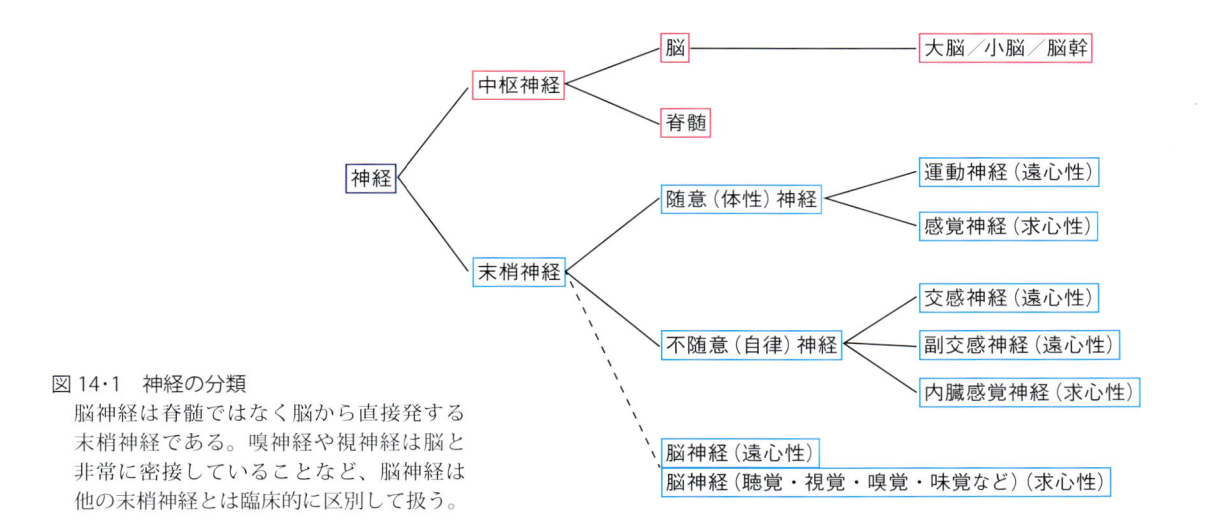

図14・1 神経の分類
脳神経は脊髄ではなく脳から直接発する末梢神経である。嗅神経や視神経は脳と非常に密接していることなど、脳神経は他の末梢神経とは臨床的に区別して扱う。

14・3 神経を構成する細胞

神経系では、電気としての情報を伝達し処理する。それを直接的に担っているのがニューロン（神経細胞）である。ニューロンの他の細胞にない特徴は、活動電位 action potential という（細胞内が一次的に正電位になる）電位変化を示すことである。そのニューロンを補助する神経系細胞としてグリア（神経膠細胞）がある。中枢神経ではグリアにはアストロサイト（星状膠細胞）、オリゴデンドロサイト（希突起神経膠細胞）、ミクログリア（小膠細胞）の3種類がある。末梢神経ではシュワン細胞と外套細胞（衛星細胞）が主たるグリアとなる。脳組織を走行する毛細血管は内皮細胞とアストロサイトに密に覆われており、ニューロンと血管との間には障壁が形成されている。毛細血管と神経組織の間の物質交換は選択的となっている（血液脳関門）（図14・2, 図14・3）。

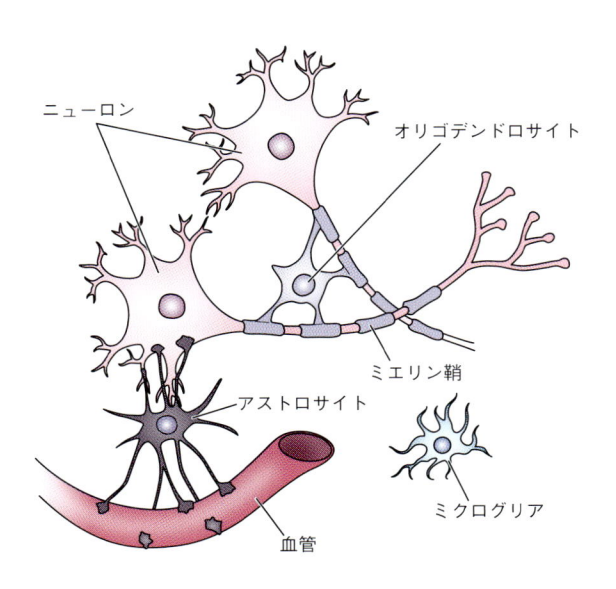

図14・2 脳の神経系を構成する細胞

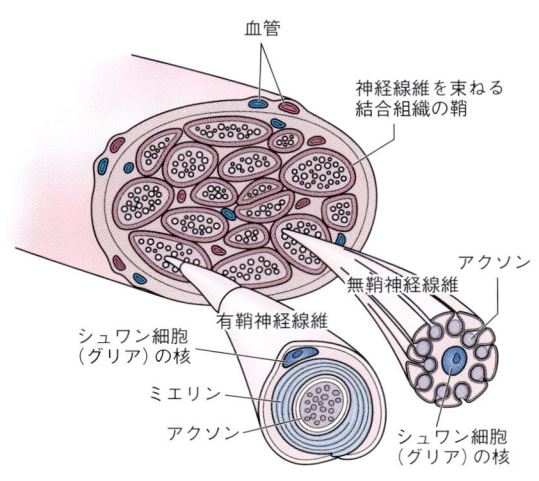

図14・3 末梢神経線維の構造

コラム 14.1 ＜血液脳関門 blood-brain barrier；BBB＞

　一般的な毛細血管は透過性が高く、赤血球は通過できないが（通過した時は出血となる）、白血球や液性成分は比較的自由に通過できる。過度に液性成分が血管外に漏出したのが「浮腫」である。細菌感染などにより炎症が生じたときは白血球が多数動員される。しかし、脳実質の毛細血管は内皮が密で、さらにアストロサイトの突起でも覆われている。（脳血管に特徴的な周皮細胞でも覆われている。この細胞の役割は 2010 年になって注目され始めた。）例えば、黄疸時に上昇するビリルビンは血液脳関門を通過できないので脳は「黄色く」ならない。ところが、新生児では血液脳関門が未熟なために脳にビリルビンが到達し核黄疸となる。このように血液脳関門は脳の防御に重要であるが、逆に、治療では抗生物質など多くの薬物が脳に十分に到達せず、脳内の病巣への効果が不十分となりがちである。化膿性髄膜炎の場合には、一般的な静注に加えて、脳脊髄液に直接的に抗菌薬を投与する（髄注という）。

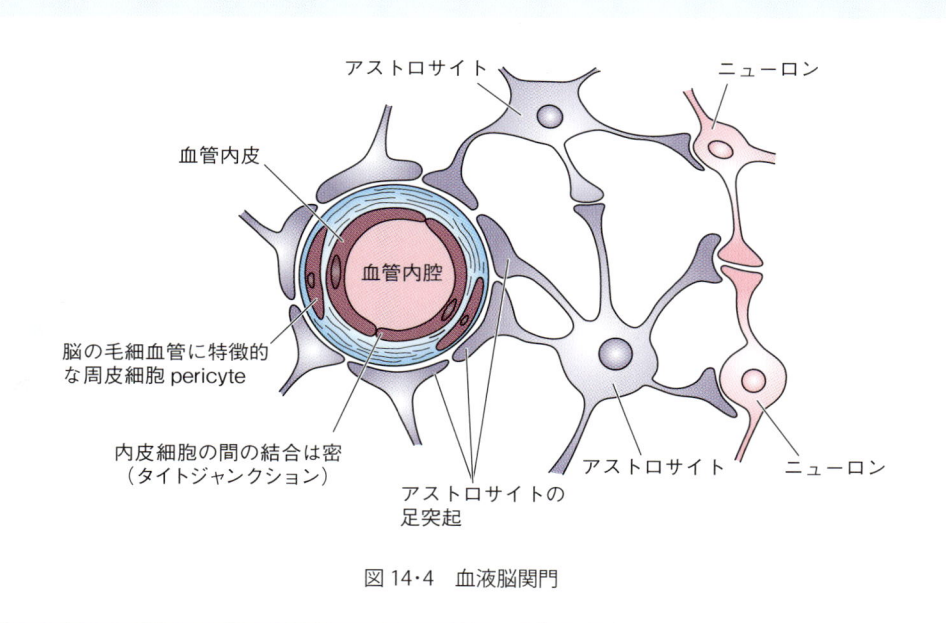

図 14・4　血液脳関門

14・4　活動電位

　細胞内は K^+ の濃度が高く Na^+ の濃度が低い。この濃度差は、ATP 1 分子を消費しながら濃度勾配に逆らって細胞外から 2 個の K^+ を汲み取り、細胞外へ 3 個の Na^+ を排出する Na^+, K^+-ATPase によって維持されている。静止状態では細胞膜は K^+ のみに透過性があり（非調節性 K^+ チャネルのみが開口している）、Na^+ の透過性はほとんどない。そのため細胞の外と内側の電位を測定すると、K^+ の平衡電位に相当する -70mV 程度に維持されている。静止電位以上の電位になることを脱分極、そして静止電位以下になることを過分極という。一般的に静止電位を維持している K^+ チャネルが閉口すると脱分極となる（表 14・1、図 14・6）。

　神経伝達物質や直接的な電気刺激によって、Na^+ チャネルが開口すると細胞内に Na^+ が流

14·4 活動電位

コラム 14.2 ＜平衡電位＞

平衡電位とは、イオンが透過できる膜を挟んで濃度差が存在するときに、イオンの動きが見かけ上停止する電位のことである。細胞膜はK^+が通過し、細胞外よりも細胞内のK^+の濃度が高い。細胞内のK^+が細胞外へ拡散するのを防ぐためには、細胞内を－にして陽イオンのK^+を引き留めることになる。

この平衡電位 E は以下で計算される。

$$E = \frac{RT}{zF} \ln \frac{Co}{Ci}$$

R（気体定数）、T（絶対温度）、z 電荷（Na、K、Cl は 1）、F はファラデー定数、37℃では RT/F は 26.7 となる。Co は外部のイオン濃度、Ci は細胞内のイオン濃度である。

以下の仮想的なイオン環境を考えてみよう。

K^+とNa^+はそれぞれ特異的なチャネルを通過する。

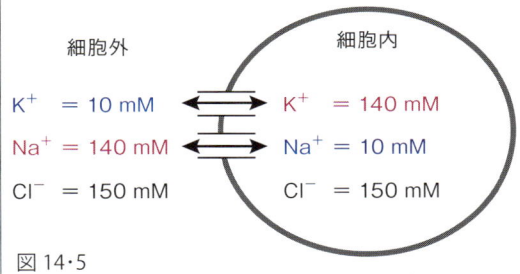

細胞外	細胞内
K^+ = 10 mM	K^+ = 140 mM
Na^+ = 140 mM	Na^+ = 10 mM
Cl^- = 150 mM	Cl^- = 150 mM

図 14·5　注意：モデルなので実際の細胞の値とは異なる。

静止期ではNa^+チャネルは閉じており、静止電位はK^+濃度で決定される。

静止期電位＝ 26.7 ln(10/140) ＝ 約－70 mV

この状態でK^+チャネルが閉じると、イオンの動きが無くなるので、膜電位は 0 V と脱分極する。つぎにNa^+チャネルが大きく開いて、イオンの動きがほとんどNa^+だけになると、膜電位はNa^+濃度で決定される。これが活動電位に相当する。

活動電位＝ 26.7 ln(140/10) ＝ 約＋70 mV

実際にはK^+チャネルの開口やその他のイオンの動向もあるので活動電位は＋30 mV 程度になる。

表 14.1　細胞内外のイオン濃度の比較（一例）

イオン	細胞内（mM）	細胞外（mM）
Na^+	14	145
K^+	155	5
Mg^{2+}	26	3
Ca^{2+}	0.1 µM 以下	5
Cl^-	4	105

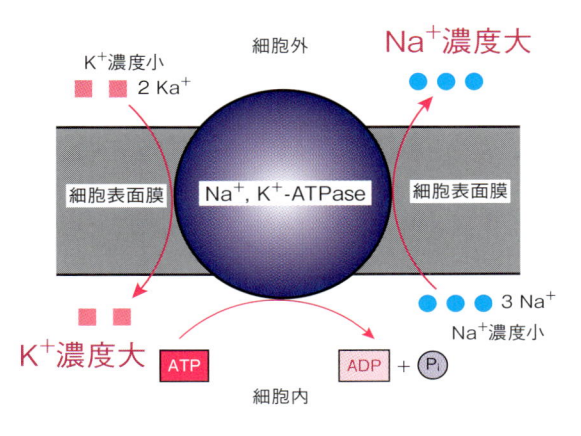

図 14·6　Na^+, K^+-ATPase
ATP のエネルギーを利用して、濃度勾配に逆らって細胞内外でNa^+とK^+を交換する（Na ポンプ）。

入する。その結果、細胞内電位（膜電位）は＋30 mV にまで上昇する。これが活動電位（アクションポテンシャル）である。Na^+チャネルは、開口後に速やかに閉口するために膜電位はただちに静止状態の電位（静止電位）に戻っていく。刺激がある閾値以下では活動電位は発生しないし、閾値以上になれば、活動電位が発生するが、その大きさは一定である。つまり活動電位の発生は all or none となる（図 14·7）。

図 14・7　活動電位の発生

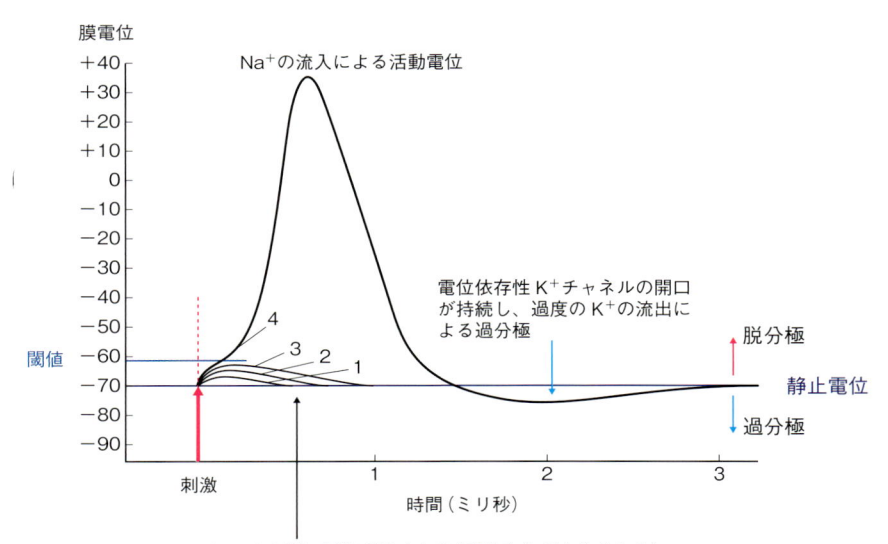

1 → 4 の順に刺激が強くなる（電位変化が大きくなる）。
1～3：閾値以下の膜電位上昇では活動電位は発生しない。
4：閾値以上の刺激（電位上昇）があると活動電位が発生する。
活動電位の強さは刺激によらず一定である（all or none）。

14・5　ニューロンの構造

　様々な形態のニューロンがあるが、共通しているのは、他のニューロンからの情報を得る樹状突起、情報の統合を行いつつ細胞活動を維持する細胞体、そして情報の出力となるアクソン（軸索）を備えていることである。情報は基本的には電気的なものである。アクソンの長さは長いものでは数十 cm となる。球体に近い他の細胞とは異なり、非常に極性がある形態をもつ。このような形の細胞の分裂様式はおおよそ想像できないが、実際、ニューロンとして分化が終了すると細胞分裂を行うことはない。この細長いニューロンでは微小管といった細胞骨格とモータータンパク質により双方向の物質（小胞を含む）の輸送が活発に行われている（図 14・8、図 14・9）。

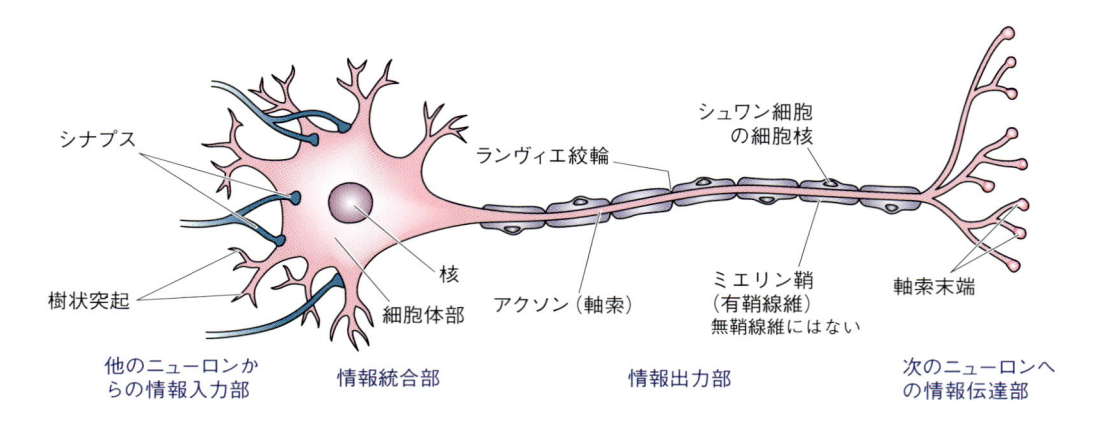

図 14・8　典型的なニューロンの模式図
　情報を入力する樹状突起は多数ある。情報を出力するアクソンは細胞体部からは通常は 1 本のみである。枝分かれして多数のニューロンに結合することはある。

図 14·9　様々なニューロン

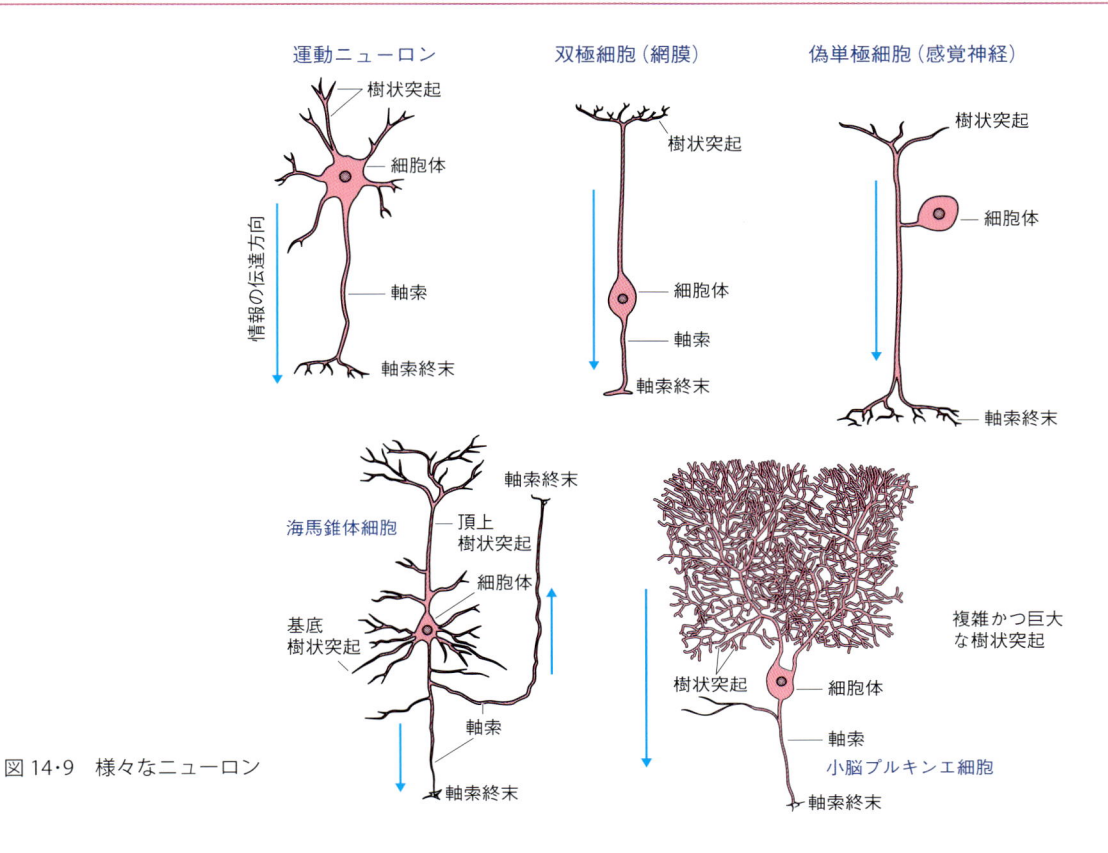

14·6　跳躍伝導

神経線維には、アクソンがミエリン鞘に覆われている有髄線維と、そのままむき出しの無髄線維がある。有髄線維のミエリン鞘には、ところどころに隙間が開いている（ランヴィエ絞輪）。活動電位が細胞体で発生すると、アクソンでつぎつぎに活動電位が発生して電気シグナルが伝達される。ミエリン鞘で覆われているところでは完全に絶縁されているので、活動電位はランヴィエ絞輪のところだけで発生する。そのために伝達速度が著しく速くなる。これを跳躍伝導という（図14·10）。

14·7　シナプス

神経活動で重要なのは、ニューロンとニューロンの間の情報伝達である。複雑なニューロンの連

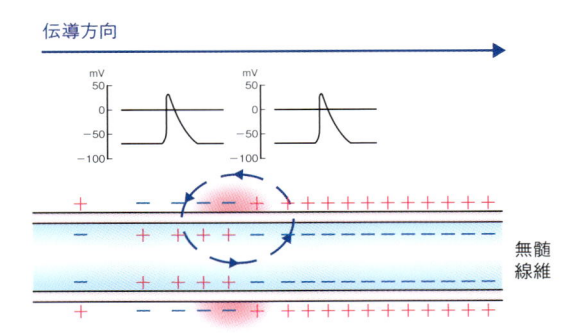

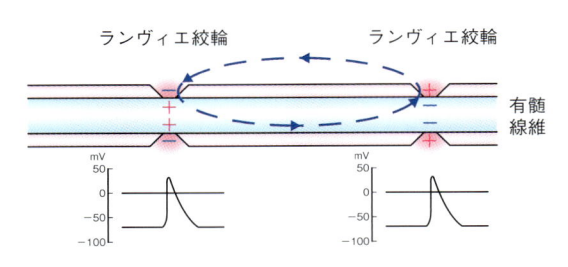

図 14·10　跳躍伝導
有髄線維のほうが無髄線維よりもシグナルの伝達速度が大きくなる。

コラム 14.3 ＜ニューロン新生＞

　ニューロンは細胞分裂をすることがない。したがって、以前は誕生してからニューロンは減少するのみと考えられていたが、神経幹細胞の存在が明らかになり、ヒトでも50歳以上でも新しいニューロンが追加されていることが明らかになった。新しく誕生した新生ニューロンも神経回路に組み込まれて記憶や学習に関与しているとされる。ラットの実験ではあるが、「豊かな環境（環境エンリッチメント）」（回し車や隠れて遊べる土管などがある巣箱）のほうが、水と餌と床敷きしかないアルミのケージよりもニューロンの新生が促進される。したがって、いやいや勉強するよりも、明るく楽しく自ら進んで勉強するほうが効率的である（経験的にも正しいだろう）。

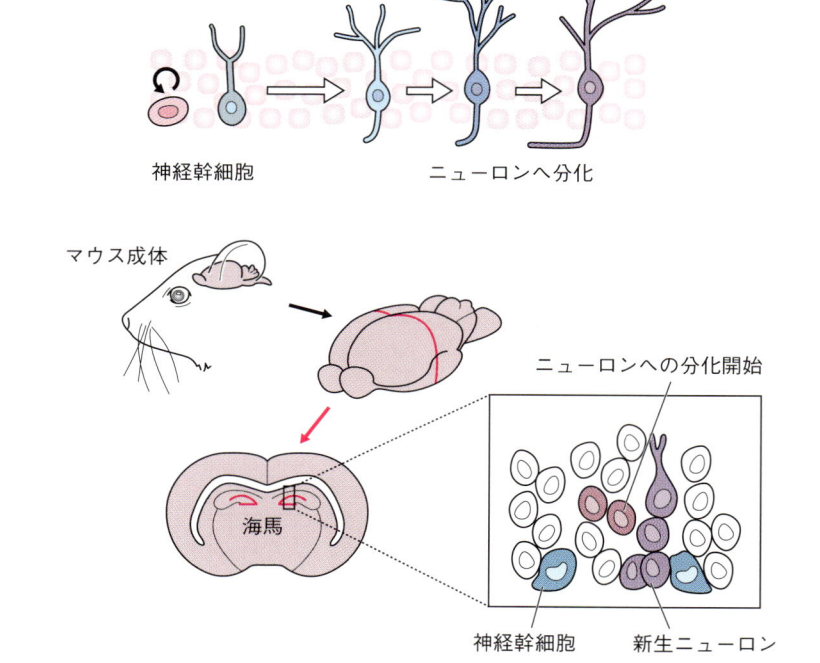

図14・11　成体における新たなニューロンの誕生（神経新生）

結により神経回路が構築されている。また、筋肉の収縮の場合には、ニューロンから筋細胞への情報伝達が行われる。ニューロンの中では情報はイオンの移動による電気信号として流れていく。そして、次のニューロンへは信号がいったん化学シグナルに変換される。この化学的信号を伝達するのが神経伝達物質である。神経伝達物質が到達した次のニューロンは、化学シグナルを電気シグナルに変換してさらに情報処理を行っていく。このニューロンとニューロンの接合部がシナプスである。シナプスはアクソンの終末末端と次のニューロンの間で構築される。通常は次のニューロンの樹状突起に接続するが、次のニューロンのアクソン終末に接続して、次のニューロンの情報伝達を

14・7 シナプス

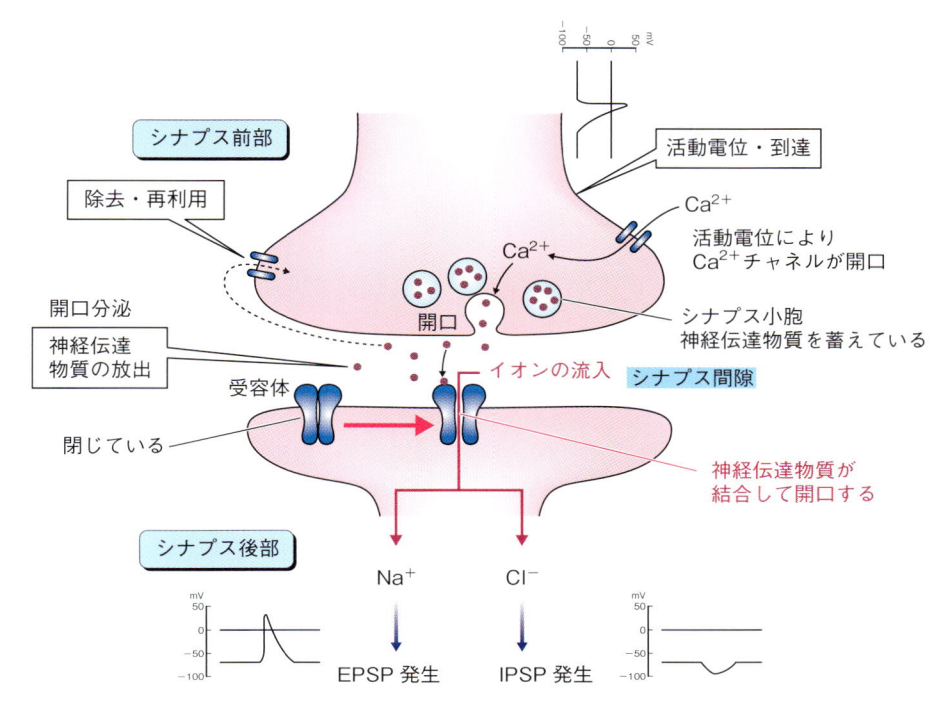

図 14・12　化学シナプス
神経伝達物質は小胞に蓄えられている。活動電位がアクソン末端に到達すると Ca^{2+} が流入し、小胞と細胞表面膜が融合して、小胞内の神経伝達物質がシナプス間隙に放出される。神経伝達物質は速やかに再取り込みされたり、分解される。シナプス後部受容体に神経伝達物質が結合すると、活動電位を発生させたり（興奮性シナプス後電位 EPSP；excitatory postsynaptic potential）、抑制（過分極）したりする（抑制性シナプス後電位 IPSP；inhibitory postsynaptic potential）。

制御する場合もある。あるいは、別のニューロンのシナプスの近傍にシナプスが位置することもある。こうして様々な情報伝達の促進や抑制により情報処理が行われる（図 14・12，図 14・13）。

通常一つのニューロンの細胞体からは1本のアクソンが出る（1本のアクソンが枝分かれすることはある）。そして、多数のシナプス末端があっても、それらから放出する神経伝達物質は原則的に1種類である（Daleの法則）。例えば、ドーパミンニューロンはドーパミンのみを神経伝達物質として放出する。付随的なペプチドなどが同時に放出されることはある（表 14・2）。

シナプスでの神経伝達物質を標的とする薬物は非常に多い。神経伝達を抑制したり（神経伝達物質拮抗薬）、補助したり（神経伝達物質分解酵素阻害薬、神経伝達物質再取り込み阻害薬）することによって、神経機能を操作することができる。

なお、シナプスにおいては、電気シグナルを化学的シグナルに変換することによって、小さなアクソン終末でも効率的に次のニューロンに電位変化を生じさせることができる。電気的シナプスはザリガニなど無脊椎動物のみとされてきたが、ヒトの脳でも電気シナプス様にニューロン間の細胞膜が結合した直接的連結（ギャップ・ジャンクション）は稀な構造ではないことが見いだされてきた。が、その生理機能については化学シナプスほどには解明されていない（図 14・14）。

表 14.2　臨床的に重要な神経伝達物質

アセチルコリン	交感神経および副交感神経の神経節（ニコチン受容体） 副交感神経神経終末（ムスカリン受容体） 骨格筋終板（ニコチン受容体に分類されるが、上記の自律神経節とは異なった受容体）
ノルアドレナリン	交感神経神経終末
ドーパミン	パーキンソン病で不足する。
セロトニン	うつ病で異常となる。セロトニン作用薬（トリプタン類）は片頭痛に用いられる。
ATP、アデノシン	ATPはエネルギー物質としてだけではなく、情報伝達物としても機能する。しばしば、他の神経伝達物質と分泌顆粒に共存している。抗不整脈薬として使用される。
グルタミン酸	脳の代表的な興奮性神経伝達物質。 中華料理店症候群 Chinese Restaurant Syndrome は、食事後に頭痛、顔面紅潮、発汗、顔面や唇の感覚異常が出現するものである。以前は、調味料のグルタミン酸の過剰摂取が原因とされていたが、現在では、その他（ナトリウムや脂質など）の様々な要因が関与しているとされる。
GABA（γ-アミノ酪酸、γ-aminobutyric acid）、グリシン	脳の代表的な抑制性神経伝達物質
ヒスタミン	H_1 受容体はアレルギー反応、H_2 受容体は胃酸分泌が主な作用である。
ニューロペプチド	エンケファリンやサブスタンスPはペプチド性神経伝達物質

上記はとくに重要な性質を説明しているが、作用は多岐にわたる。また、これ以外にも数多くの神経伝達物質が存在する。

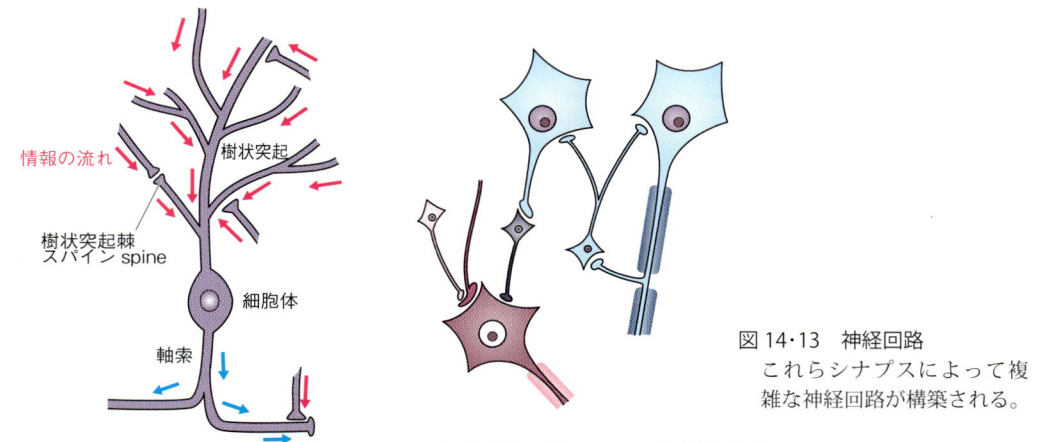

ニューロンの様々な部位に構築されるシナプス

シナプスによるニューロンの複雑な連結
神経回路

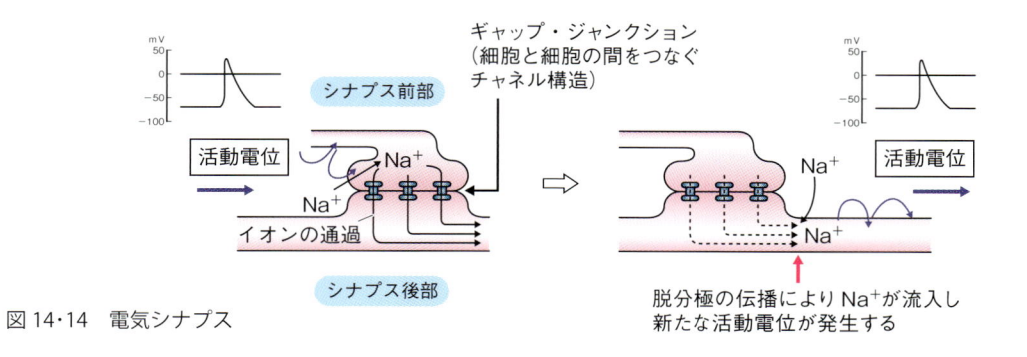

図 14・13　神経回路
　これらシナプスによって複雑な神経回路が構築される。

図 14・14　電気シナプス

14・8 ミエリン鞘

ニューロン細胞体への入力部となる樹状突起は、時として複雑で巨大なものとなる（例、小脳プルキンエ細胞）。しかしながら、出力はアクソンの1本だけである。1本だけのアクソンが枝分かれして複数の次のニューロンとシナプスを構築することがある。それぞれの神経伝達物質は原則として同じである（前述：Daleの法則）。このアクソンは特別に被覆されていない無髄線維と、ミエリン鞘をもつ有髄線維に分けられる。有髄線維ではミエリン鞘とミエリン鞘の間のつなぎ目（ランヴィエ絞輪）で跳躍伝導が行われることはすでに説明した。末梢神経ではシュワン細胞が、中枢神経ではオリゴデンドロサイトが形成している（図14・15）。

多発性硬化症など脱髄疾患 demyelinating disease とは、アクソンはほぼ正常なまま、髄鞘（ミエリン鞘）が傷害される疾患のことである。ミエリン鞘の代表的な構成物質であるミエリン塩基性

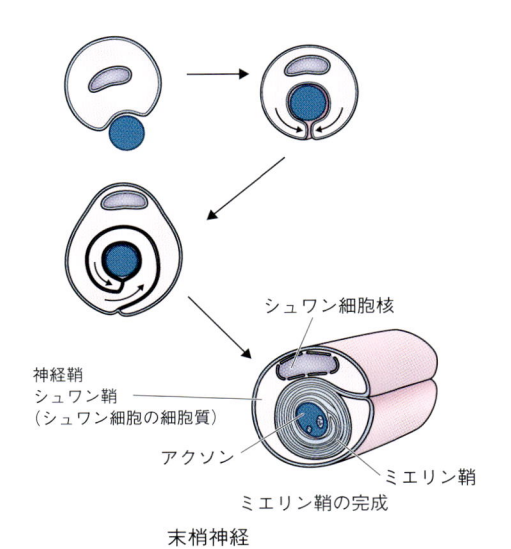

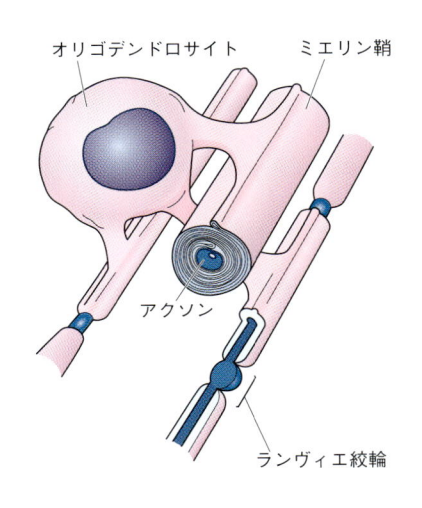

コラム 14.4 ＜脳科学＞

脳の高次機能（例えば、この本を勉強してさらに飛躍すること）のニューロン／シナプスレベルの機序についてはまったく不明である。脳科学が本当に完成したら、苦労して勉強しなくても、電気ショックやiRNA注射でただちに記憶を構築できるし、創造性や性格も自由に改変できるようになるはずである。脳機能と同じコンピュータも作製できよう。そうなったときのヒトの存在意義はどうなるのだろうか。今の脳科学は到底そのレベルではないので一安心である。また、一般人を対象とした脳機能研究（ある作業をさせたときの脳の血流の変化を functional MRI で計測する実験）では、個体のばらつきの著しい集団で得られた実験結果から、妥当な結論を得るための統計学的解析に問題があることがしばしばである。実験結果の議論や評価は慎重に行う必要がある。

図14・15　ミエリン鞘
末梢神経ではシュワン細胞が、中枢神経ではオリゴデンドロサイトがアクソンを幾重にも被覆するようにしてミエリン鞘が構築される。

タンパク質（MBP）に対する自己抗体などが原因である。

14・9　アストロサイト

中枢神経系には、活動電位を発生せずに、ニューロンを支持する細胞として、アストロサイト、オリゴデンドロサイト、ミクログリアという3種類のグリアが存在する（図14・2参照）。中枢神経のアクソンのミエリン鞘を形成するオリゴデンドロサイトについては上述した。

アストロサイトは1個の細胞が複数のニューロン細胞体やシナプスを覆っている。また、脳の毛細血管壁も覆っており、血管脳障壁（必要な栄養素は取り込み、毒素は遮断する）を構築している。アストロサイトは従来はニューロンを栄養的に構造的に支える補助する細胞と考えられていた。脳血管から毒物を除去した適切な栄養を獲得してニューロンに供給する。そして、ニューロン細胞体やシナプスをクッションのように防護しているのである。

14・10　ミクログリア

オリゴデンドロサイトやアストロサイトは、発生の過程では、ニューロンと同じ神経管の神経幹細胞に由来する。しかし、ミクログリアは血液系のマクロファージと同等の細胞とされる。機能も貪食により異物や外敵を除去する仕事を担っている（図14・16）。

14・11　ニューロンとグリア

活動電位を発生するのはニューロンだけであり、グリア細胞はニューロンの活動を支持する裏方の細胞と考えられてきた。しかしながら、グリアも積極的にニューロンの情報処理に影響を及ぼしていることが明らかになってきた。

アストロサイトにも神経伝達物質の受容体が存在し、ニューロンの末端から神経伝達物質が放出されると細胞内のカルシウム濃度の変動（カルシウム波）が発生する。また、グリオトランスミッター（ATPなど）として伝達物質を放出してニューロンに作用する。アストロサイトは巨大であり、一つのアストロサイトが複数のニューロンに接しており、各ニューロンの活動を統合している可能性がある。また、毛細血管壁を構成しており、神経活動に伴う血流制御も行っている。長期記憶が形成されると、シナプスを強固に保持するように形態が変化することもマウスでは報告されている。オリゴデンドロサイトにも神経伝達物質受容体が存在して、ニューロンのアクソンの活動に影響を及ぼすことが考えられる。

アストロサイトやオリゴデンドロサイトは、ニューロンと同じ神経幹細胞が起源であり、神経

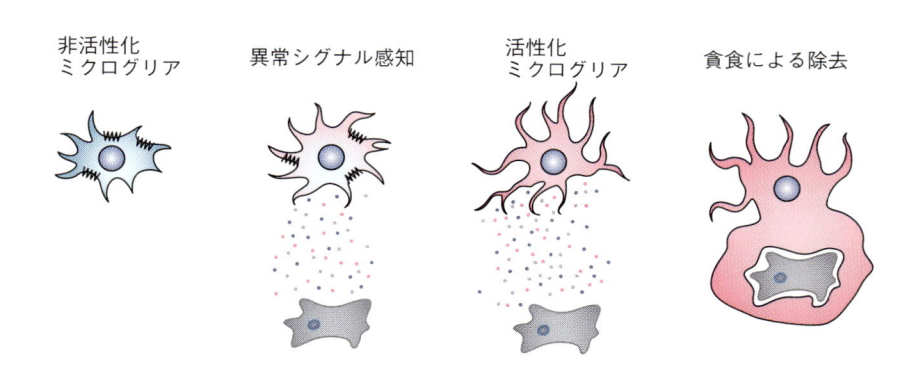

図14・16　脳内マクロファージのミクログリア
異常を検知するとマクロファージのように貪食により除去する。

活動を担うことは想像できる。しかし、ミクログリアは免疫血液系のマクロファージとほぼ同じで、違いは、局在が一般組織ではなく脳内にいるということだけである。神経活動に直接関与しているとは想像できない。しかし、強迫神経症のモデルマウスでミクログリアを入れ替えると、その症状が改善することが報告された。

さらなる研究が必要であるが、高次脳機能を考える場合、ニューロンだけではなく、グリアも積極的な機能を担っていると考えるべきである。

14・12　白質と灰白質

大脳で、神経細胞体が多く存在し、肉眼的に色がやや灰白色に見える脳の表面部を灰白質という。灰白質より下層にある神経線維が豊富で色がやや白っぽい脳の領域を白質という。灰白質では異なった細胞群からなる層構造が形成されている。大脳の内部には視床や大脳基底核と言われる神経細胞体の集団（核）も存在する。大脳や小脳の表面は灰白質に覆われているが、脊髄では逆に表面は白質となっている（図14・17）。

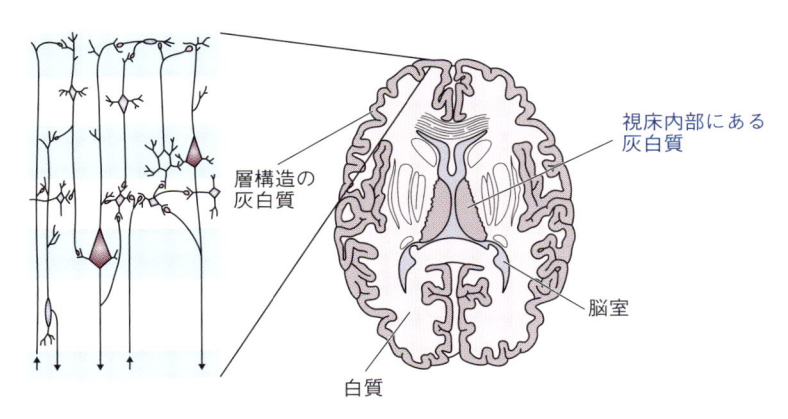

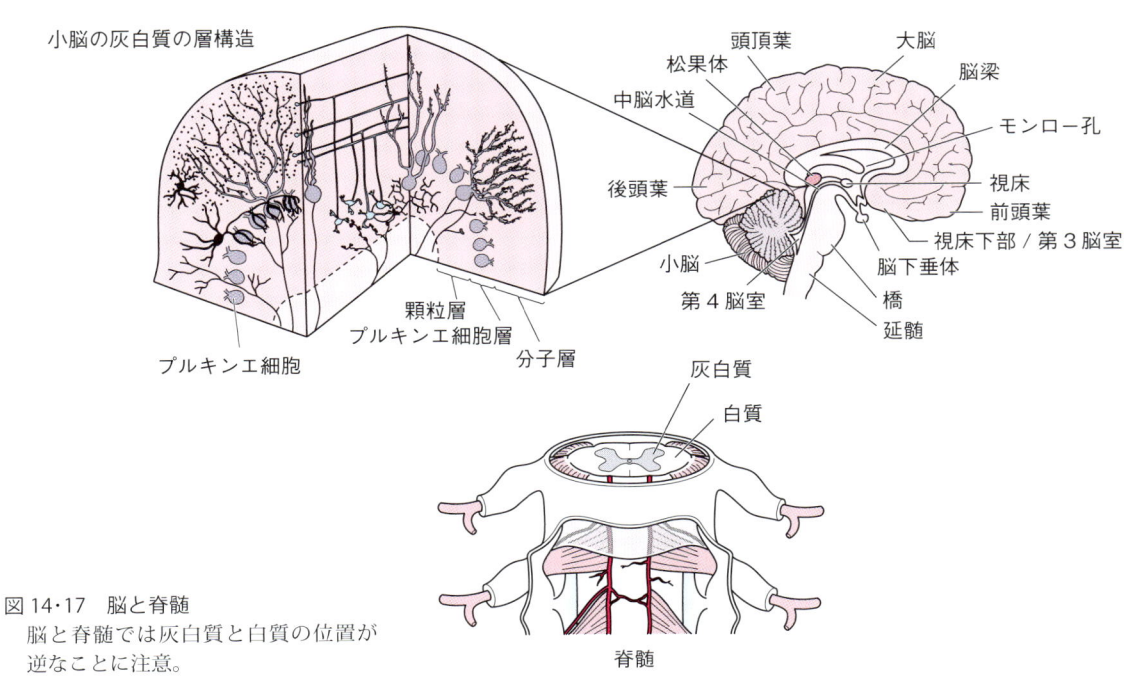

図14・17　脳と脊髄
脳と脊髄では灰白質と白質の位置が逆なことに注意。

薬学ノート 14.1 ＜選択的セロトニン再取込み阻害薬 SSRI ＞

うつ（鬱）病の三徴は（1）早期覚醒、中途覚醒といった睡眠障害、（2）食欲低下、（3）活動性低下である。が、最近は新型うつ病とも言われる、身体的異常がなくてなんとなくやる気がない、元気がない、落ち込むという「うつ病」が注目されている。私生活やレクリエーションは問題ないのに仕事だけやる気がでないのもうつ病とされているが、専門医の間ではうつ病とするかうつ状態とするか、議論されている。うつ病には脳のセロトニン系やノルアドレナリン系の神経回路が変調を来しているらしい。抗うつ薬には、古典的なイミプラミン（三環系抗うつ薬）（ノルアドレナリンやセロトニンの再取り込みを抑制）と、選択的セロトニン再取り込み阻害薬（selective serotonin reuptake inhibitor；SSRI）がある。

SSRI は副作用が少なく有効ということで、最近では頻用されている抗うつ薬である。一部はパニック障害（なんらかのきっかけで突然に強い不安感に襲われる疾患、動機や呼吸困難など身体的症状も伴う）にも認可されている。作用が出現するまでに 1〜2 週間を必要とする。SSRI の作用機序は複雑である。単純には、再取り込みが阻害されるのでシナプス間隙のセロトニン量は増大し、セロトニン伝達が増強される。しかし、長期的には受容体の脱感作が起こり、セロトニン伝達が低下する。いずれにしても、セロトニンの情報伝達になんらかの影響を及ぼして抗うつ作用や抗不安作用を発揮する。

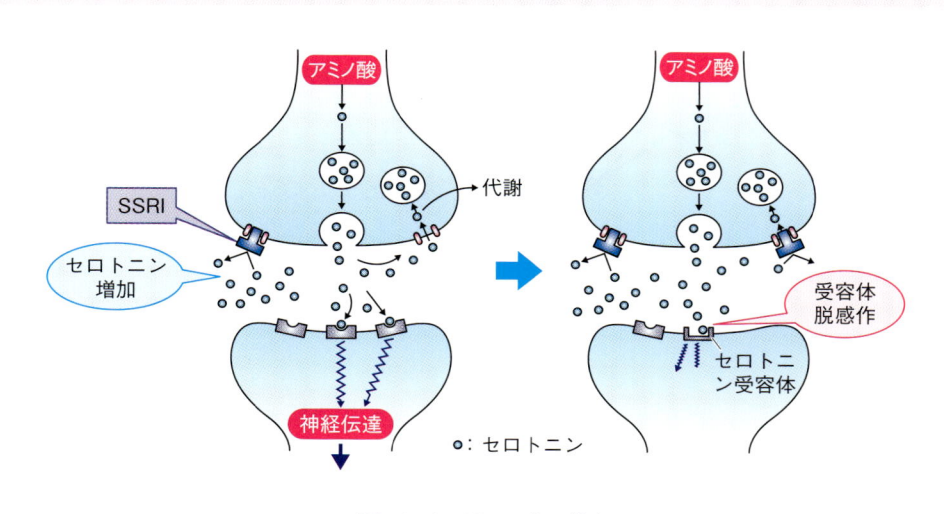

図 14・18　SSRI の作用機序

14 章　問題：誤りがあれば修正せよ。

1. 自律神経は遠心性である。
2. 末梢神経のミエリン鞘はアストロサイトが構築する。
3. BBB はミクログリアが構築する。
4. K^+ チャネルが閉じると脱分極する。
5. 活動電位は all or none で発生する。

薬学ノート 14.2 ＜コリンエステラーゼ阻害薬＞

　認知症にも様々な病因があるが、一般的には神経機能が低下している。とくにアセチルコリン系神経伝達が低下しており、それを補うコリンエステラーゼ阻害薬（ドネペジル）が臨床使用されている。コリンエステラーゼはアセチルコリンを分解する。その酵素を阻害すれば、機能低下したニューロンの神経末端から放出されたアセチルコリンの作用を長引かせて、神経伝達を補助することになる。コリンエステラーゼを阻害しても認知症が治るというわけではないが、進行を抑制することができる。

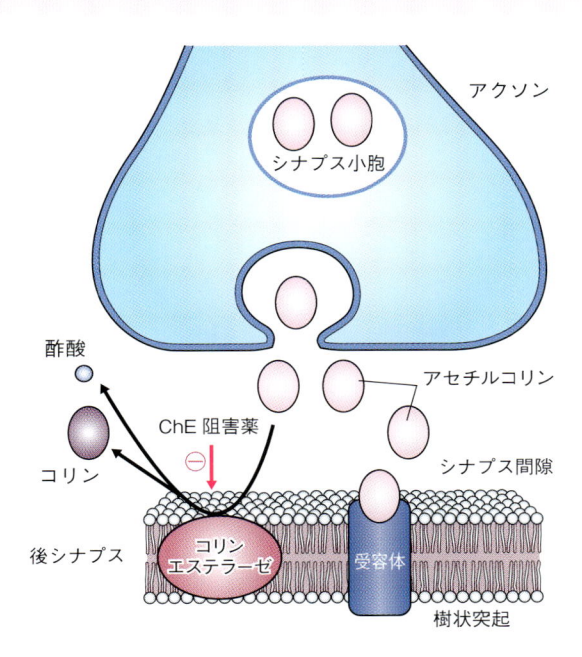

図 14・19　神経伝達物質アセチルコリンの分解を抑制するChE（コリンエステラーゼ）阻害薬
ChEはシナプス後膜に埋め込まれている。シナプス前膜から放出されたアセチルコリンは受容体に作用した後に速やかに分解され、次のシグナル伝達に備える。認知症ではアセチルコリンの放出量が低下していると考えられるので、分解を抑制してシナプス伝達を補助するという治療戦略が考えられる。

6. ニューロンの出力は1本である。
7. ニューロンの出力の神経伝達物質は1種類である。
8. シナプスでの伝達は神経伝達物質による。
9. ミクログリアは脳高次機能に関与している。
10. SSRIは認知症に有効である。

15章　薬物と臓器

- 各臓器は、機能が異なっているように、細胞の形態や代謝過程にも特徴がある。
- 複数の薬物を併用する場合には、肝臓の薬物代謝酵素であるCYPを介した薬物相互作用がありえる。
- 腎臓は排泄だけではなく、血圧調節も行っている。
- 心臓はポンプ機能だけではなく、ホルモンを分泌する内分泌器官である。
- 肺はガス交換だけではなく、血液の濾過も担っている。

ヒトの体には様々な臓器が存在して役割分担している。それぞれの機能は小中学校でも教えられており、常識として既知であろうが、思いもよらない機能を備えていることもある。心臓はいうまでもなく血液を送り出すポンプであるが、血液量を調節するホルモン（心房性ナトリウム利尿ペプチド：ANP）を分泌する内分泌器官でもある。右心房はすべての静脈血が集まってくるので、そこで循環血液量をモニタリングするのは実に合理的である。肺は大気とのガス交換だけではなく、血液のゴミを濾過している。エコノミークラス症候群は、あまり動かないでいたために下肢静脈にできた血栓が肺に詰まって肺梗塞が生じた状態である。それはそれで重篤ではあるが、もし、肺で血栓が濾過されなければ、血栓は脳に飛んでいってさらに困ったことになってしまうのである。肺は血液がガス交換を行うために毛細血管が非常に発達しており、また、すべての静脈血が経由するところでもあるから、血液濾過器官としても効率的である。腸管は消化や吸収が行われる場であるが、腸内には多数の細菌を主とする微生物が「共生」し、薬物や食物の代謝に積極的に参加している。腸はこれら常在微生物の「牧場」でもある。

15・1　臓器の特徴

ヒトの体には、特別な機能を分担している様々な臓器（組織）が存在する。多くの疾患は、例えば胃潰瘍は胃、高血圧は心臓／血管、気管支喘息は肺とそれぞれ臓器ごとに考えることができる。しかし、それぞれの臓器は独立しているわけではなく、一つの個体として統合されている。したがって、疾患を考えるときは、「木も森も、いや、土も空気も水も見る」、つまり個体として統合的に考える必要がある。そして、臨床医学では社会的因子（環境要因も含む）も考えなくてはならない。薬物療法の実施でも、皮膚や筋肉を含めてすべての組織と薬物の関係を理解する必要がある。しかし、とくに重要なのは、ほとんどの薬物の代謝や排泄が行われる肝臓と腎臓である。

15・2　肝　臓

肝臓は、右上腹部に存在する成人で1 kg前後の巨大な内臓臓器である。通常の組織の脈管系は流入系の動脈と流出系の静脈であるが、肝臓にはもう一つの流入系である門脈がある。門脈とは、毛細血管が集まった脈管（通常は静脈とな

15・2 肝臓

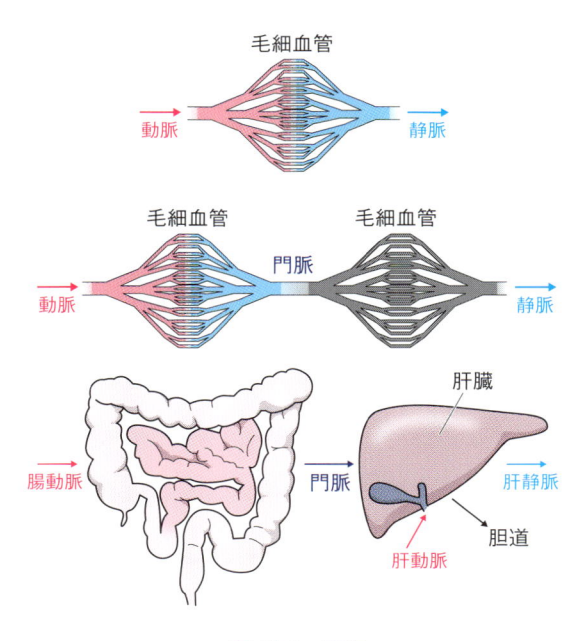

図 15・1 肝臓の位置と脈管系

図 15・2 門脈

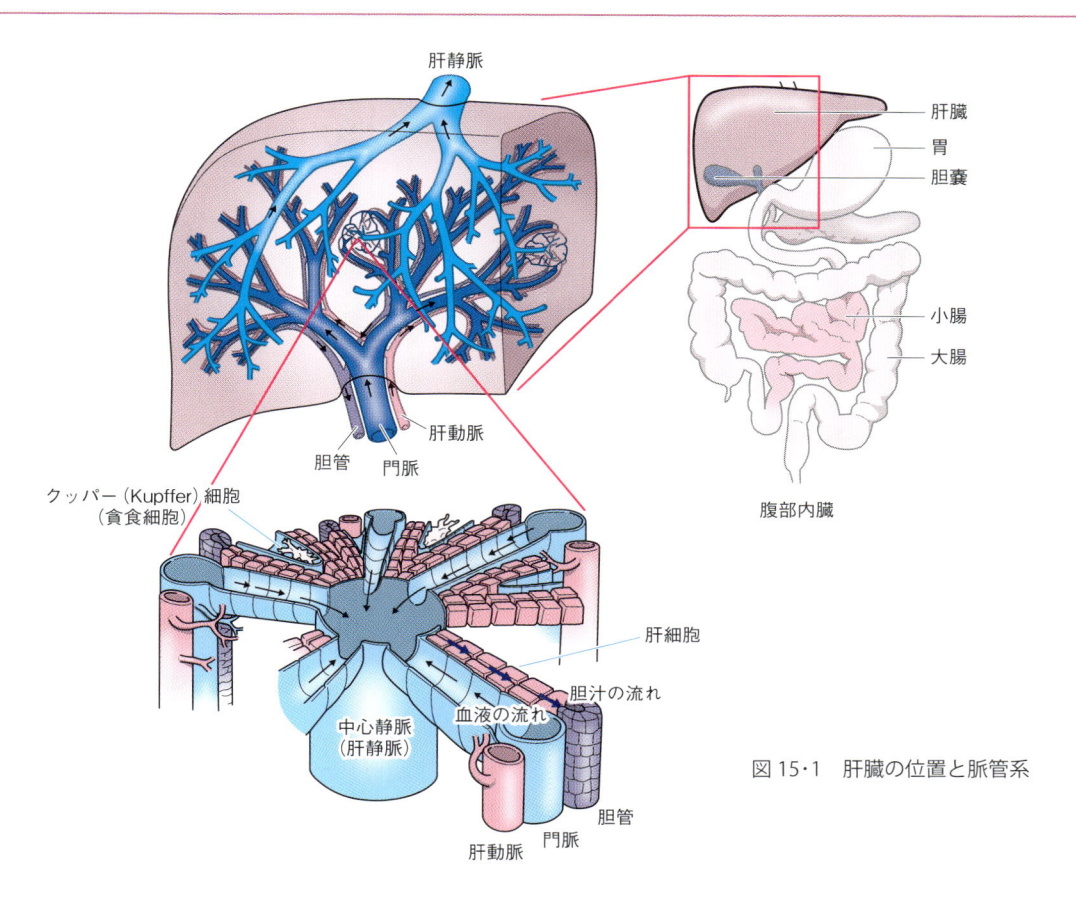

る）が再び毛細血管となっている場合に、毛細血管と毛細血管に挟まれた脈管をいう。下垂体門脈もあるが、門脈と言えば、通常は肝門脈を意味する。さらに血管系ではないが、流出系として胆管が存在する。主な細胞は肝細胞で、細胞の模式図に使われるような典型的な細胞構造をもっている（図 15・1，図 15・2）。

　肝門脈は小腸からの静脈血を集めている。小腸では消化吸収が活発に行われており、小腸からの静脈血は非常に栄養分が豊富である（脂質や糖質を大量に含む）。それがそのまま体循環に入ると粘度上昇により循環不全が生じたり、過度な栄養素は無駄に体中を循環することになる。そこで、小腸からの静脈血を集めて門脈として肝臓に送り込む。肝臓で栄養素を回収して余分なものは肝臓で蓄えるし、各細胞が使い易い形に代謝して全身

循環（肝静脈）に送り出す。

　薬物の投与経路には口から飲む経口投与と、注射（静注、筋肉注射、皮下注射）の非経口投与がある。経口投与では薬物は全身循環する前に肝臓を経由することが、非経口投与との大きな違いになる。肝臓は栄養素をはじめとして様々な物質の代謝が非常に盛んである。したがって、経口投与された薬物は肝臓で処理されることになる。この影響を一次通過効果という。肝臓で代謝されて除去される薬物もあれば、肝臓で代謝されて初めて活性を発揮するようになる薬物もある。もちろん、なんら代謝されないで肝臓を素通りする薬物もある。

15・2・1　CYP

　肝臓では不要物を排泄するために、脂溶性物質に極性基（OH 基やもっと大きいグルクロン酸基など）を結合する代謝が行われる。酸化して OH 基を結合する代表的な酵素群がシトクロム P450（CYP、シップと読む）と総称される酵素群である。ヘムをもち CO と結合すると 450nm に吸収帯をもつ色素体 pigment ということで P450 と命名された。酸化還元を行うヘムタンパク質ということでシトクロム cytochrome P450 となった。もっとも、シトクロムは電子伝達を行うとされるが、CYP は酸素を付加するので厳密にはシトクロムではないという説もある。CYP は小胞体を主とする肝臓のミクロソーム分画（古典的な細胞分画で膜成分を意味する。ほぼ小胞体と同義であるが、ゴルジ体やミトコンドリアも含む）に存在する膜タンパク質である。ヒトには 60 種弱が同定されており、CYP1A1 とか CYP2A6 などと記述される。ステロイド代謝など内在物質の代謝に関与する CYP の基質特異性は高いが、外来物質の代謝を行う CYP の基質特異性は低くなり、多様な物質に対応できるようになっている（図 15・3）。

15・2・2　CYP を介した薬物相互作用

　多くの薬物は CYP で代謝されるが、同時に

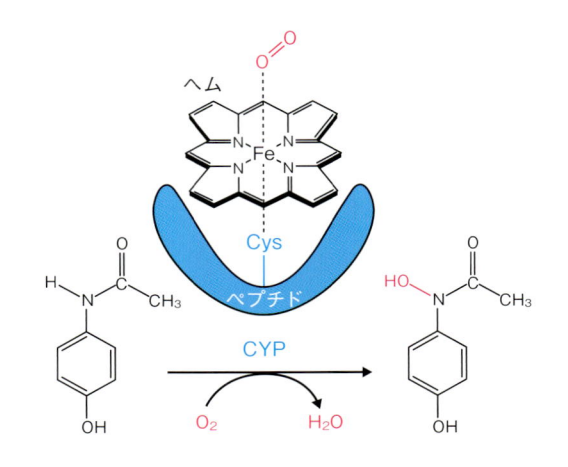

図 15・3　CYP による薬物（アセトアミノフェン）の酸化

CYP の活性を阻害したり、CYP の発現を促進して酵素量を増やすことで活性を増加させる。そのため 2 種類以上の薬物を併用すると、CYP を介して薬物の相互作用が発生する。薬物 A は CYP で不活性化され、薬物 B は CYP の活性を阻害するとしよう。薬物 A と薬物 B を一緒に服用すると、薬物 B によって CYP 活性が低下し、薬物 A の不活性化が遅延する。つまり、薬物 A の濃度が上昇して、薬効が増加し、時として、過剰となって副作用が出現する。このような組み合わせが多種あるので、併用療法では注意する必要がある。多くの薬物は CYP で処理されると不活性化される。しかし、一部の薬物は CYP によって代謝されて活性化されるものもある。したがって、CYP を阻害する薬物と併用すると活性化が阻害されて薬効が低下する薬物もある。

　CYP は薬物ばかりではなく、食物によっても影響される。グレープフルーツジュースは CYP を阻害することで有名である。薬局からもらう薬剤の説明書には、しばしばグレープフルーツジュースで薬剤を飲まないようにという注意が記載されている。もっとも一般的に、臨床使用されている薬剤は 1 回ぐらい飲み忘れても、倍量ぐらい飲んでもあまり問題ない（治療域が広い）ので、

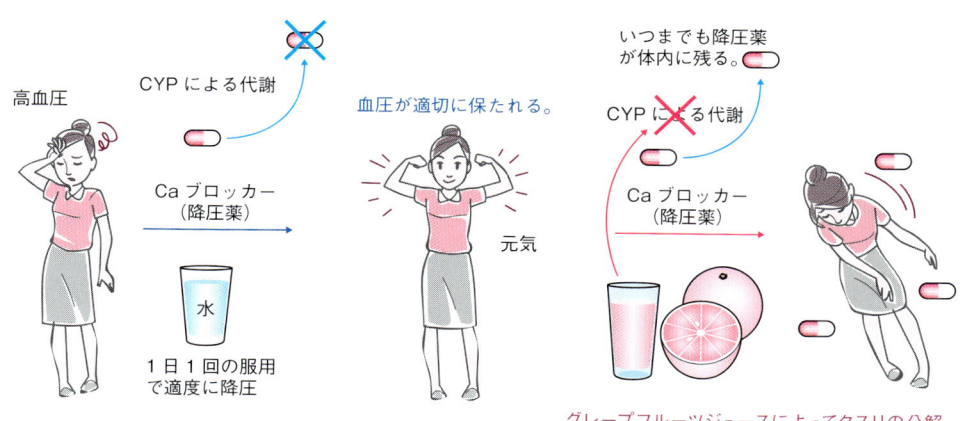

図 15・4　薬物相互作用
　2 種類以上の薬を一緒に飲むと（併用療法）、薬の作用が変化することがある。

グレープフルーツジュースを飲んだからといってすぐひっくり返るわけではない（図 15・4）。

15・2・3　抱　合

CYP による代謝は、酸化還元という比較的小規模な変化をもたらす。さらに、グルクロン酸や硫酸といった大型の分子を結合して水溶性を高める反応が抱合である。薬物代謝では、CYP によるのを第 1 相反応、抱合を第 2 相反応という。これらの代謝により水溶性が高まり、薬物は尿中や胆汁中に排泄しやすくなる（図 15・5）。

15・2・4　腸肝循環

胆汁は総胆管から十二指腸に分泌され、主成分の胆汁酸は石鹸のように脂肪とミセルを形成して、脂肪吸収を促進する。腸管から吸収された胆汁酸は、再び肝臓に戻って分泌される。このように肝臓で分泌された物質が腸管で吸収されて肝臓に戻ってくることを腸肝循環という。例えば、コレスチラミンというイオン交換樹脂は、胆汁酸と結合してその再吸収を阻害する（9・8 参照）。肝臓では胆汁酸が不足するので、コレステロールを代謝して胆汁酸合成が促進される。その結果、血中コレステロールが低下する。

一部の薬物は、肝臓で代謝されて胆汁に排泄される。排泄された薬物が、胆汁酸のように腸内で代謝されて再び吸収され、腸肝循環することがある。このような薬物はいったん服用すると体内の

図 15・5　グルクロン酸抱合
　グルクロン酸やグリシンなど水酸基より大きい極性基を結合して水溶性を高める代謝を抱合という。肝臓の薬物の代表的な代謝である。抱合（縫合ではない）された薬物は胆汁中や尿中に排泄される。

濃度はなかなか減らない。強制的に体外へ排泄するためには、活性炭のような非吸収性で薬物を吸着する樹脂を飲ませる必要がある。例えば、抗リウマチ薬のレフルノミドの活性代謝物は腸肝循環するために、その除去には活性代謝産物を吸着するコレスチラミンを服用しなければならない。

15・3 腎臓

腎臓は腹部の後壁に左右2個ある。尿をつくることは当然であるが、それ以外に、血圧と赤血球産生の制御の主要な器官でもある。腎小体と尿細管からなる腎臓の基本要素をネフロンと言う（図15・6）。

尿の原液である原尿は、糸球体で血管からある程度小さい分子はすべて濾過された液体である。大体分子量5000以下のものは、ほとんど濾過される。それ以上は、大きい分子ほど濾過されなくなる。分子量17 kDaのミオグロビンはある程度濾過されるが、分子量68 kDaのアルブミンはほとんど濾過されない。濾過の程度は、分子の大きさや電荷でも変化する。その後、ヘンレのループ（ヘンレ係蹄）を通過している間に必要なものは再吸収されて、集合管に到達するときは排泄される尿の成分となる。集合管では水の調整が行われる。発汗などによって脱水状態になると、より多くの水が吸収される。この水の再吸収は下垂体後葉ホルモンの抗利尿ホルモン（バソプレシン、ADH）によって制御されている。

15・3・1 レニン - アンギオテンシン

血圧が低下したときには、腎臓からレニンというタンパク質分解酵素が分泌される。この酵素は、肝臓から分泌されているアンギオテンシノーゲンから10アミノ酸ペプチドのアンギオテンシンIを切断遊離する。アンギオテンシンIは組織の細胞膜に埋め込まれたタンパク質分解酵素（アンギオテンシン変換酵素、angiotensin converting enzyme；ACE）によって2アミノ酸が切除されアンギオテンシンIIとなる。アンギオテンシンIIはアルドステロンの分泌や血管収縮を促進して血圧を上昇させる。これが重要な血圧制御系のレニン - アンギオテンシン系（renin-angiotensin system：RAS）である。アンギオテンシン受容体やACEを阻害すると血圧が低下するために、高血圧治療薬の代表的な標的となっている（図15・7）。

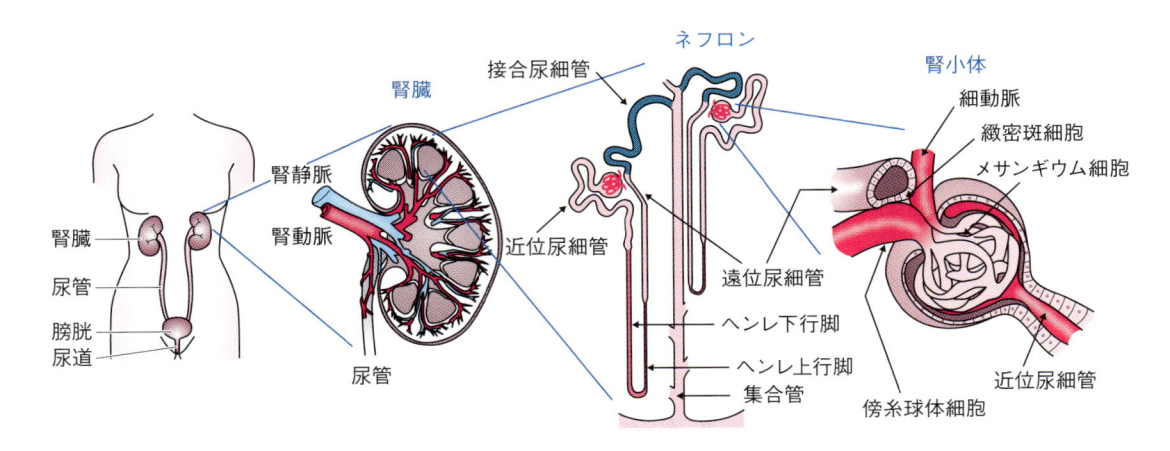

図15・6 腎臓の構造
　傍糸球体細胞からは昇圧因子のレニンが分泌される。尿細管周囲の血管内皮細胞からは造血ホルモンのエリスロポエチンが分泌される。緻密斑は尿細管のNa$^+$濃度をモニターしてレニンの分泌を制御する。メサンギウム細胞は糸球体濾過を制御している。

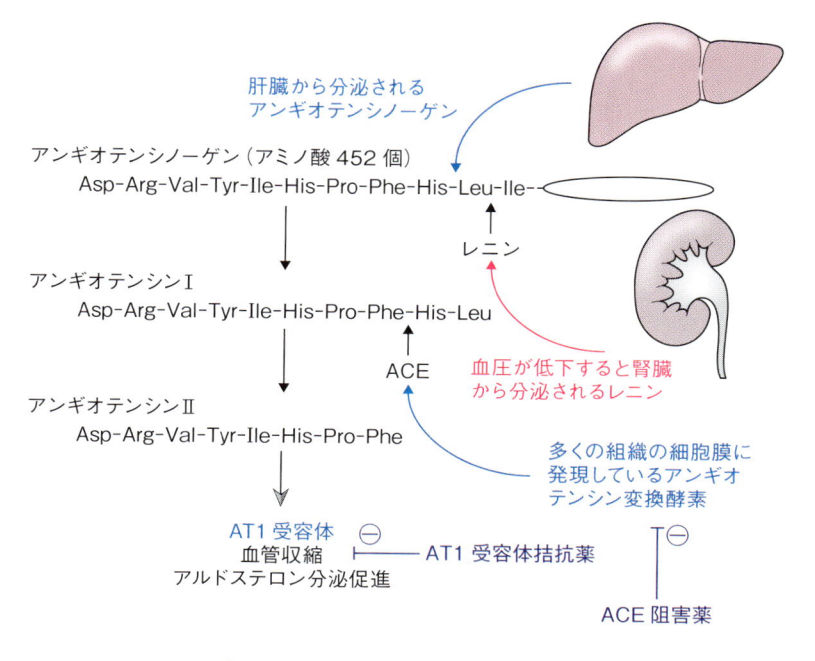

図15・7 レニン-アンギオテンシン系

15・3・2 エリスロポエチン

腎臓から分泌されるエリスロポエチンは、赤血球を増加させるホルモンである。腎不全では、エリスロポエチンが不足して貧血となる。遺伝子組換えエリスロポエチンが投与される。また、運動選手のドーピングとして使われることもある。遺伝子組換えエリスロポエチンとヒト本来のエリスロポエチンはわずかに構造が違うので、検出することは困難であるが不可能ではない。癌による貧血にも有効であるが、エリスロポエチンは細胞増殖因子に属しているために癌も刺激することが指摘されている。貧血の改善により生活の質（Quality of Life；QOL）の向上と、癌刺激による余命短縮のどちらを選択するかという問題になる（図15・8）。

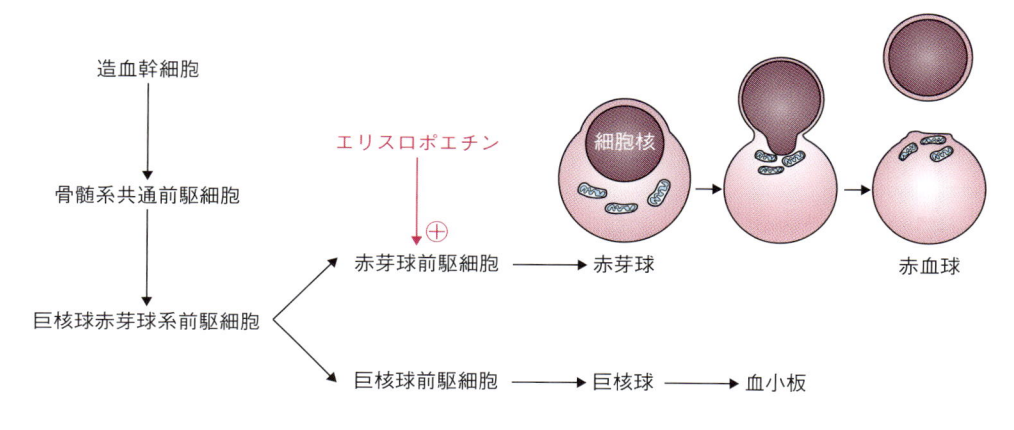

図15・8 エリスロポエチン
エリスロポエチンは赤血球のみを増やす。

15・3・3　腎臓と薬物

腎臓では薬物の排泄と再吸収が行われる。通常の組織は血液を介してのみ薬物と接しているが、ネフロンは尿を介しても薬物と接しており、とくに薬物による影響を受け易いと考えられる。多くの薬物の有害作用として腎障害が記述されている（図15・9）。

15・3・4　尿のpHと薬物

酸性代謝産物やCO_2が溜まるとH^+の排泄が増加するので、尿のpHは低下する。逆に体内が塩基性に傾くとH^+排泄が低下するので、尿pHは上昇する。尿のpHは、体内のpHを一定にするために変動している。生体酸性物質は基本的にはカルボキシ基（COOH）を、生体塩基性物質はアミノ基（NH_2）を豊富にもつ。pHが低いということはH^+が過剰に存在するということであり、アミノ基はH^+を得て$-NH_3^+$となるので塩基性物

図15・9　腎臓と薬物
血中の薬物は糸球体で濾過される❶。尿細管で再吸収されることもあれば❸、尿細管に分泌されることもある❷。そして、尿中の薬物は体外へ排泄される。

酸性物質はpHが低いと電荷を失うために、細胞膜を通過しやすくなり、再吸収される。

塩基性物質はpHが低いと帯電するために、細胞膜を通過しにくくなり、再吸収されずに排泄される。

酸性物質はpHが高いと帯電するために、細胞膜を通過しにくくなり、再吸収されずに排泄される。

塩基性物質はpHが高いと電荷を失うために、細胞膜を通過しやすくなり、再吸収される。

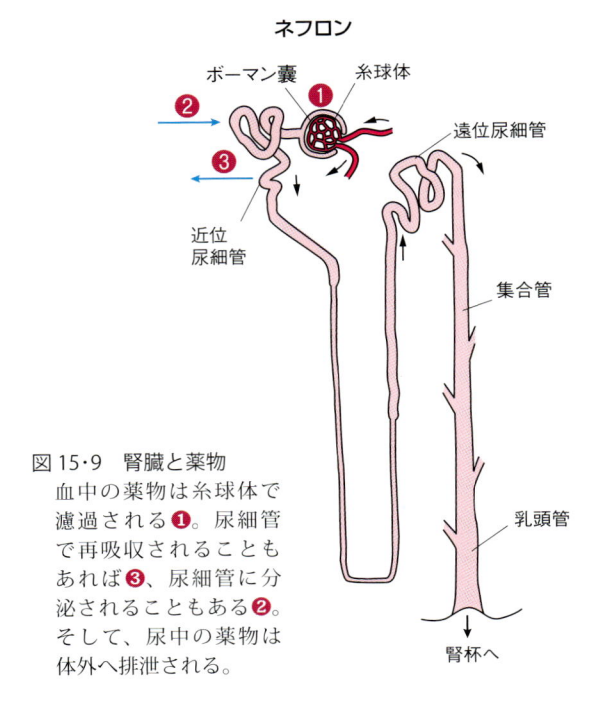

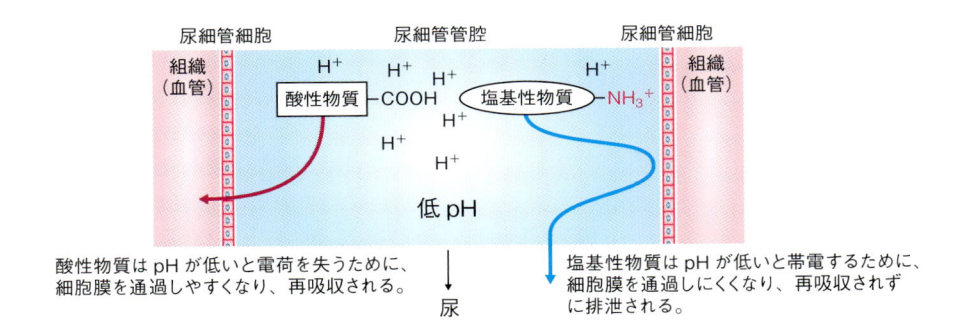

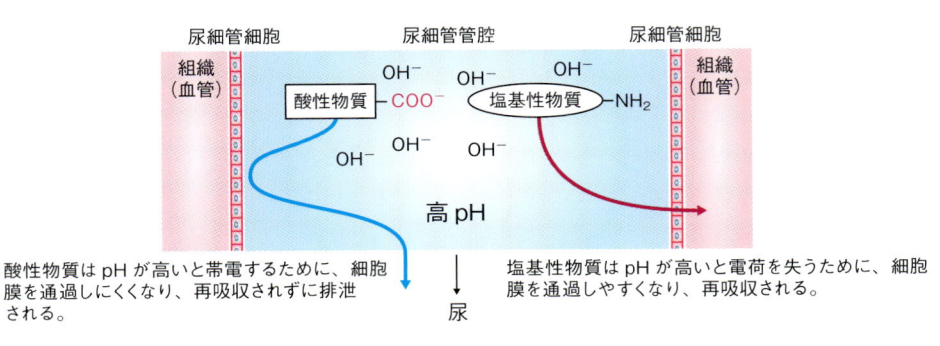

図15・10　尿のpHと物質の排泄
尿のpHが低下すると、塩基性物質はイオン化されるので再吸収が抑制されて排泄が増加する。逆にpHが増加すると酸性物質がイオン化されるので排泄が増加する。薬物や生体物質（例えば尿酸）の尿からの排泄量は尿のpHの変化によって変動する。

質は電荷をもつ。逆に pH が高いということは H⁺ が不足しているということで、カルボキシ基は H⁺ を失って -COO⁻ となり酸性物質は電荷をもつ。一般的に電荷の無い物質は、脂質からなる細胞膜を通過しやすくなる。逆に電荷を帯びると通過しにくくなる。その結果、塩基性尿では酸性物質が再吸収されずに尿中に排泄しやすくなる。痛風の原因となる高尿酸血症の改善薬として、尿の pH を上昇させて尿酸排泄を促進する尿アルカリ化薬（炭酸水素ナトリウムなど）が用いられる（図 15・10）。

15・4　腸内細菌

腸管には大腸菌だけではなく、非常に多数の細菌（真菌、時として寄生虫も含む）が生息している。嫌気的な特殊な条件であり人工培地では培養できないものもあり、未知の微生物も多数存在すると考えられる。これを腸内細菌叢 gut microbiota という。これらの微生物は、ヒトの食事から栄養を取ると同時に、代謝物をヒトに栄養物として供給している。あるいは、適切な免疫刺激を行うことによって、ヒトの免疫系を維持している。したがって、寄生というよりは共存共栄の共生と言えよう。腸内細菌叢は、動物ごとに異なることはもちろん、ヒトでも個人差がある。そして、消化管疾患に直接関与しているのは当然ながら、肥満、アレルギー性疾患や、あるいはヒトの精神状態にも関与していることが示唆されるようになってきた。ヒトのゲノム情報に基づく医療が喧伝されているが、各

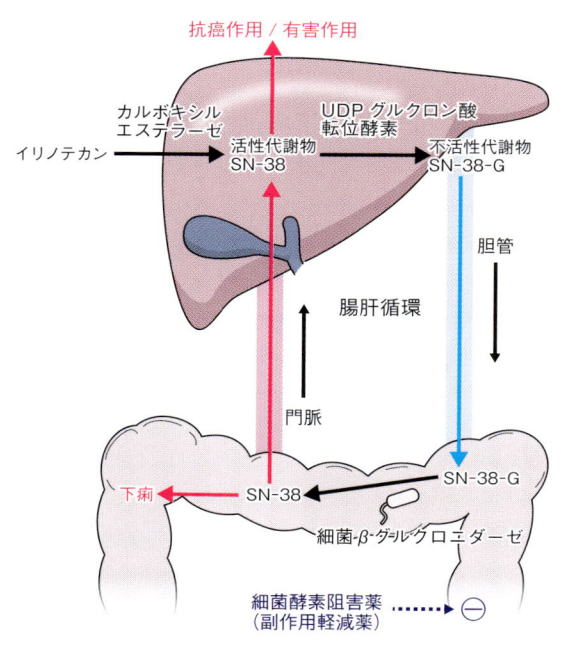

図 15・11　腸内細菌と薬物代謝
抗癌薬のイリノテカンは、肝臓で代謝されて薬効を発揮する SN-38 という化合物に変換される。この SN-38 はグルクロン酸抱合されて不活性化合物となり、胆管から腸内に排泄される。ところが、腸内細菌によってグルクロン酸が外れて、腸内で再び活性型の SN-38 になって下痢をもたらす。細菌のグルクロン酸を外す酵素を阻害することによって、下痢を軽減することができる。薬物代謝に限らず、腸内細菌はヒトの活動と深く関与している。

人の腸内細菌叢の個性も考慮する必要があるだろう。腸内細菌の遺伝子を網羅的に決定するプロジェクトも行われている（Human Microbiome Project）（図 15・11）。

コラム 15.1 ＜皮膚細菌叢＞

腸内だけではなく、皮膚にも多数の常在菌が存在する。皮膚は外界に接しているので、腸内細菌叢ほど恒常的ではないかもしれないが、将来的には体に共生しているすべての微生物の重要性が明らかになろう。

コラム 15.2 ＜便移植＞

ある地域では独特の消化管疾患の原因となる細菌が存在する。土着民はそのような細菌に適応してとくに健康上の問題は生じない。しかし、移住者には著しい下痢などが発症する。一般的な治療が有効でない場合には、適応土着民の便を浣腸より注入する便移植が行われる。ある程度の有効性が示されつつある。

15・5 心房

心臓は静脈が接続する心房と、動脈へ血液を駆出（注：心臓が血液を送り出すこと）する心室からなる。心室が動かなくなると、重大な循環不全となる。しかしながら、心房細動で心房の収縮が停止しても、循環は維持され、倒れてしまうことはない。心房は、循環血液量を測定して調節する一種の内分泌器官である。血液量が過大になると心房はより膨張する。すると、心房から心房性ナトリウム利尿ペプチド（ANP；atrial natriuretic peptide）が分泌される。腎臓に作用して利尿（尿量の増大）をもたらしたり、血管を拡張する（血管を拡張することによって血管抵抗が低下して、心臓はより少ない力で血液を駆出できるようになる）。心臓の力が弱る心不全を改善するホルモンであり、強心薬（カルペリチド）として臨床使用されている（図15・12）。

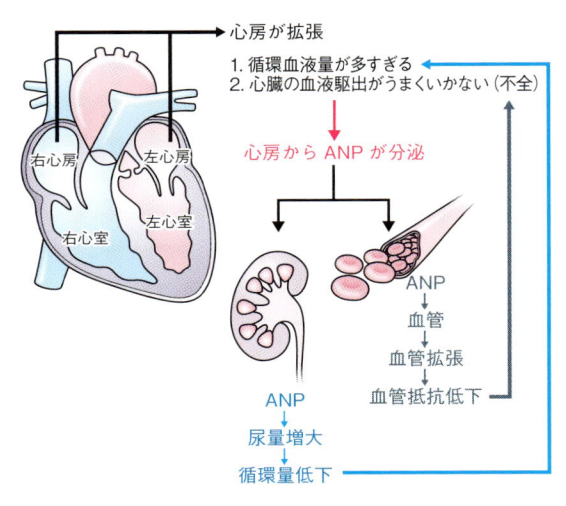

図15・12 内分泌器官である心房
心臓はポンプだけではなく、心房から循環血液量を調節するホルモンANPを分泌している。

15・6 肺

肺は外気からO_2を取り込み、体内で発生したCO_2を排出するガス交換を行う器官である。ガス交換を効率よく行うために、大気と血管を隔てるのは肺胞上皮と毛細血管内皮のみである（図15・13）。そのために、薬物を効率よく投与する経路としても注目されている。薬物を吸い込んで肺から吸収させれば、経口投与とは異なり肝臓での代謝（一次通過効果）を免れることができるし、注射といった観血操作（注：人体を傷つけ、出血させて治療する方法の総称、注射や手術などの総称）を行わないで手軽に服用することができる。糖尿病治療のために、インスリンの投与経路として研究された。残念ながら、インスリン注射器が著しく進歩したこと（痛みがほとんど無い注射針など）と、投与量が不定（風邪を引いたりすると低下する）なために頓挫してしまった。

静脈血を効率よく酸素化するために、すべての静脈血は肺胞の毛細血管を通過するようになって

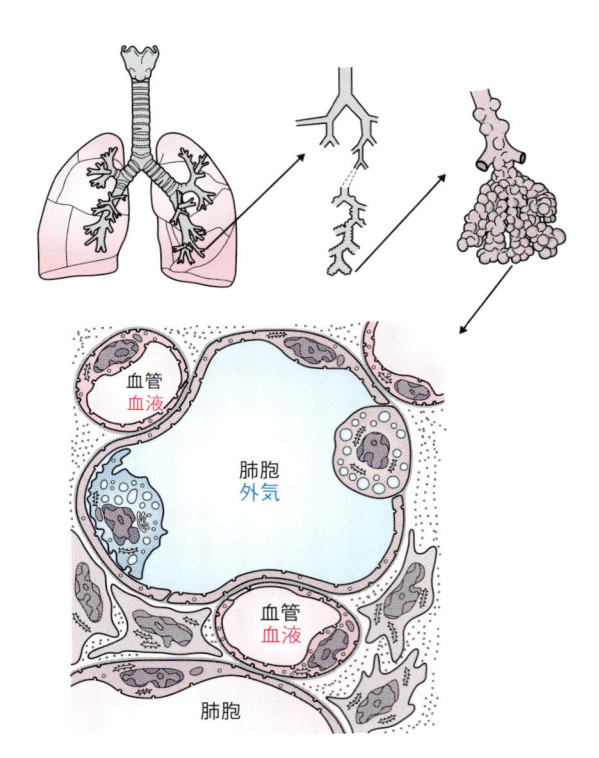

図15・13 肺の構造
気管支はどんどん枝分かれしていって、最後は袋様の肺胞となっている。肺胞で外気と血液は、肺胞上皮細胞と血液内皮細胞だけで隔てられている。

いる。逆にいうと、心臓から動脈に送り込まれる血液は、すべて肺を通過していることになる。そのため肺は酸素化するばかりではなく、異物を除去するフィルターの役目も担っている。そのため、静脈注射で少し空気など異物が混入しても大きな問題に至らない。動脈に針を刺してなにか異物が注入された場合には、動脈閉塞の危険性が著しく高いことになる。いわゆる「エコノミー症候群」は、座位を長期に持続していると足の静脈に血栓が生じ、それが流れ出して肺に詰まって、肺の循環不全（肺梗塞）が生じた疾患である。もし、肺の濾過機能がなければ、血栓は頭に飛んで、より重篤な脳血栓症を引き起こすことになる。

15・7　その他の臓器

消化管は食物を消化しながら栄養物は吸収し、細菌などの侵入を防ぐという、相反する機能を担っている。自己組織が消化液によって消化されないように粘液で粘膜細胞を防護したり、活発な細胞増殖によって常に修復が行われている。細菌の侵入には、リンパ組織を密にして生体防御機構を充実している。したがって、精神的ストレスにより血流が異常になると、修復がうまくいかずに胃潰瘍など粘膜障害が容易に生じる。細胞分裂が盛んなために胃癌や大腸癌など癌ができやすい。免疫系の異常により潰瘍性大腸炎やクローン病となる。

消化管もガストリン（胃酸分泌促進）、セクレチン（胃酸分泌抑制）など様々なホルモンを産生しているが、体全体に大きく作用するインスリンの分泌器官として膵臓はとくに重要である。膵臓は消化液という外分泌と、インスリンという内分泌の両者を備えている。膵臓の機能低下では、外分泌低下による消化不全とインスリン不足による糖尿病が生じる。

視覚（眼）、聴覚（耳）、味覚（舌）、温痛触覚（皮膚）には、それぞれ独特の感覚細胞が存在する。一部の薬物は視覚（結核治療薬エタンブトール）や、聴覚（結核治療薬ストレプトマイシン）、味覚（亜鉛欠乏）、末梢神経（抗癌薬ビンクリスチン）に特徴的な障害をもたらす。

15章　問題：誤りがあれば修正せよ。

1. 門脈は肝臓のみにある。
2. 消化管から血管に吸収された物質は、体循環に入る前に肝臓を経由する。
3. CYPはミトコンドリアに局在し、薬物を不活性化する。
4. グルクロン酸抱合によって疎水性が上昇する。
5. 胆汁のコレステロールの大部分は、便として排泄される。
6. アンギオテンシノーゲンは腎臓から分泌される。
7. エリスロポエチンは血小板を増加させる。
8. 尿のpHが上昇すると、酸性物質の再吸収が増加する。
9. 腸内細菌は薬物代謝に関与する。
10. ANPは心室から分泌される。

問題　解答

1章　解答

1. ×
   生物の定義は核酸の遺伝情報に基づいて反応を行うものとしたい。ウイルスは物質とする意見もあるが生物に分類したい。プリオンは遺伝情報は関与していないので生物とはしがたい。

2. ×
   グリシンのみ炭素に結合する4個の基のうち2個が同じ水素なので光学異性体は存在しない。

3. ×
   塩基性である。

4. ○
   過剰なグルタミン酸ナトリウム（味の素®）が中華料理店症候群の原因とされたが定かでは無い。

5. ○
   チロシンを経て、ドーパミン、ノルアドレナリン、アドレナリンが生成される。では、セロトニンは何から生成されるか？

6. ○
   グリシン・プロリン・ヒドロキシプロリンという配列が反復している。

7. ×
   メチオニンもある。

8. ○
   システイン・グリシンの2アミノ酸からなるジペプチドがグルタミン酸の残基のカルボキシ基にペプチド結合している。

9. △
   一次構造とはアミノ酸配列のことであり、ゲノム情報にコードされる。だいたいの性質はこのアミノ酸配列で決定されるが、リン酸化による制御など様々に微調整されている。

10. ○
    プリオンタンパク質の機能は不明である。ノックアウトすると異常プリオンは生成されようがないので、異常プリオンを接種しても発症しない。プリオンがないマウスはおおむね正常である。

2章　解答

1. △
   だいたい正しいが、修飾されたり、一部の生物では特殊なアミノ酸（例外ではあるが）が遺伝子にコードされている（その特殊なアミノ酸を結合したtRNAが存在する）ことも見いだされている。

2. ×
   細胞外マトリックスを形成する。

3. ×
   水酸基が付加されている。

4. ×
   狭義の定義は、酵素の活性部位（基質結合部位）以外に制御因子が結合して活性が制御される酵素のことである。広義は、アロ（異なった）とステリック（立体構造）が示唆するように立体構造が変化する酵素となる。

5. ×
   4個のサブユニット（ペプチド）から構成され、一つのサブユニットが1個の酸素分子を結合する。

6. ×
   ペプチド以外の構成要素で酵素活性に必須である。

7. ×
   鉄が配位している。

8. △
   シンセターゼsynthetaseはATPのエネルギー

を利用して結合を作製して何かを合成する酵素でシンターゼ synthase は ATP 無しで何かを合成する酵素であるが、使い分けは曖昧である。

9. ×
ATP は普遍的なエネルギー供給分子であるが、ADP、GTP など一部の反応では別の高エネルギー物質が利用される。

10. ○
アスピリンは COX をアセチル化する。

3章　解答

1. △
ウイルスでは逆転写酵素が存在しているので、DNA ⇌ RNA → タンパク質となる。が、DNA の修復による遺伝子制御や RNA 編集もあり、タンパク質から遺伝子への情報伝達もありうる。

2. ○
そのため岡崎フラグメントが DNA 複製では重要である。

3. ×
DNA をナイロン膜に固着させてプローブで解析する方法を発見者の個人名にちなんでサザンブロッティングという。RNA を固着させるのをしゃれてノーザンブロッティングという。タンパク質を固着させるのをウェスタンブロッティングという。イースタンブロッティングを命名する論文はいくつかあるか定着していない。

4. ×
DNA 複製の際に DNA 二本鎖をほぐす。

5. ×
リーディング鎖は連続的に合成される鎖。岡崎フラグメントによるのはラギング鎖である。

6. ○
酵素がもつ RNA が染色体末端に結合してテロメアが伸長する。

7. △

PCR は DNA を増幅（解析）する方法である。したがって、RNA では PCR を行えない。しかし、逆転写酵素によって相補的な DNA とすれば PCR で増幅することができる。

8. ○
DNA ポリメラーゼの DNA 伸長には DNA に結合したプライマーが必要である。したがって、配列特異的に（プライマーが結合する DNA だけ）複製させることができる。

9. ×
アデニンやシトシンのメチル化によって転写が制御されている。また、DNA と結合してヒストンなどのタンパク質の修飾も遺伝子発現に影響を及ぼす。これらの DNA 塩基配列以外の遺伝情報をエピジェネティクスといい、一部は次の世代に伝えられる。

10. △
生殖細胞や免疫細胞以外の体細胞の核はすべて同等とされ、核移植によるクローン動物作製がその根拠とされる。しかし、癌細胞では多数の変異が生じている。また、ニューロンでも変異が見いだされている。1 細胞ゲノムシークエンスの結果が待ち遠しい。

4章　解答

1. ×
だいたい共通であるが原生動物では若干異なることがある。また、20 種類以外のアミノ酸を指定するコドンも見いだされている。

2. ○
細菌ではシャイン・ダルガルノ配列にリボソームが結合して翻訳が開始される。

3. ×
シュードウリジンΨやイノシンIがある。IはA、C、Uとも比較的安定して塩基対を形成することができ、一つの tRNA で複数個のコドンを認識する冗長性を担っている。

4. ×

多くの分泌タンパク質のN末端にはシグナルペプチドの配列があり、翻訳されながら小胞体内腔に移行する（シグナル配列がない膜タンパク質、分泌タンパク質も稀ではない）。

5. ○
除去されるRNA断片を選択することによって共通ドメインをもつ複数種のペプチドが翻訳される。

6. ○
翻訳高率やmRNAの安定性を向上するとされる。

7. ×
イントロンや遺伝子間の介在配列も翻訳されないRNA（ncRNA）として転写され、細胞活動を制御している。また、ヒトとサルのゲノムの違いもそこに存在する可能性が高い。

8. ×
真核細胞のmRNAは1本のペプチドをコードする。細菌のmRNAは複数個のペプチドをコードし、同時に複数種類のペプチドの翻訳が行われる。これをポリシストロンという。シストロンは1遺伝子（ペプチド）のこと。複数個のペプチドを指定しているのでポリ・シストロンとなる。

9. △
（＋）鎖一本鎖RNAウイルスの場合はゲノムRNAがそのままmRNAとなる。（－）鎖RNAウイルスや二本鎖RNAウイルスの場合にはウイルスのRNA依存性RNAポリメラーゼによってウイルスmRNAが作製される。

10. ×
酵素活性をもつRNA（リボザイム）がある。また、説明しなかったが酵素活性をもつDNA断片もある。

5章 解答

1. ○
ステロイドホルモンなどは細胞内に入って細胞質の受容体と結合する。

2. ○
小胞体はくびれて複雑な構造をしているが、細胞に1個のみの袋で核膜と連続している。

3. ×
膜は脂質なので、膜と接する外側は疎水性アミノ酸が配置している。細胞質ゾル（水性）中のタンパク質では逆に親水性アミノ酸が外側に配置する。

4. ×
核は1個であるが、ミトコンドリアの数は不定である。

5. ×
ミトコンドリアタンパク質の多くは細胞核ゲノムにコードされている。

6. ×
複雑な構造が存在し、能動輸送が行われている。

7. ×
酸性である。豊富な分解酵素も酸性で活性化される。

8. ○
リソソームのα-1,4-グルコシダーゼ（酸性マルターゼ）欠損症を酵素の点滴投与によって治療することができる。

9. ○
小胞の中に小胞が存在し、その小胞が分泌されることが明らかになってきた。分泌され他小胞は別の細胞に融合して内容物を伝達する。したがって、DNAやRNAを含めてあらゆる細胞要素が別の細胞に輸送されることになる。

10. ○
ペルオキシソームは脂肪酸の酸化を行う主要な小胞で、刺激（PPARリガンド）によって増殖する。インスリン抵抗性改善薬のチアゾリジン系はPPARγアゴニストである。

6章 解答

1. ×

リガンドは作用を問わずに受容体に結合する物質のこと。受容体の情報伝達を促進するのがアゴニスト、アゴニストの作用を阻害するのがアンタゴニスト。アゴニストが結合していなくてもある程度行われている情報伝達を抑制するのがリバースアゴニスト。

2. ○
レニンが血管収縮作用のあるアンギオテンシンを生成する。

3. ○
酵素のリン酸化の影響はただちに出現する。遺伝子発現の制御ではタンパク質の発現が変化する必要があり、時間がかかる。

4. ×
Gタンパク質共役型受容体。

5. ×
cAMPはATPよりアデニル酸シクラーゼによって生成される。代表的なセカンドメッセンジャーである。

6. ×
Ca^{2+}を結合するCa制御因子である。

7. ○
Gqαと共役したGPCRはホスホリパーゼCを活性化してIP_3とDAGを産生する。IP_3は小胞体のCa^{2+}チャネルを開口してCa^{2+}を放出させる。

8. △
硫化水素は毒性を発揮するが、少量が生体内で生成され、情報伝達を行っている。

9. ○
ニトログリセリンは血管を拡張させ血流を増すので狭心症に用いられる。

10. ×
受容体そのものがキナーゼ活性をもつ受容体キナーゼに分類される。

7章 解答

1. ×
ジャクスタクリンとは細胞膜に結合したまま隣接細胞の受容体に作用する情報伝達物質の総称である。

2. ○
腎臓からは血圧制御因子のレニンや造血因子のエリスロポエチンが分泌されている。肺（肺だけではないが）はアンギオテンシンIをアンギオテンシンIIに変換する。

3. ×
乳汁分泌を促進する。

4. ○
オータコイドは古典的な分類である。

5. ×
ビタミンDはステロイドホルモン（脂溶性）であり、細胞質の受容体に結合する。

6. ×
逆の順番で、デキサメタゾンにはミネラルコルチコイドの作用はほとんどない。

7. ×
T4はT3に代謝されて甲状腺ホルモン作用を発揮する。

8. ×
2本（A鎖とB鎖）がSS結合している。

9. ×
インクレチンは膵臓からのインスリン分泌を促進する。

10. ○
インスリン以外の多くのホルモンは血糖を上昇させる。グルカゴンも膵臓から分泌されて、血糖を上昇させる。

8章 解答

1. ○
ATPの構造を参照のこと。

2. ×
糖質の吸収を遅らせるが、総吸収量はあまり変化しない。食後の高血糖を抑制する。

3. ×

どれもグルコースのみが連結したものであり、デンプンは直鎖状に連結している。セルロースはグルコース間の結合が異なっている（β結合）。動物は消化吸収できない（草食動物は腸内細菌が分解している）。

4. ×

血液凝固を抑制する。心筋梗塞やDIC（播種性血管内凝固 disseminated intravascular coagulation）に投与される。

5. ○

しかし、グルコースの代謝を開始するのに2分子のATPが消費されるので正味の産生量は2分子となる。

6. ○

ミトコンドリアで糖質は水と二酸化炭素まで酸化される。

7. ○

比較的小さな分子は自由に通過できる。内膜は透過性が小さく、多くの分子には特異的な輸送機構が存在する。

8. ×

中間代謝物はアミノ酸やコレステロールの合成など他の代謝系に基質を供給している。

9. ×

シトクロム c によってアポトーシスが惹起される。

10. ×

ヘモグロビンβ鎖N末端のバリンアミノ基に非酵素的にグルコースが結合したものである。過去数か月の血糖値を反映している。

9章　解答

1. ×

不飽和脂肪酸である。脂質異常症を改善するとされる。

2. ×

グリセロールに脂肪酸がエステル結合したのが中性脂肪である。3個結合したトリアシルグリセロール（TAG）、2個結合したジアシルグリセロール（DAG）、1個のみ結合したモノアシルグリセロール（MAG）がある。

3. ×

カルニチンサイクルで輸送される。

4. ×

肝臓はケトン体を血中に供給するが、自らは利用できない。脳は利用できる。糖尿病治療では、脳のエネルギー源としてのブドウ糖依存性が強調され、血糖降下薬の投与と共に糖質の摂取が奨められていた。が、2012年では、とにかく高血糖が問題ということで、糖質制限食の評価が行われている。極端な糖質制限は動脈硬化促進などの危険性があるとされるが、適切な糖質制限は体重コントロールなどにも有効とされる。

5. ○

末梢組織へのコレステロール沈着（動脈硬化）を軽減するいわゆる善玉コレステロールはHDLコレステロールのことである。

6. ×

肝臓はスタチンによりコレステロール合成が低下し、血中のコレステロールをより取り込むようになる。

7. ○

いわゆる腸肝循環である。

8. ○

Gq共役GPCRの活性化によって生成される。

9. ○

肺胞がつぶれないように表面活性剤としてリン脂質が必要である。

10. ○

ゲノム解析からは解析できない脂質は多彩で重要な役割を担っている。

10章　解答

1. ×

細菌と真核生物の中間に位置するらしい。

2. ×
細菌のみに感染する。

3. ×
ウイルス粒子の出芽に必要なノイラミニダーゼを阻害する。

4. ×
トリやブタにも感染する。

5. ×
子宮頚癌を引き起こす。ワクチンが開発されている。肝臓癌の原因になるのは肝炎ウイルス。

6. ×
芽胞は死滅しない。高圧高温の蒸気による殺菌が必要となる（オートクレーブ）。

7. ○
染まりやすいということは抗菌薬も浸透しやすい。非常に染まりにくい結核菌は抗菌薬が効きにくい。

8. ○
各個人の腸内細菌は個人ごとに独特であり、個体の機能にも大きく関与している。腸管感染症の治療に便移植（腸内細菌の移植）が検討されている。

9. △
似ているが微妙に異なる。アムホテリシンBはその違いに基づき真菌により強く毒性を発揮する。

10. △
分類状は藻類であるが、鞭毛で活発に運動し、動物的性質も備えている。

11章　解答

1. ×
ミオシン。細いフィラメントがアクチン。収縮の機構として滑り説が確立している。

2. △
平滑筋と心筋では小胞体と細胞外の両方に由来する。骨格筋ではほとんど筋小胞体に由来する。

3. ×
骨格筋と心筋はトロポニンで制御され、リン酸化は関係ない。平滑筋はカルモジュリンによってミオシン軽鎖キナーゼが活性化される。

4. ○
正しい。

5. ○
細胞の形態維持を担っている。

6. ○
アクチンを滑るミオシンは一方向のみである。

7. ×
微小管によって移動する。アクチンとミオシンは細胞膜を絞るようにして細胞を2分する。

8. ×
あまり分裂しないので、増殖細胞に毒性を発揮する従来型抗癌薬に対して抵抗性がある。

9. ×
Creリコンビナーゼを発現させるとloxP配列で挟まれた領域が除去される。

10. ○
通常の受精卵に発現ベクターを注入して作製するトランスジェニック・マウスでは、ベクターはランダムにゲノムに組み込まれる。

12章　解答

1. ○
IgMはIgG型抗体分子が5個、IgAは2個結合した構造となっている。したがってIgMには2×5個、IgAには2×2個の抗原結合部位がある。

2. △
抗体の特異性からいうと一つの抗原は正しいが、抗原のいろいろな部位に結合する抗体が混ざっている。モノクローナル抗体は1種類の抗体分子からなり、抗原のある結合部位にしか結合しない。

3. ○
キメラ抗体〜ximab、ヒト化抗体〜zumab、完全ヒト型の抗体〜umabがある。現在は〜

ximab も臨床使用されているが、今後開発されるのは〜 umab になろう。

4. ×

抗 TNF-α 抗体であり、様々な炎症性疾患（関節リウマチ、ベーチェット病、クローン病、潰瘍性大腸炎、乾癬）に有効である。

5. ×

IgE である。

6. ×

IgA である。

7. ×

様々な病原体に非特異的に応答する自然免疫がある。

8. ×

MHC と結合した抗原を免疫系細胞は認識することができる。

9. ×

免疫応答の結果で放出されるヒスタミンの作用を阻害する。

10. ×

免疫応答を促進するホスファターゼである。

13章　解答

1. △

脱分化も悪性腫瘍のある側面を示しているが、浸潤とすることが一般的。増殖しない悪性腫瘍があるかは悩ましいが（癌幹細胞はあまり増殖しない）、臨床的には転移しようと浸潤しようと、増殖しなければ放置しておいて問題ない。

2. ○

今後はエピジェネティックスの変化も問題になるかもしれないが、多くの悪性腫瘍で原因と考えられる遺伝子変異が見いだされている。

3. △

白血病細胞は、例えば、慢性骨髄性白血病細胞はみな Ph 遺伝子をもつようにモノクローナルであるが、固形癌では様々な変異細胞が混在している。

4. ○

癌は、正常組織から未分化の状態になる脱分化という過程が関与しているとされる。万能未分化細胞である iPS 細胞作製にも、癌原遺伝子である *myc* が必要であった。現在では *myc* なしでも作製が可能になっているとはいうものの、iPS 細胞由来の癌の発生には注意が必要である。

5. ○

最初は有効だった抗癌薬への耐性がしばしば出現する。

6. ○

イマチニブは特効薬である。ちなみにゲフィチニブ（イレッサ®）は増殖を促進する受容体キナーゼの阻害薬であり、肺癌の一部に有効。

7. △

HER2 が過剰発現している乳癌には特効薬。しかし、その他の乳癌には無効。

8. ○

アポトーシス関連タンパク質分解酵素をカスパーゼという。

9. ×

シトクロム *c*（なおシトクロムの表記にはチトクロムもある。原語はサイトクロムが近い）

10. ×

従来型抗癌薬は増殖している細胞を標的としているため、正常でも増殖（細胞分裂）が盛んな細胞も傷害される。分子標的薬は基本的にはその標的が過剰な癌細胞のみを抑制する。

14章　解答

1. ×

内臓感覚など求心性もある。

2. ×

末梢神経のミエリン鞘はシュワン細胞、脳のミエリン鞘はオリゴデンドログリアが構築する。

3. ×

血液脳関門 blood-brain barrier は血管内皮とアストロサイトの突起で構築される。ミクログリ

アは免疫系細胞。

4. ○
K$^+$チャネルが閉じると、膜電位はNa$^+$の平衡電位へ変位する。

5. ○
50％の活動電位ということはなく、発生しないか発生するかである。

6. ○
ニューロンの細胞体から直接出るアクソンは1本だけである。それが枝分かれすることは稀ではない。

7. ○
Daleの法則でだいたい正しい。ただ、分泌小胞に2種類以上の神経伝達物質が含まれることがある。

8. ×
神経伝達物質を介さずに直接活動電位が伝達される電気シナプスもある。

9. ○
ニューロンだけではなく、グリアも情報処理を行っていることが明らかになってきた。

10. △
アルツハイマー病など一部の認知症では、アセチルコリン伝達を増強するコリンエステラーゼ阻害薬が認知症進行を抑制する。SSRIはうつ病に有効である。認知症にもうつ病が影響していることがある。その場合にはSSRIなど抗うつ薬も有効となる。

15章 解答

1. ×
毛細血管を経た脈管が再び毛細血管になるのが門脈で、下垂体門脈もある。が、通常は門脈といえば肝門脈のことである。

2. ○
小腸系の静脈は、門脈を経て肝臓を通過する。そこで様々な処理が行われる。

3. △
ミクロソームという小胞体を主とする膜分画に局在する。ミトコンドリアに局在しているCYPもある。CYPで代謝されて活性化される薬物もある。

4. ×
極性のグルクロン酸が結合することによって、親水性が上昇する。

5. ×
再吸収される。腸肝循環。

6. ×
アンギオテンシノーゲンは肝臓から分泌される。腎臓からレニンが分泌され、アンギオテンシンIを生成する。

7. ×
赤血球を増加させる。

8. ×
アルカリ性条件では、酸性物質はH$^+$が離れて負に帯電するので、尿細管細胞膜を通過しにくくなる。

9. ○
薬物の腸肝循環に関与している。その他、人体の生理機能にも大きな影響を及ぼしている。

10. ×
ANP（心房性ナトリウム利尿ペプチド atrial natriuretic peptide）は心房から分泌される。

参考文献

下記の書籍をはじめ、様々なインターネット上の情報を参考にした。

Katzung, B. G. 著（柳澤輝行他 監訳）『カッツング薬理学』原書第 10 版、丸善 (2009)

Alberts, B. 他著（中村桂子・松原謙一 監訳）『Essential 細胞生物学』原書第 3 版、南江堂 (2011)

Lodish, H. 他著（石浦章一 他訳）『分子細胞生物学』第 6 版、東京化学同人 (2010)

Berg, J. M. 他著（入江達郎 他監訳）『ストライヤー生化学』原書第 7 版、東京化学同人 (2013)

田村隆明 著『医療・看護系のための生物学』裳華房 (2010)

坂本順司 著『理工系のための生物学』裳華房 (2009)

八杉貞雄 著『ヒトを理解するための生物学』裳華房 (2013)

さらに深く勉強するための参考書の例

石崎泰樹・丸山　敬（監訳）『カラー図版 アメリカ版 大学生物学の教科書』（第 1 巻 細胞生物学、第 2 巻 分子遺伝学、第 3 巻 分子生物学）講談社（2010）
　：電車の中でも手軽に読める図の豊富な新書。

中村桂子・松原謙一（監訳）『Essential 細胞生物学』原書第 3 版、南江堂（2011）
　：読破できる細胞生物学の教科書。

石崎泰樹・丸山　敬（監訳）『イラストレイテッド生化学』原書第 5 版、丸善出版（2011）
　：読破できる生化学の教科書。

索　引

記号
α-グルコシダーゼ阻害薬　96
α-シヌクレイン　14
α線　40
αヘリックス　8
α-リノレン酸　113
β（B）細胞　92, 110
β酸化　114
βシート　8
β線　40
γ-アミノ酪酸　190
γ線　40

数字
3β-ヒドロキシステロイド脱水素酵素　89
3-ヒドロキシ酪酸　114
17α-水酸化酵素　89
21-水酸化酵素　89

A
ACE　70, 200
ACE阻害剤　69
ACTH　86
ADP　21, 22
AIDS　128
ALS　14
AMP　22
ANP　204
APC　177
Argonaute　53
ATP　21, 22, 190
ATPase　21, 143
ATPシンターゼ　59
AT受容体拮抗薬　69
ATリッチ　29
A部位　47

B
Bax　181
Bcl-2　181
BCR-ABL　176
B細胞　158

C
Ca^{2+}　72, 73
Ca^{2+}-induced-Ca^{2+} release　145
Ca^{2+}依存性プロテインキナーゼ　74
Ca^{2+}によるCa^{2+}放出　145
Ca^{2+}ポンプ　22
cAMP　23, 72, 73
Cdk　152
CDR　164
cGMP　72
CICR　145
CMP　22
CO　75
CoA　101
commitment　153
COX　24
creリコンビナーゼ　155
CRH　86
cyclooxygenase　24
CYP　198
Cペプチド　92

D
DAG　72, 74, 114
Daleの法則　189
dATP　28
dCTP　28
dGTP　28
DHA　113
Dicer　53
DLB　14
DNA　28
DNA修復　35
DNAチップ　32
DNAポリメラーゼ　33
DNAリガーゼ　33
DPP-IV　94
DPPC　122
dTTP　28

d体　5
D体　5

E
EDRF　75
EPA　113
epigenetics　36
ES細胞　153
exosome　65
E部位　47

F
FADH　101
FGF　177
FSH　86
functional MRI　191

G
G_1期　150
G_2期　150
GABA　81, 190
gap2　150
GCリッチ　29
GH　86
Giα　78
GLP　93
glucose transporter　108
GLUT　108
GMP　22
GnRH　86
GPCR　72, 78
Gqα　78
Gsα　78
GTP結合タンパク質　78, 79
Gタンパク質　79
Gタンパク質共役型受容体　72, 78

H
H_2S　75
HbA1c　109
HDL　116
HDLコレステロール　116
HeLa（ヒーラ）細胞　181

HER 2　178
HIV　128
HMG-CoA還元酵素　119
HPV　135
HTLV　135

I
IDL　116
IgA　162
IgD　162
IgE　162
IgG　162
IgM　162
incretin　93
infliximab　164
IP_3　72, 74
iPS細胞　153
IRS　77

L
LDL　116
LH　86
loxP　155
LPS　136
l体　5
L体　5

M
MAC　162
MAG　114
MAPK　77
MAPKK　77
MAPKKK　77
MAPK系　76
MBP　192
MHC　169
miRNA　53
mitotic　150
MRSA　138
myc　174
M期　150

N
NAD^+　99

NADP$^+$ 99
NADPH 21
Na$^+$ポンプ 58
ncRNA 53
NK細胞 158
NO 72, 75
notch 72
NSAID 24

O, P
oligomer 30
PCR法 31
peptidase 143
pH 202
pH勾配 103
Pick病 14
PKC 74
PPAR 66
proof-reading 35
PTK 77
P部位 47

Q, R
QOL 201
Rab 80
Ras 77, 80
RAS 200
Rb遺伝子 178
repair 35
Rho 80
RISC 53
RNA 22
RNase 13
RNAウイルス 129
RNA干渉 51
RNAポリメラーゼ 33
RSV 134
RTK 77
R体 5

S
SGLT 108
src 134
SSRI 194
SS結合 160
STD 138
synthesis 150

S期 150
S体 5

T, U
T3 91
T4 91
TAG 114
TCA回路 102
TDP-43 14
TNF 165
TRE 91
tRNA 47
TSH 86
T細胞 158
UDP 105
UMP 22

V, X
VLDL 116
xeroderma pigmentosum 35

あ
悪性腫瘍 174
アクソン 186
アクチン 143
アゴニスト 67
アシクロビル 128
アシルグリセロール 112
アストロサイト 183, 192
アスパラギン 4
アスパラギン酸 4
アスピリン 26
アセチルCoA 101, 114
アセチル化 36
アセチルコリン 23, 146, 190
アセトアミノフェン 25
アセト酢酸 114
アセトン 114
アデニン 29
アドリアマイシン 137
アトルバスタチン 119
アドレナリン 86, 106, 167
アナフィラキシー 166
アナログ 128
アニーリング 29

アポトーシス 105, 165, 179
アミノアシルtRNA合成酵素 48
アミノ基 3, 202
アミノグリコシド 137
アミノ酸 3
アミノ酸残基 7
アミノレバン 6
アミロイド 14
アミロース 97
アミロペクチン 97
アムホテリシンB 139
アラニン 4
アルカリ性 3
アルギニン 4
アルサス型 167
アルツハイマー病 14
アルドステロン 86, 88
アレルギー 166
アロステリック酵素 18
アロステリック制御 68
アロマターゼ 89
アンギオテンシノーゲン 70
アンギオテンシン 70, 200
　──変換酵素 200
アンタゴニスト 67
アンチセンス 51
安定ヨウ素剤 92
アンドロゲン 86
アンモニア 139

い
イースタンブロッティング 30
イオン組成 58
イオンチャネル連結型受容体 72
イソロイシン 4
一次構造 7
一次通過効果 198
一酸化炭素 75
一酸化窒素 75
一般名 176
イデベノン 60
遺伝子 16

遺伝子工学 30
遺伝子ターゲティング 154
イノシン 48
イマチニブ 176
イミプラミン 194
イムノフィリン 171
イレッサ 212
インクレチン 93
インスリン 86, 92, 106
　──受容体 78
　──受容体基質 77
イントロン 51
インフルエンザ 132

う
ウイルス 125, 127
ウェスタンブロッティング 30
うつ（鬱）病 194
ウラシル 30

え
エイコサノイド 112
エイコサペンタエン酸 113
衛星細胞 143
エーラス・ダンロス症候群 17
エキソサイトーシス 64
エキソン 51
エコノミー症候群 205
エストロゲン 86
エゼチミブ 121
エタンブトール 205
エピジェネティクス 36
エビデンス 6, 98
エリスロポエチン 201
エリスロマイシン 137
塩基性アミノ酸 5
塩基対 29
遠心性神経 182
エンドクリン 84
エンドサイトーシス 64
エンドソーム 55, 63, 64

お
オータコイド 87
オートクリン 84

オートクレーブ 136
オートファゴソーム 63
～オーム 27
岡崎フラグメント 33
オキシトシン 86
オセルタミビル 134
オリゴデンドロサイト 183
オリゴマー結合 31
オルタナティブ 52

か

壊血病 17
開始コドン 44
カイノーム 27
灰白質 193
外膜 104
界面活性剤 122
潰瘍性大腸炎 165, 205
化学シグナル 188
可逆的反応 21
可逆的変性 10
核 55
核黄疸 184
核小体 55
確定的障害 40
獲得免疫 160
核膜 61
核膜孔 61
確率的障害 40
確率論的 43
下垂体 86
加水分解 20
　──酵素 20
カスケード経路 68
ガス交換 204
ガストリン 205
カスパーゼ 181
カタラーゼ 65
活性酸素 38
活性メチオニン 7
活動電位 58, 183, 184, 185
滑面小胞体 55
カプシド 127
過分極 184
ガラクトース 95

カルシウム 20
カルペリチド 204
カルボキシ基 3, 202
カルモジュリン 73, 145, 146
含硫黄アミノ酸 7
癌遺伝子 174
癌ウイルス 134
癌幹細胞 154, 177
ガングリオシド 123
　──蓄積症 63
観血操作 204
幹細胞 153
カンジダ 138
肝性脳症 6
関節リウマチ 165
乾癬 165
肝臓 87, 196
肝不全 6
癌抑制遺伝子 177

き

機械受容体 72
機械的情報伝達 72
基質 18, 68
キナーゼ 21
　──連結型受容体 72
キネシン 149
ギャップ 33
ギャップ・ジャンクション 189
狂牛病 11
凝集体 14
強心薬 145
鏡像 5
キラーT細胞 158
キロミクロン 116
筋萎縮性側索硬化症 14
菌交代症 138
筋肉注射 198

く

グアニル酸シクラーゼ 76
グアニン 29
クエン酸回路 102
クスリ 76

クラスリン 64
クラッベ病 63
クラミジア 135, 138
グラム染色 136
グリア 183
グリオトランスミッター 192
グリコアルブミン 110
グリコーゲン 97
グリシン 4
クリステ 59
グリセロール 112
グリベック 176
グルカゴン 86, 106
　──様ペプチド 93
グルクロン酸 98
グルコース 95
グルコシダーゼ 63
グルタミン 4, 23
グルタミン酸 4, 190
グレイ 41
グレープフルーツジュース 198
クレチン病 86
クローン動物 156
クローン病 165, 205
クロストーク 70
クロマチン 36

け

経口投与 198
血液脳関門 183, 184
結核菌 136
血管内皮由来弛緩因子 75
血糖 106
血糖降下薬 108
ケトン体 114
ゲノム 27
ゲフィチニブ 212
原核細胞 55
原核生物 125
原癌遺伝子 174
減数分裂 152

こ

高エネルギーリン酸化合物 21
抗炎症薬 24
光学異性体 5
交感神経 146
　──系 182
抗菌薬 137
抗原提示 158
　──細胞 169
膠原病 17
光合成 139
鉱質コルチコイド 87
甲状腺 86
甲状腺ホルモン受容体 72
校正機能 35
合成酵素 20
抗生物質 137
酵素 18
構造タンパク質 16
抗体 160
抗体製剤 164
抗利尿ホルモン 86
コエンザイムQ10 38, 60
ゴーシェ病 63
古細菌 126
コザック配列 45
骨格筋 142
コドン 44
コラーゲン 17
コリ回路 106
コリンエステラーゼ阻害薬 195
ゴルジ 62
ゴルジ体 55
コルチゾール 86, 88
コレスチラミン 121, 199
コレステロールトランスポーター 121
コンドロイチン硫酸 98
コンフォメーション病 10

さ

サーファクタント 122
サイクリン依存性キナーゼ 152
サイトカイン 87

細胞運動 147
細胞外マトリックス 17
細胞核 61
細胞骨格 147
細胞小器官 58
細胞性免疫 158
細胞性免疫型 168
細胞内断片遊離型受容体 72
細胞表面受容体 57
細胞分裂 150
サイレント変異 44
サウスウェスタンブロッティング 30
サザンブロッティング 30
ザナミビル 134
サブユニット 9
サプレッサーT細胞 158
サラダ油 113
サルファ薬 110, 137
酸化還元酵素 21
三環系抗うつ薬 194
残基 7
三次構造 9
酸性 3
酸性アミノ酸 5

し

ジアシルグリセロール 114
シーベルト 41
しきい値 40
色素性乾皮症 35
ジギタリス 145
糸球体 200
シグナル伝達 67
シグナル配列 49
シクロオキシゲナーゼ 24
シクロスポリン 170
自己 169
自己複製 154
脂質 112
視床下部 86
シス型 112
システイン 4
ジスルフィド結合 160
自然免疫 160

シトクロム c 105, 181
シトクロム P450 198
シトシン 29
シナプス 187
ジパルミトイルホスファチジルコリン 122
ジペプチジルペプチダーゼ 94
シャイン・ダルガノ配列 45
ジャクスタクリン 84
重粒子線 41
腫瘍壊死因子 165
主要組織適合遺伝子複合体 169
受容体 68, 71
受容体チロシンキナーゼ 77
シュワン細胞 183, 191
消化管 87
松果体 87
脂溶性 56
静注 198
冗長性 44
上皮小体 86
──ホルモン 86
上皮増殖因子 77
（コドンの）使用頻度 48
商品名 176
障壁 70
小胞体 62
情報伝達物質 84
小胞分泌 65
植物 139
自律神経系 182
シルデナフィル 76
真核細胞 55
真核生物 125
心筋 142
真菌 138
神経伝達物質 5
心室 204
浸潤 174, 179
親水性 56
新生ニューロン 188
心臓 145

腎臓 87, 200
シンターゼ 20
シンテターゼ 20
心房 87, 204
心房性ナトリウム利尿ペプチド 204
新薬開発 165

す

随意筋 142
随意神経 182
水素イオン 58
膵臓 86
水溶性 56
スカフォールドタンパク質 16
スタチン類 119, 120
ステロイドホルモン 57, 80, 86
──受容体 72
ストレプトマイシン 137, 205
スピロヘータ 135
スフィンクス 123
スフィンゴシン 122
スフィンゴミエリン 122, 123
スプライシング 51
スルホニル尿素薬 110

せ

性感染症 138
制御 18
静止電位 58
正常細菌叢 138
性腺 86
生体防御 158
精母細胞 153
生命の定義 1
セカンドメッセンジャー 23, 72
セクレチン 205
赤血球凝集素 132
ゼラチン 17
セラミド 123
セリン 4

セロトニン 23, 190
線維芽細胞増殖因子 77, 177
染色質 36
染色体 36
選択的セロトニン再取込み阻害薬 194
善玉コレステロール 116
線虫 13
前頭葉型認知症 14
セントラルドグマ 28
全能性 153
繊毛 149

そ

双極性障害 74
相補的 29
ゾウリムシ 139
側鎖 5
組織幹細胞 143
疎水性 56
ソマトスタチン 86
粗面小胞体 55

た

体液性免疫 158
体細胞分裂 150
耐性菌 138
大腸菌 135
ダイナマイト 76
ダイニン 149
耐熱性DNAポリメラーゼ 32
ダイマー 36
タウ 14
タクロリムス 170
多剤耐性ブドウ球菌 138
脱分極 184
多能性 153
多分化能性 153
タミフル 134
胆汁酸 121
タンパク質 3

ち

チアゾリジン系 66
遅延型アレルギー 168
チミジンキナーゼ 132

チミン 29
チャネル受容体 80
中華料理店症候群 6
中間径フィラメント 147
中性脂肪 114
チューブリン 149
腸肝循環 199
腸内細菌 138, 203
跳躍伝導 187
貯蔵糖質 97
チラコイド 139
治療域 198
チロシン 4

つ, て

ツベルクリン型 168
テイ・サックス病 63
デオキシアデノシン三リン酸 28
デオキシグアノシン三リン酸 28
デオキシシチジン三リン酸 28
デオキシチミジン三リン酸 28
デオキシリボース 29
デオキシリボヌクレオチド 29
デキサメタゾン 88
テトラサイクリン 137
テトラヒメナ 35
デヒドロゲナーゼ 21
テロメア 34
テロメラーゼ 35
転移 174, 179
電気シグナル 188
転写 30
デンプン 97

と

糖質 95
糖質(グルコ)コルチコイド 87
糖質ステロイド 167
糖質制限食 112
糖新生 105

闘争か逃走 146
動脈硬化 119
ドーパミン 23, 190
トール様受容体 160
ドコサヘキサエン酸 113
ドナー 169
ドネペジル 195
ドメイン 19
トラスツズマブ 164, 178
トランス型 112
トランスクリプトーム 27
トランスジェニック動物 155
トランスポゾン 37, 39
トリアシルグリセロール 114
トリプタン類 190
トリプトファン 4
トレオニン 4
トロポニン 73, 145
トロンボキサン 112

な

内毒素 136
内膜 104
ナイロンメンブレン 30
ナンセンス変異 44

に

ニーマン・ピック病 63
ニコチン受容体 190
二次構造 8
ニトログリセリン 76
ニトロセルロース膜 30
ニューキノロン 137
ニューロペプチド 190
ニューロン 183, 186
認知症 14, 195

ぬ

ヌクレアーゼ 20
ヌクレオシド 29
ヌクレオチド 29

ね

ネクローシス 165, 179
ネフロン 200

の

ノイズ 42
ノイラミニダーゼ 132
ノーザンブロッティング 30
ノックアウトマウス 154
ノルアドレナリン 86, 190

は

パーキンソン病 14
ハーセプチン 178
肺 204
バイアグラ 76
バイオプシー 178
ハイブリダイゼーション 29
白質 193
パクリタキセル 152
バセドウ病 86, 90
バソプレシン 86, 200
パラクリン 84
バリアー 70
バリン 4
バンコマイシン 138

ひ

ヒアルロン酸 98
ピーパル 66
皮下注射 198
光受容体 72
非極性アミノ酸 6
非経口投与 198
非ゲノム効果 81
非自己 169
微絨毛 149
微小管 149
ヒスタミン 5, 190
ヒスチジン 4
非ステロイド性抗炎症薬 24
ヒストン 36
ビタミンC 17
必須アミノ酸 3
ピット 64
非電荷極性アミノ酸 5
ヒドロキシプロリン 17
ヒドロキシメチルグルタリル酸 119
ヒドロラーゼ 20
ピノサイトーシス 64

被覆小胞 64
皮膚細菌叢 203
非翻訳RNA 53
標的 68
日和見感染 138
ピリミジン 28
ビンブラスチン 152

ふ

ファージ 130
ファージディスプレイ法 130
ファゴサイトーシス 64
ファゴソーム 63
ファブリ病 63
フィードバック阻害 68
フィブラスト 178
フィラデルフィア(Ph)染色体 176
フェニルアラニン 4, 37
　──ヒドロキシラーゼ遺伝子 37
フェニルケトン尿症 37
不可逆的変性 10
副交感神経系 146, 182
副甲状腺 86
　──ホルモン 86
副腎髄質 86
副腎皮質 86
(DNAの)複製 33
不随意筋 142
不随意神経 182
ブドウ球菌 135
部分アゴニスト 67
プラーク 119
プライマー 33
プラバスタチン 119
フリーラジカル 37
プリオン病 11
プリン 28
フルクトース 95
プレドニゾロン 88
プロインスリン 92
プローブ 30
プロゲステロン 86

プロスタグランジン 112
プロセッシング 51
ブロット 30
プロテアーゼ 20
　――連鎖型受容体 72
プロテアソーム 27
プロテインキナーゼA 73
プロテインキナーゼC 74
プロテインチロシンキナーゼ 77
プロテオーム 27
プロフィラキシー 166
プロラクチン 86
プロリン 4
分化抑制因子 153
分枝アミノ酸 6
分泌タンパク質 49, 50

へ

平滑筋 142, 146
平衡電位 185
ベーチェット病 165
ヘキソース・リン酸シャント 116
ヘテロクロマチン 36
ペニシリン 137
ヘパリン 98
ペプチド 44
ペプチドーム 27
ペプチド鎖 3
ヘモグロビン 19
ヘリウム 40
ヘリカーゼ 33
ペルオキシソーム 55, 65
ペルオキシダーゼ 65
ヘルパーT細胞 158
ヘルペスウイルス 128
便移植 203
変性 10
ペントース・リン酸回路 116

鞭毛 149
ヘンレ係蹄 200

ほ

補因子 19
抱合 199
芳香族アミノ酸 6
放射性ヨウ素 41
放射線障害 40
放射線治療 41
補欠分子族 19
補酵素 19
補酵素A 101
ホスファターゼ 21
ホスファチジン酸 122
補体 162
ポリクローナル抗体 163
ポリシストロン 50
ポリメラーゼ 20
ホルミシス効果 40
ホルモン 85
ポンペ病 63

ま

マーガリン 113
マイクロアレイ 32
マイコプラズマ 135, 138
膜侵襲複合体 162
膜タンパク質 50, 56
マクロファージ 158
マクロライド 137
末梢神経 182
マトリックス 58
マルターゼ 63
マロニルCoA 116
慢性骨髄性白血病 176

み

ミエリン塩基性タンパク質 191
ミエリン鞘 187, 191

ミオシン 143
　――軽鎖キナーゼ 146
ミカファンギン 139
ミクログリア 183, 192
ミスセンス変異 44
水チャネル 57
ミスマッチ 30
ミセル 56
ミトコンドリア 58, 101
ミドリムシ 139

む, め

ムスカリン受容体 146, 190
メカニカルシグナル伝達 82
メカノセンサー 72
メチオニン 4, 44
メチル化 36
免疫沈降 162
免疫複合型 167
免疫抑制薬 170

も

モータータンパク質 16
モノアシルグリセロール 114
モノクローナル抗体 163
モノシストロン性 51
門脈 196

や, ゆ

薬物相互作用 198
ユークロマチン 36
有性生殖 152
揺らぎ 48

よ

ヨウ素 89
葉緑体 139
四次構造 9

ら

ラギング鎖 33
ラクターゼ 95
ランヴィエ絞輪 187, 191

ランゲルハンス島 92, 110
卵母細胞 153

り

リーディング鎖 33
リガンド 64, 67
リケッチア 135
リシン 4
リスク 76
リソソーム 55, 62
　――病 63
リチウム 74
リノール酸 113
リボザイム 47
リボソーム 44
リポタンパク質 117
硫化水素 75
リン酸化 6, 20
リンパ組織 205

れ

レヴィ小体 14
　――型認知症 14
レクチン 163
レシピエント 169
レトロウイルス 130
レトロポゾン 39
レニン 70, 200
レニン・アンギオテンシン系 69
レバチオ 76
レフルノミド 200
レムナント 117

ろ, わ

ロイコトリエン 112
ロイシン 4
ワトソン・クリック構造 29

著者略歴

丸山　敬（まるやま　けい）
- 1957年　東京都に生まれる
- 1981年　東京大学医学部医学科卒業，医師国家試験合格
- 1985年　東京大学医学系大学院博士課程修了（医学博士）
- 現　在　埼玉医科大学・医学部・薬理学教室　教授
- 専　門　医学教育学，神経薬理学
- 主　著　「これならわかる！薬理学（史上最強図解）」（丸山 敬 著，2011年，ナツメ社），「イラストレイテッド生化学 原書5版」（石崎泰樹・丸山 敬 監訳，2011年，丸善），「休み時間の薬理学」（丸山 敬 著，2008年，講談社）

松岡耕二（まつおか　こうじ）
- 1950年　千葉県に生まれる
- 1974年　北海道大学薬学部製薬化学科卒業，薬剤師国家試験合格
- 1988年　東京大学大学院薬学研究科学位取得（薬学博士）
- 現　在　千葉科学大学・薬学部・分子細胞生物学　特任教授
- 専　門　細胞生物学
- 主　著　「新しい機能形態学―ヒトの成り立ちとその働き 第3版」（共著，竹鼻 眞／森山賢治 編，2015年，廣川書店），「細胞生物学」（共著，堅田利明 編，2005年，廣川書店）

医薬系のための 生物学

- 2013年 9月20日　第1版1刷発行
- 2019年 2月20日　第3版1刷発行
- 2021年 9月25日　第3版2刷発行

著作者　丸　山　　　敬
　　　　松　岡　耕　二

発行者　吉　野　和　浩

検印省略
定価はカバーに表示してあります.

発行所　東京都千代田区四番町8-1
　　　　電話　03-3262-9166（代）
　　　　郵便番号　102-0081
　　　　株式会社　裳　華　房

印刷所　株式会社　真　興　社

製本所　株式会社　松　岳　社

一般社団法人
自然科学書協会会員

JCOPY　〈出版者著作権管理機構 委託出版物〉
本書の無断複製は著作権法上での例外を除き禁じられています．複製される場合は，そのつど事前に，出版者著作権管理機構（電話03-5244-5088，FAX 03-5244-5089, e-mail: info@jcopy.or.jp）の許諾を得てください．

ISBN 978-4-7853-5224-0

© 丸山　敬，松岡耕二，2013　　Printed in Japan

医学系のための生化学

石崎泰樹 編著　B5判／2色刷／338頁／定価 4730円（税込）

　医師，看護師，薬剤師等を目指す学生にとって，生化学は人体の正常な機能を理解する上で，解剖学や生理学と並んで必須の学問であり，疾患，とくに代謝疾患，内分泌疾患，遺伝性疾患などを理解するために生化学的知識は欠かせないものである．本書は，医療の分野に進む学生に対して，できるだけ利用しやすい生化学の教科書を目指して執筆したものである．そのため図を多用し，細かな化学反応機構についての記載は省略した．また各章末には，理解度を確かめられる確認問題または応用的知識の自主的な獲得を促す応用問題を配置した．これらの問題は可能な限り症例を用い，bench-to-bedside 的な視点を読者に提供できるように心掛けた．

メディカル化学　－医歯薬系のための基礎化学－

齋藤勝裕・太田好次・山倉文幸・八代耕児・馬場　猛 共著
B5判／2色刷／272頁／定価 3520円（税込）

　医師・歯科医師，薬剤師等を目指す大学一年生を対象とした，通年用の基礎化学テキスト．初学者に向けた化学全般のきわめて平明な解説に加え，専門課程で学習する有機化学・生化学につなぐための有機化学反応や有機化合物およびさまざまな生体分子の解説，医療現場で役立つ知識も満載した．

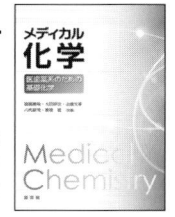

【目次】1. 原子の構造と性質　2. 化学結合と混成軌道　3. 結合のイオン性と分子間力　4. 配位結合と有機金属化合物　5. 溶液の化学　6. 酸・塩基と酸化・還元　7. 反応速度と自由エネルギー　8. 有機化合物の構造と種類　9. 有機化合物の異性体　10. 有機化学反応　11. 脂質 －生体をつくる分子（1）　12. 糖質 －生体をつくる分子（2）　13. アミノ酸とタンパク質 －生体をつくる分子（3）　14. 核酸 －生体をつくる分子（4）　15. 環境と化学

薬学系のための基礎化学

齋藤勝裕・林　一彦・中川秀彦・梅澤直樹 共著
B5判／2色刷／170頁／定価 2860円（税込）

　薬学系学部で学ぶ大学生を主な対象とする基礎化学教科書．新しい「薬学教育モデル・コアカリキュラム」の内容に準拠し，高校化学の基礎知識がなくとも無理なく薬学に必要な化学を習得できるよう編集されている．章末には復習問題に加えて薬剤師国家試験類題も収録，到達度を確認しながら学習を進めることができる．

【目次】1. 原子構造　2. 電子配置と原子の性質　3. 周期表　4. 化学結合　5. 物質の状態　6. 溶液の化学　7. 酸・塩基　8. 酸化・還元　9. 典型元素各論　10. 遷移元素各論　11. 化学熱力学　12. 反応速度論　13. 有機分子の構造　14. 有機化合物の種類と反応　15. 基本的な生体分子

生命系のための有機化学　Ⅰ 基礎有機化学　Ⅱ 有機反応の基礎

（Ⅰ）齋藤勝裕 著　B5判／2色刷／154頁／定価 2640円（税込）
（Ⅱ）齋藤勝裕・籔内一博 共著　B5判／2色刷／164頁／定価 2860円（税込）

　農学系・医薬系・生命工学系など，広くバイオ関係学部で学ぶ大学生を対象とした半期用入門書．Ⅰ巻では，有機化学の基礎と医薬品，農薬，生体高分子などについてきわめて平易に解説し，Ⅱ巻では，基本的な有機反応のしくみと生体高分子の構造・物性などについてわかりやすく解説する．

ゲノム創薬科学

田沼靖一 編　A5判／2色刷／322頁／定価 4840円（税込）

　ヒトゲノム情報を基にした理論的創薬である「ゲノム創薬」が，さまざまな分野と連携しながら急速に進展している．本書は，「個別化医療」から，さらには「精密医療」を見すえた「ゲノム創薬科学」の現状と展望を，各分野の専門家が分かりやすく解説した，これまでにない実践的な教科書・参考書である．

【目次】1. 創薬科学の新潮流　2. 創薬標的分子の探索　3. 薬物－標的分子の相互作用　4. 理論的ゲノム創薬手法　5. 低分子医薬品の創製　6. バイオ医薬品の創製　7. ファーマコインフォマティクス　8. 創薬とシステム生物学　9. 薬物の体内動態　10. 薬物の送達システム　11. 遺伝子診断と個別化医療

裳華房ホームページ　https://www.shokabo.co.jp/